普通高等学校智能采矿工程专业系列教材

地下空间开发与设计

主编 王襄禹 闫帅 韩昌良 于洋 李冲

中国矿业大学出版社

·徐州·

内 容 提 要

本书根据地下空间开发利用现状，结合城市功能开发、矿产资源利用等方面，在对基础理论阐述的同时，对工程实践内容进一步加强与深化，有利于理论与实践有机结合。本书主要内容包括地下空间开发的发展状况、地下空间荷载分类与计算、浅埋式地下矩形闭合框架设计案例、隧道地下空间施工与设计、矿井地下空间施工与设计等。

本书可作为煤炭高等院校采矿工程专业本科生教材，也可供从事矿井设计的科研、设计人员和现场有关工程技术人员参考。

图书在版编目(CIP)数据

地下空间开发与设计 / 王襄禹等主编. — 徐州 ：中国矿业大学出版社，2023.12

ISBN 978 - 7 - 5646 - 5628 - 7

Ⅰ. ①地… Ⅱ. ①王… Ⅲ. ①城市空间一地下建筑物一空间利用一研究②城市空间一地下建筑物一建筑设计一研究 Ⅳ. ①TU984.11②TU92

中国版本图书馆 CIP 数据核字(2022)第 211355 号

书　　名 地下空间开发与设计
主　　编 王襄禹　闫　帅　韩昌良　于　洋　李　冲
责任编辑 耿东锋
出版发行 中国矿业大学出版社有限责任公司
（江苏省徐州市解放南路　邮编 221008）
营销热线 (0516)83885370　83884103
出版服务 (0516)83995789　83884920
网　　址 http://www.cumtp.com　**E-mail**:cumtpvip@cumtp.com
印　　刷 苏州市古得堡数码印刷有限公司
开　　本 787 mm×1092 mm　1/16　**印张** 18.5　**字数** 473 千字
版次印次 2023 年 12 月第 1 版　2023 年 12 月第 1 次印刷
定　　价 45.00 元
（图书出现印装质量问题，本社负责调换）

前　言

随着时代的不断演进和人类社会的发展，地下空间的重要性日益凸显。从古至今，人们一直将地下视为储藏宝藏和躲避危险的地方。但如今，人类对地下空间的需求不仅仅局限于储藏物资或作为庇护所，而是涵盖了诸多领域，如城市化进程中的交通系统、能源利用、废物处理、科研实验室、文化设施，甚至是居住空间，地下空间正逐渐成为人们生活的一部分。这些对地下空间功能的多样化需求不断推动着相关技术的创新与发展。然而，地下空间的复杂条件也带来了一系列挑战。其独特的地质环境、地下水、通风与排水等问题，都要求我们在开发和设计中从加强维护的角度进行深入思考。地下空间的建设和运营必须十分谨慎，需要充分考虑环境保护、地质灾害防范、可持续发展等因素，以确保其安全性和可靠性。

本书根据地下空间开发利用现状，围绕城市功能开发、矿产资源利用等，分别从理论与实践两个角度进行探讨。第 1 章主要介绍了地下空间的发展状况、工程特征、未来趋势以及相关法规体系；第 2 章主要介绍了土体压力计算以及地下工程结构设计方法；第 3 章介绍了浅埋式矩形闭合框架的计算方法和设计要求；第 4 章主要介绍了新奥法、掘进机法、盾构法等地下空间施工技术的作用原理；第 5 章以矿井地下空间为例，详细阐述了地下空间围岩的力学测试技术以及围岩稳定性特征；第 6 章对典型的地下工程案例进行了分析介绍。

本书参考了大量相关文献以及国内外地下工程的相关资料。全书内容丰富且全面，不仅反映了国内外理论上的最新研究成果，同时也结合了我国地下工程的具体问题。本书可以作为采矿工程、城市地下空间工程、土木工程等相关专业的教材或教学参考资料，同时，对于相关专业的工程技术人员也有很好的参考价值。

本书由中国矿业大学王襄禹、闫帅、韩昌良、李冲，徐州工程学院于洋联合编写。各章编写分工如下：

绪　论　王襄禹。

第 1 章　王襄禹。

第 2 章　王襄禹。

第 3 章　王襄禹、李冲。

第 4 章　王襄禹、闫帅。

第 5 章　王襄禹、韩昌良

第 6 章　王襄禹、于洋。

由于编写人员水平及时间所限，书中难免存在不足和缺陷，敬请读者批评指正。

编　者

2023 年 9 月

目　录

绪论 …… 1

第 1 章　地下空间开发的发展状况 …… 3
1.1　地下空间利用现状 …… 3
1.2　地下空间工程特征 …… 22
1.3　地下工程施工工艺 …… 25
1.4　地下空间工程计算理论的发展趋势 …… 32
1.5　地下空间开发法规和规划体系 …… 34

第 2 章　地下空间荷载分类与计算 …… 38
2.1　地下空间荷载分类 …… 38
2.2　经典侧向土压力计算理论 …… 39
2.3　地下结构围岩压力计算方法 …… 53
2.4　地层弹性抗力与结构自重及其他荷载 …… 61
2.5　地下工程结构设计方法 …… 63

第 3 章　浅埋式地下矩形闭合框架设计 …… 88
3.1　经典矩形闭合框架的计算 …… 88
3.2　矩形闭合框架设计要求 …… 95
3.3　设计实例 …… 101

第 4 章　隧道地下空间施工与设计 …… 105
4.1　新奥法 …… 105
4.2　隧道施工方法 …… 108
4.3　盾构法隧道支护设计 …… 127
4.4　锚喷法隧道支护设计 …… 135

第 5 章　矿井地下空间施工与设计 …… 149
5.1　矿井典型地下空间设计与分析 …… 149
5.2　矿井地下空间围岩的地质力学测试技术 …… 175
5.3　矿井地下空间围岩稳定性力学模型 …… 187
5.4　标准化设计标准——以有轨主运输巷道为例 …… 209

第 6 章　地下空间设计案例 …… 212
6.1　某市地铁东风路站设计 …… 212
6.2　某隧道设计 …… 224
6.3　某矿软弱层状岩层地下空间设计 …… 231
6.4　某矿软岩地下空间设计 …… 255

参考文献 …… 288

绪　论

地下空间，是指位于地球表面以下一定深度的空间，被地壳、岩层或建筑物所覆盖的区域。它包括各种类型的地下结构，如地下隧道、地下洞穴、地下室、地下停车场等。地下空间主要是由于人类需求而形成的，用于满足不同的功能和目的，如交通运输、城市规划、资源开发、灾害避难等。

地下空间的发展历程可以追溯到远古时期。古代文明时期的人类就已开始将地下空间用于居住、储藏食物和躲避敌人。随着时间的推移，地下空间由最初的简陋洞穴发展为现今复杂多样的地下工程，包括地铁、隧道、地下商场、地下停车场以及各种地下通道系统等。这些地下工程的建设与运营，不仅为现代城市带来便利与发展，更体现了人类智慧和科技进步的结晶。

随着城市化进程的不断加速和人口持续增长，传统的地面空间已经变得越来越紧张有限。因此，对于地下空间的开发和利用变得愈发迫切和重要。地下空间作为城市发展的崭新领域，有着巨大的潜力。然而，相较地面工程，地下工程在许多方面都面临着更大的挑战与难度。首先，地下空间的地质条件复杂多变，不同地区的地质结构和岩层情况千差万别，给地下工程的规划与施工带来了巨大的不确定性。其次，地下空间的施工条件十分有限，受到地下空间狭小、通风条件不佳等限制，施工难度更大，风险更高。此外，地下空间的管理与维护也面临着特殊的挑战，包括排水、通风、环境监测等。

但是，这些困难并未阻挡人们对地下空间开发与利用的热情。在不断的探索与创新中，人们逐渐积累了丰富的经验，发展出一系列适应地下空间的工程技术和管理方法。这些经验不仅在城市交通、供水排水、城市规划等领域取得了显著成果，还为未来地下空间的开发与设计提供了宝贵的借鉴和启示。

本书旨在深入探讨地下空间开发的各个方面，从现状到设计方法，再到实际案例，全面阐述地下空间的发展状况和前沿技术，以为从事采矿工程、地下空间工程、城市规划、建筑设计、土地开发以及相关研究的专业人士提供一本全面且实用的参考指南。

第 1 章，深入研究地下空间利用现状，探讨已有的地下空间工程特征和施工工艺，展望地下空间工程计算理论的未来发展趋势，并介绍地下空间开发法规和规划体系，帮助读者全面了解地下空间开发的背景和现状。

第 2 章，详细介绍地下空间的荷载分类与计算方法，包括经典侧向土压力计算理论、地下结构围岩压力计算方法，以及地层弹性抗力与结构自重及其他荷载的计算。同时，阐述地下工程结构设计方法，帮助读者掌握地下空间设计的实用技巧。

第 3 章，聚焦地下空间中的矩形闭合框架设计，深入探讨经典矩形闭合框架的计算方法、设计要求，并通过实例向读者展示如何进行设计。

第 4 章，在隧道地下空间的施工与设计方面，介绍新奥法原理、隧道施工方法，并着重探讨盾构法隧道支护设计和锚喷法隧道支护设计。

第 5 章，矿井地下空间作为特殊领域，其施工与设计也是本书的重点之一。重点分享矿井地下空间典型工程案例的设计与分析，介绍地质力学测试技术以及围岩稳定性力学模型的应用，使读者更加全面地了解矿井地下空间的设计与施工。

第 6 章，通过多个地下空间设计案例，包括地铁站、隧道以及矿井等，向读者展示不同情境下的地下空间设计方法和实践经验，使读者在面对实际项目时能够应对各种挑战。

在本书的指导下，我们希望读者能够掌握地下空间开发与设计的理论基础，了解实际项目的实施要点，并通过细致的分析和设计，为城市的可持续发展贡献一份力量。地下空间是未来城市发展的重要方向，让我们一同投身于这个充满机遇的领域，开创城市发展的新篇章。

第 1 章 地下空间开发的发展状况

地下空间的开发利用是城市发展到一定阶段的产物，其目的、作用、规模、范围等都应与城市发展水平相适应，滞后或超前都是不利的。“地下空间”是属于地表以下，主要针对建筑方面来说的一个名词，它的范围很广，比如地铁、地下综合体、地下物流、地下车库、地下仓库、矿井、隧道等建筑空间。

1.1 地下空间利用现状

1.1.1 地下铁道工程

地下铁道是指较大城市在地下修筑隧道，铺设轨道，以电车、快速列车运送大量乘客的公共交通体系，简称地铁。但是，地铁经历了一个多世纪的发展，早已突破了原来的地下概念，多数城市的地铁系统都已经不是单纯的地下铁道，而是地面铁路、高架铁路和地下铁道组成的城市快速轨道系统，地下段只有通过市中心区域时才采用。同时，为了降低城市轨道交通系统的造价，应尽量缩短地下段长度。在城市郊区或车辆人员较少的地方，地铁线路常可延伸至地面或高架桥上。

在交通拥挤、行人密集、道路又难以扩建的街区，以地铁代替地面交通工具，有以下优点：

(1) 地铁交通安全、快捷、方便，一般不会堵车，所以省时、准时，可为乘客赢得效益。乘坐地铁通常要比利用地面交通工具节省 1/2～2/3 的时间。

(2) 可以改造地面环境，降低噪声、减少废气污染，为把地面变成优美的步行街创造条件，为建设宜居城市提供路径。

(3) 地铁可以节省地面空间，保存城市中心“寸土寸金”的地皮。

(4) 有一定的抗战争和抗地震破坏的能力。

地铁建设能够最大化地节约城市的用地，将人流分流到地下，极大地提高人们出行的效率。地铁的运载量非常大，其所承载的人数可以达到汽车承载人数的 3～17 倍，速度达到汽车的 3～6 倍，并且其污染极少。此外，地铁的修建也改变了人们的生活格局，让人们活动范围、视野范围得到拓展。地铁站点的周边一般都会形成一种“漏斗”效应，客流、商流以漏斗口为中心向周边辐射。地铁也将提升沿线和两端的物业价值，促进新城市经济带的形成。随着各地城市地铁的开建和最终开通，沿线的房地产价格更是会成倍增长，形成“地铁楼”。

1.1.1.1 地铁建筑组成

地铁建筑分为车站、区间和车辆段三个部分，通过轨道连接，构成了一个完整的地铁线路运行系统。

(1) 地铁车站

地铁车站主要由站台层、站厅层、设备层以及出入口组成。车站是供旅客乘降、换乘和候车的场所，应保证旅客方便、安全、迅速地进出车站，并有良好的通风、照明、卫生、防火设备等，给旅客提供舒适、清洁的环境。建于 1935 年的莫斯科地铁被称为世界上最文艺的地铁，地铁车站的装修风格多样，十分精致，如图 1-1、图 1-2 所示。

图 1-1 莫斯科地铁站台层

图 1-2 莫斯科地铁站厅层

(2) 地铁区间

地铁区间即两个车站之间的连接段，是车辆通过的隧道区段，如图 1-3 所示。

(a) 成都地铁7号线火神区间　　(b) 郑州地铁1号线区间

图 1-3 地铁区间

(3) 地铁车辆段

地铁车辆段是车辆停放、检查、整备、运用和修理的管理中心所在地。若运行线路较长，为了有利于运营和分担车辆的检查清洗工作量，可在线路的另一端设停车场，负责部分车辆的停放、运用、检查和整备工作。

1.1.1.2　地铁线路网

地铁线路网可以分为放射状、环状、综合型等几种形态。

(1) 放射状路网

随着城市的发展，地铁线路网由交通最繁忙的城市中线，向城市四周呈放射状扩展，这种路网所有线路都通达市中心，能直接实现换乘，但市郊之间必须通过城市中心的换乘站，联系不方便，且换乘中心的客流量比较大，换乘客流相互干扰也大。此外，多条线路交汇，换乘车站施工难度也大。

(2) 环状路网

它是基本上与城市结构和地面上的道路系统相配合，沿城市繁华地区客流量集中的道路下呈环状集中布置的地铁网，能实现地铁车站与地面各交通站点的换乘，不同地铁线路之间可避开市中心换乘，有利于分散市中心的交通压力。单纯的环状路网是很少见的，英国的Glasgow(格拉斯哥)城市地铁即这种形式。

(3) 综合型路网

它是由放射状和环状线路组成的。世界上相当多的城市地铁路网采用这种形式。

以2015年北京地铁为例，如图1-4所示，地铁线路形成了三环、四横、五纵、七放射的线路网，是一种放射状与环状综合的地铁路网。其中“三环”指2号线、10号线、13号线；“四横”指1号线、6号线、7号线、14号线东西走向段；“五纵”指4号线、5号线、8号线、9号线、14号线南北走向段；“七放射”包括八通线、亦庄线、大兴线、顺义线、昌平线、房山线、大台线。

1.1.1.3　地铁线路设计

在地铁路网规划中，对线路开展的勘测、规划、设计工作，统称为线路设计。地铁线路设计首先要确定线路的走向、线路形式(如地下、地面、高架)、位置和长度。线路选择的核心是与客观存在的最大客流量相吻合，线路运营后能否发挥最大效益将与此密切相关。

地铁线路的走向与埋深、工程地质和水文地质条件、地面和地下空间现状等因素密切相关，这些因素直接关系地铁线路造价和工程难易程度。地铁的埋深是指线路的轨道面到地面的距离，埋深越小越经济，施工越容易，但埋深也受不良地质现象、技术条件、已有地下管线、建筑物基础和其他地下工程的制约。地铁埋深一般以20 m左右为界，规划分为浅埋和深埋两种。

1.1.1.4　地铁车站

根据地铁车站的定义，地铁车站是乘客上下车的场所，要求不仅具有车站内部功能区，还能够很好地提供乘客进出地铁的通道空间。车站的设计不仅是站台、站厅与线路的位置设计，还应该包括出入口设计。

(1) 站台形式

站台是车站的主体结构，是分散上下车人流、供乘客乘降的场地。根据站台的埋深不同，站台可以分为高架式、地面式、半地下式、浅埋式和深埋式等五种；根据车站轮廓不同，可

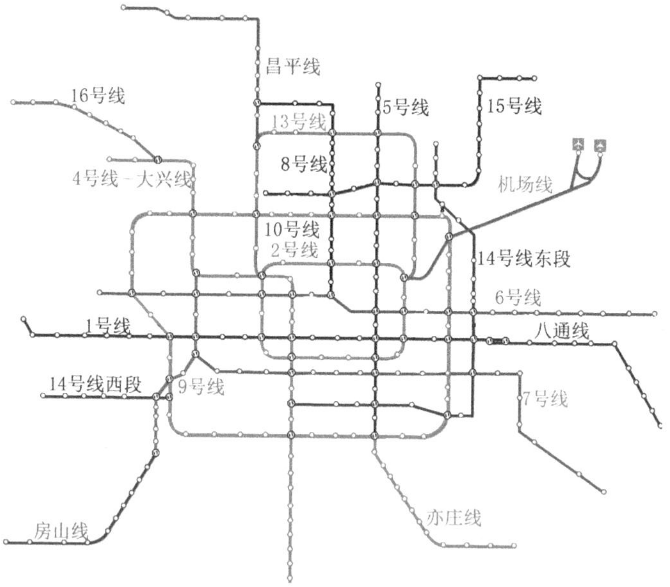

图 1-4　北京地铁线路图(部分)

以分为跨式车站和拱式车站;根据线路与站台的位置关系,可以分为岛式站台、侧式站台和岛侧混合式站台三种。

① 岛式站台

岛式站台是指站台位于两条地铁线路之间的站台形式,如图 1-5 所示。岛式站台适用于规模较大的车站,如终始站、换乘站。这种方式上下行车线共用一个站台,可以起到分配和调节客流的作用,对乘客中途折返比较方便。我国地铁站多采用岛式站台,如北京、上海地铁。国外一些城市,如东京等采用岛式站台的车站也很多。

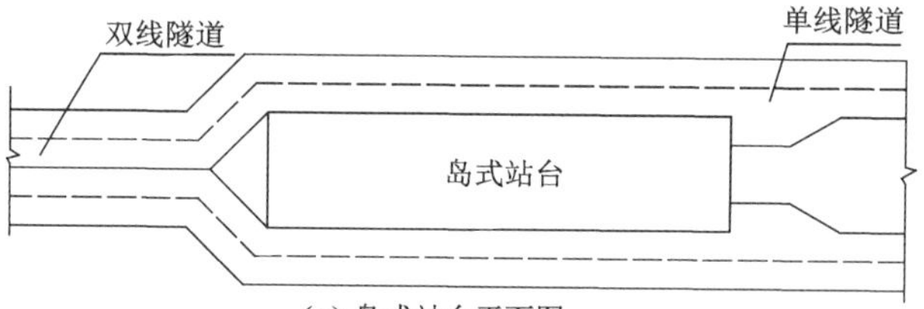

(a) 岛式站台平面图

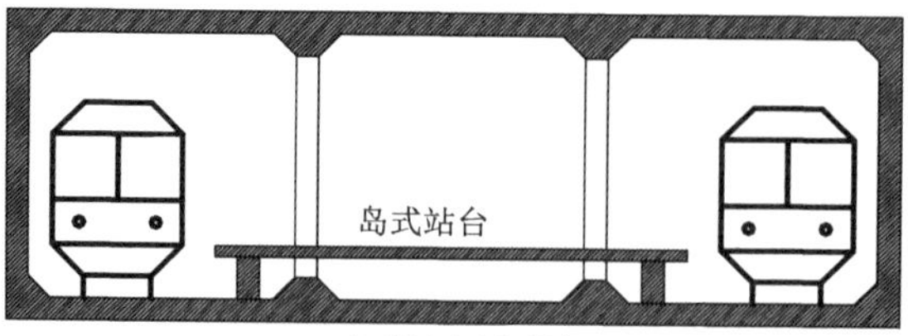

(b) 岛式站台剖面图

图 1-5　岛式站台

② 侧式站台

侧式站台是指地铁站台位于线路不同侧的站台形式,如图 1-6 所示。侧式站台适用于规模较小的车站,如中间站。不同方向的两条正线,分别使用各自的站台,上下行的乘客可避免相互干扰。我国天津、法国巴黎、英国伦敦等城市多采用侧式站台。

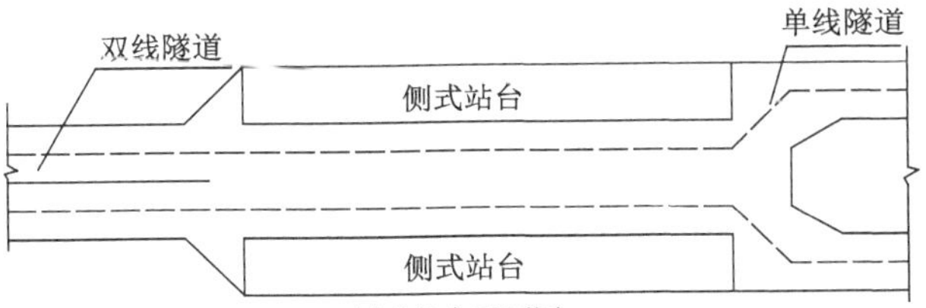

(a) 侧式站台平面图

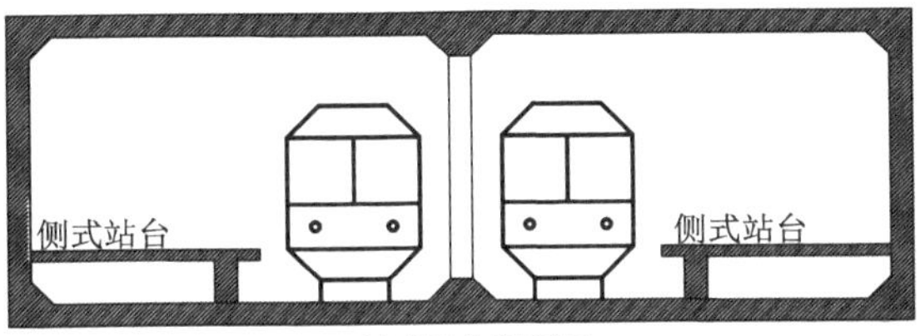

(b) 侧式站台剖面图

图 1-6　侧式站台

③ 岛侧混合式站台

岛侧混合式站台综合了岛式站台和侧式站台的布置方式，如图 1-7 所示。岛侧混合式站台多用于比较复杂的车站，比如大型的换乘车站。一般可以采用一岛一侧、一岛两侧的形式，岛式和侧式站台应该以天桥或地道相互连通。

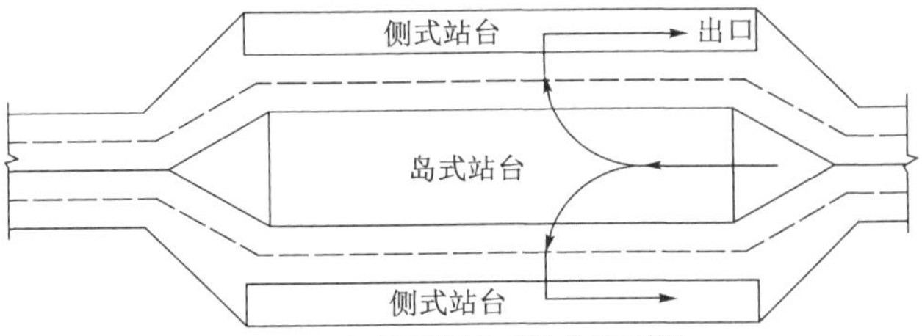

(a) 岛侧混合式站台平面图

(b) 岛侧混合式站台剖面图

图 1-7　岛侧混合式站台

(2) 车站出入口

根据地铁出入口与地面建筑物的位置关系，地铁出入口分为独建式和合建式两种；按照封闭效果可以分为敞口式、半封闭式和全封闭式地铁出入口，如图 1-8 所示。

1.1.1.5　地铁施工对环境影响

地铁本质上是环境友好型工程，但城市地下工程开挖后岩土体必然发生变形，当变形达到极限时，岩土体即破坏失稳，将直接或间接地造成环境的恶化，甚至造成灾害事故。地铁往往建设在市区繁华地段，在其施工过程中，常引起周围地层的变形，对周围地面建筑及基

(a) 独建敞口式

(b) 独建半封闭式

(c) 独建全封闭式

(d) 合建式地铁出入口

图 1-8　地铁出入口

础，地下早期人防工程和构筑物，公用地下管线和各种地下设施以及城市道路的路基、路面等都可能构成不同程度的危害。

我国不同城市的地层条件差异较大，设计或施工措施不力等造成的地面沉陷、基坑塌垮、隧道涌水、周边建筑物损害、地下管线损害事故时有发生，如图 1-9 所示，往往造成严重经济损失与社会影响。

(a) 西安地铁工地塌方

(b) 厦门地铁施工导致房屋坍塌

图 1-9　地铁施工对地表的影响

地铁车站施工对周围环境影响主要表现在于基坑开挖，常见的影响形式有基坑坍滑与变形，地表沉降变形，流沙和管涌，基底隆起，支挡结构变形，周边管线损坏，周边建筑物倾斜、开裂、倒塌等。

1.1.2　地下综合体

“管廊”一词出现较早，是支撑架空设置的管道系统中除管道外的全部结构的总称，是由成排的落地立柱和连续的管底架(梁)以及各种拉撑组成的大型构架。地下综合管廊是指建于城市地下用于集中敷设多种市政管线(电力、通信、给水、排水、热力、燃气等管线)的公共隧道，早期有共同沟、共同管道、综合管沟、地下综合管沟、市政综合管廊、城市综合管廊、公用隧道等名称，如图1-10所示。

图1-10　地下综合管廊

1833年，法国巴黎建设了世界上第一条综合管廊，全长600 m。管廊中收容了自来水管、电信电缆、压缩空气管及交通信号电缆等5种管线，这是人类历史上最早规划建设的综合管廊。迄今为止，这条管廊已运行了近200年，目前仍在运行中并逐渐演变成地下管线公共管网，全长达2 400 m。

日本综合管廊建设起步于1923年关东大地震后东京都的复兴事业。在关东大地震之后，日本政府针对地震导致的管线大面积破坏情况，在东京都复兴计划中试点建设了三处综合管廊。1991年，日本成立了专门管理综合管廊的部门，负责推动综合管廊的建设。自此，日本综合管廊建设进入快速发展阶段。截至1997年，日本已建设完成干线综合管廊446 km，较著名的有东京银座综合管廊、青山综合管廊、麻布综合管廊等。建设初期，综合管廊内的设施仅限于通信缆线、电力缆线、煤气管道、上水管、工业用水管道、下水道等6种设施，现阶段又增加了供热管、废物输送管等设施。1995年，日本东京临海副都心历时7年、耗资3 500亿日元建成总长度16 km的综合管廊，这是当时世界上规模最大、能将各种基础设施融为一体的建设项目，该条综合管廊距地表10 m、宽19.2 m、高5.2 m，把给水管、再生水管、污水管、煤气管、电力缆线、通信电缆、通信光缆、空调冷热管、垃圾收集管等9种城市基础设施管线科学、合理地收容其中。为了防止地震对综合管廊的破坏，日本采用了先进的管道变形调节技术和橡胶防震系统。1995年1月阪神大地震时，神户市内房倒屋塌，断水断电，电缆、电线设施的倒塌堵塞了道路，给防火救援活动带来了障碍，但是当地的综合管廊仅有个别地方出现水泥表皮稍许剥落和开裂的现象，整体结构未受损，确保了建设综合管廊地区生活基础设施的正常运转，从而使人们认识到了综合管廊在防震中的巨大作用。

1861年，伦敦建造了一条横断面为12 m×7.6 m的地下综合管廊，其中收容的管线包括煤气管、自来水管、污水管、连接用户的供给管线以及电力管线、电信管线等。迄今，伦敦市区已有22条综合管廊。伦敦兴建的综合管廊，建设经费完全由政府筹措，属伦敦市政府所有，完成后再由市政府出租给管线单位使用。

1893年，德国为了配合汉堡地区的道路建设，与单侧人行道下的建筑相接，在人行道下建造了长约455 m的给水管地下综合管廊，收容暖气管、自来水管、电力电信缆线及煤气管，但不含下水道。在德国第一条综合管廊修建完成后发生了使用上的困扰，自来水管破裂使综合管廊内积水，当时因设计不佳，热水管的绝缘材料使用后无法全面更换。因沿街市政设施需求量的增加，原规划断面尺寸有限，且未预估日后的需求容量，所以原综合管廊断面空间显得不足。为了满足新增市政需求，不得不在原综合管廊之外的道路地面下再增设直埋管线。1959年，德国又建造了布佩鲁达尔地下综合管廊。1964年前，德国的苏尔市等城市开始兴建综合管廊，至1970年共完成15 km以上的综合管廊，并开始营运，同时也拟订推广综合管廊的网络系统计划至全国。德国每个城市都以立法的方式对地下管道建设问题进行了明文规定：在城市主干道一次性建设共用市政综合管廊，包括电力电缆、通信电缆、给水和天然气管道等，并设专门入口，供维修人员出入。所有工程的规划方案必须包括有线电视、水、电力、煤气和电话等拟建管道情况，且必须与周边既有综合管廊一致。德国联邦环境基金会认为，建设地下综合管廊至少有三方面的作用：一是减少了多重施工对土壤和地下水的污染；二是减少维修管线时的施工工作量；三是延长了地面道路使用寿命，保护树木免受破坏。

中国综合管廊的建设起步较晚，1994年建成了上海浦东新区张杨路的综合管廊。目前，综合管廊还仅在一些经济发达的城市和新区有所建设，尚未得到广泛应用和普及。但随着近几年国家越来越重视城市基础设施建设，积极推动城市综合管廊工程建设，越来越多的大中城市已开始着手综合管廊建设的试点和规划。

北京综合管廊规划建设历程较为久远，从20世纪50年代末建成第一条综合管廊至今，北京市已建和在建的综合管廊长度已经超过30 km。北京第一条综合管廊是1958年在北京市天安门广场下建设的，长约1.3 km，断面为长方形，宽3.5～5.0 m，高2.3～5.0 m，埋深7.0～8.0 m。1985年，北京市建设了中国国际贸易中心综合管道，其中容纳了服务于两幢公寓大楼、一幢商业大厦和一幢办公楼的公用管线，管廊内有电力、通信、供热管。20世纪90年代，高碑店污水处理厂内建设了一条长约5 km，断面2 m×2 m～5 m×5.3 m的综合管廊。廊内收纳管线包括上水、再生水、空气、污泥、热力、电力等管线。北京中关村地下综合管廊及地下商业开发工程于2006年年底建成，该工程共有三层，地下一层是2 km的地下环形车道，连通了区域内20多栋大厦；地下二层则是20万 m^2 的商铺，以及车库与物业用房；而地下三层则是市政管线管廊，包括水、电、冷、热、燃气、通信等市政管线都铺于其中，人员可直接进入其中进行维修。2013年，北京未来科技城综合管廊建成，管廊断面14.2 m×2.9 m，全长约3.9 km，廊内收纳管线包括给水、再生水、通信、热力、电力等管线。

1.1.2.1　工程设计

地下综合管廊分为干线型、支线型和缆线型三种形式。不同形式的地下综合管廊，其断面形状、管线种类、造价、维修及管理均有所不同。

干线型综合管廊是指用于容纳城市主干工程管线，采用独立分舱方式建设的综合管廊。干线型综合管廊一般敷设于道路车行道下方，主要连接原站（如自来水厂、发电厂等）与支线型综合管廊，一般不直接服务用户，经常收容的管线为电信、电力、燃气、给水、热力等管线，部分干线型综合管廊将雨水、污水系统纳入其中。干线型综合管廊的特点是结构断面尺寸大、覆土厚、系统稳定且输送量大、安全性高、对维修及检测要求高等。

支线型综合管廊是指用于容纳城市配给工程管线，采用单舱或双舱方式建设的综合管廊。支线型综合管廊一般在干线型综合管廊旁的人行道下，主要收容的管线为电信、电力、燃气、给水等管线，管廊断面以矩形居多。

缆线型综合管廊是指采用浅埋沟道方式施工，没有可开启盖板，内部空间不能满足人员正常通行要求，用于容纳电力电缆和通信线缆的管廊。它一般敷设在人行道下，管线直接连接终端用户。其特点为：断面小，埋深浅，内部构造简单，造价较低，不要求人可通行，不设通风和监控等设备，后期的维护及管理简单。

综合管廊总体设计原则包括：① 应符合规划的要求，管廊的分类或形式根据规划及功能确定。② 综合管廊位置应根据道路横断面、地下管线和地下空间利用情况等确定。干线型综合管廊宜设置在机动车道、道路绿化带下；支线型综合管廊宜设置在道路绿化带、人行道或非机动车道下；缆线型综合管廊宜设置在人行道下。③ 各类孔口等附属设施平面布置根据管廊的分类形式、规范要求、周边环境条件等综合考虑确定。④ 应保证综合管廊的安全，含天然气管线的舱室不应与其他建筑物合建。⑤ 各类节点孔口设计应根据敷设管线类别、满足管线和人员进出等因素综合考虑。⑥ 纳入综合管廊的管线设计应符合现行相关的管线设计标准，综合廊线类型考虑管道防腐、管线接口及管道连接方式。⑦ 综合管廊结构设计使用年限应不低于 100 a。综合管廊的结构安全等级应为一级，结构中各类构件的安全等级宜与结构的安全等级相同。裂缝控制等级应为三级。⑧ 综合管廊的建设形式可结合区域地质、施工要求、施工周期等因素选择现浇或者预制。⑨ 综合管廊市政光缆需在轨道交通沿线敷设时，宜考虑利用城市轨道交通在其沿线敷设的光缆纤芯；城市轨道交通在建设过程中，宜考虑市政光缆引入的相关土建及管位预留。⑩ 综合管廊设计时宜考虑海绵城市的雨水渗入通道；综合管廊的人员出入口、逃生口、吊装口、进风口、排风口等宜与植草沟、雨水花园、下沉式绿地等排水设施统筹考虑；综合管廊可根据地形条件及道路实际情况与海绵城市的排放通道相结合；综合管廊可与初期雨水收集池、雨水调用池等海绵城市设施结合设置。

1.1.2.2　优缺点

(1) 安全可靠，抗震防灾能力强

安全性：综合管廊采用钢筋混凝土结构，可有效防止外力对管线的破坏。同时，管廊内的管线不与地下水和土壤直接接触，管线的安全性更高。

可靠性：管廊内各专业管线间的布局与安全距离均依据国家相关规范要求确定，并根据防火、防爆、管线使用、维护保养等方面的要求，沿管廊走向进行区段分隔，监测系统先进，管廊内管线的可靠性高。

可维护性：管廊为封闭的地下安定环境，不受外界因素干扰且内部可通行，便于检查与维修。

抗灾性：综合管廊坚固的结构具有抵御一定程度冲击荷载的作用，在防灾、抗灾、备战方面具有较好的保障能力，能保证水、电、气、通信等城市重要命脉的安全，可抵御地震、台风、冰冻、侵蚀等多种自然灾害及次生灾害。

及时性：市政管廊内外设置监测系统，能确保对市政管廊内部进行全方位的监测，及时发现安全隐患，并及时维护处理，避免重大事故的发生。

(2) 节约与优化地上、地下空间资源

节约地上空间：由于原有道路上的附属设施被集中到综合管廊内，节约了大量宝贵的城市地面空间，为城市地面公共区域规划提供了宝贵的空间资源。

节省地下空间：管廊内管线布置紧凑，有效利用了道路下的地下空间，改变了以前各种管线随意占用市政道路地下空间的局面，为重大建筑物、构筑物的建设腾出了更多可用空间，保障了城市的可持续发展。据测算，相比管线直埋方式，市政管廊建设方式可以少占道路地下60%左右的垂直投影面积。

(3) 改善城市环境

避免了路面反复开挖，使交通更通畅：直埋的市政管线检修不便、状态不明、事故频发，路面反复被挖开，造成交通拥挤和环境污染。管线入管廊后，地面交通不再受管线状态的影响，保证了地面交通和市民生活不受干扰。

井盖数量大幅减少：建设地下综合管廊后，地面井盖大幅减少，对汽车轮胎的冲击和道路的冲击大大减小，减少了交通事故和车辆轮胎磨损，降低了交通噪声。

美化城市：地下综合管廊的建设，使空中蜘蛛网式的电力及通信线缆移入地下，拔除了影响市容的电线杆，大大缩减了地面上的检查井、室，使城市环境整洁、有序，保证了城市景观更加和谐。

(4) 理顺管理体系

城市地下综合管廊的统一规划为打破传统管线行业的垄断地位提供了难得的机遇。长期以来，各行业部门利益不同，导致地下空间条块分割，造成路面反复开挖。而现在综合管廊建设的行政管理级别较高，由国务院下辖各城市高层领导牵头，便于从大局出发，协调统领地下空间的重新布局，革除过去几十年解决不了的顽疾。

(5) 满足城市发展不断增长的需求

地下管廊内不但预留了各专业管道发展的增容空间，而且管廊内管道的更换和扩容也较为容易，满足了城市发展中对排水、通信、电力、给水、燃气不断增长的需求。

(6) 经济性好

管廊的年均建设费用并不高：虽然管廊的一次性投资较大，但管廊的使用寿命相当长，我国规定的设计寿命为100 a，国外则有使用近200 a的实例，分摊到每一年的建设成本并不高。而且采用管廊的管线布设时，避免了传统直埋方式下各专业管线交叉处理的麻烦，简化了施工工艺。

减少管道事故损失：管廊的环境安全，监测手段先进，管网不易发生事故，相对直埋管网的高事故率与高漏损率，因事故减少而带来的经济效益可观。考虑将直埋方式改为管廊后的间接收益，如避免或减少的交通拥堵、环境污染治理、对市民生活的干扰、楼房地铁等公用设施的沉降等，地下管廊的社会效益和间接收益更高。就直埋管线施工造成的事故而言，根据中国工程院钱七虎院士的研究，国内城市中每年因施工产生的地下管线事故所造成的直接经济损失约50亿元，间接经济损失约400亿元，并由此产生极为严重的扰民现象，而管廊在节约城市资源方面的综合效益是极为明显的。

管道增寿：综合管廊内的管线因为不直接与土、地下水、道路结构层的酸碱物质接触，可减少腐蚀，延长使用寿命，从而节省管道长期维护与修建的费用。

降低路面修复费用：地下管廊建成后，不再需要地面开挖，这大大降低了路面的返修费用和工程管线维修费用，增加了路面的完整性和工程管线的耐久性。根据 20 世纪 90 年代国内外城市统计，平均每年挖掘的道路面积占道路总面积的 1/35～1/25，这不仅浪费资金，还为城市生活带来不便。

投资拉动经济：综合管廊建设将拉动经济增长，包括直接施工的基础建设费用和间接拉动的投资，如钢材、水泥、机械设备等方面的投资。

但是地下综合管廊自身也有一些缺点，结合城市发展和地质情况，主要有以下几点：

① 建设综合管廊不便分期修建，一次性投资高，而且各单位如何分担费用的问题较复杂。当管廊内敷设的工程管线较少时，各单位管廊建设费用分摊大。

② 由于各工程管线的主管单位不同，统一管理难度较大。

③ 必须正确预测远景发展规划，以免造成容量不足或过大，致使在综合管廊附近再敷设地下管线或浪费，但这种预测较困难。

④ 在现有道路下建设时，规划新建工程管线将花费较多费用而造成施工困难。

⑤ 各工程管线组合在一起，容易发生干扰事故，如电力管线出现火花就有造成爆炸的危险，所以必须制定严格的安全防护措施。

1.1.3 地下物流

20 世纪 80 代物流概念传入我国后，首先在企业物流领域产生了巨大的作用，物流成本得到了广泛关注，特别是 20 世纪 90 年代以来，以信息技术为支撑，以供应链管理技术为核心的大量新技术在物流领域的应用极大地提高了物流效率、降低了物流成本，从而使物流所蕴含着的巨大的经济价值得以显现，引起了社会的普遍关注。广义上的物流泛指物质实体在时间和空间上的流动，包括经济界、社会界和自然界的所有物质实体的运动。

物流系统是指按照计划为达成物流目的而设计的相互作用的要素的统一体，其目的与作用是将物品按照规定的时间、规定的数量，以最合适的费用，准确无误地送达目的地，完成物品使用价值的物理性转移，最终实现物品的社会价值。除了传统的公路、铁路、航空及水路物流系统，还有一种运输方式就是地下物流系统，它是指城市内部及城市间可通过地下管道、隧道等运输货物的一种全新概念的运输和供应系统（图 1-11），将物流基地或园区的货物通过地下物流系统配送到各个终端，这些终端包括超市、工厂、中转站甚至是小区。

图 1-11　地下物流系统

目前，地下物流系统主要有管道和轨道两种。现在城市中使用的自来水管道、煤气管道、暖气管道、天然气管道以及废污水的排放管道都是地下物流系统的雏形。在19世纪,管道形式的地下物流系统就已经出现,这些管道运输共同的特点是只能输送连续介质的气体或液体,目前管道运输系统也能够输送固体货物。轨道式地下物流系统以自动导向车、两用卡车等作为运输工具,在自动导航功能条件下以电为驱动动力来实现自动化行驶。轨道式地下物流系统运输最高速度可达100 km/h,运输的物质形态多样,能够运送固、液、气等各种形态的货物。目前,轨道式地下物流系统的发展受到越来越多国家的重视,各国加大了对它的理论与实践研究。轨道式地下物流系统不仅是研究热点,也是未来城市地下物流系统发展的主要方向。

地下物流在英国应用较早,自1928年以来在伦敦街道下面20 m处就运行着一个邮件轨道系统连接着Paddinoton(帕丁顿)和Whitechapel(白教堂)之间10.5 km双轨线上的9个区,每天处理大批信件和包裹,如今又计划用该系统向牛津街上的大商店配送货物。另外,在伦敦还有一条新的自动化地下管道系统,管的内径为2.8 m,每辆运输车的载量为1 t,行驶速度为60 km/h,其主要特点是充分利用管道系统(包括气力管道和水力管道系统),优点在于能够合理利用现有管道运输的动力能量,在此基础上搭配其他货物运输,从而将现有资源合理整合运用。它的局限性在于管道横截面不是很大,只能运送体积不大的货物。

德国主要致力于以传统的地面交通和城区地下轨道交通共同组成未来城市立体化交通运输系统的研究与应用,研究了一种地下管道运输和供应系统。该系统快捷方便,能达到36 km/h的恒定运速,它的主要特点是将地下物流系统与城市交通结合起来,其优点在于可以充分利用城市地下轨道交通已有的各种便利设施来开展地下物流配送,不需要重复建造地下物流所需的轨道设施,从而达到“一物两用”之效。该系统充分体现了轨道运输的优点,即污染物零排放,无噪声污染,而且系统能耗低、成本低,运输工具寿命长,不用经常修理。局限性主要是它以交通为主,这种限制下的规划不如全新物流系统那样随意。

建立专业的地下物流系统是荷兰发展城市地下物流系统的显著特点。荷兰首都阿姆斯特丹有着世界上最大的花卉供应市场,往返在机场和花卉市场的货物供应与配送以前完全依靠公路,对于一些对时间性要求很高的货物(如鲜花、水果等),拥挤的公路交通将是巨大的威胁。供应和配送的误时会严重影响货物质量,因此人们在机场和花卉市场间建立一个专业的地下物流系统,整个花卉运输过程全部在地下进行,只在目的地才露出地面,达到快速安全的目的。它的特点是服务对象明确,针对性强。因此系统设计构筑和运行等均需全部按照货物质量标准来规划,其局限性在于造价高、工程复杂。

地下物流技术在人口相对集中、国土狭小的日本得到了广泛的关注。2000年日本把地下物流列为未来10年政府重点研究开发的高新技术领域之一。主要致力于研究开通物流专用隧道并实现网络化,建立集散中心形成地下物流系统(图1-12)。日本建设主管部门下辖的公共设施研究院在对东京的地下物流系统的交通模拟、经济环境因素的作用分析以及地下物流系统的构筑方式设计等基础上拟建地下物流系统,其地下通道总长201 km,设有106个仓储设施,通过这些设施可以将地下物流系统与地面系统连接起来,系统建成后能承担整个东京地区36%的货运,使地面车辆运行速度提高30%。运输网络分析结果显示每天将会有超过大批车辆使用该系统,成本效益分析显示每年的总收益能达12亿日元,其中包括降低车辆运行成本、行驶时间和事故发生率以及减少二氧化碳和氮化物的排放量带来的综合防治效益。该系统规模大、涵盖范围广,它的优点在于综合运用各学科知识并和与此相关的地理信息系统(GIS)紧密结合，前期研究深入透彻，保证了地下物流系统的高效、高质量、高经济效益以及高社会效益。

图 1-12　地下物流系统专用管道

地下物流系统具有以下优越性：

(1) 符合城市可持续发展的要求

地下物流系统通过合理开发利用地下空间，节约了地面土地资源，有效缓解了地上交通压力，降低了交通事故率。更重要的是，其采用电力作为动力进行运输，是一种绿色运输方式，属于循环经济发展方式，符合我国资源节约型社会的发展需要，是实现城市可持续发展的必然选择。

(2) 完善现代综合交通运输体系

我国《"十三五"现代综合交通运输体系发展规划》指出：构建现代综合交通运输体系，是适应把握引领经济发展新常态，推进供给侧结构性改革，推动国家重大战略实施，支撑全面建成小康社会的客观要求。"十二五"时期，我国各种交通运输方式快速发展，交通运输基础设施网络初步形成。然而，"十三五"时期，交通运输发展面临的国内外环境错综复杂，相应的综合交通运输发展水平与经济社会发展要求相比仍然存在一定差距。地下物流系统的出现为发展新型综合交通体系提供了新思路，为应对货运发展困局提供了新方法新技术。

(3) 优化城市经济结构

地下物流系统自成一体，它与地面运输互不妨碍，也不受气候变化的影响。货物经由地下隧道、管道等输送通道，运送到相应的货物运输场站、物流园区、物流集散中心等，然后通过特定的运输工具和信息控制系统，运送到城市内的商场、超市、医院、仓库、堆场或个人等客户端，可实现高效、智能化、无中断物流运输，同时也在实现零库存方面起着积极的作用。地下物流是提高城市货物运输通达性和质量的有效途径，它能带动其他相关经济领域的发展，提供更多就业岗位，实现整个城市经济结构的优化，提升其综合竞争力。

(4) 提高货物运输效率

城市地下物流系统具有较高的自动化运作水平，运输速度快，货物到达时间准，良好的硬件设备可以保证货物的安全并实现高效的配送。地下物流系统可以最大限度地满足人们对物流的需求，提高物流的运输效率和物流服务满意度，很好地弥补传统物流存在的不足，更能适应社会的快速发展。随着电子商务的蓬勃发展，地下物流系统可以充分发挥自身的公共服务能力，扩大交通多样化有效供给，全面提升服务质量效率，从而真正实现人畅其行、货畅其流。

1.1.4 地下仓库工程

地下仓库是修建在地下的储物建筑，用以短期或长期存放生活资料与生产资料。1983年6月，联合国经社理事会(ESC)自然委员会的第八届会议通过决议指出，“地下空间，特别是在储存水、燃料、食物和其他物品，以及在供水、污水处理和节能等方面的潜力应该予以足够重视”。

地下环境对于许多物质存储有突出的优越性，具有防空、防爆、抗震、防辐射等防护性能，以及热稳定性、密闭性等方面的优点；地下仓库同时具有占地面积小和库内发生事故时对地面波及较小、储存成本低、质量高、经济效益显著、节省地面仓库用地等突出优点。

但是，地下仓库初期投资大、工期长，拟建造地下仓库应与建造地面仓库进行经济比较后确定。对于地下粮库，对防火、防水、温度、湿度等要求较高。

地下仓库根据用途，可以分成不同的种类，现在比较常用的地下仓库类型包括地下燃油库、地下储气库、地下粮库、冷库、商品库及水库等。

1.1.4.1 地下燃油库

把液体燃料储存在地下，具有储量大、损失少、安全和经济的特点，因此，在各类地下仓库中，液体燃料库始终占有很大的比重，并有着巨大的发展潜力。

地下燃油库有多种类型，不同类型之间通常采用不同的密封原理，常见的油库类型有金属罐油库、地下水封石洞油库、地下盐岩洞式油库、软土水封油库等。

(1) 金属罐油库

金属罐油库由岩石中的洞罐、操作间、通道、风机房等组成。洞罐有立式罐和卧式罐两种。立式罐体为圆柱形，顶为半球形或割球形，钢罐与洞壁间留有 0.7～0.9 m 的空隙，顶部留有 1.0～1.2 m 间隙，以便施工和维修，所以也称为离壁钢罐。卧式罐又分为离壁式和贴壁式两种，卧式离壁罐与立式罐基本相同，只是钢油罐是卧式横放的，故岩洞一般为直墙拱顶硐室。卧式贴壁罐是在洞室的衬砌和底板上贴一层钢板或丁腈橡胶板，可直接储油。

(2) 地下水封石洞油库

液体燃料的相对密度一般小于1，因此遇水时总是浮在水的上面，不相混合。根据这一特点，可将液体燃料储存在地下水位以下，靠水和液体燃料的压差来储存液体燃料，而且不会造成流失。图1-13所示为地下水封石洞油库。

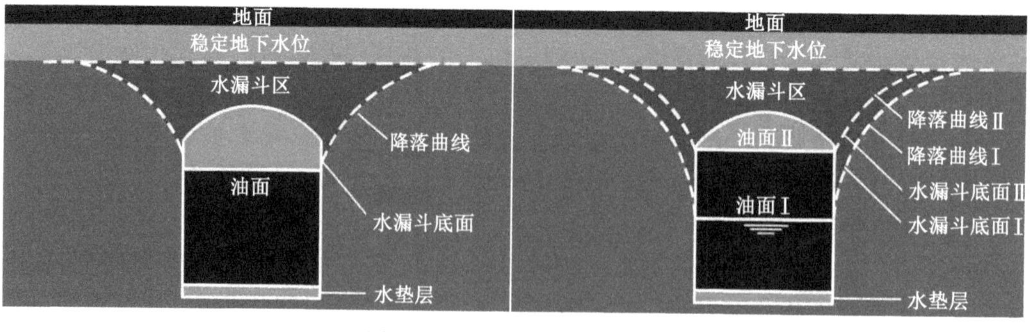

图1-13 地下水封石洞油库

地下水封石洞油库的储油方法有变水位法和固定水位法两种。变水位法通过调节水垫层高度，使液面高度在收发油的过程中保持不变，始终离罐顶一定高度。这种储油方法基本无气体空间，蒸发损耗非常小；但是，反复调节水垫层高度增大了污水处理的难度。固定水位法油罐水垫层的高度不随油品储量多少而变化，始终保持一定值，油面上有变动的气体空间。这种储油方法适用于周转量低的储备油库，能够减少设立大规模水处理设备的费用；但是，油面上的气体空间导致储油蒸发损耗、油气处理量大，而且容易发生火灾及爆炸事故。

(3) 地下盐岩洞式油库

地下盐岩洞式油库是在盐岩层中，用水浸析的方法构筑洞室储藏石油的一种储存方法。石油在盐岩层中不渗透，长期储存性质不变。其开挖费用低，又不需要维护，因此成为一种理想的储油方法。

该方法是用水通过钻孔浸析岩盐，使之成为设计形状和容量的储存油库。如图1-14所示，(a)表示在厚盐岩层中，用水浸析形成椭球状油库的过程。从地面钻进垂直钻孔，孔深可达数百米，并在钻孔中下套管1，由进水管2注水溶解、浸析岩层，然后由管3把岩盐溶液的溶液抽出，这样在盐岩层中逐渐形成了洞5。当洞室达到设计形状和大小后，液体燃料即可经过管4储入椭球洞室之中。此种类型的盐岩洞库要求的盐岩层厚度一般大于50 m。

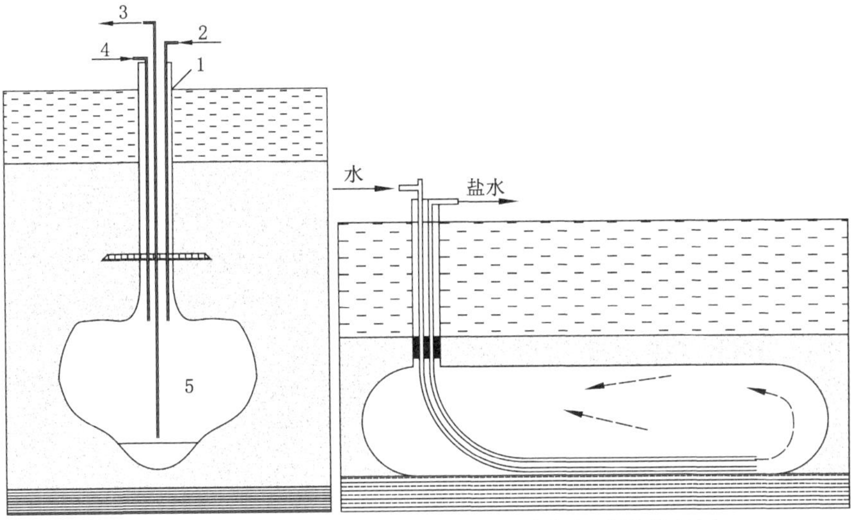

(a) 厚盐岩层的椭球状油库　　(b) 有限厚度盐岩底板坑道式油库

图1-14　地下盐岩洞式油库形成原理

如果盐岩层厚度有限，在30～50 m之间时，如图1-15(b)所示，可应用倾斜钻孔沿盐岩底板行进并逐渐水平钻进，再通过注水和抽出盐液，在层内逐渐形成坑道式的洞式油库。

(4) 软土水封油库

把混凝土结构的储油容器埋置于稳定的地下水位以下的软土之中，利用地下水的压力封存罐内油品的设施称为软土水封油库，如图1-15所示。在我国北京、上海、天津、广州等城市建造有这类油库，为平原地区稳定储油的一种方式。

软土水封油库工作原理及分类与水封石洞油库类似，也可以分为固定水位法和变动水位法。但因这类油库多作为使用性油罐，收发油作业频繁，一般采用固定水位法。不过，若储存轻质油品，又是作为储备性油罐，则应采用变动水位法，这样对罐体结构设计有利。

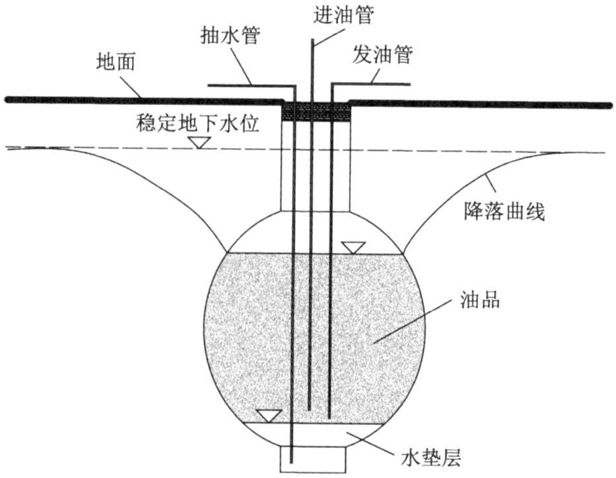

图 1-15　软土水封油库

1.1.4.2　地下储气库

地下储气是利用地下气密的多孔岩层或洞穴来储存天然气，是经济和较安全的储存大量燃气的方法。地下储气库的主要作用是调节燃气的季节供需不平衡，保证供气高峰的需求；使长距离输气管线和设备均衡运转，以提高管线和设备的利用率，降低输气成本；在发生事故等紧急情况下保障供气。

地下储气库应该建在靠近大量用气的地区。气体液化后，体积大为缩小，有利于储存。为了使天然气或石油气在液体状态下储存，储气库应能提供低温或超压条件。例如，在常压下，保存液化天然气必须有－161 ℃的低温；在常温下，液化石油气必须在超压为 0.25～0.8 MPa的条件下储存。

常见的地下储气库类型有枯竭油气层储气库、地下含水层储气库、地下洞穴储气库、地下储罐、内衬岩洞储气(LRC)库。

(1) 枯竭油气层储气库

利用枯竭油气层作储气库，一般不需要建设费用，可利用原有的井注气和采气。储气库中必须存有部分气体作为垫层气，而枯竭油气层通常都有残留气体可直接利用，不必再充垫层气。这是一种最经济的储气库，地下储气库中 80%以上属于此种类型。

(2) 地下含水层储气库

地下含水层储气是利用背斜含水砂层构造来储气，或利用构造平坦但面积较大地层储气。含水砂层应有较大的厚度、孔隙率和渗透率，以及合适的深度。渗透性对燃气注入和采出的速度有重大的影响。若渗透率高，排气时水能很快压回，可回收一部分消耗与注气的能量。

(3) 地下洞穴储气库

类似于盐岩洞式油库，地下洞穴储气是向盐岩层中注入淡水，将盐岩层溶解，再将盐水排出，形成溶洞进行储气。这种储气库密闭性好，储气压力高，采气率大。但与含水层储气库相比，储气量较小，单位容量投资高。也可利用废矿井储气，但要求盖层和矿井密封，此方法一般储气压力较低，故这种储气库的数量很少。

(4) 地下储罐

储气罐储气对象有 LNG 和 LPG 两种，LNG 是 liquefied natural gas(液化天然气)的缩写，LPG 是 liquefied petroleum gas(液化石油气)的缩写。地下储罐具有以下优点：① 占地面积小，能高效利用有限的土地资源；② 液化天然气和液化石油气不会泄漏至地面；③ 外观不会给人危险感，容易被公众接受。

(5) 内衬岩洞储气库

内衬岩洞储气库，是在比较坚硬的岩石中人工挖出一个洞室，利用岩石的高抗压性，在洞室内做一层比较薄的钢内衬(该内衬主要起密封作用)，用来储存气体。在地下 100～200 m 深的有内衬的岩石洞穴中储存高压气体，高压气体产生的荷载主要由围岩承受，内衬仅仅起到密封作用。

1.1.4.3　地下粮库、冷库、商品库及水库

(1) 地下粮库

地下粮库的主要任务是尽可能长时间和尽可能多地储存粮食，保证战时粮食供应并兼顾平时使用。根据资料，粮食储藏的最合适条件是温度为 15 ℃左右，相对湿度一般在 50%～60%之间，而地下储粮可以用较少的投资满足上述要求。

粮食储存的基本要求：具有可靠的防火洞库与设备；保证储存期间保持规定温度、湿度，防止霉烂变质、发芽；具有良好的密封性与保鲜功能，既不发生虫、鼠害，又能保持一定的新鲜度；便于检测。

(2) 地下冷库

地下冷库是建在地下用于在低温条件下储存物品的仓库，也称为地下藏库。地下冷库主要用于存放食品、药品、生物制品等。

地下冷库按照所需要的温度条件的不同，分为“高温”冷库和“低温”冷库。“高温”冷库主要用于蔬菜、水果等的保鲜，库内温度为 0 ℃左右；“低温”冷库用于储存各种易腐烂变质的食品，如肉类、鱼类、蛋类等，库内温度为－30～－2 ℃。

与地下停车场类似，地下冷库可建在岩层或土层中，有单建式或附建式。不论哪种类型的冷库，地下环境都为其提供了十分有利的条件。地下冷库具有如下优点：密闭性能好、温度稳定、节约材料、投资少、消耗能源少、维修费和运营费用低；其防护力强，利于备战，还可以节约土地资源，保护环境。

(3) 地下商品库

商品库有商店用品库、生产厂家堆放商品库、运输站、码头的临时堆放库等。总之，这些库的商品进出频繁，储留时间短，取货与存货较快，有些大的仓库可以直接用集装箱堆放。

如果商品库建在岩石中，一般造价仅为地面相同建筑物的 30%～50%。由于岩层的低温性，能源消耗相当于地面的 50%。

(4) 地下水库

调蓄水资源是应对降水时空效应的重要途径之一。除了利用江河湖泊等天然水外，世界各国愈来愈多地通过修建水库调蓄水资源。

我国已经开始实施地下水库调蓄工程，如北京西郊、山东龙口、大连旅顺等地都已经修建了地下水库，积累了一些经验。处于永定河冲积扇上部的北京西郊地下水库是多年调节型地下水库。该地下水库利用旧河道、平原水库、深井、废弃砂石坑进行回灌，取得一定效果，使得永定河河床地下水位上升 2～3 m。

1.1.5 地下井巷工程

井巷工程，是为采矿或者其他目的在地下开掘的井筒、巷道和硐室等工程的总称。

井巷工程的任务是在地下建设所需的空间结构，并保持其稳定性。它需要通过破岩开挖，穿过和进入岩石和土这类地质体中，并保持开挖空间的稳定性。所以，井巷工程的破岩开挖和维持稳定，首先涉及岩石和土这类介质的物理与力学性质；同时，保持井巷围岩稳定需要采用多种多样的人工支护手段，如常见的棚式支架、金属支架、混凝土支架、料石或混凝土砌碹，以及锚喷支护等，这些不同的支护结构形式都是由建筑材料制造的。所以，为合理地使用支护结构，需要正确认识和了解各种构成井巷工程支护的常用建筑材料的特性。

在煤炭行业中，井巷工程包括矿山建设工程、矿井生产准备工程、矿井延深工程、矿井辅助工程等。

① 矿山建设工程：为了将煤从地下采出，应从地表开凿一系列的井筒、巷道与硐室到达煤层，这个阶段开掘的这些工程称为矿山建设工程。

② 矿井生产准备工程：移交生产后，随着采煤工作面和采区的不断推进，还要及时准备好巷道，以保证采煤工作面与采区的正常接续，这个阶段开掘的水平或倾斜准备巷道、硐室等工程称为矿井生产准备工程或开拓工程。

③ 矿井延深工程：在上一生产水平煤层开采完之前，就要着手进行井筒延深和新水平的开拓，以保证水平的及时接替，这个阶段开掘的水平或倾斜巷道、硐室等工程称为矿井延深工程。

④ 矿井辅助工程：由于矿井生产是地下作业，受自然地质条件的影响，随时要与水、火、瓦斯等灾害做斗争，为保证采矿生产安全，还需要施工一系列运输、排水、通风及行人等工程，这些工程称为矿井辅助工程。

井巷工程具有以下特点：

① 井巷工程自然条件差，地质情况复杂，施工难度大，危险性大。

② 井巷工程施工周期长，施工工艺复杂，工序短、连续多变、转换频繁，需 24 h 不间断施工。

③ 工程质量检查验收空间有限，难度大，井巷工程的分部、分项不如地面建筑安装工程那么明显。

④ 井巷工程的分项按循环交替进行作业，其分部按进度平行作业，因而分项、分部工程质量检查在同一检查期进行。

1.1.6 煤田地热工程

深部煤矿地热开发利用方法主要包括充填埋管取热、采空区矿井水取热和深部煤矿含水层取热。

(1) 充填埋管取热

充填埋管取热主要是利用充填开采工作面的导热充填体传递围岩热量，并由管路中的取热介质提取地热能。该方法利用地埋管的方式在充填区周围进行换热，实现地热能的开采。随着采煤充填工作面的推进，在采空区或废弃煤矿区预铺设埋管。取热时，将温度较低的取热工质泵入埋管系统，随着取热工质在管道内的循环，不断与周围环境发生热交换并逐步升温，当温度达到热能利用阈值时，将被加热的取热工质提取至地表加以利用。其技术原理如图 1-16 所示。

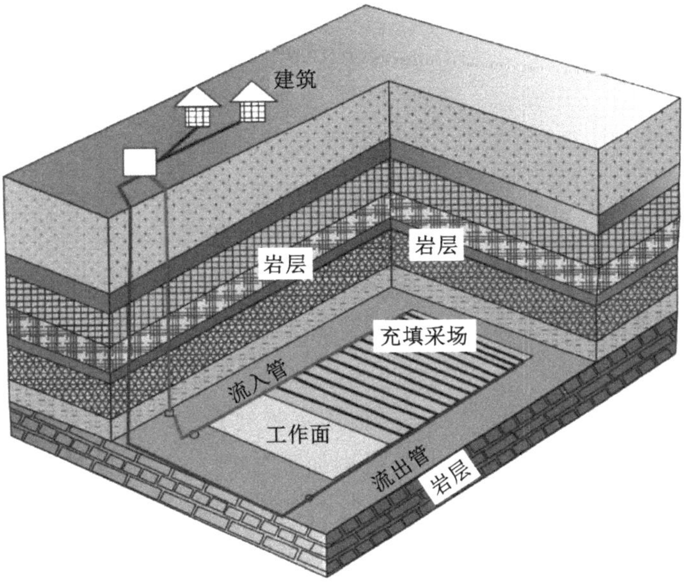

图 1-16　充填埋管取热技术原理

充填埋管取热的关键在于导热充填材料以及埋管的布置方式，研发抗变形易换热的管路及介质、井下热能温度智能在线监测装备等关键装备也是支撑充填埋管取热法智能化、自动化的必备条件。

(2) 采空区矿井水取热

采空区矿井水取热主要是利用煤层开采后顶板垮落形成的采空区以及开拓巷道，通过矿井水开采并提取地热能的一种技术。一方面，当煤矿关闭或废弃后，其地下巷道往往会遭受水淹，积存大量矿井水，尤其在深部区，这些矿井水的温度一般较高。另一方面，垮落法管理顶板开采时，在工作面四周构筑人工坝体挡墙，与相邻工作面间留设的煤柱共同构成防渗储水空间，利用采空区顶板裂隙渗透水或人工补给水，形成采空区密闭储水空间。

早在 20 世纪 80 年代，加拿大便开始开采矿井水以用于地热能提取并为 14 000 m^2 矿区工厂供暖。目前，荷兰、德国、英国和加拿大等都有开采煤田矿井水以实现地热能提取的实例。

(3) 深部煤矿含水层取热

深部煤矿含水层取热是以煤层下方含水层为采热对象，通过利用煤炭开采或煤炭与地热资源协同开采系统及空间，向煤层下方深部含水层施工生产井和回灌井进行地热能提取的一种技术。通过煤炭资源开采空间向深部含水层施工生产井，提取以水热为主的热能资源，同时为了保证地下水的平衡，在同层含水层施工回灌井，并通过回灌井向深部含水层注入等量换热之后的矿井冷水，经一定循环周期，水温达到平衡之后，再通过生产井提取含水层热能。为了保证含水层热能提取的高效性，可在煤炭开采空间同时布置多对生产井和回灌井。

1.2 地下空间工程特征

地下结构与地面结构相比，由于它们在计算理论和施工方法等方面具有很多不同，因此其力学作用机理以及所采用的理论和方法等方面均有所差异。

1.2.1 地面结构体系

地面结构一般都由上部结构和地基组成。地基只在上部结构底部起约束或支承作用，除了自重外，荷载都来自结构外部，如人群、设备、列车、风力等[图 1-17(a)]。

1.2.2 地下结构体系

地下结构是指埋入地层中的，四周均与地层紧密接触的一种结构形式。结构承受的荷载来自洞室开挖后引起的周围地层变形和坍塌而产生的力，同时结构在荷载作用下发生的变形又受到地层给予的约束[图 1-17(b)]。地下结构根据周围地层的情况分成以下两种。

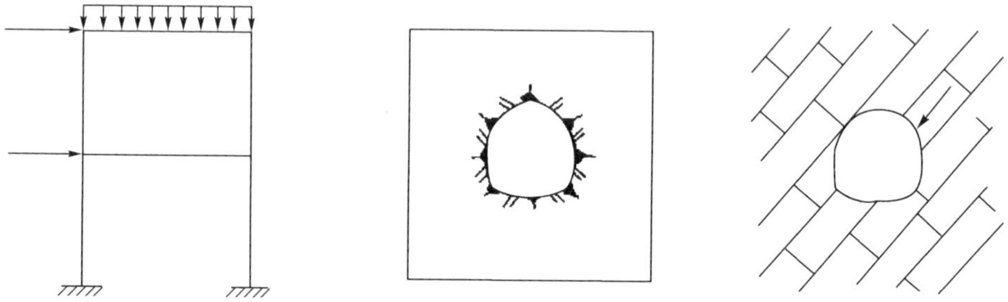

(a) 地面结构　　(b) 地下结构

图 1-17　地面结构与地下结构示意图

(1) 在地层稳固的情况下，开挖出的洞室甚至可以不设支护结构而只留下底层，如我国陕北的黄土窑洞。因此，周围地层能与地下结构一起承受荷载，共同组成地下结构体系。地层既是承载结构的组成部分，又是形成荷载的主要来源。

(2) 在非稳固地层中，需要修建支护结构，即衬砌，它是在坑道内部修建的永久性支护结构。支护结构有两个最基本的使用要求：一是满足结构强度、刚度要求，以承受诸如水、土压力以及一些特殊使用要求的外荷载；二是提供能满足使用要求的工作环境，以保持洞室内部的干燥和清洁。

地下工程与地面建筑工程的对比情况见表 1-1。

表 1-1　地下工程与地面建筑工程对比

项　目		地下工程	地面建筑工程
地质条件	特点	复杂多变，意外情况较多	简单明确
	对工程的影响	较地面建筑影响更大	决定基础的设计与施工

表 1-1(续)

项目		地下工程	地面建筑工程
力学分析与设计方法	受力结构	(1) 在岩体中开挖，围岩与支护共同组成承载体，受力结构不明确。 (2) 工程结构在超负荷时具有可缩性。 (3) 几何不稳定的结构在地下工程中可能稳定	在地表筑基础，其上建结构，受力结构明确
	材料特性	(1) 岩体亦可视为地下结构的建材。 (2) 岩体一般是非均质、非连续、非线性、有流变性的	(1) 主要结构材料一般是人造的。 (2) 材料均质、连续，在正常荷载下表现为线弹性，流变性可忽略
	外载条件	(1) 初始地应力场为主要荷载来源。 (2) 先受力后开挖。 (3) 原岩应力及边界条件不明确。 (4) 支护压力不是定值，而是变值；不仅与围岩性质有关，还与支护结构的性质有关	(1) 结构承载包括恒载(如结构自重、永久承重等)、活载(如风载、楼面活荷载、移动承载物重力)等。 (2) 结构承载是确知的
	计算参数	往往要进行原位试验与测试	一般在室内进行试验
	计算误差	计算误差常达百分之几十至几倍，甚至一个数量级以上	上部结构的计算误差可小于 5%，下部结构也不超过百分之几十
	设计方法	设计还是以经验准测和模拟法为主	已形成统一的标准和设计规范
实施	施工	作业面狭窄，工期长	场地开阔，便于组织，工期短
	造价	高	低

综上所述，地下结构设计不同于地面结构，它具有以下工程特点。

(1) 地下空间开发具有不可逆性

地下空间是一个连续、整体化结构，在进行地下空间开发建设的同时必须对周围的地质承重结构进行重构或加固，否则必然影响地下建筑物、构筑物的稳定性，甚至发生坍塌事故。而一旦地下空间建筑物、构筑物建成，即意味着新的地质环境应力结构形成，则应当保持稳定，不可轻易再行变动。地下设施建成后，若要改建、重建，一方面建造成本巨大，另一方面恐怕也难以维持地质环境的稳定性、坚固性。所以，和地表建设不同，地下空间开发建设一般均为一次性开发，建成之后，很难像地表建筑物那样可以再行改建，或者重建。

我国在 20 世纪六七十年代建设了许多地下防空工程，当时主要是为了满足战争防空需求，未考虑其他的社会经济功能。随着战争防空需求的消退，许多地下防空工程由于不能适应其他社会经济需求，加之地下空间建设工程的不可逆性，而往往处于闲置状态，极难改造、重建。

(2) 地下空间开发具有整体性

相较地面开发建设，地下空间开发建设更具有整体性的特点：第一，地下空间设施与其配套设施关系密切，必须整体考虑。地下空间设施的通风、采光、出入口等配套设施对于地下空间设施能否正常使用具有决定性意义，且考虑地下空间开发的不可逆性，故必须在地下空间设施开发之初，即予以一体化考虑，同时设计、同时建造，否则，势必会影响将来地下空间设施的实际使用效能。而对于地表建筑物而言，出入口、给排水、输电线路等配套设施建设往往存在事后补救的空间。第二，地下空间设施内部结构也必须予以整体化设计，统筹安排相关的内部功能。对于地表建筑物而言，根据使用用途需求相应地改造内部建筑结构，一般还是可行的。但是，因为地下设施空间狭小，对于既成的地下建筑物、构筑物再行改建，成本巨大，实践中往往很难操作。如建筑物内部通道的位置，地表建筑物完全可以事后出于特定需要进行改造，但对于地下空间建筑物而言，受地下通风、采光、地质、出入口等因素制约，内部格局的重新设置往往存在较大困难。

(3) 地下空间开发成本高，利用效益相对较低

对地下空间进行开发，必须首先将地下空间中的岩石、土等介质予以清除，同时，为了维持地下空间建筑物、构筑物周围地质环境的稳定性、坚固性，还必须对周边地质结构进行加固和重塑，这些势必都要增加建造成本。据统计，北京、上海、广州等城市修建的地铁，平均造价为每千米6亿～8亿元，是地面同样铁路造价的几倍甚至几十倍；在江西南昌地区，地下空间开发建设成本达到5 500元/m^2，而同样地段的地表建设成本一般不超过3 000元/m^2。与地下空间建筑物、构筑物建造成本高相对应的却是，地下空间设施利用效益相对较低。由于处于地下空间，阳光无法直射，空间感以及人体舒适性大大降低；由于处于封闭环境，空气流通不畅，空气湿度大，且有毒有害气体及异味难以排出；由于处于地下封闭环境，缺少有效参照物，人体方向性和方位感较差，空间定位较难；由于处于地下空间，区域狭小，周转不便，一旦发生灾害事件，既不利于地面及时组织救援，也不利于地下人员及时疏散。总之，和地表建筑设施相比，地下空间设施在利用效益方面逊色很多。

(4) 地下空间设施大多为公益设施

从理论上看，地下空间建筑物、构筑物可以广泛用于民事、商事、市政、交通等各类用途，但从实践效果看，地下空间设施用于公益性市政、交通用途还是首选。如前所述，地下空间设施在地下通风、采光、防灾、空间定位等方面存在不足，因此，用于民事、商事用途的地下空间在使用者舒适度、经济效益方面存在很大局限。但就市政、交通用途，如地下交通、地下管线、地下电站等而言，地下空间设施却具有其独特的优势。一方面，诸多市政、交通设施必须位于城市中心地段，而城市中心地段土地资源稀缺，难以为市政、交通设施提供足够的开发空间。将市政、交通设施移转至地下空间，可以很好地就近解决城市市区建设市政、交通设施难题。另一方面，市政、交通设施内，相关人员停留时间短，通风、采光、防灾等要求较低，同时，一些厌恶性市政设施的污染也容易控制，从而减少对外部空间环境的影响。就目前实践情况来说，地下空间设施大多也是被用于市政、交通设施等公益用途。根据中国国土勘测规划院对天津、上海、重庆等地的调查，整体上而言，地下空间开发利用主要还是用于交通、市政设施等公益用途(天津占总计的57.8%；上海占总计的70%；重庆南岸区占总计的87%，渝中区占总计的92%)，用于民事、商事等经营性开发利用的还是少数(天津占总计的36.6%；上海占总计的30%；重庆南岸区占总计的13%，重庆渝中区占总计的8%)。

(5) 结建式利用地下空间多于单建式利用地下空间

地下空间设施分为结建式地下设施和单建式地下设施。结建式地下设施是指利用地下空间和地表一体建设的建筑物、构筑物，如目前多数居民住宅楼附带的地下车库，地下建筑和地表建筑实为一个整体。单建式地下设施是指单独利用地表下某范围内空间开发的独立建筑物、构筑物，如公共草地下方独立修建的人防设施，其和地表设施之间存在隔离层，不属于一个整体。地下空间设施本身存在建筑成本较大、使用舒适性较差、功能具有配套性等特

点，如果结合地表建筑物一并开发地下空间，以此配合地表土地开发，满足地表土地权利人生产生活需要，还是有相当价值的。实践中，连同地表住宅楼、商业大厦开发的地下车库，地上地下一体化开发的地铁综合体，随同地表厂房开发的地下仓储设施等，大体上均出于此点考虑。而对于脱离地表建设的单建式地下工程，考虑较高的修建成本和较低的使用收益，除非基于特殊需要，一般是不会修建的。实践中，这种单建式地下工程往往多为基于特定目的的市政交通设施或人防设施，前者如公共道路下的地铁隧道，后者如单建的地下防空处所。

（6）地下空间开发主要集中于大城市，特别是中心城区

现实中，受制于建造成本、使用舒适度，以及和土地价格之间的关系，地下空间开发的强度和深度呈现从中心城区向城市郊区、农村区域逐渐递减的趋势。如前所述，地下空间设施的建筑成本巨大，对周围环境影响深远，而同时实际使用效能较低，因此，在可能选择地表建筑开发的情况下，投资者一般是不会开发地下空间的。只有当地表土地稀缺，无地可用，或者地价飙涨，建设成本已经远远大于开发地下空间的建筑成本时，社会主体方才会选择开发地下空间。例如，作为城市核心区域的钱江新城是未来杭州市的新中心，在 4 km^2 的范围内，目前建成和在建的地下空间已经超过 120 万 m^2，开发深度基本在地下 2～3 层，局部地块开发至地下 4 层，预计全部建成后，地下空间开发量达到 300 万 m^2；而同在浙江的绍兴市柯桥区，其地下空间开发状况却是，地下空间主要位于地下一层，开发强度较低，地下空间使用功能也较为单一，绝大部分为停车库。

1.3　地下工程施工工艺

在地下工程的漫长发展历程中，地下工程体的施工工艺不断发展，形成了适应不同地质条件、各具特色的地下工程施工工艺。明挖法施工简便，但对地面影响较大；盖挖法在一定程度上可减小对地面的扰动影响，施工难度相应提高。随着机械化水平的提高，以盾构机、掘进机为主体的暗挖施工工艺逐渐应用，施工效率高、对地面扰动程度低。

1.3.1　明挖法

明挖法是一种先将地面挖开，在露天情况下修筑衬砌，然后再覆盖回填的地下工程施工方法。它是浅地表施工工程常用的施工方法，具有施工简单、快捷、经济、安全的优点。城市地下隧道式工程把它作为首选的开挖技术。根据开挖面是否设置围护结构，明挖法分为放坡明挖和有围护结构明挖两种。

（1）放坡明挖

放坡明挖是指不采用支撑，而采用放坡施工方法进行开挖的基坑工程，也称为大开挖工程。放坡明挖施工工程最关键的是防止塌方，保证施工安全及边坡稳定，如图 1-18 所示。

采用放坡明挖法施工时，为了防止塌方，保证施工安全，在基坑（槽）开挖深度超过一定限度时，将土壁做成有斜率的边坡，以保证土坡的稳定，工程中常称其为放坡。

（2）有围护结构明挖

当基坑开挖深度比较大或基坑周围有重要构筑物或地下管线时，就不能采用放坡明挖了，要设置围护结构。这种施工方法所施工的围护结构主要包括周边围护桩（墙）和坑内支撑结构，如图 1-19 所示。周边围护结构有型钢支护结构、连续墙支护结构、混凝土灌注桩支

护结构。有时为了改善工程周边土体的力学性能，常常对土体进行加固，如采用土钉墙支护技术、锚杆(索)支护技术和注浆加固技术等。

图 1-18 放坡明挖施工

图 1-19 有围护结构明挖施工

1.3.2 盖挖法

明挖法要求施工空间敞开，在城市地下建筑施工过程中，埋深较浅又不允许较长时间占用地面和交通路面的情况下，可以采用盖挖法施工。盖挖法施工分为盖挖顺作、盖挖逆作和盖挖半逆作三种施工方法。

(1) 盖挖顺作法

盖挖顺作法施工顺序如图 1-20 所示。

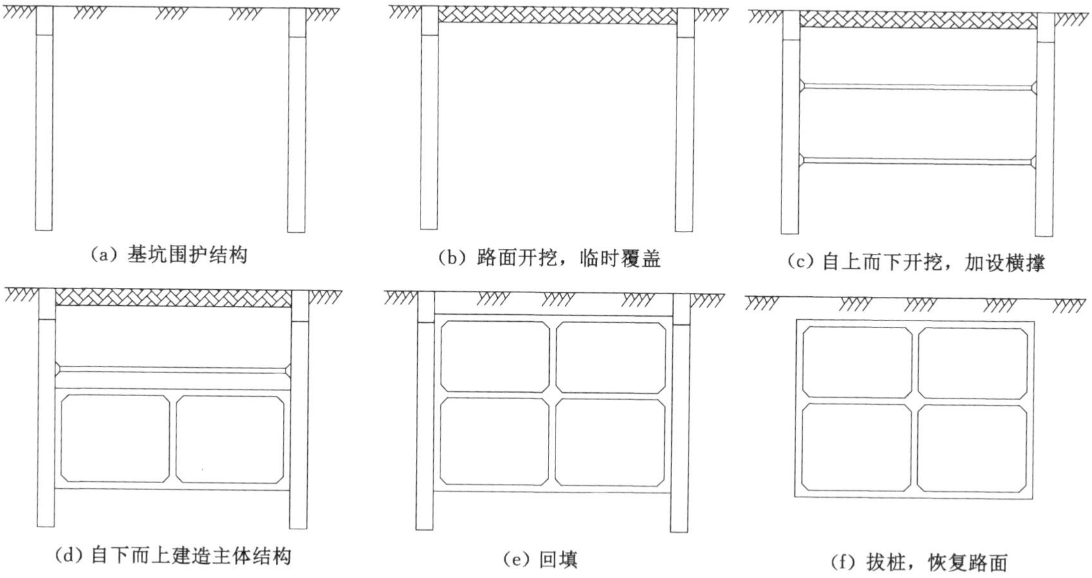

图 1-20 盖挖顺作法

盖挖顺作法是在现有的道路上，按照所需宽度，在地表完成基坑围护结构后，以定型的预制标准覆盖结构(包括纵、横梁及路面板)置于围护结构上维持交通，往下反复进行开挖和加设横撑，直至基坑设计标高。然后依次序由下而上建造主体结构和防水，顶板施工完毕后，拆除预制标准覆盖结构(有时需要将围护桩拔出)，回填土并恢复管线路或埋设新的管线路。该方法施作的覆盖结构是临时结构，在施工完成后要进行拆除，对地面会产生二次影响。

（2）盖挖逆作法

如果开挖面较大、覆土较浅、沿线建筑物过于靠近，为尽量防止因开挖基坑而引起邻近建筑物的沉陷，或需及早恢复路面交通，或临时覆盖结构难以实现或成本较高，可采用盖挖逆作法施工。

盖挖逆作法施工工序如图 1-21 所示。

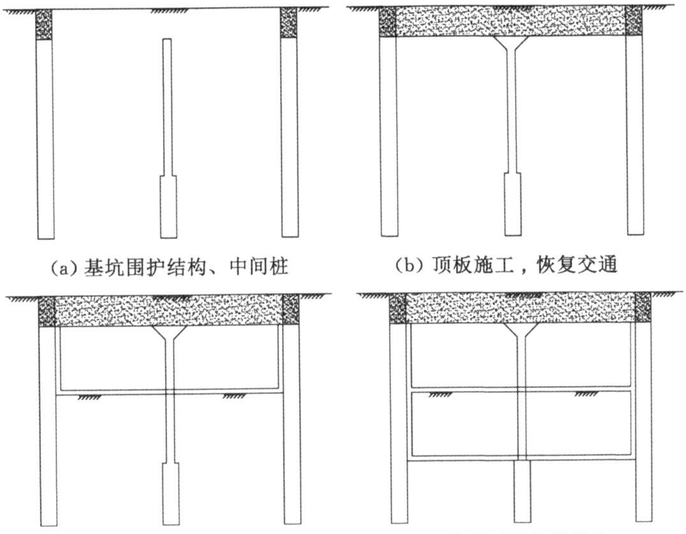

图 1-21　盖挖逆作法

先在地表面向下做基坑的围护结构和中间桩柱，和盖挖顺作法一样，基坑围护结构多采用地下连续墙，或钻孔灌注桩。中间桩柱结构则多利用主体结构本身的中间立柱以降低工程造价。随后即可开挖地表层土，至主体结构顶板底面标高，利用未开挖的土体作为土模浇筑顶板。浇筑后的顶板可以作为一道强有力的横撑，以防止围护结构向基坑内变形，待回填土后将道路复原，恢复交通。以后的工作都是在顶板覆盖下进行，即自上而下逐层开挖并建造主体结构直至底板。盖挖逆作法有效地避免了对地面的二次影响，但是施工难度大。

（3）盖挖半逆作法

类似逆作法，其区别仅在于顶板完成及恢复路面交通后，向下挖土至设计标高后先修筑底板，再依次向上逐层建筑侧墙、楼板。在半逆作法施工中，一般都必须设置横撑并施加预应力。该方法与顺作法相比，顶板为永久顶板，不用二次施工，可避免对地面二次影响；与逆作法相比，采用自下而上施工，可有效降低施工难度。

1.3.3　浅埋暗挖法

浅埋暗挖法的技术核心是依据新奥法（New Austrian Tunneling Method）的基本原理，施工中采用多种辅助措施加固围岩，充分调动围岩的自承能力，开挖后及时支护、封闭成环，使其与围岩共同形成联合支护体系，是一种抑制围岩过大变形的综合配套施工技术。浅埋暗挖一般适用于不宜明挖且含水量较少的各种岩石地层，对于含水量较大的地层，采用降水或堵水等特殊措施后可应用。一般情况下，浅埋暗挖法要进行超前预注浆加固围岩，提高围岩的稳定性，并采取CD工法（中隔墙法）和CRD工法（交叉中隔墙法）开挖，以减少围岩的移动量。支护方面，采用复合衬砌，初次支护重视保证围岩稳定，防止围岩破坏，二次支护为强度较大的支护，起到防止围岩变形作用，施工刚性支护。浅埋暗挖法施工如图1-22所示。

图1-22　浅埋暗挖法施工

浅埋暗挖法施工技术主要包括超前导管和管棚法施工技术、全断面帷幕注浆施工技术、隧道开挖支护施工技术。

（1）超前导管和管棚法施工技术

超前导管和管棚法是地下结构工程浅埋暗挖时的超前支护技术，其实质是在拟开挖的地下隧道或结构工程的衬砌拱圈隐埋弧线上，预先钻孔并安设惯性矩较大的厚壁钢管，起到临时支护的作用；然石进行注浆加固，防止土层塌陷和地表下沉，以保证掘进与后续支护工艺安全运作。

在交通繁忙的城市道路、铁路，或建筑物下修建横贯轨道、地下仓库、车场等建筑物时，由于地面荷载较大，为防止施工时地表下沉影响地面，可采用超前导管或管棚超前支撑技术使地下隧道或硐室工程顺利实施暗挖掘进。管棚施工技术适用于地下工程的特殊地段或困难地段，如软弱土层、极破碎岩层、塌方体及岩堆区等。当遇到流塑状软岩地层或岩溶区严重流泥地段时，管棚结合预注浆可成为有效控制方法。

（2）全断面帷幕注浆施工技术

全断面帷幕注浆施工是通过超前注浆，在工作面前方一定范围内形成注浆固结体，然后进行浅埋暗挖施工的技术，主要包括注浆孔成孔和注浆两个部分。

注浆孔成孔：由设计计算出注浆孔的精确位置，以及各注浆孔的角度和长度。施作注浆孔的顺序为先上后下，先外后内。在每完成一个注浆孔时应及时退出钻机，然后安装注浆管。完成注浆管安装后，对工作面进行二次封闭后再注浆。

注浆：注浆大多采用后退式分段注浆，在对每一根管操作后退式分段注浆之前，要对所有注浆管进行填充加固。为了确保注浆时不产生裂纹和隆起，还要对工作面喷射混凝土做封闭处理。

(3) 隧道开挖支护施工技术

隧道开挖支护施工时,要严格按照导坑法组织施工。具体施工顺序:首先,开挖及支护双向隧道的中导硐;其次,施作隧道中隔墙,恢复中导坑的横撑;然后,分先后开挖及支护两侧导硐;最后,进行两侧导硐二次衬砌施工。

1.3.4 矿山法

对基岩中的地下工程,采用传统的钻爆法、臂式掘进机开挖的方法统称为矿山法。矿山法施工是我国隧道工程的主要施工方法,也是城市地下工程的施工方法之一。它适用于不宜明挖施工,地层自身具有一定自稳能力,或通过降水、加固等措施后地层具有一定自稳能力的各种地层。

臂式掘进机受地质条件影响较大,仅适用于松软破碎岩层环境,目前矿山法采用掘进机的较少。采用钻眼爆破方法施工对坚硬围岩施工环境适应性较好,是常采用的硬岩隧道施工办法。在采用钻眼爆破法开挖城市地下工程时,为了减少超挖或欠挖,严格控制对围岩的扰动,必须采用光面爆破技术;大断面分步开挖时,可考虑采用预留光爆层的光面爆破。

1.3.5 盾构法

盾构法是指使用盾构机在地下掘进,在护盾的保护下,安全地进行开挖和管片衬砌作业,从而构筑成隧道的施工方法。盾构法的主要工序包括:先在隧道某段的一端建造竖井或基坑,以供盾构安装就位;盾构从竖井或基坑的墙壁预留孔处出发,在地层中沿着设计轴线,向另一竖井或基坑的设计预留孔洞推进。盾构推进中所受的地层阻力,通过盾构千斤顶传至盾构尾部已拼装的预制衬砌,再传到竖井或基坑的后靠壁上。

盾构施工方法由稳定开挖断面、盾构机挖掘和管片衬砌三大部分组成。盾构法施工具有以下优点:

(1) 盾构法施工在地下进行,不影响地面交通,可减少对附近居民的噪声和振动影响。

(2) 施工费用不受埋深的影响,有较高的技术经济优越性。

(3) 盾构推进、出土、拼装衬砌等主要工序循环进行,易于管理,施工人员较少。

(4) 穿越江、河、海时,不影响航运。

(5) 施工不受风雨等气候条件影响。

盾构法施工如图 1-23 所示。

图 1-23 盾构法施工

1.3.6 顶管法

顶管法施工一般是先在工作坑内设置支座和安装液压千斤顶，借助主顶千斤顶(液压缸)及管道间等的推力，把工具管或掘进机从工作坑内穿过土层一直推到接收坑内并吊起，与此同时，将预制的管段紧随工具管或掘进机后面顶入地层。这是一种顶进、开挖地层、管段接长同时进行的管道埋设方法。施工现场如图 1-24 所示。

图 1-24　顶管法施工

顶管法是继盾构法之后发展起来的，可直接在松软土层或富水松软地层中敷设中、小型管道的一种施工技术。它无须挖槽或开挖土方，可免除为疏干和固结土体而采用降低水位等辅助措施，从而大大加快了施工进度。在特殊地层和地表复杂环境下施工，具有很多优点。

顶管施工是一种表土层地下施工方法，主要用于地下进水管、排水管、煤气管、电信电缆管的施工。简单地概括，就是利用顶推力将管子顶入地层，作为隧道通道或其他地下构筑物。其施工原理如图 1-25 所示。

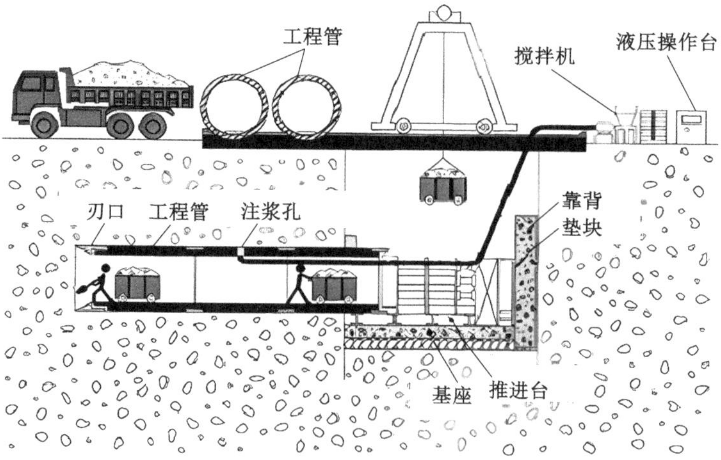

图 1-25　顶管法施工原理

1.3.7　特殊法

（1）沉管法

沉管法是预制管段沉放法的简称，是在水底建造隧道的一种施工方法。其施工顺序是：先在船台上或船坞中制作隧道管段（用钢板和混凝土或钢筋混凝土），管段两端用临时封墙密封后滑移下水（或在坞内放水），使其浮在水中，再拖运到隧道设计位置。定位后，向管段内加载，使其下沉至预先挖好的水底沟槽内。管段逐节沉放（图 1-26），并用水力压接法将相邻管段连接。最后拆除封墙，使各节管段连通成为整体的隧道。在其顶部和外侧用块石覆盖，以保安全。水底隧道的水下段，采用沉管法施工具有较多的优点，20 世纪 50 年代起，由于水下连接等关键性技术的突破而被普遍采用，现已成为水底隧道的主要施工方法。用这种方法建成的隧道称为沉管隧道。

图 1-26　沉管结构沉放

（2）沉井法

沉井通常为一个上无盖下无底的井筒状结构物，现常用钢筋混凝土制成。施工时先在建筑地点整平地面，制作第一节沉井，接着在井壁的围护下，从井底挖土，随着土体的不断挖深，沉井因自重作用克服井壁土的摩阻力而逐渐下沉。当第一节井筒露出地面不多时停止开挖下沉，接高井筒，待到达规定强度后再挖土下沉。这样交替操作一直下沉到设计标高，然后封底，浇筑钢筋混凝土封底、顶盖等，做成地下建筑物。这种利用结构自重作用而下沉入土的井筒状结构物就称沉井。因此，所谓沉井，实质上就是将一个在地面筑成的“半成品”沉入土中，然后在地下完成整个结构物的施工（图 1-27）。它与基坑法修筑地下建筑结构的区别就是，沉井在施工过程中，井壁成了阻挡水、土压力，防止土体坍塌的围护结构，从而省去大量的支撑和板桩工作，减少了土方开挖量。

沉井一般多沉到较坚实的土层上，以充分利用深层土的承载能力。沉井常用作桥梁墩台、重型厂房等的深基础。作为深基础时，井孔内可用混凝土或砂砾石填实以增加压重。

虽然随着地下连续墙结构的兴起，许多地下工程可用地下连续墙施工，但是沉井结构的单体造价较低，主体的混凝土都在地面上浇筑，质量较易保证，不存在接头的强度不足和漏水问题，可采用横向主筋构成较经济的结构体系。因此，在一定的场合下，沉井是一种难以取代的方案。

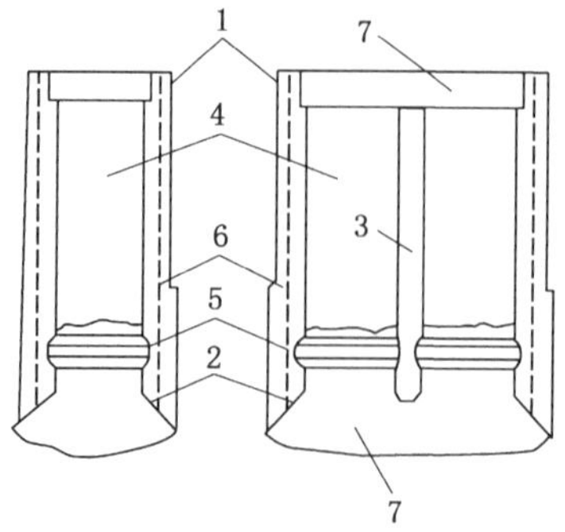

1——井壁；2——刃脚；3——内隔墙；4——井孔；5——凹槽；6——射水管；7——封底、顶盖。

图 1-27　沉井结构

1.4　地下空间工程计算理论的发展趋势

早期地下工程的建设完全依据经验，19 世纪初才逐渐形成计算理论，开始用于指导地下结构的设计与施工。地下结构计算理论发展的历史沿革，大致可以分为四大阶段，如表 1-2 所示。

应特别指出的是，地下结构计算理论的几个发展阶段在时间上并没有截然的先后之分，后期提出的计算方法一般也不否定先前的研究成果。鉴于岩土介质的复杂多变，这些计算方法各有比较适用的一面，但又各自带有一定的局限性。因此设计者在选择方法时，应对其有深入的了解和认识。

表 1-2　地下结构计算理论发展情况

发展阶段	形成时间	形成背景	代表理论及观点	优缺点
刚性结构阶段	19 世纪早期	地下结构大都是以砖石材料砌筑的拱形圬工(瓦工)结构，这类建筑材料的抗拉强度很低，且结构物中存在许多接缝，容易产生断裂。为了维持结构的稳定，当时的地下结构的截面积都拟订得很大，结构受力后产生的弹性变形较小	压力线理论。 该理论认为地下结构是由一些刚性块组成的拱形结构，所受的主动荷载是地层压力，当地下结构处于极限平衡状态时，它是由绝对刚体组成的三铰拱静定体系，铰的位置分别假设在墙底和拱顶，其内力可按静力学原理进行计算。这种计算理论认为，作用在支护结构上的压力是其上覆岩层的重力	该计算理论没有考虑围岩自身的承载能力。由于当时地下工程埋置深度不大，因而曾一度认为这些理论是正确的。压力线假设的计算方法缺乏理论依据，一般情况下偏于保守，所设计的衬砌厚度将偏大很多

表1-2(续)

发展阶段	形成时间	形成背景	代表理论及观点	优缺点
弹性结构阶段	19世纪后期至20世纪中期	混凝土和钢筋混凝土材料陆续出现，并用于建造地下工程，使地下结构具有较好的整体性。从这时起，地下结构开始按弹性连续拱形框架用超静定结构力学方法计算结构内力。作用在结构上的主动荷载是地层压力，并考虑了地层对结构产生的弹性反力的约束作用	松动压力理论。 该理论认为当地下结构埋置深度较大时，作用在结构上的压力不是上覆岩层的重力而只是围岩坍落体积内松动岩体的重力——松动压力	该理论是基于当时的支护技术发展起来的。当时的掘进和支护所需的时间较长，支护与围岩之间不能及时紧密相贴，致使围岩最终有一部分破坏、塌落，形成松动围岩压力，但没有认识到这种塌落并不是形成围岩压力的唯一来源，也不是所有情况都会发生塌落，更没有认识到通过稳定围岩可以发挥围岩自身承载能力
连续介质阶段	20世纪中期以来	人们认识到地下结构与地层是一个受力整体。随着岩体力学开始形成一门独立的学科，用连续介质力学理论计算地下结构内力的方法也逐渐发展起来。围岩的弹性、弹塑性及黏弹性解答逐渐出现	连续介质力学理论。 该理论以岩体力学原理为基础，认为坑道开挖后向洞室内变形而释放的围岩压力将由支护结构与围岩组成的地下结构共同承受。一方面，围岩的支护结构提供了一定的支护阻力，从而引起围岩的应力调整达到新的平衡；另一方面，支护结构阻止围岩变形，它必然要受到围岩给予的反作用力而发生变形	该理论较好地反映了支护与围岩的共同作用，符合地下结构的力学原理。但岩土的计算参数，如原岩应力、岩体力学参数及施工因素等难以准确获得。另外，对岩土材料的本构模型与围岩的破坏失稳准则还认识不足，因此，目前根据共同作用所得的计算结果，一般也只能作为设计参考依据
现代支护理论阶段	21世纪以来	锚杆与喷射混凝土一类新型支护的出现和与此相应的一整套新奥地利隧洞设计施工方法(新奥法)的兴起，促使形成了以岩体力学原理为基础的、考虑支护与围岩共同作用的地下工程现代支护理论	新奥法设计理论。 该理论认为围岩本身具有自承能力，如果能采用正确的设计施工方法，最大限度地发挥这种自承能力，可以达到最好的经济效果	新奥法在设计理论上还不很成熟，目前常用的方法是先用经验、统计类比的方法做事先的设计，再在施工过程中不断监测围岩应力应变状况，按其发展规律不断调整支护措施

由于岩土体复杂多变，地下结构计算理论还在不断发展，各种设计方法都需要不断完善。目前地下结构计算理论的发展趋势主要有以下几点：

(1) 地下工程中主要使用的工程类比设计法，正在向着定量化、精准化和科学化方向发展。

(2) 地下结构设计理论的另一类内容，是岩体中由于节理裂隙切割而形成的不稳定块体失稳，一般应用工程地质和力学计算相结合的分析方法，即岩石块体极限平衡分析法。这种方法主要是在工程地质资料的基础上，根据极限平衡理论，研究岩块的形状和大小及塌落条件，以确定支护参数。

(3) 在地下结构设计中，应用可靠性理论、推行概率极限状态设计的研究也取得了重要进展。采用动态可靠度分析法，即利用现场信息监测，以反馈的信息数据预测地下工程的稳定可靠度，从而对支护结构进行优化设计，是改善地下工程支护结构设计的有效途径。考虑各主要影响因素及准则本身的随机性，可将判别方法引入可靠度范畴。

(4) 在计算分析方法研究方面，随机有限元(包括摄动法、纽曼法、最大熵法和响应面法等)、Monte Carlo(蒙特卡罗)模拟、随机块体理论和随机边界元法等一系列新的地下工程支护结构理论分析方法近年来都有了较大的发展。

1.5 地下空间开发法规和规划体系

1.5.1 地下空间开发的法律法规建设

我国近年来涉及地下空间的法律法规主要有《中华人民共和国人民防空法》《中华人民共和国城乡规划法》《中华人民共和国土地管理法》《中华人民共和国矿产资源法》《中华人民共和国物权法》《城市地下空间开发利用管理规定》等。目前国内很多城市也陆续出台了一些地方性规章，如上海市出台了《上海市轨道交通管理条例》《上海市城市道路与地下管线施工管理暂行办法》等。

目前国内涉及地下空间开发利用的法律法规，基本为原则性规定，对于涉及城市地下空间利用的主要方面——权属、功能、竖向控制、利用模式等缺乏法规约束，这与城市地下空间资源在城市发展中的价值和地位不相称。针对现阶段地下空间开发利用中出现的主要问题，在地下空间的开发利用法律法规建设上需要在以下几个主要方面加以明确。

(1) 权属方面

土地产权包括土地所有权和土地使用权。依据我国《土地管理法》的规定：地下空间的所有权应与地面一致，属国家或集体所有。在使用权上，建议结合地下空间开发利用类型进行界定：地面使用权为业主的，其拥有宗地(土地使用权人的权属界址范围内的地块)范围地下空间的使用权，要明确界定是宗地范围的地下空间，还是建筑地下室部分。一般来讲，建议与地面产权概念相一致地明确为宗地范围的地下空间。地面使用权为城市政府的，如城市道路、绿地广场、公共设施等地下空间的使用权，要立法明确规定，政府可根据相关规划，对该地区的地下空间的使用权进行市场化运作。对现阶段道路重复开挖现象，一方面政府要在现状基础上，收取一定的地下空间资源使用费用；另一方面也可在制度和建设方式上实现创新，如将地下市政管线建设权招标给一家实施主体，将该部分地下空间使用权市场化注入这家实施主体，由这家实施主体根据各专业部门的需求，统一建设共同沟通，各专业部门向该实施主体缴纳一定的维护费用。在项目实施前期，由于投入较大，可由政府财政补贴或捆绑相关建设来平衡，从长远来看，这样能从根本上解决这种矛盾。

(2) 竖向控制方面

随着建设技术的不断成熟及完善，地下空间的开发深度不断加大，由于地下空间开发建设具有不可逆转性，因此，建议在立法中规定地下空间开发利用深度。具体包括以下两点。

① 分层控制：按照相关惯例及实际建设状况，可以将城市地下空间的开发利用划分为浅层(0～－10 m)、次浅层(－10～－30 m)、深层(－30 m 以下)三个层次。其中浅层主要

用于商业，停车，地下通道，以及城市的水、电、气、通信等市政公用设施等；次浅层主要用于地下交通（如轨道交通、地下道路和地下物流管道）和各类建筑物基础等；深层主要为远景预留开发空间。

② 明确竖向权属：对地下空间竖向层次的使用权属加以明确，特别是对地面使用权为业主的要进行明确。

(3) 时效方面

对应地面部分商业、居住、工业用地的土地使用期限，地下空间的使用期限同样需要立法规定。建议明确分类如下：

① 建筑地下室类型的，建议原则上与地面使用期限相一致。

② 地面没有建筑物类型的，如城市道路下、绿地广场下的地下空间，要明确界定其使用期限，建议参考相邻地块、相类似使用功能的地下空间使用期限进行确定。

(4) 利用模式方面

为加强地下空间的综合利用能力和综合防灾能力，国内外城市均强调地下空间开发利用的连通，所以要立法明确地下空间的开发利用模式——整合连通。连通体现在以下两方面：

① 地下街连通周边建筑地下室。一般在城市中心地区，依托地下轨道交通站点，在城市道路下组织安排地下街，以地下街整合连通周边地区建筑地下室，形成地下公共空间，进行规模化、综合化开发。

② 相邻建筑地下室的连通。这就要求在规划管理上，对相邻建筑地下室在竖向层次、连通接口、地下空间使用功能上进行审查，以保证相邻建筑地下室的连通。

在立法连通的同时，要明确连通实施主体、费用等，对近年来出现的业主地下空间与地下轨道交通站点相连通中出现的问题（如地下轨道交通运营机构要收取一定的费用，造成国内很多城市中心地区地下空间一直不能连通）进行明确。建议立法明确业主组织实施连通，自己承担连通建设费用，不收取其他相关费用，以此鼓励连通。

(5) 使用强度方面

在系统规划的基础上，将地上、地下空间使用强度分区进行立法，指导土地集约、高效利用。要明确地下空间的积极发展区、有条件区、一般发展区，对不同的分区制定不同的控制要求，特别是对地下空间积极发展区，要制定详细的控制要求，包括地下空间开发竖向层次、各层次使用功能、利用模式等。

(6) 公共政策优先方面

对于近年来很多城市发生地下公共空间（如地下道路、地下轨道交通）穿越业主宗地地下空间出现的矛盾与冲突，要在规划上强调科学控制与引导。同时，对在规划引导下城市地下公共空间穿越业主地下空间问题，明确公共政策优先的原则，明确协调主体与责任。

(7) 奖惩方面

作为城市空间资源的一部分，由于存在认识上的误区，以及相关实际建设中的问题（主要为投入上不足造成地下空间开发利用不足），在立法上，要明确奖惩制度。建议在配套建设基础上，对积极开发地下空间的进行奖励，具体措施包括土地开发强度奖励、土地使用权奖励、土地使用功能兼容奖励等多方面。对不按照地下空间开发强度建设的，要进行惩罚。

(8) 责任主体方面

要立法明确相关责任主体，包括规划管理主体、决策与协调主体、监督与审查主体等。只有明确了相关主体，地下空间的开发利用在管理、决策、监督、协调等方面才能走向有序。

1.5.2 地下空间开发的规划体系建设

（1）现有地下空间规划态势与不足

北京、上海、南京、青岛、成都、济南、哈尔滨等城市近年来均编制了地下空间专项规划，在规划思路、规划重点内容上不尽相同，在规划思路上基本上以规划引导为主，在规划内容上有的侧重于地下交通的组织，有的侧重于重点地区地下空间的利用引导。

从国内现有的城市地下空间规划态势来看，规划编制的动因均是从解决城市发展与建设问题出发，如交通问题、中心地区空间发展问题、历史文化资源保护与发展问题等方面，但编制出的规划内容多种多样。一方面表明对于地下空间开发利用还缺少系统、深层次的分析，仍停留在对发展方向、发展模式的探索上；另一方面也表明统一规划标准缺乏。同时，在与规划管理相结合方面，规划准则基本均未涉及，对地下空间开发利用的后续管理运营等方面，也缺乏规划指导。

从规划的法定性上看，大多数城市均是在城市总体规划编制之后才编制地下空间专项规划，专项规划没有纳入城市总体规划，只有少数城市如北京、南京地下空间专项规划经过市政府批准，因此规划的法定性需要加强。同时，在规划体系中，控制性详细规划阶段对地下空间的研究严重缺乏，也使得地下空间的规划未能在法定性规划中加以落实，这也是规划管理缺少依据的重要原因。

（2）地下空间规划体系建设要求

① 将地下空间规划内容纳入法定性规划

在城市总体规划中，完成城市地下空间专项规划，作为城市总体规划的重要专项，纳入城市总体规划，并随同总体规划一并报批。在控制性详细规划阶段，要将地下空间专项规划的规划思路、规划内容、规划准则落实到位，特别是对城市中心地区、轨道交通站点周边地区，要进行细化落实。

② 完善规划内容

在总体规划专项规划阶段，要包括战略目标、组织模式、开发利用方式、开发利用规模预测、布局结构、平面层次规划、竖向层次控制、重点地区地下空间规划、地下交通空间、地下市政设施、居住社区地下空间、人防工程与地下空间结合性、近远期相结合规划、规划管理准则、规划实施措施等。

在控制性详细规划阶段，要落实总体规划专项规划的成果，包括地下空间利用现状与问题、地下空间规模分析、地下建筑后退控制、地下步行通道控制、地下广场控制、地下空间功能引导、竖向控制、防灾规划等。

③ 制定地下空间开发利用准则及管理规定

针对国内普遍缺乏地下空间资源开发利用的管理规定的实际状况，结合地下空间开发利用的主要内容，建议分别对规划管理和规划编制提出两类开发利用导则和管理规定，以适应管理部门的实际需求。

一是地域性开发利用准则及管理规定，它是规划管理需求，主要内容是开发利用模式的规定（地下公共空间连通周边建筑地下室）。开发利用重点的规定包括：以城市中心地区地下空间利用为核心，在多条轨道交通线网交会站点地区必须设置地下公共空间，进行规模化综合化发展；以地下街为核心组织地下公共空间利用。

二是通则性开发利用导则及管理规定，它是规划编制（城市设计等）、规划管理设计要点等需求。主要内容包括：地下街、地下综合体、地下城规划管理指引；公共建筑（民用建筑）地下空间开发利用规划管理指引；地下空间开发利用与历史文化资源保护规划管理指引；地下道路交通（轨道交通、地下道路、地下停车场、地下过街通道）规划管理指引；地下空间开发利用与人防工程规划管理指引；地下市政设施规划管理指引；等等。

1.5.3　地下空间开发的管理体制建设

（1）地下空间管理体制现状

目前在地下空间的规划管理上，存在多部门参与管理又没有一个部门最终决策的状况；缺乏统一协调与科学决策管理机构；缺乏科学、高效、有序的管理运作程序和协调、监督机制。从日、美、英、德等国的经验看，要实现地下空间的有序开发利用，政府的法规建设和管理机制的快速建立是重要的基础，应建立政府、社会两方分工明确、共同参与管理的体制。

（2）地下空间管理体制建设

建议理顺管理机制，在科学研究咨询的基础上，建立适应决策、执行、监督的三权分设和依法行政的管理体制，建议建立研究咨询机构、决策协调机构、规划管理机构。研究咨询机构应包括国内外各方面的相关专家，其职责为：研究地下空间开发利用相关问题，对于地下空间相关的规划在技术上进行咨询、把关，从技术层面为城市地下空间开发利用科学、有序开展提供支持。

决策协调机构由主管城市建设方面的副市长担任主管，发展改革委、交通局、规划局、民防办、市政局、房产局、建设局、园林局、环保局等部门领导应作为机构成员。决策协调机构的职责主要为审查相关地下空间方面的规划，监督、协调地下空间的建设（是否按照规划实施、是否连通以及相关问题的协调与监督）。

在规划管理上，可采用两种方式：一是成立地下空间规划管理办公室，由各决策协调机构派人组成，建立定期联合办公制度，共同审批地下工程建筑项目。二是将地下空间的规划归口到城市规划管理部门统一管理，考虑我国地下空间的实际建设状况（大部分为平战结合两用人民防空工程），以及民防局有一定的机构、人员、管理系统，建议整合民防部门的相关职能和人员，进行管理体制创新，实现统一管理。

思考题

1.1　简述地下结构的概念和特点。

1.2　简述地下结构的分类与形式。

1.3　简述地下结构计算理论的发展阶段和代表理论。

第2章 地下空间荷载分类与计算

地下建筑与地面建筑结构相比，在计算理论和施工方法两方面都有许多不同之处。其中，最主要的是地下建筑结构所承受的荷载比地面结构复杂。这是因为地下建筑结构埋置于地下，其周围的岩土体不仅作为荷载作用于地下建筑结构上，而且约束着结构的移动和变形。所以，在地下空间建筑结构设计中除了要考虑复杂多变的岩土体之外，还要考虑地下结构与周围岩土体的共同作用。到目前为止，其确定方法还不够完善，有待进一步研究。

2.1 地下空间荷载分类

2.1.1 荷载分类

作用在地下建筑结构上的荷载，按其存在的状态，主要分为静荷载、动荷载和活荷载等三大类。

（1）静荷载：又称恒载，是指长期作用在结构上且大小、方向和作用点不变的荷载，如结构自重、岩土体压力和地下水压力等。

（2）动荷载：要求具有一定防护能力的地下建筑物，需考虑核子武器和常规武器（炸弹、火箭）爆炸冲击波压力荷载，这是瞬时作用的动荷载；在抗震区进行地下结构设计时，应按不同类型计算地震波作用下的动荷载作用。

（3）活荷载：是指在结构物施工和使用期间可能存在的变动荷载，其大小和作用位置都可能变化，如地下建筑物内部的楼面荷载（人群、物件和设备重力）、吊车荷载、落石荷载、地面附近的堆积物和车辆对地下结构作用的荷载以及施工安装过程中的临时性荷载等。

（4）其他荷载：使结构产生内力和变形的各种因素中，除有以上主要荷载的作用外，通常还有混凝土材料收缩（包括早期混凝土的凝缩与日后的干缩）受到约束而产生的内力；温度变化使地下结构产生的内力，例如浅埋结构受土层温度梯度的影响，浇灌混凝土时由水化热造成的温升和散热阶段的温降；软弱地基当结构刚度差异较大时，由于结构不均匀沉降而引起的内力。

材料收缩、温度变化、结构沉降以及装配式结构制作上的尺寸误差等因素对结构内力的影响都比较复杂，往往难以进行确切计算，一般以加大安全系数和在施工、构造上采取措施来解决。中小型工程在计算结构内力时可不计上述因素，大型结构应予以估计。

2.1.2 荷载组合

上述几类荷载对结构可能不是同时作用的，需考虑最不利情况的组合。先计算个别荷载单独作用下的结构各部件截面的内力，再进行最不利组合的计算，得出各设计控制截面的最大内力。最不利的荷载组合一般有以下几种情况：

（1）静载；

（2）静载与活载组合；

（3）静载与动载[核子爆炸动载、炮（炸）弹动载]组合。

一般岩石地下建筑的荷载以作用在衬砌结构上的静荷载为主。地面建筑下的地下室（即附建式结构）考虑动载作用时，地面部分房屋有被冲击波吹倒的可能，进行结构计算时是否考虑房屋的倒塌荷载需按有关规定确定。

荷载的确定是工程结构计算的先决条件。地下建筑结构上所承受的荷载有结构自重、地层压力、弹性抗力、地下水静水压力、车辆和设备重力及其他使用荷载等。对于兼作上部建筑基础的地下结构，上部建筑传下来的垂直荷载也是必须考虑的主要荷载。另外还可能受到一些附加荷载，如灌浆压力、局部落石荷载（对于岩石地下工程）、施工荷载、温度变化或混凝土收缩引起的温度应力和收缩应力；有时还需要考虑偶然产生的特殊荷载，如地震作用和爆炸作用。上述这些荷载中，有些荷载虽然对地下结构的设计和计算影响很大（如上部建筑自重），但计算方法比较简单明确；有些荷载（例如温度和收缩应力）虽然分析计算比较复杂，但对地下结构的安全并不起控制作用。结构本身的自重必须计算在内，对于等直杆件，如墙、梁、板、柱的自重，计算简单，而拱圈结构为等截面或变截面时，计算稍复杂，后面将进行简单的介绍。

其中地层压力（包括土压力和围岩压力）对大多数地下工程而言，是至关重要的荷载。一是因为地层压力往往成为地下结构设计计算的控制因素；二是地层压力计算的复杂性和不确定性，使得岩土工程师对其不敢掉以轻心。作用于地下建筑结构的地层压力包括竖向压力和水平压力。

2.2 经典侧向土压力计算理论

土压力是土与挡土结构之间相互作用的结果，它与结构的变位有着密切关系。以挡土墙为例，作用在挡土墙墙背上的土压力可以分为静止土压力、主动土压力（简称土压力）和被动土压力（简称土抗力）三种。其中，主动土压力值最小，被动土压力值最大，而静止土压力值介于两者之间，它们与墙的位移关系如图 2-1 所示。

如果墙的刚度很大，墙身不产生任何移动或转动，则墙后土对墙背所产生的土压力称为静止土压力，其值可以根据弹性变形体无侧向变形理论或类似方法求得，土体内相应的应力状态称为弹性平衡状态。

如果刚性墙身受墙后土的作用绕墙背底部向外转动[图 2-2(a)]或平行移动，作用在墙背上的土压力从静止土压力值逐渐减小，直到土体内出现滑动面，滑动面以上的土体（滑动楔体）将沿着这一滑动面向下向前滑动。在这个滑动楔体即将发生滑动的一瞬间，作用在墙背上的土压力减小到最小值，称为主动土压力，而土体内相应的应力状态称为主动极限平衡

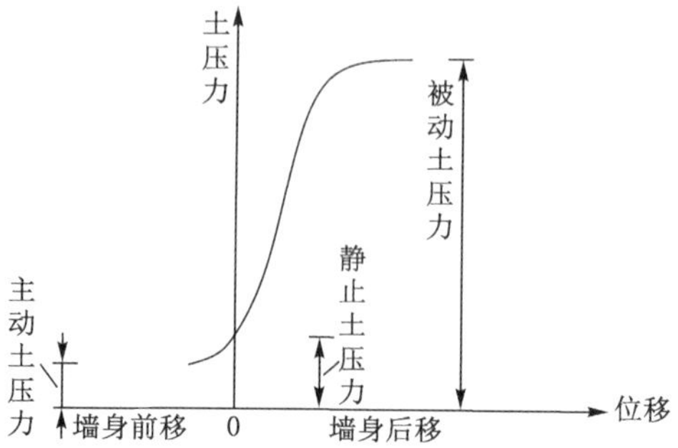

图 2-1　墙身位移与土压力关系

状态。相反，如墙身受外力作用[图 2-2(b)]而挤压墙后的填土，则土压力从静止土压力逐渐增大，直到土体内出现滑动面，滑动楔体将沿着某一滑动面向上向后推出，发生破坏。在这一瞬间作用在墙背上的土压力增加到最大值，称为被动土压力，而土体内相应的应力状态称为被动极限平衡状态。所以，主动土压力和被动土压力是墙后填土处于两种不同极限平衡状态时，作用在墙背上的两种土压力。

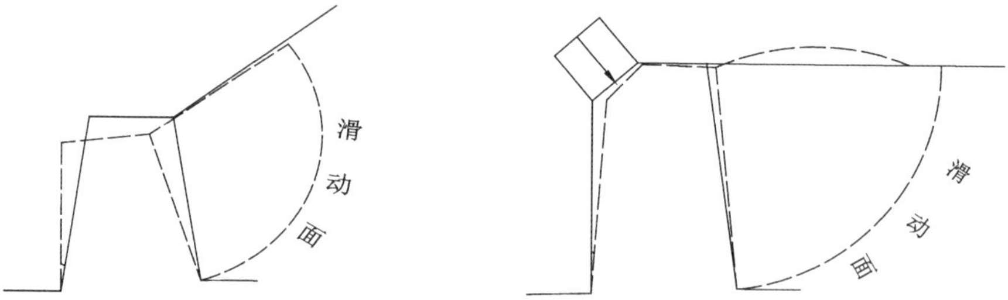

图 2-2　土体极限平衡状态

土压力的精确计算是相当困难和复杂的，在引入一定的简化假定后，可以计算得到两种极限平衡状态下的土压力值。但对介于极限平衡状态间的情况，若按经典土压力理论，仅用静力平衡条件则无法计算其相应的土压力值，因为这是一个超静定问题。土压力计算的复杂性还在于土体由土骨架、孔隙水和气体三相组成，不同矿物成分、不同骨架结构以及不同孔隙水成分的组合，使得不同地区的土体具有千差万别的物理力学性质。天然土体的不均匀性、各向异性，应力-应变的非线性以及变形随时间变化的黏滞性，使得土体本身的性质非常复杂。现在工程界常用的库仑(Coulomb)土压力理论和朗肯(Rankine)土压力理论是从属于荷载-结构法的理论体系。所谓荷载-结构法，即在已知外荷载前提下进行结构内力分析和截面计算的方法。这里的结构是指隧道的衬砌结构、挡土的支护结构等。这里荷载主要为地层压力，当然还包括其他荷载。荷载-结构法在已知外荷载的前提下，用结构力学的方法分析结构的内力，并以此进行截面配筋或截面验算。显然这一计算方法与计算地面结构时所习惯采用的方法一致。然而，作为土层地下结构上最主要的荷载-土压力是变化的，是不确定的。用荷载-结构法的思想，把土压力看作与结构无关的和不变的荷载，这是一种近似的解法。虽然如此，库仑理论和朗肯理论仍然为使用广泛、实用的侧向土压力计算方法，受到工程界的青睐。

随着计算机技术的发展和计算手段的改进，矩阵位移法、有限元法等数值计算方法得到了长足的发展，地下工程的计算理论也从原先的荷载-结构法向前迈了一大步，进入了地层-结构法理论阶段。地层-结构法与荷载-结构法不同，它不再把地层仅仅看成荷载，而是把地层作为结构的一部分，地层本身也能承受一部分荷载。地下结构安全与否，不仅取决于结构本身的承载能力和刚度，而且还与地下结构周围地层的稳定情况有关。作用于地下结构上的地层压力，与结构、地层之间的相对刚度有关。例如在黄土高原地区，开挖隧洞后即使不做衬砌，洞室也不一定会倒塌。如果施筑衬砌结构，作用于衬砌结构上的土层压力一定也是很小的，这说明土层本身具有自承能力。

2.2.1　静止土压力理论

当挡土结构在土压力作用下，结构不发生变形和任何位移（移动或转动）时，背后填土处于弹性平衡状态，则作用于结构上的侧向土压力称为静止土压力，用 P_0 表示。

静止土压力可根据半无限弹性体的应力状态求解。图 2-3 中，在填土表面以下任意深度 z 处 M 点取一单元体（在 M 点附近一微小正方体），作用于单元体上的力如图 2-3 所示，其中竖向土的自重应力为 σ_c，其值等于土柱的重力。

$$\sigma_c = \gamma z \tag{2-1}$$

式中　σ_c——土的自重应力；

γ——土柱的重度；

z——由地表面算起至 M 点的深度。

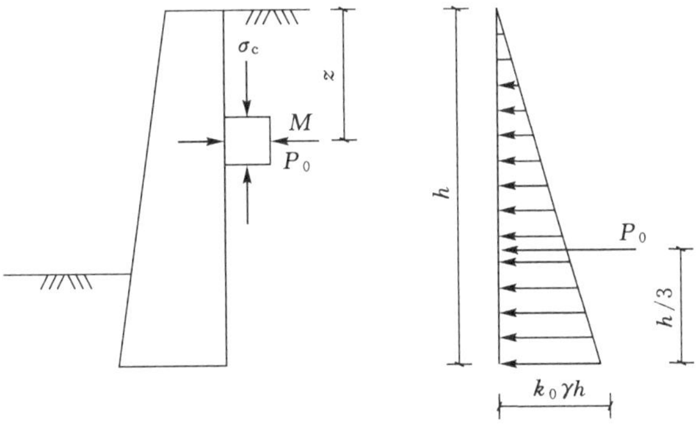

图 2-3　静止土压力计算图式

填土受到挡土墙的阻挡而不能侧向移动，这时土体对墙体的作用力就是静止土压力。半无限弹性体在无侧移的条件下，其侧向土压力与竖直方向压力之间的关系为：

$$P_0 = k_0 \sigma_c = k_0 \gamma z \tag{2-2}$$

$$k_0 = \frac{\mu}{1-\mu} \tag{2-3}$$

式中　P_0——侧向土压力；

k_0——静止土压力系数；

μ——土的泊松比，其值通常由试验来确定。

静止土压力系数 k_0 与土的种类有关，而同一种土的 k_0 还与其孔隙比、含水量、加压条件、压缩程度有关。工程中通常不用土的泊松比来确定土压力系数，而是根据经验直接给出它的值，如黏土 $k_0=0.5\sim0.7$，砂土 $k_0=0.34\sim0.45$。也可根据经验公式[式(2-4)]计算确定：

$$k_0=\alpha-\sin\varphi' \tag{2-4}$$

式中 φ'——土的有效内摩擦角；

α——经验系数，砂土、粉土取 1.0，黏性土、淤泥质土取 0.95。

土的有效内摩擦角应由三轴固结不排水剪切试验测定，在无条件进行试验时可由下列经验公式计算：

$$\varphi'=\varphi+c \tag{2-5}$$

式中 φ、c——土的内摩擦角和内聚力，内聚力单位为“kPa”。

墙后填土表面水平时，静止土压力按三角形分布，静止土压力由式(2-6)计算，合力作用点位于距墙踵 $h/3$ 处。

$$P_0=\frac{1}{2}\gamma h^2k_0 \tag{2-6}$$

式中 h——挡土墙的高度。

上述公式适用于正常固结土。如果属超固结土，静止土压力会增加。静止土压力可按以下半经验公式估算：

$$P_0=\sqrt{R}(\alpha-\sin\varphi') \qquad R=\frac{p_c}{p} \tag{2-7}$$

式中 R——超固结比；

p_c——土的前期固结压力；

p——土的自重压力。

2.2.2 库仑土压力理论

(1) 库仑土压力理论的基本假定

库仑土压力理论是由法国科学家库仑于 1773 年提出的，主要是用于挡土墙的计算，其计算的基本假定如下(图 2-4)。

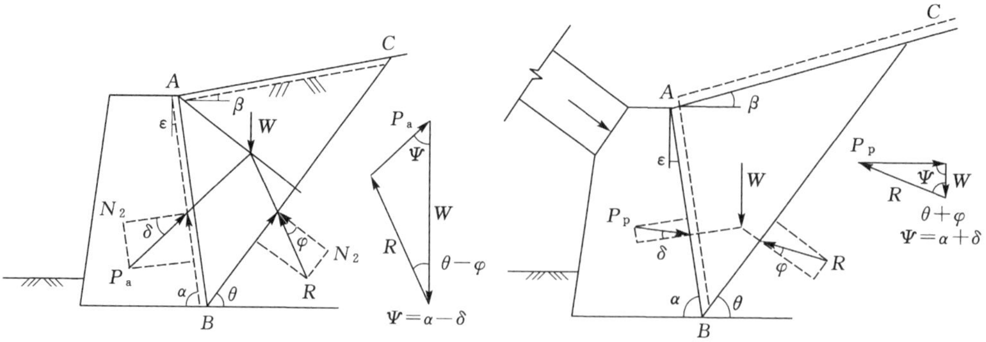

(a) 主动土压力　　(b) 被动土压力

图 2-4　库仑土压力计算图

① 挡土墙墙后土体为均质各向同性的无黏性土。

② 挡土墙是刚性的且长度很长，属于平面应变问题。

③ 挡土墙后土体产生主动土压力或被动土压力时，土体形成滑动楔体，滑裂面为通过墙踵的平面。

④ 墙顶处土体表面可以是水平面，也可以为倾斜面，倾斜面与水平面的夹角为 β。

⑤ 在滑裂面 $\overline{BC}$ 和墙背 $\overline{AB}$ 上的切向力分别满足极限平衡条件，即

$$T = N\tan\varphi$$

$$T' = N'\tan\delta$$

式中　T、T'——土体滑裂面上和墙背面上的切向摩阻力；

N、N'——土体滑裂面上和墙背面上的法向土压力；

φ——土的内摩擦角；

δ——土与墙背之间的摩擦角。

(2) 库仑理论的土压力计算方式

若土体滑动楔体处于极限平衡状态，应用静力平衡条件，不难得到作用于挡土墙的主动土压力 P_a 和被动土压力 P_p 的计算式：

$$P_a = \frac{\sin(\theta-\varphi)}{\sin(\alpha+\theta-\varphi-\delta)}W \tag{2-8}$$

$$P_p = \frac{\sin(\theta+\varphi)}{\sin(\alpha+\theta+\alpha+\delta)}W \tag{2-9}$$

$$W = \frac{1}{2}\gamma\,\overline{AB}\cdot\overline{AC}\cdot\sin(\alpha+\beta) \tag{2-10}$$

式中　W——滑楔自重。

其中 $\overline{AC}$ 是 θ 的函数，所以 P_a、P_p 都是 θ 的函数。随着 θ 的变化，其主动土压力必然产生在使 P_a 为最大的滑楔面上；而被动土压力必然产生在使 P_p 为最小的滑裂面上。由此，将 P_a、P_p 分别对 θ 求导，根据 $\mathrm{d}P/\mathrm{d}\theta=0$ 求出最危险的滑裂面与水平面的夹角 θ，即可得到库仑主动与被动土压力，即

$$P_a = \frac{1}{2}\gamma h^2 K_a \tag{2-11}$$

$$P_p = \frac{1}{2}\gamma h^2 K_p \tag{2-12}$$

$$K_a = \frac{\sin^2(\alpha+\varphi)}{\sin^2\alpha\sin(\alpha-\delta)\left[1+\sqrt{\dfrac{\sin(\varphi-\beta)\sin(\varphi+\delta)}{\sin(\alpha+\beta)\sin(\alpha-\delta)}}\right]^2} \tag{2-13}$$

$$K_p = \frac{\sin^2(\alpha-\varphi)}{\sin^2\alpha\sin(\alpha+\delta)\left[1-\sqrt{\dfrac{\sin(\varphi+\beta)\sin(\varphi+\delta)}{\sin(\alpha+\beta)\sin(\alpha-\delta)}}\right]^2} \tag{2-14}$$

式中　γ——土体的重度；

h——挡土墙的高度，

K_a——库仑主动土压力系数；

K_p——库仑被动土压力系数。

库仑主动土压力系数 K_a 和被动土压力系数 K_p 均为几何参数和土层物性系数 α、β、φ

和 δ 的函数。

库仑土压力的方向均与墙背法线成 δ 角。但必须注意主动和被动土压力与法线所成的 δ 角方形相反，如图 2-4 所示。在没有地面超载的情况时，作用点均为离墙踵 $h/3$ 处。

若墙顶的土体表面作用有分布荷载 q，如图 2-5 所示，则滑楔自重部分应增加地面超载项。即

$$W=\frac{1}{2}\gamma\,\overline{AB}\cdot\overline{AC}\cdot\sin(\alpha+\beta)+q\,\overline{AC}\cdot\cos\beta$$
$$=\frac{1}{2}\gamma\,\overline{AB}\cdot\overline{AC}\cdot\sin(\alpha+\beta)\cdot\left[1+\frac{2q\sin\alpha\cos\beta}{\gamma h\sin(\alpha+\beta)}\right] \tag{2-15}$$

引入系数 K_q，将式(2-15)简化后，写成与式(2-10)相似的形式：

$$K_q=1+\frac{2q\sin\alpha\cdot\cos\beta}{\gamma h\sin(\alpha+\beta)} \tag{2-16}$$

$$W=\frac{1}{2}\gamma K_q\,\overline{AB}\cdot\overline{AC}\cdot\sin(\alpha+\beta) \tag{2-17}$$

同样，根据静力平衡条件，可导出考虑了地面超载后的主动和被动土压力：

$$P_a=\frac{1}{2}\gamma h^2K_aK_q \tag{2-18}$$

$$P_p=\frac{1}{2}\gamma h^2K_pK_q \tag{2-19}$$

其土压力的方向仍与墙背法线成 δ 角。由于土压力呈梯形分布，因此作用点位于梯形的形心，离墙踵高为：

$$z_E=\frac{h}{3}\cdot\frac{2P_A+P_B}{P_A+P_B} \tag{2-20}$$

式中　P_A、P_B——墙顶与墙踵处的土压力。

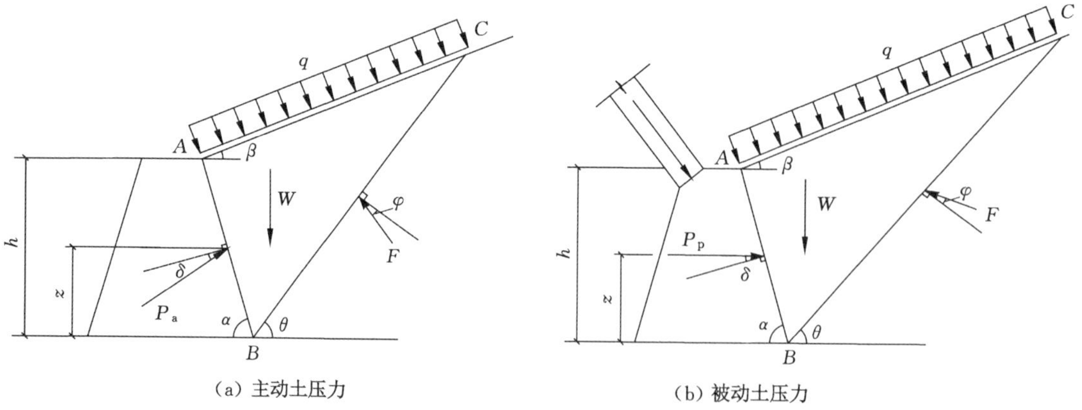

图 2-5　具有地表分布荷载的情况

(3) 黏性土中等效内摩擦角

库仑土压力理论是根据无黏性土情况导出的，没有考虑黏性土的内聚力 c。因此，当挡土结构处于黏性土层时，应该考虑内聚力的有利影响。在工程实践中可采用换算的等效内

摩擦角 φ_D 来进行计算，如图 2-6 所示。采用等效内摩擦角的方法，实际上是通过提高内摩擦角值来考虑内聚力的有利影响。

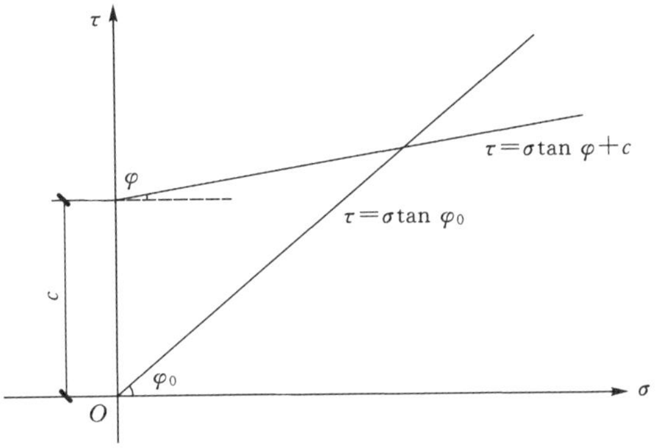

图 2-6　等效内摩擦角

等效内摩擦角的换算方法有多种，有人根据经验提出，当内聚力每增加 10 kPa 时，内摩擦角可提高 3°～7°，平均提高 5°。另外，也可根据土的抗剪强度相等的原则进行换算：

$$\varphi_D = \arctan\left(\tan\varphi + \frac{c}{\gamma h}\right) \tag{2-21}$$

式中　φ_D——等效内摩擦角，(°)。

除此之外，还可借助朗肯土压力理论进行换算，按朗肯理论同时考虑 c、φ 得到的土压力值要和已换算成等效内摩擦角 φ_D 后得到的土压力值相等，推算得到等效内摩擦角 φ_D，即

$$\gamma h \tan^2\left(45° - \frac{\varphi_D}{2}\right) = \gamma h \tan^2\left(45° - \frac{\varphi}{2}\right) - 2c \cdot \tan\left(45° - \frac{\varphi}{2}\right) \tag{2-22}$$

由式(2-22)可得等效内摩擦角：

$$\varphi_D = 90° - 2\arctan\left[\tan\left(45° - \frac{\varphi}{2}\right) \cdot \sqrt{1 - \tan\left(45° + \frac{\varphi}{2}\right)}\right] \tag{2-23}$$

上述三种换算方法得到的等效内摩擦角互不相同，且每种换算方法都各有其缺点。由图 2-6 也可看出，按换算后等效摩擦角计算，其强度值只有一点与原曲线重合。而在该点之前换算强度偏低、该点之后换算强度偏高，从而造成低墙保守、高墙危险的结果。因此，对于黏性土的库仑土压力计算可以不采用等效内摩擦角的方法，而改用下述的方法直接计算。

(4) 黏性土库仑主动土压力公式

我国《建筑地基基础设计规范》(GB 50007—2011)中的方法是库仑理论的一种改进，它考虑了土的内聚力作用，可用于填土表面为一倾斜平面，其上作用有均布超载 q 的一般情况。

如图 2-7 所示，挡土墙在主动土压力作用下，离开填土向前的位移达到一定数值时，墙后填土将产生滑裂面 BC 而破坏，破坏瞬间，滑动楔体处于极限平衡状态。这时作用在滑动楔体 ABC 上的力有：楔体自重 G 及填土表面上均布超载 q 的合力 F，其方向竖直向下；滑裂面 BC 上的反力 R，其作用方向与 BC 平面法线成 φ 角；在滑裂面 BC 上还有内聚力 $c \cdot L_{BC}$，其方向与楔体下滑方向相反；墙背 AB 对楔体的反力 P_a，作用方向与墙法线成 δ 角。按照库仑土压力公式推导过程，可求得地基基础规范推荐的主动土压力计算公式。

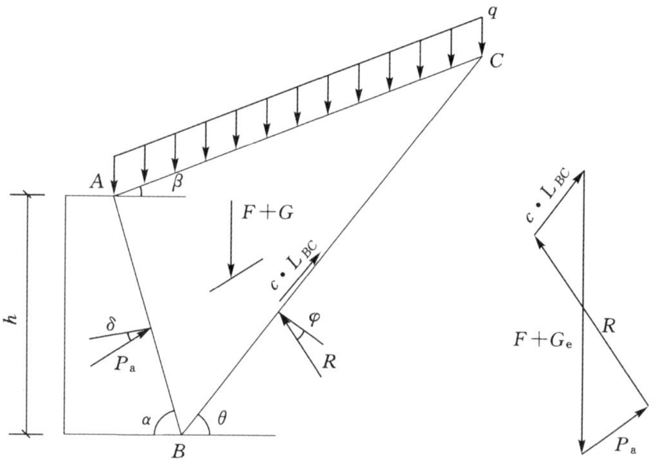

图 2-7 考虑了内聚力的计算图式

$$P_a = \frac{1}{2}\gamma h^2 K_a \tag{2-24}$$

$$\begin{aligned} K_a = &\frac{\sin(\alpha+\beta)}{\sin^2\alpha\sin^2(\alpha+\beta-\varphi-\delta)} \cdot \\ &\{K_q[\sin(\alpha+\beta)\cdot\sin(\alpha-\delta)+\sin(\alpha+\delta)\cdot\sin(\alpha-\beta)]+ \\ &2\eta\sin\alpha\cdot\cos\varphi\cdot\cos(\alpha-\beta-\varphi-\delta)- \\ &2[(K_q\sin(\alpha+\beta)\cdot\sin(\alpha-\beta)+\eta\sin\alpha\cdot\cos\varphi)\cdot \\ &(K_q\sin(\alpha-\delta)\cdot\sin(\alpha+\delta)+\eta\sin\alpha\cdot\cos\varphi)]^{\frac{1}{2}}\} \end{aligned} \tag{2-25}$$

$$\eta = \frac{2c}{\gamma h} \tag{2-26}$$

式中 P_a——主动土压力的合力；

K_a——黏性土、粉土主动土压力系数；

α——墙背与水平面的夹角；

β——填土表面与水平面之间的夹角；

δ——墙背与填土之间的摩擦角；

q——填土表面均布超载(以单位水平投影面上的荷载度量)；

K_q——考虑填土表面均布超载影响的系数。

$$K_q = 1 + \frac{2q}{\gamma h}\cdot\frac{\sin\alpha\cdot\cos\beta}{\sin(\alpha+\beta)} \tag{2-27}$$

按式(2-24)计算主动土压力时，破裂面与水平面的倾角为：

$$\theta = \arctan\frac{\sin\beta\cdot S_q+\sin(\alpha-\varphi-\delta)}{\cos\beta\cdot S_q-\cos(\alpha-\varphi-\delta)} \tag{2-28}$$

$$S_q = \sqrt{\frac{K_q\cdot\sin(\alpha-\delta)\cdot\sin(\alpha+\delta)+\eta\sin\alpha\cdot\cos\varphi}{K_q\cdot\sin(\alpha+\delta)\cdot\sin(\alpha-\delta)+\eta\sin\alpha\cdot\cos\varphi}} \tag{2-29}$$

2.2.3 朗肯土压力理论

朗肯土压力理论是由英国科学家朗肯于1857年提出的。朗肯理论的基本假定为：

(1) 挡土墙背竖直,墙面光滑,不计墙面和土体之间的摩擦力。

(2) 挡土墙后填土的表面为水平面,土体向下和沿水平方向都能伸展到无穷,即为半无限空间。

(3) 挡土墙后填土处于极限平衡状态。

朗肯理论计算式是从弹性半空间的应力状态出发,由土的极限平衡理论推导得到的。在弹性均质的半空间体中,距离地表深度为 z 处的任一点的竖向应力和水平应力分别为:

$$\sigma_z = \gamma z \tag{2-30}$$

$$\sigma_x = k_0 \sigma_z \tag{2-31}$$

如果在弹性均质空间体中,插入一竖直且光滑的墙面,由于它既无摩擦又无位移,则不会影响土中原来的应力状态,如图 2-8(b)所示。此时式(2-30)、式(2-31)仍然适用于计算墙面处土体的垂直应力和水平应力,式中的 σ_x 即为静止土压力值。在非超固结的一般情况下,侧压系数 k_0 小于 1.0,也即 $\sigma_z > \sigma_x$。所以竖向应力 σ_z 为最大主应力,侧向水平应力 σ_x 为最小主应力,在莫尔应力圆中处于弹性平衡状态,见图 2-8(d)中的圆Ⅱ。

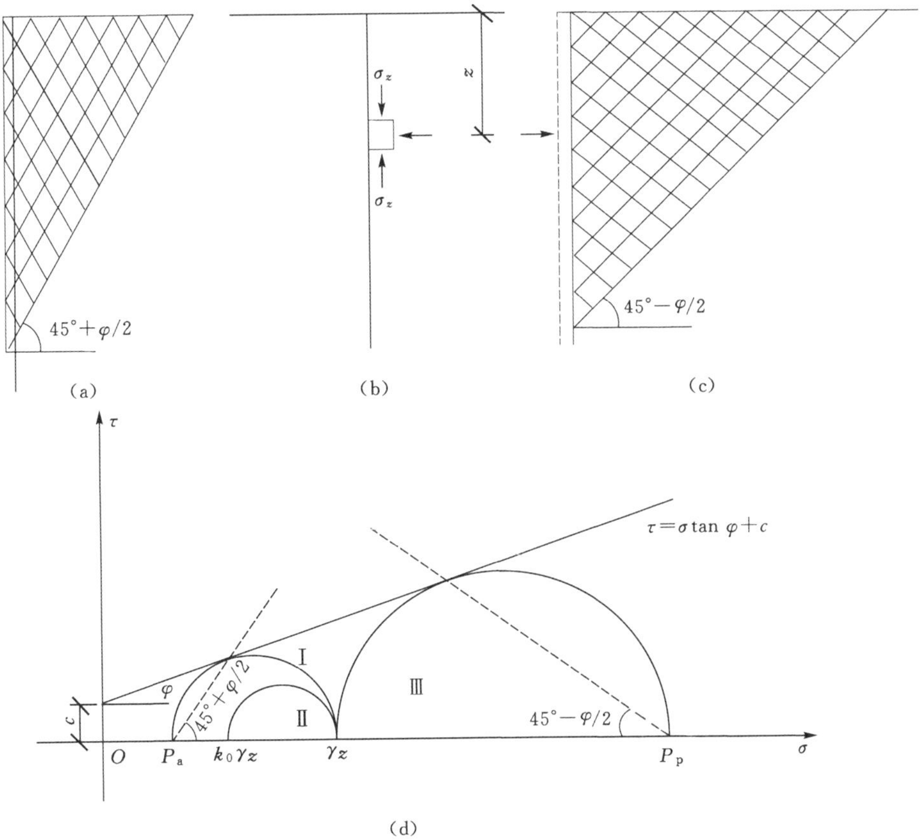

图 2-8　朗肯极限平衡状态

若墙面向左移动[图 2-8(a)],则将使右半边土体处于拉伸状态,作用于墙背的土压力逐渐减小,莫尔应力圆逐渐扩大而达到极限平衡,土体进入朗肯主动土压力状态。这时图 2-8(d)中莫尔应力圆Ⅰ与墙的抗剪强度包络线相切。这时作用于墙背的侧向土压力 σ_x 小于初始的静止土压力,更小于竖向土压力 σ_z,而成为最小主应力,竖向土压力 σ_z 为最大主应力，其值仍可由式(2-30)计算得到。墙后的土体产生剪切破坏，其剪切破坏面与水平面的夹角为 $45°+\varphi/2$。

同样，若墙面向右移动[图 2-8(c)]，则将使右半边土体处于挤压状态，作用于墙背的土压力增加，开始进入朗肯被动土压力状态。对应于图 2-8(d)中莫尔应力圆Ⅲ与土的抗剪强度包络线相切，这时作用于墙背的侧向土压力 σ_x 超过竖向土压力 σ_z 而成为最大主应力 P_p，竖向土压力 σ_z 则成为最小主应力。墙后土体的剪切破坏面与水平面的夹角为 $45°-\varphi/2$。

根据土体的极限平衡条件，并参照莫尔应力圆的相互关系，不难得到：

$$\tau=\tau_f \tag{2-32}$$

$$\sin\varphi=\frac{\sigma_1-\sigma_3}{\sigma_1+\sigma_3+2c\cdot\cot\varphi} \tag{2-33}$$

将式(2-33)改写成最大主应力和最小主应力的关系式：

$$\sigma_1=\frac{1+\sin\varphi}{1-\sin\varphi}\sigma_3+2c\frac{\cos\varphi}{1-\sin\varphi} \tag{2-34}$$

$$\sigma_3=\frac{1-\sin\varphi}{1+\sin\varphi}\sigma_1-2c\frac{\cos\varphi}{1+\sin\varphi} \tag{2-35}$$

式中 τ——土体某一斜面上的剪应力；

τ_f——土体在正应力 σ 条件下破坏时的剪应力；

σ_1、σ_3——最大、最小主应力；

c、φ——土的抗剪强度参数，其中 c 为土体内聚力，φ 为内摩擦角。

在朗肯主动土压力状态下，最大主应力为竖向土压力 $\sigma_1=\gamma z$，最小主应力即为主动土压力；将 $\sigma_3=P_a$ 代入式(2-35)可得：

$$P_a=\gamma z\tan^2\left(45°-\frac{\varphi}{2}\right)-2c\cdot\tan\left(45°-\frac{\varphi}{2}\right) \tag{2-36a}$$

同理，在朗肯被动土压力状态下，最大主应力为被动土压力 $\sigma_1=P_p$，而最小主应力为竖向压力 $\sigma_3=\sigma_z=\gamma z$，代入式(2-34)可得：

$$P_p=\gamma z\tan^2\left(45°+\frac{\varphi}{2}\right)+2c\cdot\tan\left(45°+\frac{\varphi}{2}\right) \tag{2-36b}$$

引入主动土压力系数 K_a 和被动土压力系数 K_p，并令：

$$\begin{cases}K_a=\tan^2\left(45°-\dfrac{\varphi}{2}\right)\\[2ex]K_p=\tan^2\left(45°+\dfrac{\varphi}{2}\right)\end{cases} \tag{2-37}$$

$$z\leqslant z_0=\frac{2c}{\gamma\tan(45°-\varphi/2)} \tag{2-38}$$

将式(2-37)代入式(2-36a)和式(2-36b)可得

$$P_a=\gamma zK_a-2c\sqrt{K_a} \tag{2-39}$$

$$P_p=\gamma zK_p+2c\sqrt{K_p} \tag{2-40}$$

由式(2-36a)可知，黏性土的主动土压力包括两部分：前一项为土自重 γz 引起的侧压力，与深度 z 成正比，呈三角形分布；后一项是由内聚力 c 所产生的，使侧向土压力减小的

“负”侧压力。

在主动状态下，当 $z \leqslant z_0 = \frac{2c}{\gamma}\tan\left(45^\circ + \frac{\varphi}{2}\right)$ 时，$P_a \leqslant 0$，为拉力。若不考虑墙背与土墙之间有拉应力存在的可能，则可求得墙背上总的主动土压力为：

$$P_a = \frac{1}{2}\gamma h^2 K_a - 2ch\sqrt{K_a} + \frac{2c^2}{\gamma} \tag{2-41}$$

式中　h——墙背的高度。

如挡墙后为成层土层，仍可按式(2-39)计算主动土压力。但应注意在土层分界面上，由于两层土的抗剪强度指标不同，土压力的分布有突变(见图 2-9)。其计算方法如下。

a 点：$P_{a1} = -2c_1\sqrt{K_{a1}}$。

b 点上(在第一层土中)：$P'_{a2} = \gamma_1 h_1 K_{a1} - 2c_1\sqrt{K_{a1}}$。

b 点下(在第二层土中)：$P''_{a2} = \gamma_1 h_1 K_{a2} - 2c_2\sqrt{K_{a2}}$。

其中，$K_{a1} = \tan^2\left(45^\circ - \frac{\varphi_1}{2}\right)$，$K_{a2} = \tan^2\left(45^\circ - \frac{\varphi_2}{2}\right)$，其余符号意义见图 2-9。

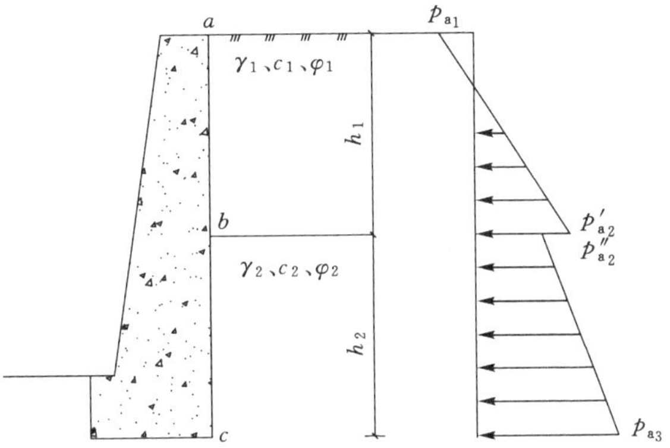

图 2-9　成层土的主动土压力计算

如图 2-10 所示，挡墙填土表面作用着连续均布荷载 q 时，计算时可以将在深度 z 处竖向应力 σ_z 增加一个 q 值，将式(2-39)、式(2-40)中 γz 代之以($\gamma z + q$)，就能得到填土表面超载时主动土压力计算公式(黏性土)：

$$P_a = (\gamma z + q)K_a - 2c\sqrt{K_a} \tag{2-42}$$

式中　q——地面超载。

当无固定超载时，考虑随时发生的施工堆载、车辆行驶动载(如基坑等)等因素，一般可取均布荷载 $q = 10 \sim 20$ kPa。

土压力水平作用点离墙踵的高度为：

$$z_E = \frac{1}{3}\left[h - \frac{2c}{\gamma}\tan\left(45^\circ + \frac{\varphi}{2}\right)\right] \tag{2-43}$$

在被动状态下，土压力呈梯形分布，其总的被动土压力为：

$$P_p = \frac{1}{2}\gamma h^2 K_p + 2ch\sqrt{K_p} \tag{2-44}$$

土压力的水平作用点为梯形形心，离墙踵高度为：

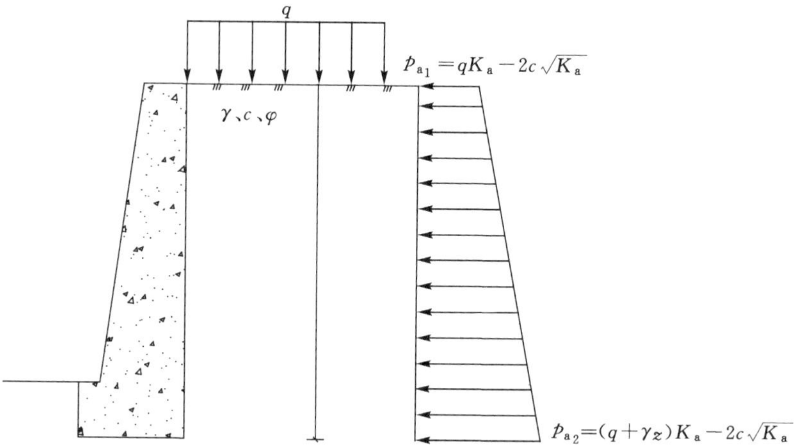

图 2-10 填土上有超载时主动土压力计算

$$z_E=\frac{1}{3}\left[\frac{1+3\times\frac{2c}{\gamma}\tan\left(45^\circ-\frac{\varphi}{2}\right)}{1+2\times\frac{2c}{\gamma}\tan\left(45^\circ-\frac{\varphi}{2}\right)}\right]h \tag{2-45}$$

在朗肯土压力计算理论中，假定墙背是竖直光滑的，填土表面水平，因此，与实际情况有一定出入。由于墙背摩擦角 $\varphi=0$，计算土压力 P_a 偏大，而 P_p 偏小。

【例 2-1】 有一挡土墙高 5 m，墙背竖直光滑，墙后填土面水平(图 2-11)。填土的物理力学性能指标为：$c=10.0$ kPa，$\varphi=30^\circ$，$\gamma=18.0$ kN/m³。试计算主动土压力大小及作用点位置，并绘出主动土压力强度沿墙高的分布图。

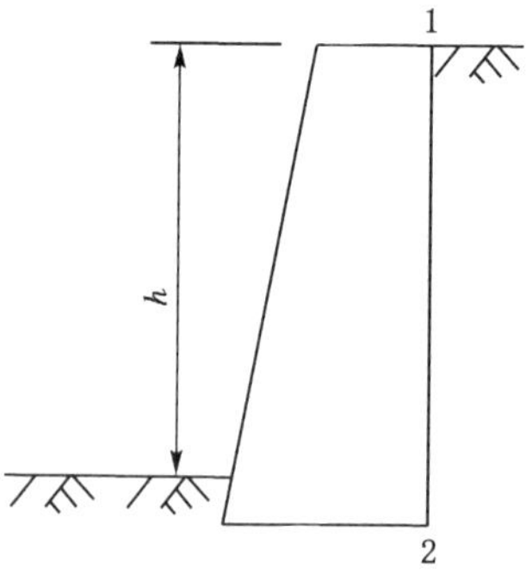

图 2-11 挡土墙情况

解 因挡土墙墙背竖直光滑，墙后填土面水平，满足朗肯土压力条件，故可按下式计算土压力：

$$\sigma_a=\gamma zK_a-2c\sqrt{K_a}$$

其中主动土压力系数为：

$$K_a=\tan^2\left(45^\circ-\frac{\varphi}{2}\right)=\tan^2\left(45^\circ-\frac{30^\circ}{2}\right)=0.33$$

墙顶点 1 处的主动土压力为：

$$\sigma_{a1}=18\times0\times0.33-2\times10\times\sqrt{0.33}=-11.49(\text{kPa})<0$$

由于 σ_{a1} 为拉应力，墙背与填土脱开，故应求临界深度 z_0：

$$z_0=\frac{2c}{\gamma\sqrt{K_a}}=\frac{2\times10}{18\times\sqrt{0.33}}=1.93(\text{m})$$

墙顶点 2 处的主动土压力为：

$$\sigma_{a2}=18\times5\times0.33-2\times10\times\sqrt{0.33}=18.21(\text{kPa})$$

土压力分布图如图 2-12 所示，主动土压力的大小为：

$$P_a=18.21\times\frac{(5-1.93)}{2}=27.95\ (\text{kN})$$

主动土压力 P_a 的作用点离墙踵的距离为：

$$\frac{h-z_0}{3}=\frac{5-1.93}{3}=1.02(\mathrm{m})$$

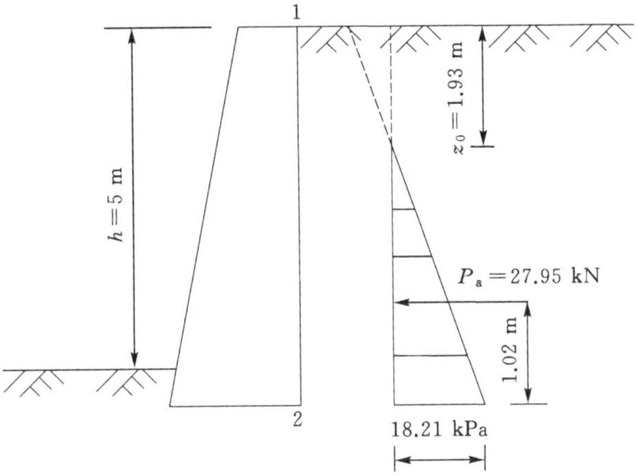

图 2-12　主动土压力分布

2.2.4 侧向岩石压力计算

由于岩石存在结构面，其特性与土相比差别较大。侧向岩石压力应根据实际情况简化为下列几种情形进行计算。

(1) 静止岩石压力标准值

$$\sigma_{0ik}=\left(\sum_{j=1}^{i}\gamma_j h_j+q\right)K_{0i} \tag{2-46}$$

式中　σ_{0ik} ——计算点处的静止土压力标准值，kN/m^2；

γ_j ——计算点以上第 j 层土的重度，kN/m^3；

h_j ——计算点以上第 j 层土的厚度，m；

q ——地面均布荷载，kN/m；

K_{0i} ——计算点处的静止土压力系数，$K_{0i}=\frac{\mu}{1-\mu}$，其中 μ 是岩石泊松比，宜采用实测数据或当地试验数据。

(2) 沿外倾结构面滑动的主动岩石压力计算

对沿外倾结构面滑动的边坡，如图 2-13 所示，其主动岩石压力合力标准值可按下式计算：

$$P_{ak}=\frac{1}{2}\gamma H^2 K_a \tag{2-47}$$

$$K_a=\frac{\sin(\alpha+\beta)\left[K_q\sin(\alpha+\theta)\sin(\theta-\varphi)-\eta\sin\alpha\cos\varphi_s\right]}{\sin^2\alpha\sin(\alpha-\delta+\theta-\varphi_s)\sin(\theta-\beta)} \tag{2-48}$$

$$\eta=\frac{2c_s}{\gamma H} \tag{2-49}$$

式中　θ ——外倾结构面倾角；

c_s——外倾结构面内聚力，kPa；

φ_s——外倾结构面内摩擦角；

K_q——系数，$K_q = 1 + \dfrac{2q\sin\alpha\cos\beta}{\gamma H\sin(\alpha+\beta)}$；

δ——岩石与挡墙背的摩擦角，取$(0.33\sim0.5)\varphi$，其中，φ为岩石内摩擦角。

当有多组外倾结构面时，侧向岩石压力应计算每组结构面的主动岩石压力并取其大值。

(3) 沿缓倾的外倾软弱结构面滑动的主动岩石压力计算

对沿缓倾的外倾软弱结构面滑动的边坡，如图 2-14 所示，主动岩石压力合力标准值可按下式计算：

$$P_{ak} = G\tan(\theta - \varphi_s) - \frac{c_s L\cos\varphi_s}{\cos(\theta - \varphi_s)} \tag{2-50}$$

式中 G——四边形滑裂体自重，kN/m；

L——滑裂面长度，m；

θ——缓倾的外倾软弱结构面的倾角；

c_s——外倾软弱结构面的内聚力，kPa；

φ_s——外倾软弱结构面内摩擦角。

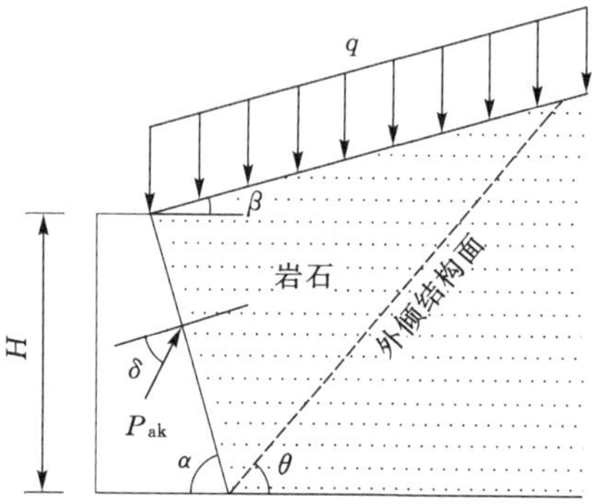

图 2-13 有外倾结构面的侧向岩石压力计算

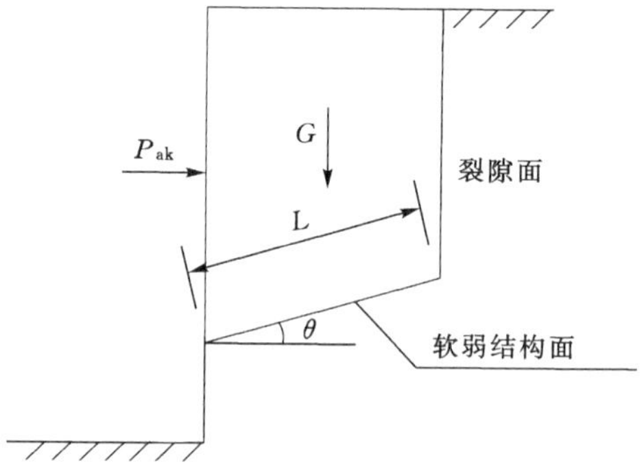

图 2-14 有缓倾的外倾软弱结构面的侧向岩石压力计算

(4) 侧向岩石压力和破裂角计算

侧向岩石压力和破裂角计算应符合下列规定：

① 对无外倾结构面的岩质边坡，以岩体等效内摩擦角按侧向土压力方法计算侧向岩石压力；破裂角按 $45° + \frac{\varphi}{2}$ 确定，Ⅰ类岩体边坡可取 75°左右。

② 当有外倾硬性结构面时，侧向岩石压力应分别根据外倾硬性结构面的参数以岩体等效内摩擦角按侧向土压力方法计算；除Ⅰ类边坡岩体外，破裂角取外倾结构面倾角和 $45° + \frac{\varphi}{2}$ 两者中的较小值。

③ 当边坡沿外倾软弱结构面破坏时，破裂角取该外倾结构面的视倾角和 $45° + \frac{\varphi}{2}$ 两者中的较小者，同时应按第①和②点进行验算。

2.3　地下结构围岩压力计算方法

洞室开挖之前，地层中的岩体处于复杂的原始应力平衡状态。洞室开挖之后，围岩中的原始应力平衡状态遭到破坏，应力重新分布，从而使围岩产生变形。当变形发展到岩体变形极限时，岩体就产生破坏。如在围岩发生变形时及时进行衬砌或支护，阻止围岩继续变形，防止围岩塌落，则围岩对衬砌结构就要产生压力，即所谓的围岩压力。所以围岩压力就是指位于地下结构周围变形或破坏的岩层，作用在衬砌结构或支撑结构上的压力。它是作用于地下结构的主要荷载。

围岩压力可分为围岩垂直压力、围岩水平压力及围岩底部压力。对于一般水平洞室，围岩垂直压力是主要的，也是围岩压力研究的主要内容。在坚硬岩层中，围岩水平压力较小，可忽略不计，但在松软岩层中应考虑围岩水平压力的作用。围岩底部压力为自下而上作用在衬砌结构底板上的压力，它产生的主要原因是某处地层遇水后膨胀；边墙底部压力是底部地层向洞室里面凸起所导致的。

影响围岩压力的因素很多，主要有岩体的结构、岩石的强度、地下水的作用、洞室的尺寸与形状、支护的类型和刚度、施工方法、洞室的埋置深度和支护时间等。其中，岩体稳定性的关键影响因素是岩体结构面的类型和特征。

2.3.1　按松散体理论计算围岩压力

（1）垂直围岩压力

按松散体理论计算围岩压力是从 20 世纪初开始的。考虑岩体裂隙和节理的存在，岩体被切割为互不联系的独立块体，因此，可以把岩体假定为松散体。但是，被各种软弱面切割而成的岩块结合体与真正理论上的松散体并不完全相同，这就需要将真正的岩体代之以某种具有一定特性的特殊松散体，以便对这种特殊的松散体采用与理想松散体完全相同的计算方法。

理想松散体颗粒间抗剪强度为：

$$\tau=\sigma\cdot\tan\varphi \tag{2-51}$$

而在有内聚力的岩体中抗剪强度为：

$$\tau=\sigma\cdot\tan\varphi+c \tag{2-52}$$

式中　φ——内摩擦角；

σ——剪切面上的法向应力；

c——岩体颗粒间的内聚力。

改写式(2-52)为：

$$\tau=\sigma\cdot\left(\tan\varphi+\frac{c}{\sigma}\right) \tag{2-53}$$

令 $f_k=\tan\varphi+\dfrac{c}{\sigma}$，则

$$\tau=\sigma\cdot f_k \tag{2-54}$$

比较式(2-54)与式(2-51)可知，二者在形式上是完全相同的。因此，对于具有一定内聚

力的岩体，同样可以当作完全松散体对待，只需以具有内聚力岩体的 $f_k=\tan\varphi+\frac{c}{\sigma}$ 代替完全松散体的 $\tan\varphi$ 就行了。

① 浅埋结构上的垂直围岩压力

当地下结构上覆岩层较薄时，通常认为覆盖层全部岩体重力作用于地下结构。这时地下结构所受的围岩压力就是覆盖层岩石柱的重力[图 2-15(a)]。

$$q=\gamma H \tag{2-55}$$

式中 q——垂直围岩压力的集度；

γ——岩体重度；

H——地下结构顶盖上方覆盖层厚度。

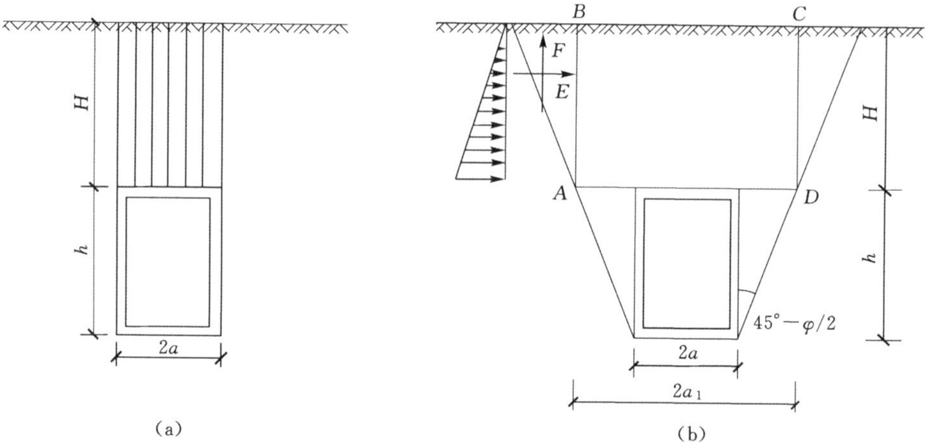

图 2-15 浅埋结构垂直围岩压力计算图式

实际上，当地下结构上方覆盖的岩层向下滑动时，两侧不动岩层不可避免地将对滑动体提供摩擦力，阻止其下滑。如果地下结构所提供的反力与两侧所提供的摩擦力之和能克服这种下滑，则作用在地下结构上的围岩压力就是岩石柱重力与两侧所提供摩擦力之差。

由于地下结构上方的覆盖层不可能像图 2-15(a)所示那样规则地沿壁面下滑，为方便计算，进行一定的简化处理。假定从洞室的底角起形成一与结构侧壁成 $\left(45°-\frac{\varphi}{2}\right)$ 的滑移面，并认为这个滑移面延伸到地表[图 2-15(b)]。只有滑移面以内的岩体才有可能下滑，而滑移面之外的岩体是稳定的。取 $ABCD$ 为向下滑动的岩体，它所受到的抵抗力是沿 AB 和 CD 两个面的摩擦力之和。因此，作用在地下结构上的总压力为：

$$Q=G-2F \tag{2-56}$$

式中 G——$ABCD$ 体的总重力；

F——AB 或 CD 面对下滑岩体的摩擦力。

由几何关系有：

$$2a_1=2a+2h\tan\left(45°-\frac{\varphi}{2}\right) \tag{2-57}$$

$$G=2a_1H\gamma$$

所以

$$G=2\left[a+h\tan\left(45^\circ-\frac{\varphi}{2}\right)\right]\gamma H \tag{2-58}$$

由前所述可知，AB（或 CD）面的水平压力呈三角形分布，其最大值在 A 点（或 D 点），即

$$e_A=e_D=\gamma H\tan^2\left(45^\circ-\frac{\varphi}{2}\right) \tag{2-59}$$

AB（CD）面所受总的水平力为：

$$\begin{aligned}E&=\frac{1}{2}H\gamma H\tan^2\left(45^\circ-\frac{\varphi}{2}\right)\\&=\frac{1}{2}\gamma H^2\tan^2\left(45^\circ-\frac{\varphi}{2}\right)\end{aligned} \tag{2-60}$$

AB（CD）面所受摩擦阻力为：

$$F=E\cdot\tan\varphi=\frac{1}{2}\gamma H^2\tan^2\left(45^\circ-\frac{\varphi}{2}\right)\cdot\tan\varphi \tag{2-61}$$

将式(2-58)和式(2-61)代入式(2-56)有：

$$Q=2\gamma H\left[a+h\tan\left(45^\circ-\frac{\varphi}{2}\right)\right]-\gamma H^2\tan^2\left(45^\circ-\frac{\varphi}{2}\right)\tan\varphi \tag{2-62}$$

垂直围岩压力集度为：

$$q=\frac{Q}{2a_1}=\gamma H\left[1-\frac{H}{2a_1}\tan^2\left(45^\circ-\frac{\varphi}{2}\right)\tan\varphi\right] \tag{2-63}$$

式(2-63)为考虑摩擦影响的围岩压力计算公式。可见 q 值是随地下结构所处的深度 H 变化而变化的。为了解其变化情况，现将式(2-63)对 H 求一次导数，并令其为零，则可求得产生最大围岩压力的深度为：

$$H_{max}=\frac{a_1}{\tan^2\left(45^\circ-\frac{\varphi}{2}\right)\cdot\tan\varphi} \tag{2-64}$$

在这个深度上的围岩压力总值为：

$$Q_{max}=\frac{\gamma a_1^2}{\tan^2\left(45^\circ-\frac{\varphi}{2}\right)\cdot\tan\varphi} \tag{2-65}$$

围岩压力集度为：

$$q_{max}=\frac{\gamma a_1}{2\tan^2\left(45^\circ-\frac{\varphi}{2}\right)\cdot\tan\varphi} \tag{2-66}$$

由式(2-64)和式(2-66)知：

$$q_{max}=\frac{1}{2}\gamma H_{max} \tag{2-67}$$

由此可知，在 H_{max} 这个深度上，摩擦阻力为全部岩石柱重力之半。分析上述公式可以发现，当以 $H=H_{max}$ 代入时，$Q=0$。这表明摩擦阻力已全部抵消了下滑岩体的重力。

实际上不能认为当地下结构埋置深度 $H>2H_{max}$ 时地下结构上完全没有围岩压力作用，这是因为我们研究的是松散的围岩，而不是一个刚性的块体。对于一个刚性的块体，只

要摩擦力能克服其重力，块体就不会发生移动，则位于它下面的结构就不承受该块体的作用。而对于下滑的松散体来说，虽然两侧的摩擦阻力在数值上已超过岩石柱的全部重力，但是远离摩擦面(特别是跨中)的岩块将因其自重而脱落。

② 深埋结构上的垂直围岩压力

所谓深埋是指地下结构的埋深大到一定程度，以致两侧摩擦阻力远远超过了滑移柱的重力，因而不存在任何偶然因素能破坏岩石柱的整体稳定性。深埋结构的围岩压力用于研究地下洞室上方一个局部范围内的压力现象。如图 2-16 所示，深埋结构的特点，保障了 $ABCDE$ 部分岩体的稳定性，这部分岩体称为岩石拱。由于它具有将压力卸于两侧岩体的作用，所以又叫卸荷拱。此时，只有 AED 以下岩体重力对结构产生压力，因而称此为压力拱。

a. 压力拱的曲线形状

压力拱能够自然稳定而平衡，它有一个合理拱轴，其上任何一点都是无力矩的。通常忽略由于压力拱曲线本身形状所造成的岩体重力不均匀性。

假定拱轴线受均布荷载，集度为 q。如图 2-17 所示，根据压力拱轴线各点无力矩的理论，可建立如下方程：

$$\begin{cases} Hy - \dfrac{1}{2}qx^2 = 0 \\ y = \dfrac{q}{2H}x^2 \end{cases} \tag{2-68}$$

式中 H——压力拱拱顶产生的水平推力。

可见，压力拱曲线是二次抛物线。

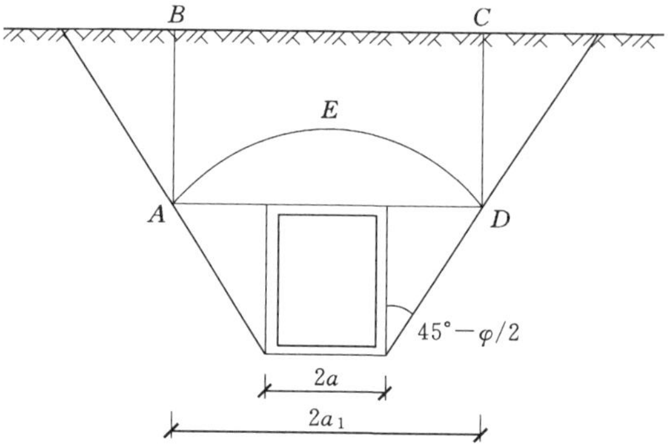

图 2-16 深埋结构竖直围岩计算图式

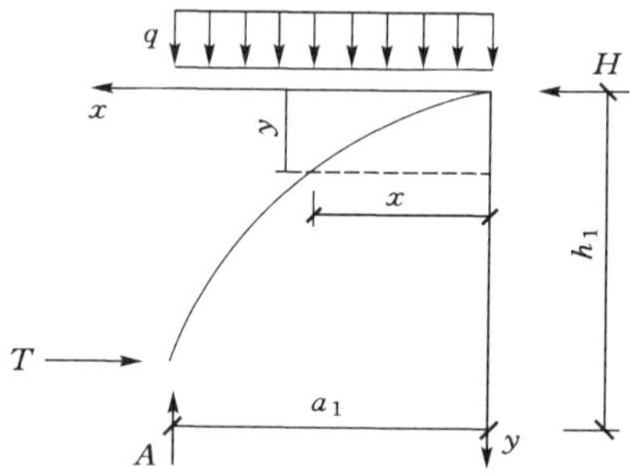

图 2-17 计算简图

b. 压力拱高度

由图 2-17 可知，平衡拱顶推力 H 的力是拱脚处的水平反力 T，当 $T \geqslant H$ 时，压力拱可以保持稳定，而 T 是由 q 形成的摩擦力提供的，q 在拱脚形成的全部垂直反力为：

$$A = qa_1 \tag{2-69}$$

由 A 所形成的水平摩擦力为：

$$T = Af_k = qa_1 f_k \tag{2-70}$$

当 $T = H$ 时，压力拱处于极限平衡状态，这时压力拱的方程为：

$$y=\frac{x^2}{2f_k a_1} \tag{2-71}$$

如果考虑压力拱存在的安全性，可以认为 $\frac{T}{2}=H$，而拱脚只用存在的水平抗力之半平衡拱顶水平推力，将此再代入式(2-68)，得出具有相当于安全系数为 2 的压力拱方程：

$$y=\frac{x^2}{f_k a_1} \tag{2-72}$$

当 $x=a_1$ 时，由式(2-72)可求出压力拱高度：

$$h_1=\frac{a_1}{f_k} \tag{2-73}$$

式中　h_1——压力拱高度。

式(2-73)就是从 20 世纪初开始应用的计算地下结构围岩压力的一个古老公式，称为普氏公式。

压力拱曲线上任何一点的高度为：

$$h_x=h_1-y=h_1\left(1-\frac{x^2}{a_1^2}\right) \tag{2-74}$$

因此，当地下结构上方具有足够厚度的覆盖层时，由于卸荷拱起到将岩体重力转移给洞室两侧的作用，因而只有压力拱内的岩体重力作用在结构上。

在进行地下结构设计中，常忽略压力拱曲线所造成的荷载集度的差别，垂直围岩压力取均布形式，并按 h_1 计算，即

$$q=\gamma h_1 \tag{2-75}$$

式中　q——作用在地下结构上的垂直围岩压力集度。

由式(2-73)看出，f_k 是表征岩体属性的一个重要的物理量，它决定岩体性质对压力拱高度的影响。f_k 是岩体抵抗各种破坏能力的综合指标，又称岩层坚固性系数或普氏系数。f_k 值大，则岩体抵抗各种破坏，如冲击、爆破、开挖等的能力就强。它的数值计算如下。

对松散岩体，$f_k=\tan\varphi$。

对黏性岩体，$f_k=\tan\varphi+\frac{c}{\sigma}$。

对弹性岩体，$f_k=\frac{1}{10}R_c$。

式中　R_c——岩石抗压强度极限，MPa。

由于岩体结构极为复杂，同种岩体也会因裂隙、层理、节理发育状况不同，表现出对各种破坏抵抗能力的不同。f_k 值需结合现场、综合各种地质实际由经验判定。

(2) 水平围岩压力

地下结构上作用着垂直围岩压力和水平围岩压力，垂直围岩压力的计算已如前述。一般来说，垂直围岩压力是地下结构所不可忽视的荷载，而水平围岩压力只是对较松软的岩层(如 $f_k<2$ 时)才考虑。

地下结构的侧墙像挡土墙一样承受着围岩的水平压力。因此，为计算水平围岩压力，可首先计算出该点的垂直围岩压力集度，而后乘以侧压力系数 $\tan^2\left(45°-\frac{\varphi}{2}\right)$，即得水平围岩

压力集度。所以任一深度 z 处的水平围岩压力集度为：

$$e_z = \gamma z \tan^2\left(45^\circ - \frac{\varphi}{2}\right) \tag{2-76}$$

式中 e_z——深度 z 处的水平围岩压力。

水平围岩压力沿深度呈三角形分布。

如果沿结构深度上岩体由多层组成，则必须分层计算各层的水平围岩压力。

2.3.2 按弹塑性体理论计算围岩压力

图 2-18 所示为地下圆形洞室周围所出现的各种变形区域。假定 R 为非弹性变形区的半径，而以半径为无穷大（与 a 相比相当大）划定一个范围，则在这个范围的边界上作用着静水压力 p，而在半径为 R 的边界上应力为 σ_R。这时弹性区中的应力可根据弹性理论中的厚壁圆筒描述。

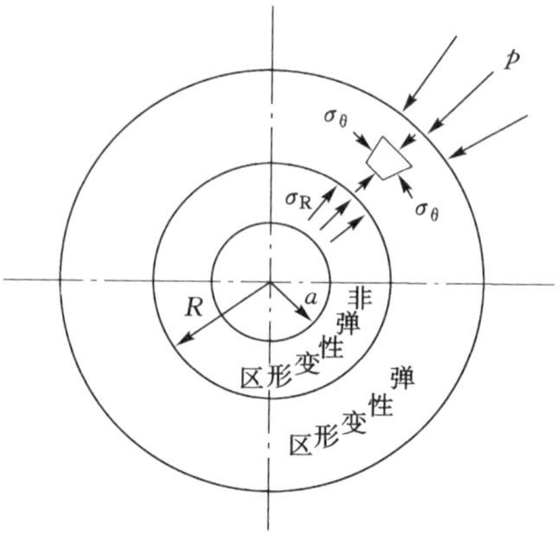

图 2-18 弹塑性计算模型围岩压力示意图

平衡方程：

$$(\sigma_r + d\sigma_r)(r + dr)d\theta - \sigma_r r d\theta - 2\sigma_\tau dr \sin\frac{d\theta}{2} = 0$$

$$\sigma_r - \sigma_\tau - r\frac{d\sigma_r}{dr} = 0$$

式中 σ_r——沿半径方向的应力；

r——从中心点向外延伸的距离。

几何方程：

$$\varepsilon_r = \frac{(u + du) - u}{dr} = \frac{du}{dr},\quad \varepsilon_\tau = \frac{(r + u)\,d\theta - r d\theta}{r d\theta} = \frac{u}{r}$$

$$\frac{d\varepsilon_\tau}{dr} = \frac{1}{r}\frac{du}{dr} - \frac{u}{r^2} = \frac{1}{r}\left(\frac{du}{dr} - \frac{u}{r}\right) = \frac{1}{r}(\varepsilon_r - \varepsilon_\tau)$$

广义胡克定律：

$$\begin{cases} \varepsilon_\tau = \dfrac{1}{E}[\sigma_\tau - \mu(\sigma_r + \sigma_z)] \\ \varepsilon_r = \dfrac{1}{E}[\sigma_r - \mu(\sigma_\tau + \sigma_z)] \end{cases}$$

$$\begin{cases}\dfrac{1}{r}(\varepsilon_{r}-\varepsilon_{\tau})=\dfrac{1}{r}\,\dfrac{1}{E}[\sigma_{r}-\mu(\sigma_{\tau}+\sigma_{z})-\sigma_{\tau}+\mu(\sigma_{r}+\sigma_{z})]\\ \qquad\qquad\quad=\dfrac{1-\mu}{rE}(\sigma_{r}-\sigma_{\tau})\\ \dfrac{\mathrm{d}\varepsilon_{\tau}}{\mathrm{d}r}=\dfrac{1}{E}\left[\dfrac{\mathrm{d}\sigma_{\tau}}{\mathrm{d}r}-\mu\,\dfrac{\mathrm{d}\sigma_{r}}{\mathrm{d}r}\right]\end{cases}$$

$$\frac{\mathrm{d}\sigma_{\tau}}{\mathrm{d}r}-\mu\,\frac{\mathrm{d}\sigma_{r}}{\mathrm{d}r}=\frac{1+\mu}{r}(\sigma_{r}-\sigma_{\tau})$$

弹性变形区应力：

$$\begin{cases}\sigma_{r}=p\left(1-\dfrac{R^{2}}{r^{2}}\right)+\sigma_{R}\,\dfrac{R^{2}}{r^{2}}\\ \sigma_{\theta}=p\left(1+\dfrac{R^{2}}{r^{2}}\right)-\sigma_{R}\,\dfrac{R^{2}}{r^{2}}\end{cases}\tag{2-77}$$

而非弹性变形区中的应力根据弹塑性理论为：

$$\begin{cases}\sigma_{r}=(p_{b}+c\cdot\cot\varphi)\left(\dfrac{r}{a}\right)^{\frac{2\sin\varphi}{1-\sin\varphi}}-c\cdot\cot\varphi\\ \sigma_{\theta}=(p_{b}+c\cdot\cot\varphi)\left(\dfrac{r}{a}\right)^{\frac{2\sin\varphi}{1-\sin\varphi}}\cdot\dfrac{1+\sin\varphi}{1-\sin\varphi}-c\cdot\cot\varphi\end{cases}\tag{2-78}$$

式中　p_{b}——支护对洞室周边的反力，亦即围岩对支护的压力，二者大小相等；

φ——岩石内摩擦角；

p——洞室所在位置的原始应力，$p=\gamma H$（γ 为重度，H 为埋深）；

a——洞室半径；

R——非弹性变形区的半径。

在弹性变形区与非弹性变形区的交界面上，应力 σ_{θ}、σ_{r} 既满足非弹性变形区中的应力方程式(2-78)，也满足弹性变形区中的应力方程式(2-77)。

对于非弹性变形区，由式(2-78)得：

$$(\sigma_{r}+\sigma_{\theta})=\frac{2(p_{b}+c\cdot\cot\varphi)}{1-\sin\varphi}\cdot\left(\frac{r}{a}\right)^{\frac{2\sin\varphi}{1-\sin\varphi}}-2c\cdot\cot\varphi\tag{2-79}$$

对弹性变形区而言，由式(2-77)可得：

$$(\sigma_{r}+\sigma_{\theta})=2p\tag{2-80}$$

在弹性变形区和非弹性变形区的交界面上，即 $r=R$ 处，应力状态应是定值，因此，式(2-79)与式(2-80)应相等，于是：

$$p=\frac{(p_{b}+c\cot\varphi)}{1-\sin\varphi}\left(\frac{r}{a}\right)^{\frac{2\sin\varphi}{1-\sin\varphi}}-c\cot\varphi\tag{2-81}$$

由此有：

$$R=a\left[\frac{(p+c\cdot\cot\varphi)}{p_{b}+c\cdot\cot\varphi}\cdot(1-\sin\varphi)\right]^{\frac{1-\sin\varphi}{2\sin\varphi}}\tag{2-82}$$

也可以改写为：

$$R=[(p_{b}+c\cdot\cot\varphi)(1-\sin\varphi)]\left(\frac{a}{R}\right)^{\frac{2\sin\varphi}{1-\sin\varphi}}-c\cdot\cot\varphi\tag{2-83}$$

式中符号意义同前。

式(2-83)就是著名的修正了的芬纳公式。它表示岩体性质、埋深等确定的情况下非弹性变形区大小与支护对围岩提供的反力间的关系。

2.3.3 按围岩分级和经验公式确定围岩压力

根据理论分析和工程实践,围岩压力的性质、大小、分布规律等与许多因素有关,这些因素包括地质构造、岩体结构特征、地下水情况、初始应力状态、洞室形状和大小、支护手段以及施工方法等。由于影响因素多,围岩压力的确定便成了一个十分复杂的问题。前面介绍的按松散体理论和弹塑性理论确定围岩压力的方法,都是根据对岩体进行某种假定加以抽象简化而提出来的,其适用范围均有一定局限性。为了更好地解决各种实际压力计算问题,人们又提出了由工程类比得出的经验公式和数据,以对围岩压力进行估计。

(1) 垂直围岩压力

围岩垂直压力的综合经验公式为:

$$q=K\left(L+\frac{H}{2}\right)\gamma \tag{2-84}$$

式中 q——均匀分布的垂直围岩压力,kPa;

γ——岩体重度,kN/m^3;

K——围岩压力系数;

L——洞室毛洞宽度,m;

H——洞室毛洞高度,m。

其中围岩压力系数采用以下标准:

Ⅰ级围岩,$K=0$。

Ⅱ级围岩,$K=0.05\sim0.10$(忽略 $H/2$ 的影响,对于Ⅱ类围岩,当 $2a<10$ m 时,可取$K=0$)。

Ⅲ级围岩,$K=0.10\sim0.20$(对于Ⅲ类围岩,当 $2a<10$ m 时,可取 $K=0$)。

Ⅳ级围岩,$K=0.30\sim0.40$。

Ⅴ级围岩,$K\geqslant0.55$。

(2) 水平围岩压力

$$e=\lambda q \tag{2-85}$$

式中 e——均匀分布的水平围岩压力,kN/m^2;

λ——侧压力系数。

其中侧压力系数采用以下标准。

Ⅰ~Ⅱ级围岩:$\lambda=0$。

Ⅲ级围岩:对于$Ⅲ_1$ 级,$\lambda\geqslant0.10\sim0.15$;对于$Ⅲ_2$、$Ⅲ_3$ 级,$\lambda\geqslant0.15\sim0.25$。

Ⅳ级围岩:$\lambda\geqslant0.25\sim0.40$。

Ⅴ级围岩:$\lambda\geqslant0.40$。

(3) 适用范围

① 上述经验公式适用于深埋情况下地下结构上的围岩压力估算;浅埋情况比较简单,可参考相关规范。

② 适用于跨度小于 15 m,$H/L\leqslant2.5$,顶部为拱形的地下工程。

③ 对于Ⅲ、Ⅳ级围岩，应根据地质构造和回填情况考虑不均匀压力影响。

④ Ⅴ级围岩由于地质条件变化大，围岩压力相差悬殊，因而公式给出了下限值。具体应用时可参照其他有关公式和实践经验确定。

2.4　地层弹性抗力与结构自重及其他荷载

2.4.1　地层弹性抗力

地下建筑结构除承受主动荷载（如围岩压力、结构自重等）作用外，还承受一种被动荷载，即地层的弹性抗力。

结构在主动荷载作用下，会产生变形。以隧道工程为例，如图 2-19 所示的曲墙拱形结构，在主动荷载（垂直荷载大于水平荷载）作用下，产生的变形如虚线所示。

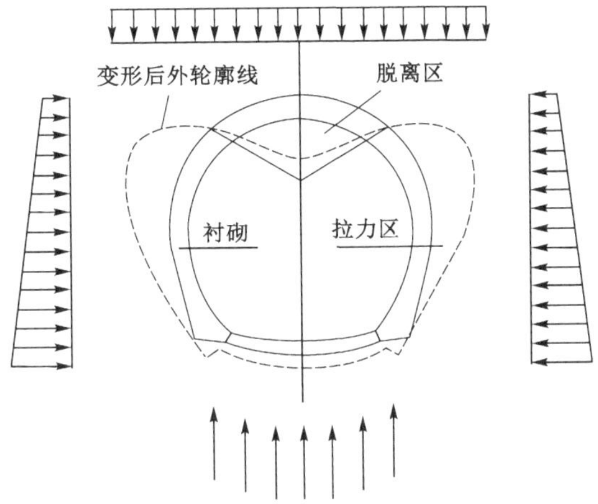

图 2-19　衬砌结构在外力作用下的变形规律

在拱顶，其变形背向地层，在此区域内岩土体对结构不产生约束作用，所以称为脱离区。而在靠边拱脚和边墙部位，结构产生压向地层的变形，由于结构与岩土体紧密接触，所以岩土体将阻止结构的变形，从而产生了对结构的反作用力，这个反作用力习惯上称之为弹性抗力。地层弹性抗力的存在是地下结构区别于地面结构的显著特点之一。因为地面结构在外力作用下可以自由变形不受介质约束，而地下结构在外力作用下其变形受到地层的约束，所以地下结构设计必须考虑结构与地层之间的相互作用，这就带来了地下结构设计与计算的复杂性。此外，弹性抗力的存在，限制了结构的变形，以致结构的受力条件得以改善，其变形小而承载能力有所增加。

既然弹性抗力是由于结构与地层的相互作用所产生的，那么弹性抗力大小和分布规律不仅取决于结构的变形，还与地层的物理力学性质有着密切的关系。确定弹性抗力的大小和其作用范围（抗力区），目前有两种理论：一种是局部变形理论，认为弹性地基某点上施加的外力只会引起该点的沉陷；另一种是共同变形理论，认为弹性地基上一点的外力，不仅引起该点发生沉陷，而且还会引起附近一定范围的地基沉陷。后一种理论较为合理，但由于局部变形理论计算较为简单，且一般尚能满足工程精度要求，所以目前多采用局部变形理论计算弹性抗力。

局部变形理论，以为人熟知的文克勒(E. Winkler)假说为基础，认为地层的弹性抗力与结构变位成正比，即

$$\sigma = k\delta \tag{2-86}$$

式中 σ——弹性抗力，kPa；

k——弹性抗力系数，kPa/m；

δ——岩土体计算点的位移，m。

对于各种地下结构和介质，弹性抗力系数 k 值不同，可根据工程实践经验或参考相关规范确定。

2.4.2 地下工程结构自重及其他荷载计算

计算结构的静荷载时，结构自重必须计算在内。等直杆件，如墙、梁、板、柱的自重，计算简单，不予介绍。下面着重介绍衬砌结构拱圈自重的计算方法。

(1) 将衬砌结构自重简化为垂直均布荷载

当拱圈截面为等截面拱时，结构自重荷载为：

$$q = \gamma d_0 \tag{2-87}$$

式中 γ——材料重度，kN/m^3；

d_0——拱顶截面厚度，m。

(2) 将结构自重简化为竖直均布荷载和三角形荷载

如图 2-20 所示，当拱圈为变截面拱时，结构自重荷载可选用如下几个近似公式：

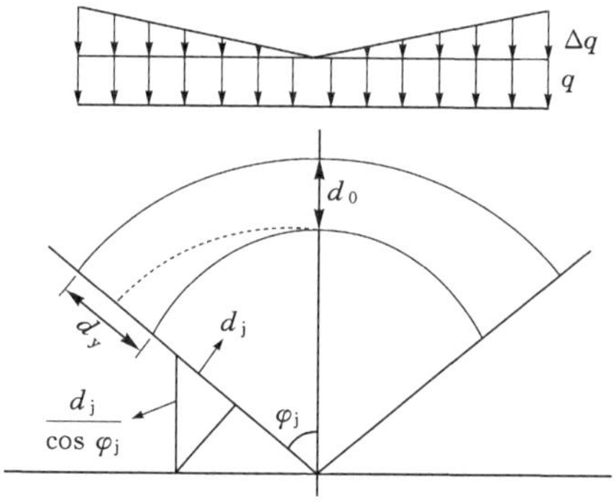

图 2-20 拱圈结构自重计算

$$\begin{cases} q = \gamma d_0 \\ \Delta q = \gamma (d_j - d_0) \end{cases} \tag{2-88}$$

$$\begin{cases} q = \gamma d_0 \\ \Delta q = \gamma \left(\dfrac{d_j}{\cos \varphi_j} - d_0 \right) \end{cases} \tag{2-89}$$

$$\begin{cases} q = \gamma d_0 \\ \Delta q = \dfrac{(d_j + d_0)\varphi_j - 2d_0 \sin \varphi_j}{\sin \varphi_j} \gamma \end{cases} \tag{2-90}$$

式中　d_j——计算三角形荷载时用到的长度；

φ_j——夹角。

地下建筑结构除了有岩土层压力、结构自重和弹性抗力等荷载外，还可能遇到其他形式的荷载，如灌浆压力、混凝土收缩应力、地下静水压力、温差应力及地震荷载等，这些荷载的计算可参阅有关文献。

2.5　地下工程结构设计方法

2.5.1　工程类比法

经验类比计算模型是目前国内外地下结构设计中应用广泛的设计模型之一，尤其是建造在岩层中以锚喷支护结构进行支护的地下结构设计中，应用尤为广泛。经验类比计算通常有直接类比法和间接类比法两种。直接类比法一般是以岩体的强度和完整性、地下水影响程度、洞室埋深、可能的地应力、结构的形状与尺寸、施工方法、施工质量以及使用要求等为指标，将设计工程与上述指标基本相同的已建工程进行对比，由此确定地下结构的类型和设计参数；间接类比法一般是根据现行的规范和标准，按工程所在地围岩类别以及岩体参数确定拟建地下工程的结构类型和设计参数。

应用经验类比计算模型进行地下结构设计，一般分为初步设计阶段和施工设计阶段。初步设计阶段的工作，是根据选定的结构轴线和掌握的地质资料，初步确定围岩类别，然后结合工程尺寸、结构设计参数，作为计算工程量、上报工程概算的依据。施工设计阶段的工作，是在对围岩地质条件进行比较细致和深入的研究后进行的，通常视围岩地质条件、工程规模等在不同时间进行，其目的是详细确定围岩类别和结构设计参数。采用经验类比设计模型进行地下结构设计时，在施工阶段，设计人员应深入施工现场，会同地质勘查人员、施工技术人员，根据现场实际及岩体参数的变化情况随时对设计进行修改。

地下结构的工程类比法，就是将拟建地下工程的自然条件和工程条件与已建成的类似工程相比较，将已建成工程的稳定状况、影响因素及工程设计等方面的有关经验应用到所要建设的地下工程中去，进而确定有关设计参数的一种方法。

地下结构工程类比设计的基础是充分掌握和占有以往类似工程的资料和成功经验，前提是正确地对地下工程围岩进行分级。对于用工程类比法设计的地下工程，成功建造的关键是做好施工过程的监控量测和信息反馈。

工程类比法的优点是能综合考虑多种非确定性影响因素，快速地对拟建地下建筑结构的设计参数做出估算和评价。该方法的主要缺点是进行工程类比时往往以人的经验为主，解决地下建筑结构设计问题的范围较窄并带有很大的主观性。

2.5.2　荷载结构法

荷载结构计算模型也称结构力学计算模型。该模型的思路是，地层对地下结构的作用只是产生作用在结构上荷载（包括主动的地层压力和由于地层约束结构变形而产生的弹性抗力），按照结构力学的方法计算地下结构在地层荷载作用下产生的内力和变形。

应用荷载结构计算模型的关键是确定作用在地下结构上的地层荷载。地层荷载一般由两部分构成，即地层压力和弹性抗力。地层压力通常按照土压力公式、经验公式或围岩分级来确定，弹性抗力则通过文克勒局部变形理论、弹性地基梁理论等来考虑。

荷载结构计算模型不直接考虑地层(围岩)的承载力和地层与结构的相互作用，而是在确定地层压力和弹性抗力时，间接考虑。地层的承载能力越高，地层压力就越小，地层对地下结构变形的约束作用就越大，相对来说，地下结构的内力就显得小了。一旦确定了地层荷载，地下结构的内力计算、截面设计等与地面结构就基本相同了。

荷载结构模型理论认为，地层结构的作用只是产生作用在地下建筑结构上的荷载(包括主动地层压力和被动地层抗力)，衬砌在荷载的作用下产生内力和变形，与此相应的计算方法称为荷载结构法。早年常用的弹性连续框架(含拱形构件)法、假定抗力法和弹性地基梁(含曲梁)法等都可归于荷载结构法。

这里重点介绍《公路隧道设计细则》(JTG/T 70—2010)中的计算方法。

2.5.2.1　设计原理

荷载结构法的设计理论认为，隧道开挖后地层的作用主要是对衬砌结构产生荷载，衬砌结构应能安全可靠地承受地层压力等荷载的作用。计算时先按地层分类法或由实用公式确定地层压力，然后按弹性地基上结构物的计算方法计算衬砌的内力，并进行结构截面设计。

2.5.2.2　计算原理

(1) 基本未知量与基本方程

取衬砌结构节点的位移为基本未知量。由最小势能原理或变分原理可得到系统整体求解时的平衡方程为：

$$\boldsymbol{K\delta} = \boldsymbol{P} \tag{2-91}$$

式中　$\boldsymbol{K}$——衬砌结构的整体刚度矩阵，为 $m \times m$ 阶方阵，m 为体系结点自由度的总个数；

$\boldsymbol{\delta}$——由衬砌结构结点位移组成的列向量，即 $\boldsymbol{\delta} = [\delta_1, \delta_2, \cdots, \delta_3]^{\mathrm{T}}$；

$\boldsymbol{P}$——由衬砌结构结点荷载组成的列向量，即 $\boldsymbol{P} = [P_1, P_2, \cdots, P_3]^{\mathrm{T}}$。

$\boldsymbol{P}$、$\boldsymbol{K}$ 和 $\boldsymbol{\delta}$ 可由单元荷载矩阵、单元刚度矩阵和单元位移向量矩阵 $\boldsymbol{\delta}^{e}$ 组装而成，故在采用有限元方法进行分析时，需先划分单元，建立单元刚度矩阵 $\boldsymbol{K}^{e}$ 和单元荷载矩阵 $\boldsymbol{P}^{e}$。

隧道承重结构轴线的形状为弧形时，需用折线单元模拟曲线。划分单元时，只需确定杆件单元长度。杆件厚度 d 即为承重结构的厚度，杆件宽度取 1 m。相应的杆件横截面面积 $A = d \times 1$，抗弯惯性矩 $I = \frac{1}{12} \times 1 \times d^3$，弹性模量 E 取为混凝土的弹性模量。

(2) 单元刚度矩阵的计算

设一个平面梁单元有两个节点，如图 2-21 所示。在局部坐标系内，平面梁单元定义有 6 个自由度。

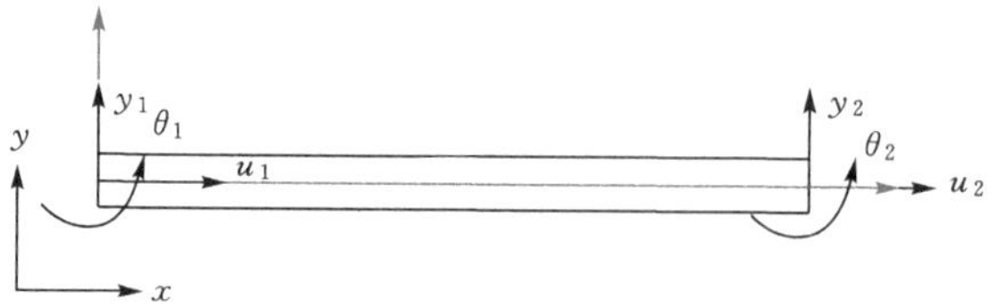

图 2-21　平面梁

梁上任一点受三个力的作用(图 2-22):水平力 F_x、剪切力 F_y 和弯矩 M_z。

相应的位移为:水平线位移 u、挠度 v 和转角 θ。

$$\begin{Bmatrix} F_{xi} \\ F_{yi} \\ M_{zi} \\ F_{xj} \\ F_{yj} \\ M_{zj} \end{Bmatrix} = \begin{bmatrix} k_{11} & k_{12} & k_{13} & k_{14} & k_{15} & k_{16} \\ k_{21} & k_{22} & k_{23} & k_{24} & k_{25} & k_{26} \\ k_{31} & k_{32} & k_{33} & k_{34} & k_{35} & k_{36} \\ k_{41} & k_{42} & k_{43} & k_{44} & k_{45} & k_{46} \\ k_{51} & k_{52} & k_{53} & k_{54} & k_{55} & k_{56} \\ k_{61} & k_{62} & k_{63} & k_{64} & k_{65} & k_{66} \end{bmatrix} \begin{Bmatrix} u_i \\ v_i \\ \theta_{zi} \\ u_j \\ v_j \\ \theta_{zj} \end{Bmatrix} \tag{2-92}$$

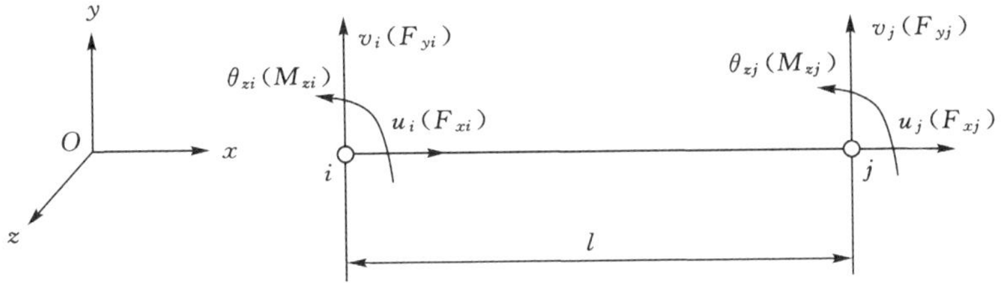

图 2-22　平面梁上任一点受力图

分别令 $\boldsymbol{u}_i=1, \boldsymbol{v}_i=1, \boldsymbol{\theta}_i=1, \boldsymbol{u}_j=1, \boldsymbol{v}_j=1, \boldsymbol{\theta}_j=1$。

$\boldsymbol{u}_i=1$(图 2-23),根据静力平衡条件有 $F_{xj}=-F_{xi}=-\dfrac{EA}{l}, F_{yj}=-F_{yi}=0, M_{zj}=0$。

伸缩量:$u_i=\dfrac{F_{xi}l}{EA}=1$。

挠度:$v_i=\dfrac{F_{yi}l^3}{3EI}-\dfrac{M_{zi}l^2}{2EI}=0$。

转角:$\theta_{zi}=-\dfrac{F_{yi}l^2}{2EI}+\dfrac{M_{zi}l}{EI}=0$。

$$k_{11}=F_{xi}=\frac{EA}{l}, k_{21}=F_{yi}=0, k_{31}=M_{zi}=0$$

$$k_{41}=F_{xj}=-\frac{EA}{l}, k_{51}=F_{yj}=0, k_{61}=M_{zj}=0$$

图 2-23　梁受力图($\boldsymbol{u}_i=1$)

$\boldsymbol{v}_i=1$(图 2-24),根据静力平衡条件有 $F_{xj}=-F_{xi}=0, F_{yj}=-F_{yi}=-\dfrac{12EI}{l^3}, M_{zj}=F_{yi}-M_{zi}=\dfrac{6EI}{l^2}$。

伸缩量：$u_i=\dfrac{F_{xi}l}{EA}=0$。

挠度：$v_i=\dfrac{F_{yi}l^3}{3EI}-\dfrac{M_{zi}l^2}{2EI}=1$。

转角：$\theta_{zi}=-\dfrac{F_{yi}l^2}{2EI}+\dfrac{M_{zi}l}{EI}=0$。

$$k_{12}=F_{xi}=0, k_{22}=F_{yi}=\frac{12EI}{l^3}, k_{32}=M_{zi}=\frac{6EI}{l^2}$$

$$k_{42}=F_{xj}=0, k_{52}=F_{yj}=-\frac{12EI}{l^3}, k_{62}=M_{zj}=\frac{6EI}{l^2}$$

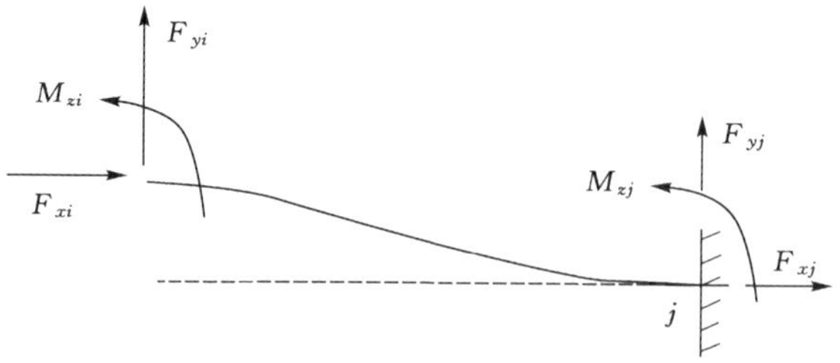

图 2-24　梁受力图($\boldsymbol{v}_i=1$)

$\boldsymbol{\theta}_i=1$(图 2-25)，根据静力平衡条件有 $F_{xj}=-F_{xi}=0, F_{yj}=-F_{yi}=-\dfrac{6EI}{l^2}, M_{zj}=F_{yi}-M_{zi}=\dfrac{2EI}{l}$。

伸缩量：$u_i=\dfrac{F_{xi}l}{EA}=0$。

挠度：$v_i=\dfrac{F_{yi}l^3}{3EI}-\dfrac{M_{zi}l^2}{2EI}=0$。

转角：$\theta_{zi}=-\dfrac{F_{yi}l^2}{2EI}+\dfrac{M_{zi}l}{EI}=1$。

$$k_{13}=F_{xi}=0, k_{23}=F_{yi}=\frac{6EI}{l^2}, k_{33}=M_{zi}=\frac{4EI}{l}$$

$$k_{43}=F_{xj}=0, k_{53}=F_{yj}=-\frac{6EI}{l^2}, k_{63}=M_{zj}=\frac{2EI}{l}$$

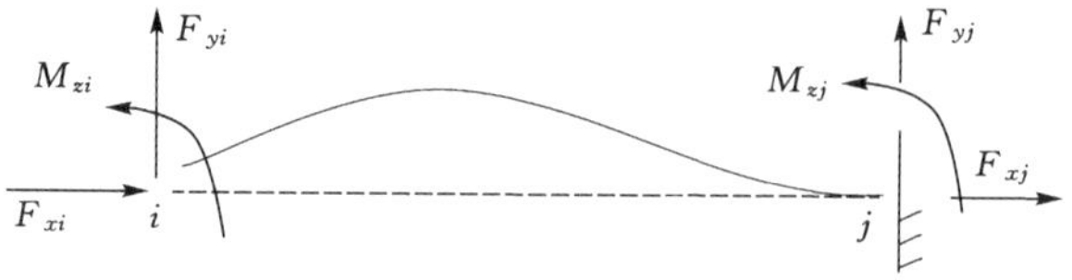

图 2-25　梁受力图($\boldsymbol{\theta}_i=1$)

设梁单元在局部坐标系下的节点位移为 $\boldsymbol{\delta}=\{\boldsymbol{u}_i, \boldsymbol{v}_i, \boldsymbol{\theta}_i, \boldsymbol{u}_j, \boldsymbol{v}_j, \boldsymbol{\theta}_j\}^{\mathrm{T}}$，对应的节点力为 $\boldsymbol{f}=\{\boldsymbol{X}_i, \boldsymbol{Y}_i, \boldsymbol{M}_i, \boldsymbol{X}_j, \boldsymbol{Y}_j, \boldsymbol{M}_j\}^{\mathrm{T}}$，则有：

$$\boldsymbol{f}=\boldsymbol{k}^{e}\boldsymbol{\delta} \tag{2-93}$$

式中 $\boldsymbol{k}^{e}$——梁单元在局部坐标系下的单元刚度矩阵，并有：

$$\boldsymbol{k}^{e}=\begin{bmatrix} \frac{EA}{l} & 0 & 0 & -\frac{EA}{l} & 0 & 0 \\ 0 & \frac{12EI}{l^3} & \frac{6EI}{l^2} & 0 & -\frac{12EI}{l^3} & \frac{6EI}{l^2} \\ 0 & \frac{6EI}{l^2} & \frac{4EI}{l} & 0 & -\frac{6EI}{l^2} & \frac{2EI}{l} \\ -\frac{EA}{l} & 0 & 0 & \frac{EA}{l} & 0 & 0 \\ 0 & -\frac{12EI}{l^3} & -\frac{6EI}{l^2} & 0 & \frac{12EI}{l^3} & -\frac{6EI}{l^2} \\ 0 & \frac{6EI}{l^2} & \frac{2EI}{l} & 0 & -\frac{6EI}{l^2} & \frac{4EI}{l} \end{bmatrix} \tag{2-94}$$

式中 l——梁单元的长度；

A——梁的截面面积；

I——梁的惯性矩；

E——梁的弹性模量。

对于整体结构而言，各单元采用的局部坐标系均不相同，故在建立整体矩阵时，需按式(2-95)将按局部坐标系建立的单元刚度矩阵 $\boldsymbol{k}^{e}$ 转换成结构整体坐标系中的单元刚度矩阵 $\boldsymbol{k}^{e}$。

$$\boldsymbol{k}^{e}=\boldsymbol{T}^{T}\boldsymbol{k}^{e}\boldsymbol{T} \tag{2-95}$$

式中 $\boldsymbol{T}$——转置矩阵，表达式为：

$$\boldsymbol{T}=\begin{bmatrix} \cos\beta & \sin\beta & 0 & 0 & 0 & 0 \\ 0 & 0 & 0 & 0 & 0 & 0 \\ 0 & 0 & 0 & 0 & 0 & 0 \\ 0 & 0 & 0 & \cos\beta & \sin\beta & 0 \\ 0 & 0 & 0 & -\sin\beta & \cos\beta & 0 \\ 0 & 0 & 0 & 0 & 0 & 1 \end{bmatrix} \tag{2-96}$$

式中 β——局部坐标系与整体坐标系之间的夹角。

(3) 地层弹性抗力

地层弹性抗力由下式给出：

$$\begin{cases} F_{n}=K_{n}U_{n} \\ F_{s}=K_{s}U_{s} \end{cases} \tag{2-97}$$

其中

$$K_{n}=\begin{cases} K_{n}^{+}U_{n}\geqslant 0 \\ K_{n}^{-}U_{n}<0 \end{cases} \tag{2-98}$$

$$K_{s}=\begin{cases} K_{s}^{+}U_{s}\geqslant 0 \\ K_{s}^{-}U_{s}<0 \end{cases} \tag{2-99}$$

式中　F_n、F_s——法向和切向弹性抗力；

K_n、K_s——相应的围岩弹性抗力系数，且 K^+、K^- 分别为压缩区和拉伸区的抗力系数，通常令 $K_n^- = K_s^- = 0$。

杆件单元确定后，即可确定地层弹簧单元，它只设置在杆件单元的节点上。地层弹簧单元可沿整个截面设置，也可只在部分节点上设置。沿整个截面设置地层弹簧单元时，计算过程中需用迭代法进行变形控制分析，以判断抗力区的确切位置。

特别指出，深埋隧道中的整体式衬砌、浅埋隧道中的整体或复合式衬砌及明洞衬砌等应采用荷载结构法来计算。此外，采用荷载结构法计算隧道衬砌的内力和变形时，应通过考虑弹性抗力等体现岩土体对衬砌结构变形的约束作用。弹性抗力的大小和分布，对回填密实的衬砌结构可采用局部变形理论确定。

2.5.3　地层结构法

地层结构计算模型又称连续介质计算模型，其基本原理是按照连续介质力学原理及变形协调条件分别计算地下结构与地层中的内力，然后进行结构截面设计和地层的稳定性验算。

地层结构计算模型将地下结构和地层视为一个整体，作为共同承载的地下结构体系。在连续介质设计模型中，地层也是承载单元，地下结构是承载单元的一部分，其主要作用是约束和限制地层的变形，两者共同作用的结果是使地下结构体系达到新的平衡状态。从这一点来说，地层结构计算模型与荷载结构计算模型的思想是相反的。

地层结构计算模型可以考虑地下结构的几何形状、地层和结构材料的非线性特征、开挖面所形成的空间效应、地层中的不连续面等。目前，对于圆形地下结构形式，采用连续介质设计模型，已取得了地层和结构内力的精确解析解。但对于其他地下结构形式，因数学上的困难，要求得地层和结构内力的解析几乎不可能，只有通过试验和数值计算来求得近似解。通常所用的试验方法有光弹性模型试验法、地质力学模型试验法，数值计算方法包括有限元法（FEM）和离散元法（DEM）等。目前，随着计算机的普及以及计算技术的飞速发展，试验方法已逐步被数值方法所取代，常用的数值计算软件包括 FLAC3D（图 2-26）、UDEC（图 2-27）等。

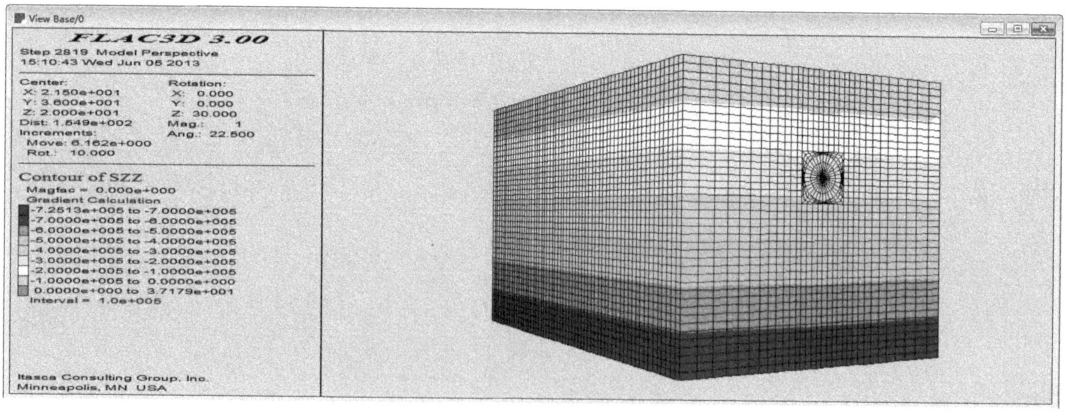

图 2-26　FLAC3D 数值模拟软件

FLAC3D 是二维有限差分程序 FLAC2D 的拓展，能够进行土质、岩石和其他材料的三维结构受力特性模拟和塑性流动分析。通过调整三维网格中的多面体单元来拟合实际的结

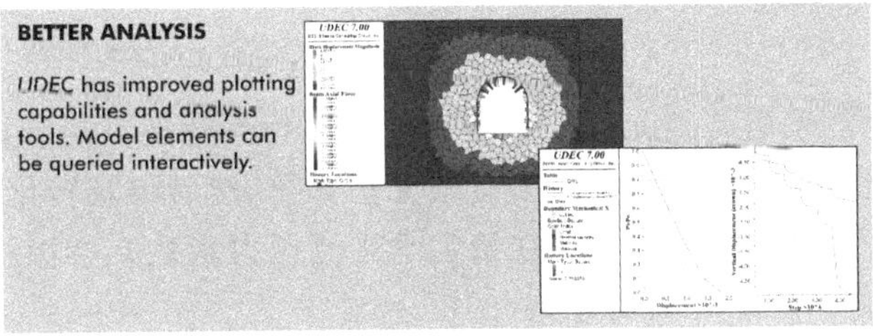

图 2-27　UDEC 数值模拟软件

构。单元材料可采用线性或非线性本构模型，在外力作用下，当材料发生屈服流动后，网格能够相应发生变形和移动（大变形模式）。FLAC3D 采用了显式拉格朗日算法和混合-离散分区技术，能够非常准确地模拟材料的塑性破坏和流动。由于无须形成刚度矩阵，因此，基于较小内存空间就能够求解大范围的三维问题。

UDEC（universal distinct element code），即通用离散单元法程序，顾名思义，UDEC 是一款基于离散单元法理论的一款计算分析程序。离散单元法最早由 Cundall（坎达尔）提出理论雏形，最初意图是在二维空间描述离散介质的力学行为。后来，Cundall 等开始把这一方法思想拓展到研究颗粒状物质的微破裂、破裂扩展和颗粒流动问题。物理介质通常均呈现不连续特征，这里的不连续性可以表现为材料属性的不连续或空间结构（构造）上的不连续。以岩体为例，具有不同岩性属性的岩块（连续体）和结构面（非连续特征）构成岩体最基本的两个组成要素，与有限元技术、FLAC/FLAC3D 等通用连续力学方法相比较，属于非连续力学方法范畴的 UDEC 程序基于离散的角度来对待物理介质，以最为朴素的思想分别描述介质内的连续性元素和非连续性元素，如将岩体的两个基本组成对象——岩块和结构面分别以连续力学定律和接触定律加以描述，其中接触（结构面）是连续体（岩块）的边界，单个的连续体在进行力学求解过程中可以被处理成独立对象并通过接触与其他连续体发生相互作用，其中连续体可具有可变形或刚性受力变形特征。

地层结构模型把地下结构与地层作为一个受力变形的整体，按照连续介质力学原理计算地下建筑结构以及周围地层的变形，不仅计算出衬砌结构的内力及变形，而且计算周围地层的应力，充分体现周围地层与地下建筑结构的相互作用。但是由于周围地层以及地层与结构相互作用模拟的复杂性，地层结构模型目前尚处于发展阶段，在很多工程应用中，仅作为一种辅助手段。地层结构法相对荷载结构法，由于充分考虑了地下结构与周围地层的相互作用，结合具体的施工过程，可以充分模拟地下结构以及周围地层在每一个施工工况的结构内力以及周围地层的变形，更符合工程实际。因此，在今后的研究和发展中，地层结构法将得到广泛应用和发展。

地层结构法主要包括如下几部分内容：地层的合理化模拟、结构模拟、施工过程模拟以及施工过程中结构与周围地层的相互作用模拟。

这里仍重点介绍《公路隧道设计细则》（JTG/T 70—2010）中的计算方法。

2.5.3.1　设计原理

地层结构法的设计原理，是将衬砌和地层视为整体共同受力的统一体系，在满足变形协调条件的前提下，分别计算衬砌与地层的内力，据此验算地层的稳定性和进行结构截面设计。目前计算方法以有限单元法为主，适用于设计构筑在软岩或较稳定的地层内的衬砌。

2.5.3.2 初始地应力的计算

(1) 初始自重应力

初始自重应力通常采用有限元法或给定水平侧压力系数的方法计算。

① 采用有限元法,即初始自重应力由有限元法算得,然后将其转化为等效节点荷载。

② 采用给定水平侧压力系数法,即在给定水平侧压力系数 k_0 值后,按下式计算初始自重地应力:

$$\sigma_z^g = \sum \gamma_i H_i \tag{2-100}$$

$$\sigma_x^g = K_0(\sigma_z - P_w) + P_w \tag{2-101}$$

式中 σ_z^g,σ_x^g ——竖直方向和水平方方向初始自重地应力;

γ_i ——计算点以上第 i 层岩石的重度;

H ——计算点以上第 i 层岩石的厚度;

σ_z ——垂直地应力;

P_w ——计算点的孔隙水压力,在不考虑地下水头变化的条件下,P_w 由计算点的静水压力确定,即 $P_w=\gamma_w H_w$(γ_w 为地下水的重度,H_w 为地下水的水位差)。

(2) 构造应力

构造应力可假设为均布或线性分布应力。假设主应力作用方向保持不变,则二维平面应变的普遍表达式为:

$$\left.\begin{aligned} \sigma_x^s &= a_1 + a_4 z \\ \sigma_z^s &= a_2 + a_5 z \\ \tau_{xz}^s &= a_3 \end{aligned}\right\} \tag{2-102}$$

式中 $a_1 \sim a_5$——常系数;

z——竖直坐标。

(3) 初始地应力

将初始自重应力与构造应力叠加,即得初始地应力。

2.5.3.3 本构模型

为了能用数学方法描述与时间有关的变形,常用相同特性的力学模型去模拟理想材料的变形特性。常见的模型类型有以下三种。

(1) 完全弹性体(胡克体)

常用普通螺旋弹簧作为力学模拟元件,它的变形规律服从胡克定律,即 $\sigma = E\varepsilon$。对于这种模型,如果应力为常数,则变形也为常数,故在变形-时间关系图上,变形表现为一水平直线[图 2-28(a)]。

(2) 完全黏性体(牛顿体)

常用充满黏性液体的活塞缸(也称阻尼筒)作为力学模拟元件。它的变形规律服从牛顿黏性定律,即:

$$\sigma = \eta \frac{d\varepsilon}{dt} = \eta\dot{\varepsilon} \tag{2-103}$$

式中 η ——黏性系数;

$\frac{d\varepsilon}{dt}$ ——正应变率(为书写简便,常用 $\dot{\varepsilon}$ 表示)。

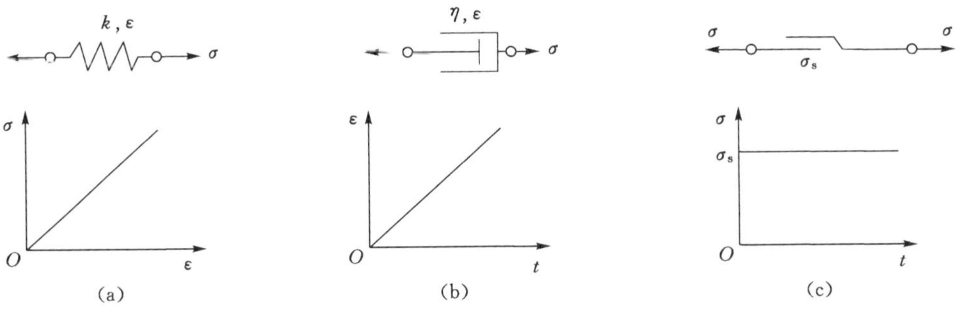

图 2-28　简单力学模型

对于这种模型，如果应力不变($\sigma=C$)，可得 $\varepsilon=\dfrac{C}{\eta}t=0$。当 $t=0$ 时 $\varepsilon=0$，故变形-时间关系图上，变形表现为一斜直线[图 2-28(b)]。

(3) 塑性体

常用干摩擦块作为力学模拟元件。它的特点是拉力小于摩擦力时物体不动，相当于不产生变形；拉力一旦超过摩擦力，则物体开始运动，相当于产生塑性变形。其变形规律可如下表示：

① $\sigma<\sigma_s$，完全不变形。

② $\sigma>\sigma_s$，产生很大塑性变形。

在这种力学模型中的应力-应变关系如图 2-28(c)所示。这种模型可用于分析因进入塑性状态而待续地产生大变形的塑性流动问题。

自然界或工程中真实物体的变形性质是复杂的。对岩石而言，在应力较小、应力变化较快的条件下，岩石基本是弹性的，但随着围压及温度的增加，岩石就有明显的塑性和黏性变形性质。所以对于某些情况，例如深部开采时，真实岩体的塑性和黏性变形特征是不容忽视的。为了用数学方法描述复杂的变形特征，建立了各种复杂介质力学模型，常见的类型有以下几种。

(1) 弹塑体模型(圣维南体)

这种模型由胡克体和塑性体串联而成[图 2-29(a)]，用于模拟理想弹塑性体，也称圣维南体。其特点是在屈服应力以下时($\sigma<\sigma_s$)只有弹簧产生变形，变形大小也仅仅取决于弹簧，故整个系统是弹性的。一旦超过屈服应力($\sigma>\sigma_s$)，摩擦块立即开始运动，整个模型进入塑性流动状态，但模型中应力不再增加，故弹簧不再伸长，故屈服后产生的变形全部是塑性变形，在 σ-ε 关系图上表现为由斜直线转变为水平线[图 2-29(b)]。如果变形达 A 点时又开始卸载，则一旦 $\sigma<\sigma_s$，摩擦块立即停止运动，而弹簧的变形可按弹性变形规律沿 AB 线回复。如果应力降低到零，弹性变形也可完全恢复到 B，而残余变形(图中 ε_p)则保留。

(2) 弹黏体模型

这种模型由弹簧和黏性元件串联而成[图 2-30(a)]，通常用于模拟弹黏性体，也称麦克斯韦(Maxwell)模型。其特点是在加载的瞬间整个系统表现出弹性特征，但在长时间低应力作用下又具有流变性，且不论作用的力多么小都可引起流变，模型内应力和流变速度随外力增加而增大。这种模型可用于描述以下现象：

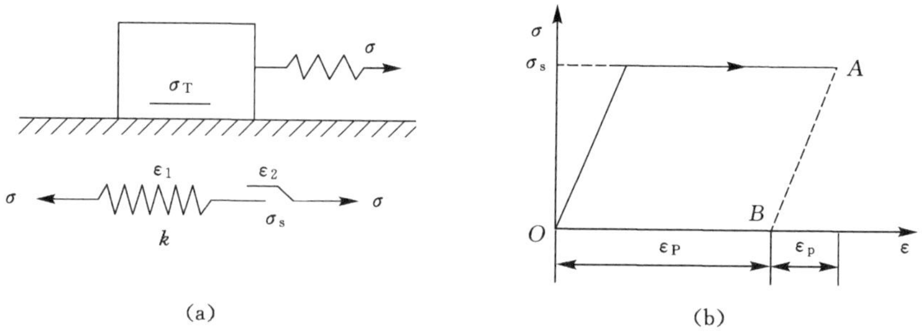

图 2-29 弹塑体力学模型

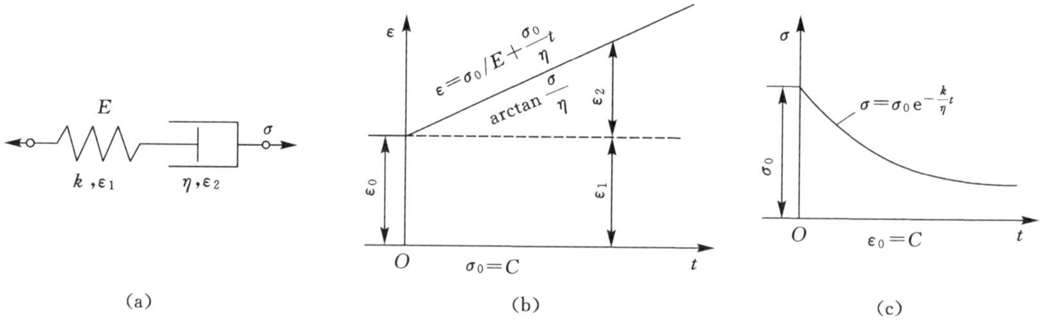

图 2-30 弹黏体力学模型

① 应力不变时变形的增长规律(蠕变过程)。由于两种元件串联,所以每个元件上有着相同的应力,但却会分别产生不同的弹性变形和黏性变形。如果一开始给系统施加初应力(使系统产生初应力)σ_0 并保持不变($\sigma_0=C$),则当 $t=0$ 时,黏性元件还来不及变形,故整个系统仅出现瞬时弹性变形,但只要稍稍经过一段时间($\Delta t>0$),黏性元件就会开始变形,而且即使应力保持不变,变形也会随时间而增加。故整个系统的变形可用下式表示[图 2-30(b)]:

$$\varepsilon=\varepsilon_1+\varepsilon_2=\frac{\sigma_0}{E}+\frac{\sigma_0}{\eta}t \tag{2-104}$$

式(2-104)也称为蠕变方程。利用它可模拟那些在加载的瞬间具有弹性,但在长时间低应力作用下其变形又能按稳定速率增长材料(如黏土、沥青等)的蠕变过程。

② 应力不变时变形的衰减规律(松弛过程)。如果 $t=0$ 时有初始变形,当此变形保持不变时(即 $\varepsilon_0=C$),系统中就会出现应力随时间逐渐变小的现象,即松弛现象。这是由于虽然总变形不变,但系统中弹簧拉力的作用会引起黏性元件中活塞的运动,其结果是使弹簧中的拉力渐渐变小,同时其变形也逐渐变小。但因总变形保持不变,故黏性元件中的变形会增加。松弛过程中应力随时间而衰减的关系[图 2-30(c)]可表达如下:

$$\sigma=\sigma_0 e^{-\frac{k}{\eta}t} \tag{2-105}$$

式中 σ_0——使变形保持不变时的瞬时应力($t=0$ 时)。

(3) 滞弹体模型(开尔文体)

这种模型由弹性元件和黏性元件并联而成[图 2-31(a)],通常用于模拟滞弹性,也称开尔文(Kelvin)模型。其特点是对系统加载时弹性变形并不立即完成,而是随时间增加而逐渐地发展;反之,系统卸载时弹性变形也不立即完全恢复,而是随时间变化缓慢地消失,即变形与应力之间在时间上有一个相对滞后的过程。这种模型可用于描述以下现象。

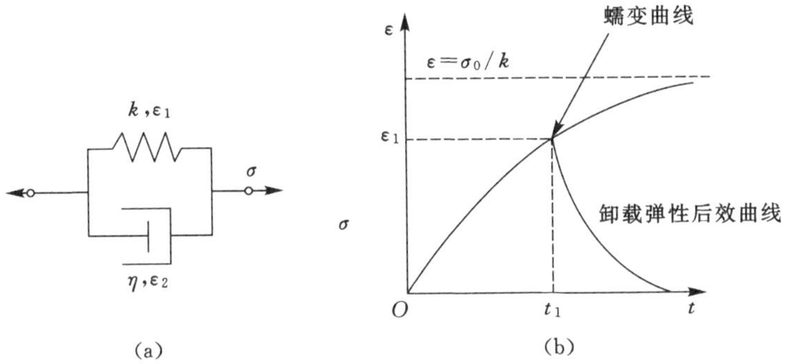

图 2-31　滞弹体力学模型

① 应力不变时变形的增长规律(弹性滞后增长)。由于两种元件并联,所以它们的应变相同,但彼此的应力不同,故整个系统的总应力为二者之和,即 $\sigma=\sigma_1+\sigma_2=E\varepsilon+\eta\dot{\varepsilon}$。如果一开始就对系统突然施加一个不变应力($t=0$ 时,$\sigma=C$),由于黏性元件来不及变形,故整个系统 $\varepsilon=0$。但只要稍稍经过一段时间($\Delta t>0$),黏性元件就会开始变形,而且,由于系统中始终存在应力,故随着时间增长,黏性元件将不断变形,同时弹性元件也随之变形。另一方面,从应力来看,一开始弹性元件中应变为零,应力也等于零,所以开始时系统中应力全部由黏性元件负担,但随着弹性元件出现变形,其中的应力也随之加大,因此应力将逐渐过渡到由两种元件共同负担。最后,当应力过渡到全部由弹性元件负担时,变形就会停止。这个弹性变形滞后增长的过程[图 2-31(b)]可用下式表示:

$$\varepsilon=\frac{\sigma_0}{k}(1-e^{-\frac{k}{\eta}t}) \tag{2-106}$$

式中　ε——系统的总变形;

σ_0——一开始就施加并保持不变的系统总应力。

② 卸载时变形的衰减规律(弹性滞后衰减)。如果系统已处于变形状态($t=t_1$ 时,$\varepsilon_0=\sigma_0/E$),这时若突然将应力减为零,则由于黏性元件不能很快产生运动,故其变形不会立即恢复到零。但这时弹簧中还有应力,就会迫使黏性元件逐渐地恢复原状,因此出现了一个变形由 ε_0 渐趋于零的弹性恢复过程。这种弹性变形滞后衰减的现象[图 2-31(b)]可用下式表示:

$$\varepsilon=\varepsilon_1 e^{\frac{k(t_1-t)}{\eta}} \tag{2-107}$$

式(2-107)表明,弹性变形是从初始值 ε_1 按指数关系衰减的。

通过以上模型的分析可知,借助不同数目的弹性元件、黏性元件和塑性元件,按某种方式加以组合,就可以组成反映岩石流变特性的其他类型的力学模型,从而可针对某种岩石的特性求得反映时间因素的应力-应变关系方程。

2.5.3.4　屈服与破坏

在加载过程中,随着应力的增加一般材料都会从弹性变形发展到屈服或者破坏,但是由于材料特性不同,屈服后继续加载时,材料的应力-应变特性不同。不同材料,屈服后,继续加载的应力-应变曲线一般有三种形态。如图 2-32 所示,如果加载过程中在 A 以前材料只有弹性变形，A 点开始出现塑性变形，则 A 为材料的屈服点。如果屈服后，继续加载材料的应力-应变曲线如直线 AC 那样平行于应变轴，则该类材料称为理想弹塑性材料；如果屈服后，应力-应变曲线沿 ABE 发展，则属于应变软化材料；如果屈服后，应力-应变曲线沿 ABF 发展，则称为应变硬化(强化)材料。

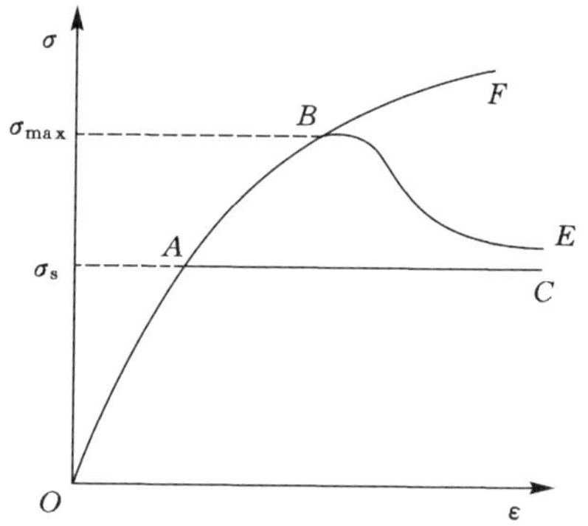

图 2-32　材料的屈服与破坏

工程实际中，很少有完全理想弹塑性材料，但在弹塑性力学中，为了分析问题与计算应力、应变的简单与方便，将一些近似具有曲线 OAC 的应力-应变曲线的材料按照力学弹塑性材料处理。对于理想弹塑性材料来说，加载过屈服点 A 以后，虽然应力不能增加，而应变无限增加。我们在土力学中把岩土材料当成遵循莫尔-库仑破坏准则的材料时，就认为岩土材料是理想弹塑性材料。实际上，正常固结土更接近应变强化材料，而超固结土的应力-应变曲线更接近应变软化材料。

加载过程中，材料经过初始屈服点 A 以后，对于理想弹塑性材料来说，如果加载继续，屈服应力也不断增加(图 2-32 中 AB 段)，这种现象叫相继屈服现象。对于应变软化材料，加载超过峰值 B 点以后，应力-应变曲线会出现陡然下降，B 点的应力值一般就是最大强度。下降后，应力值会维持在一定水平，这个应力值称为残余强度。如果继续加载，材料最终会破坏。

任何材料在屈服以前都可以按照弹性本构模型进行处理。对于土体来说，由于其应力-应变曲线与加载路径有关，在弹性阶段可以用次弹性模型来描述。材料在屈服以前的应力-应变特性用各种弹性模型来描述，而屈服后的应力-应变曲线则需要用塑性理论来描述。传统的塑性理论是建立在屈服准则的建立与屈服面的确定基础上的，下面就屈服准则与屈服面进行讨论。

如果要判断在材料受力过程中，材料由某一应力(或者应变)状态变化为另一状态，材料是被加载还是卸载，就必须明确加载条件；同样，要判断某一应力(或者应变)状态下材料是处于弹性、塑性还是破坏状态，就必须先明确屈服条件与破坏条件。在简单的应力(或者应变)条件下，如单向拉伸或者压缩，屈服条件、加载条件以及破坏条件非常明确，它们可以分别用简单的屈服应力 σ_s，加载应力 σ'_s 以及破坏应力 σ_f 表示。而在复杂应力条件下，材料应力(或者应变)达到屈服条件后开始出现破坏。

加载条件一般是加载应力(或者应变)与硬化参数的函数；而破坏条件是破坏应力(或者应变)及破坏参数的函数。在塑性力学中，屈服条件又称为屈服准则或者屈服函数，加载条件又称为加载准则或者加载函数，破坏条件又称为破坏准则或者破坏函数。

如果不考虑温度的影响，材料的屈服函数、加载函数以及破坏函数可以分别表示为：

$$f(\sigma_{ij})=0 \tag{2-108}$$

$$\Phi(\sigma_{ij},H_a)=0 \tag{2-109}$$

$$f_f(\sigma_{ij})=0 \tag{2-110}$$

其中 H_a 为与塑性应变有关的硬化参数，它由材料内部结构来确定。由于应力张量可以采用不同的分解方式，所以屈服函数也可以采用不同的表示方法：

$$f(\sigma_1,\sigma_2,\sigma_3)=0 \tag{2-111}$$

$$f(I_1, \sqrt{J_2}, \theta_\sigma) = 0 \tag{2-112}$$

$$f(p, q, \theta_\sigma) = 0 \tag{2-113}$$

$$f(\sigma_8, \tau_8, \theta_\sigma) = 0 \tag{2-114}$$

当然，屈服函数也可以用应变来表示：

$$f(\varepsilon_1, \varepsilon_2, \varepsilon_3) = 0 \tag{2-115}$$

$$f(I'_1, \sqrt{J'_2}, \theta_\varepsilon) = 0 \tag{2-116}$$

$$f(\varepsilon_8, \gamma_8, \theta_\varepsilon) = 0 \tag{2-117}$$

在讨论与路径有关的加载时，有时采用应变形式更为方便。加载条件与破坏条件也可以采用类似的表示方法。

如果将屈服函数对应的图像表示在应力(或者应变)空间，就得到屈服面。由图 2-33 可以看出，屈服面将应力空间分成两部分，即屈服面内的部分与屈服面外的部分。当应力点处于屈服面以内时，材料处于弹性状态；当应力点处于屈服面上时，材料处于塑性状态。应力点不可能落在屈服面以外，但是对于硬化材料来说，屈服面可以平移、转动和扩大，这时屈服面就成了相继屈服面或者加载面；对于软化材料来说加载面可以往内收缩。破坏面是加载面的极限。

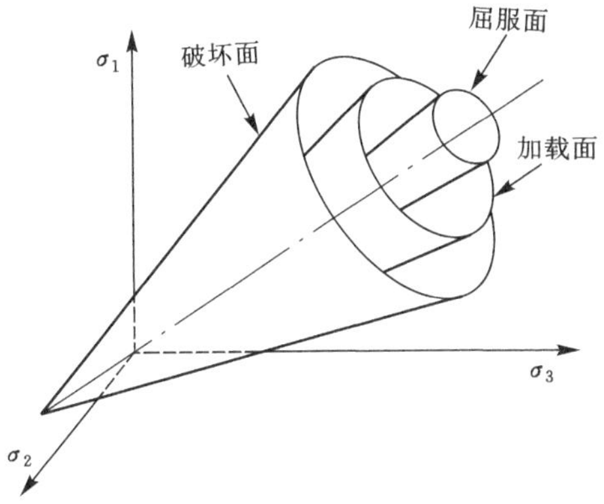

图 2-33　材料的屈服面、加载面与破坏面

对于土体来说，静水压力不仅影响剪切屈服与破坏，而且单纯的静水压力也可以产生屈服，所以土的屈服面与金属材料的有区别。

在应力(或者应变)空间给出屈服面虽然很直观，但在分析计算方面，比较复杂，所以我们可以采用屈服面更为简单的其他表示方式，例如在偏平面上表示屈服面。

屈服面、加载面以及破坏面与偏平面(或者 θ_σ 为常数的平面，即子午面)的交线分别称为屈服线、加载线或者破坏线。

由于偏平面上的屈服线(以及加载线与破坏线)只与 J_2，J_3(μ_σ 与 θ_σ)有关，而子午面上的屈服线等只与 I_1(或 p)和 J_2 有关(J_2 是应力偏张量的第二主不变量，J_3 是应力偏张量的第三主不变量，I_1 是柯西应力张量的第一主不变量)，这给分析计算带来了很大的方便。

图 2-34 所示是金属材料与岩土材料在偏平面上的屈服线。从图中可以得出屈服线具有以下特点。

(1) 屈服线是一条封闭的曲线。因为材料在初始屈服线以内处于弹性状态，如果屈服

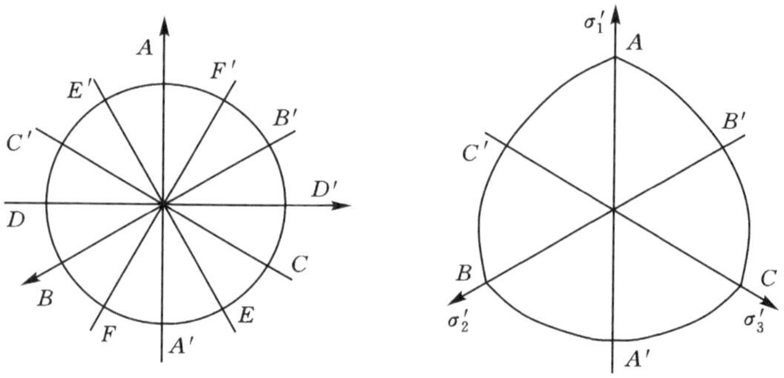

(a) 金属材料　　(b) 岩土材料

图 2-34　金属材料与岩土材料在偏平面上的屈服线

面不封闭,则沿某些路径加载材料永远不屈服,这显然是不可能的。对于岩土材料,在纯静水压力时就屈服,所以屈服线就是静水压力线,投影到偏平面上就是坐标原点。

(2) 坐标原点处处于无应力状态,材料不能在无应力状态下屈服,所以屈服曲线必定不过坐标原点,屈服线为坐标原点以外的凸曲线。

(3) 对拉压屈服线相同的金属材料,屈服线为 12 个 30°的扇形对称曲线。岩土材料由于拉压屈服线不同,屈服线为 6 个 60°的扇形对称曲线。

(4) 各向同性材料的屈服线与三个应力主轴的取向与排序无关,是 3 个 120°的扇形对称曲线。

由于有对称关系,岩土材料的屈服线只要研究 π 平面 60°扇形内屈服线就可以了。

由于材料内在结构的特殊性,土体的屈服和破坏与金属材料的不同,主要表现在以下方面:

(1) 正常固结土具有硬化特性,超固结土具有软化特性,所以它们的屈服函数与破坏函数是不同的。

(2) 三个主应力都对屈服与破坏有影响。

(3) 单纯的静水压力也可以造成屈服。

(4) 拉压屈服与破坏特性不同。

(5) 在高压下,屈服与静水压力呈非线性关系。

(6) 屈服时存在一定的各向异性。

2.5.3.5　屈服准则

屈服条件是判断材料由弹性变形进入塑性变形的判断标准。对于简单加载条件,如拉伸或者压缩试验,屈服条件很简单,用一个拉应力值或者压应力值作为判断依据即可。而对于复杂条件下的屈服判断,情况要复杂些,要用到一些假设的屈服条件。常用的屈服准则有 Coulomb-Mohr(库仑-莫尔)准则,Tresca(特雷斯卡)准则以及 Mises(米泽斯)准则。下面分别介绍这些准则。

(1) Coulomb-Mohr 准则

Coulomb-Mohr 准则(简称 C-M 准则)是在对岩土材料屈服与破坏研究基础上得出的。它是针对理想塑性材料屈服与破坏进行判断的准则,材料如果达到准则要求的条件就进入屈服状态,也就是被破坏。

Coulomb-Mohr 准则有 Coulomb 表示形式与 Mohr 表示形式。Coulomb 形式的 C-M 准则为：

$$f = \tau - \sigma \tan \varphi - c = 0 \tag{2-118}$$

式中，σ 与 τ 分别为剪切面上的正应力与剪应力，c 与 φ 分别为内聚力与内摩擦角。

Coulomb-Mohr 准则在 σ-τ 平面里的表示如图 2-35 所示。材料应力状态处于屈服线 ab 与 σ 轴之间，材料为屈服，处于弹性状态。材料应力状态在屈服线 ab 上，材料屈服、破坏。材料的应力状态不可能在屈服线 ab 的上方。

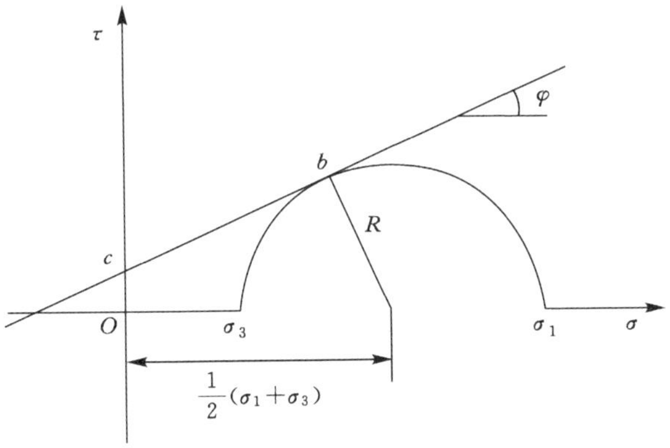

图 2-35　σ-τ 平面里 Coulomb-Mohr 屈服线

当 $\sigma_1 > \sigma_2 > \sigma_3$ 时，Mohr 形式的 C-M 准则为：

$$f(\sigma_1, \sigma_2, \sigma_3) = (\sigma_1 - \sigma_3) - (\sigma_1 + \sigma_3) - 2c\cos\varphi = 0 \tag{2-119}$$

或者

$$\sigma_1(1 + \sin\varphi) - \sigma_3(1 - \sin\varphi) = 2c\cos\varphi \tag{2-120}$$

利用本章相关方程，C-M 准则也可以表示为：

$$\frac{1}{3} I_1 \sin\varphi + \left(\cos\theta_\sigma - \frac{1}{\sqrt{3}}\sin\theta_\sigma \sin\varphi\right)\sqrt{J_2} - c\cos\varphi = 0 \tag{2-121}$$

或者

$$p\sin\varphi + \left(\frac{1}{\sqrt{3}} s\cos\theta_\sigma - \frac{1}{3}\sin\theta_\sigma \sin\varphi\right) q - c\cos\varphi = 0 \tag{2-122}$$

在土力学中，经常使用 q-p 平面等表示应力路径。根据上述方程可以得到 C-M 屈服线也可以在 q-p 平面表示(图 2-36)，图 2-37 同时也给出了 C-M 准则在其他平面里的形状。

Coulomb-Mohr 准则只考虑了正应力作用下最大剪应力引起的屈服，其物理意义是：当剪切面上的剪应力与正应力之比达到最大时材料发生屈服、破坏。

在上面的讨论中只给出了 $\sigma_1 > \sigma_2 > \sigma_3$ 条件下的 C-M 准则。当三个主应力的相对大小未知时，Mohr 形式的 C-M 准则可以表示为：

$$\begin{aligned} f(\sigma_1, \sigma_2, \sigma_3) = &\{(\sigma_1 - \sigma_2)^2 - [(\sigma_1 + \sigma_2)\sin\varphi + 2c\cos\varphi]^2\} \times \\ &\{(\sigma_2 - \sigma_3)^2 - [(\sigma_2 + \sigma_3)\sin\varphi + 2c\cos\varphi]^2\} \times \\ &\{(\sigma_1 - \sigma_3)^2 - [(\sigma_1 + \sigma_3)\sin\varphi + 2c\cos\varphi]^2\} \end{aligned} \tag{2-123}$$

如果已知三个主应力的相对大小，则可如下表示：

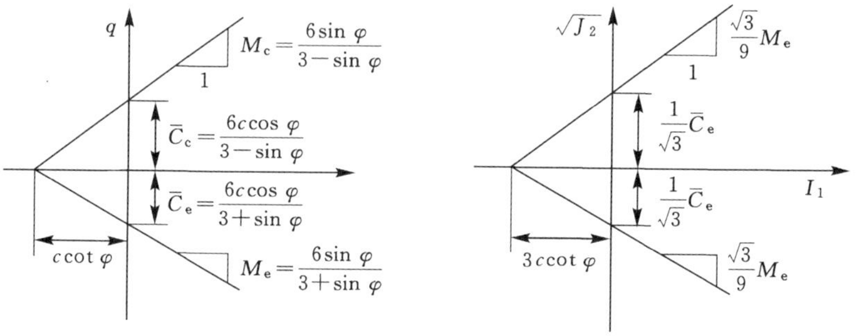

图 2-36　Coulomb-Mohr 屈服面与屈服线

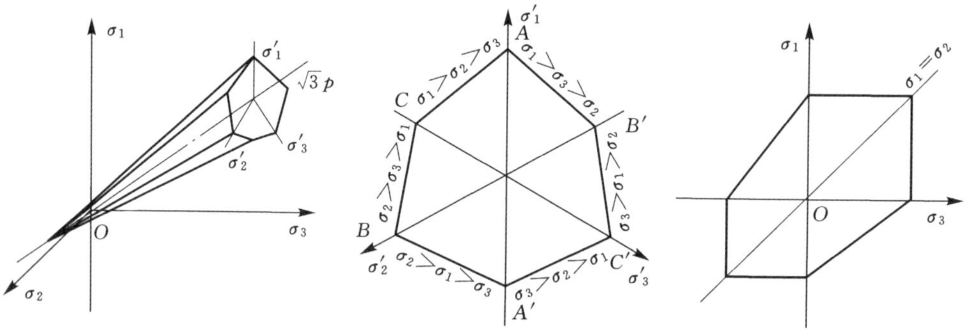

图 2-37　C-M 准则在其他平面里的形状

当 $\sigma_1>\sigma_2>\sigma_3$ 时，有

$$\sigma_1-\sigma_3=\pm[(\sigma_1-\sigma_3)\sin\varphi+2c\cos\varphi] \tag{2-124}$$

当 $\sigma_1>\sigma_3>\sigma_2$ 时，有

$$\sigma_1-\sigma_2=\pm[(\sigma_1-\sigma_2)\sin\varphi+2c\cos\varphi] \tag{2-125}$$

当 $\sigma_2>\sigma_1>\sigma_3$ 时，有

$$\sigma_2-\sigma_3=\pm[(\sigma_2-\sigma_3)\sin\varphi+2c\cos\varphi] \tag{2-126}$$

将 C-M 准则的屈服面与屈服线分别绘制在主应力空间、偏平面与 $\sigma_2=0$ 的平面，得到图 2-37。

C-M 准则的最大优点是简单实用，对岩土材料而言，C-M 准则能够较好地反映屈服与破坏的相关特点。但由于 C-M 准则中，屈服后就破坏，这与岩土材料的实际情况有较大的差异，而且，采用这种准则也无法分析与计算屈服后的应力-应变，也就难以用来解决岩土工程中涉及塑性变形的问题。另外，C-M 准则的屈服面是带棱角的多面体，屈服线是折线，这无疑给分析计算带来了不便。

(2) Tresca 准则与 Zienkieweiz-Pande 准则

Tresca 准则是 Coulomb-Mohr 准则在 $\varphi=0$ 时的特殊情况，而 Zienkiewciz-Pande（辛克维兹-潘迪）准则（简称 Z-P 准则）则是在对 Coulomb-Mohr 准则改进与修正基础上得到的。

Tresca 准则最初是在对金属材料的屈服与破坏进行研究的基础上提出的。Tresca 准则的屈服函数为：

$$f(\sigma_1,\sigma_2,\sigma_3)=[(\sigma_1-\sigma_2)^2-4k_T^2][(\sigma_2-\sigma_3)^2-4k_T^2][(\sigma_3-\sigma_1)^2-4k_T^2] \tag{2-127}$$

所以：

$$\begin{cases}\sigma_1-\sigma_3=\pm 2k_T \\ \sigma_2-\sigma_3=+2k_T \\ \sigma_3-\sigma_1=\pm 2k_1\end{cases} \tag{2-128}$$

式中　k_T——材料屈服时的最大切应力。

当已知 $\sigma_1>\sigma_2>\sigma_3$ 时，由方程式(2-127)可知：

$$f(\sigma_1,\sigma_2)=\sigma_1-\sigma_2=2k_r \tag{2-129}$$

$$f(J_2)=\sqrt{J_2}-\cos\theta_\sigma k_T=0 \tag{2-130}$$

其中，参数 k_r 可以通过简单应力状态试验得到。例如，在单向压缩或者拉伸试验中，$\sigma_2=\sigma_3=0$，$\sigma_1=\sigma_s$（σ_s 为屈服点应力），故 $k_r=\sigma_s/2$；当进行纯剪时，$\sigma_2=0$，$\sigma_3=-\sigma_1=\tau_s$（$\tau_s$ 为屈服点剪应力），$k_T=\tau_s$。

Tresca 屈服面与屈服线如图 2-38 所示。在主应力空间 Tresca 屈服面是一个以静水压力线为对角线的正六角椎体，在偏平面上是一个正六边形，在 p-q 平面（p 是静水压力轴，q 为最大剪应力，通过原点与 π 平面垂直的面为 p-q 面）是两条平行于 p 轴的直线。由图形可以看出 Tresca 屈服面和屈服线与静水压力无关。为了考虑静水压力的影响，将 Tresca 屈服准则加以推广，得到广义 Tresca 屈服准则。广义 Tresca 屈服准则的屈服函数可以表示为式(2-131)形式。

$$f(\sigma_1,\sigma_2,\sigma_3)=(\sigma_1-\sigma_2-k+\alpha I_1)(\sigma_2-\sigma_3-k+\alpha I_1)(\sigma_3-\sigma_1-k+\alpha I_1) \tag{2-131}$$

由于 Tresca 屈服准则是 C-M 准则的特殊情况，广义 Tresca 屈服准则也相当于 C-M 准则，因此 C-M 准则可视为广义 Tresca 屈服准则的一种形式。

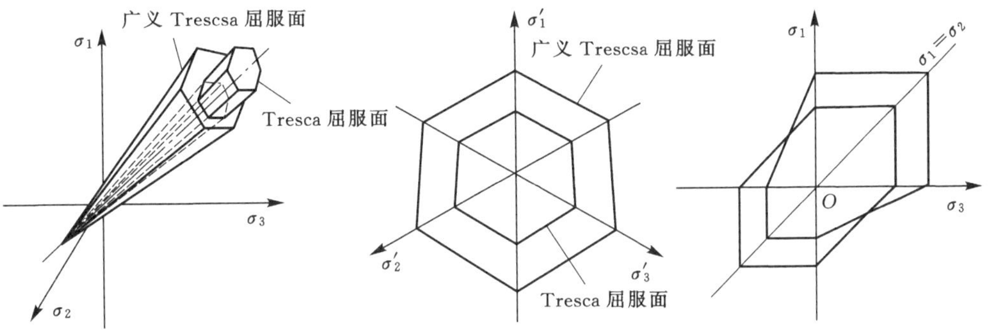

图 2-38　Tresca 屈服面与屈服线

为了解决广义 Tresca 屈服面与屈服线的棱边与夹角问题，Zienkiewicz-Pande 提出了 Zienkiewicz-Pande 准则，简称 Z-P 准则。Z-P 准则的屈服函数为：

$$f(p,q)=\beta p^2+\alpha_1 p-k+\left[\frac{q}{g(\theta_\sigma)}\right]^n \tag{2-132}$$

式中，$g(\theta_\sigma)$ 为 π 平面上的屈服线形状函数。α、β 为系数，n 为指数，这三个参数决定着屈服线在 p-q 面上的形状。k 为屈服参数。

为了使 π 平面上的屈服线光滑，且在 $\theta_\sigma=\pm\frac{\pi}{6}$ 时与 C-M 准则拟合，形状函数要满足以下条件：

① 当 $\theta_\sigma=\frac{\pi}{6}$ 时，$\frac{\mathrm{d}g(\theta_\sigma)}{\mathrm{d}\theta_\sigma}=0$。

② 当 $\theta_\sigma=-\frac{\pi}{6}$ 时，$g\left(-\frac{\pi}{6}\right)=1$。

③ $g\left(\frac{\pi}{6}\right)=K=\frac{3-\sin\varphi}{3+\sin\varphi}$。

其中 K 为拉、压强度之比。满足这些条件的形状函数有很多，因此 Z-P 准则的屈服线也有很多，可以是双曲线、抛物线以及椭圆等。

如图 2-39 所示，Tresca 屈服线与 C-M 屈服线在形状和特性上存在显著差异。Tresca 屈服线通常呈现为直线或折线，而 C-M 屈服线则可能具有更加复杂的形状，这取决于具体的材料特性和应力状态。

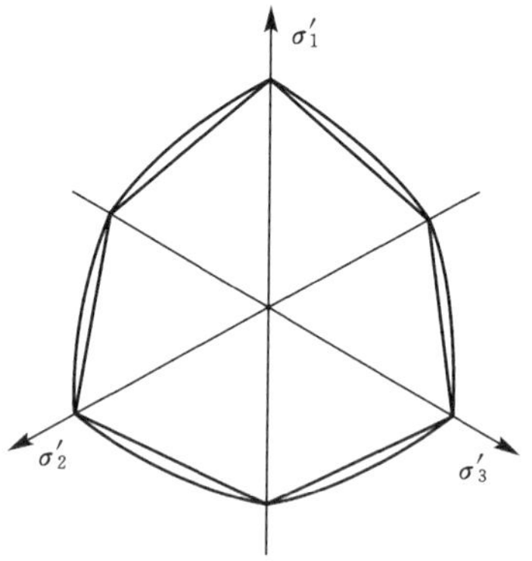

图 2-39　Tresca 屈服线与 C-M 屈服线

(3) Mises 准则与 Drucker-Prager 准则

Mises 准则建立在考虑中间主应力 σ_2 的基础上，且屈服面与屈服线没有棱边与棱角。Mises 准则的屈服函数可以表示为：

$$f(\sigma_1,\sigma_2,\sigma_3)=[(\sigma_1-\sigma_2)^2+(\sigma_2-\sigma_3)^2+(\sigma_3-\sigma_1)^2]-\sqrt{6}k_M \tag{2-133}$$

$$f(J_2)=\sqrt{J_2}-k_M \tag{2-134}$$

其中 k_M 为 Mises 准则屈服函数的屈服参数。在单向拉压试验中 $k_M=\sigma_s/3$，在纯剪试验中 $k_M=\tau_s$。

Mises 屈服准则的屈服面与屈服线呈现出一种更加平滑和无棱角的特性，如图 2-40 所示。该屈服面是一个以静水压力轴为中心的旋转椭球体(在三维空间中)，而在二维平面上(如偏平面或 q-p 平面)，其屈服线则呈现为圆或椭圆形状。这种平滑的屈服面使得 Mises 准则在描述复杂应力状态下的材料屈服行为时具有更好的连续性和可预测性。

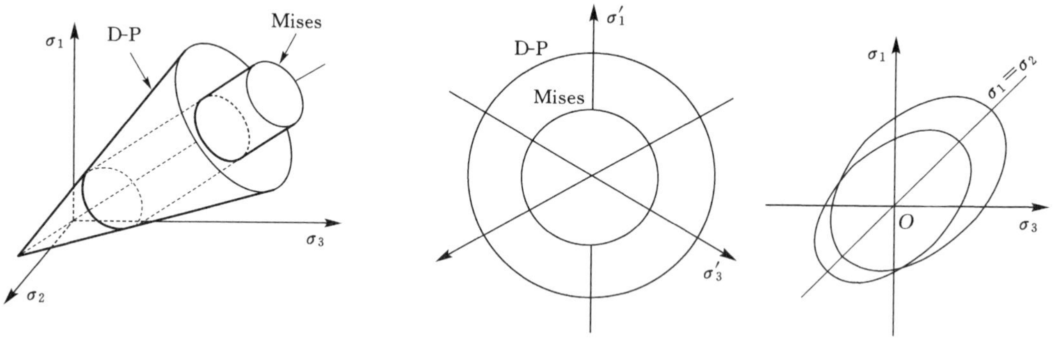

图 2-40　Mises 屈服面与屈服线

Mises 屈服准则与三个主应力都有关，由于 J_2 与材料的形状变化能有关，由方程式(2-133)知道，当材料的形状变化能达到一定程度时，材料开始屈服。Mises 屈服准则与其他屈服准则的屈服线的相互关系见图 2-41。

Mises 准则虽然考虑了三个只有力对屈服面的影响，但是没有考虑静水压力对屈服面的影响。为了解决这个问题 Drucker-Prager(德鲁克-普拉格)提出了 D-P 准则。D-P 准则可以看成广义的 Mises 准则。D-P 准则的屈服函数为：

$$f(I_1,\sqrt{J_2})=\sqrt{J_2}-aI_1-k=0 \quad (2\text{-}135)$$

$$f(p,q)=q-3\sqrt{3}ap-\sqrt{3}k=0 \quad (2\text{-}136)$$

式中，a、k 为 D-P 准则的材料常数。与上述方程比较得到 a、k 可由下式计算：

$$a=\frac{\sqrt{3}\sin\varphi}{\sqrt{3}\cos\theta_\sigma-\sin\theta_\sigma\sin\theta_\sigma} \quad (2\text{-}137)$$

$$k=\frac{\sqrt{3}\cos\varphi}{\sqrt{3}\cos\theta_\sigma-\sin\theta_\sigma\sin\theta_\sigma} \quad (2\text{-}138)$$

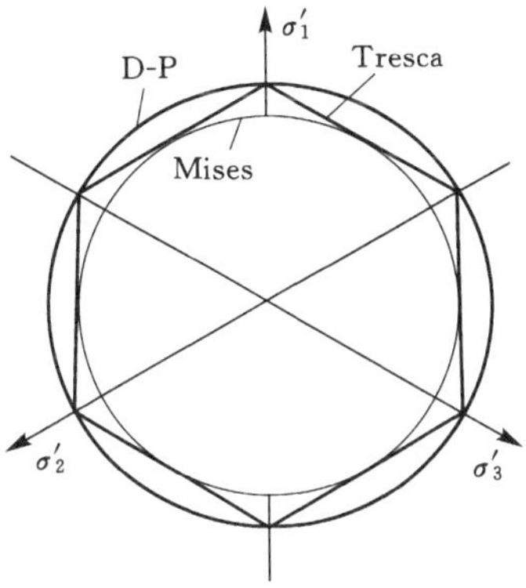

图 2-41　D-P、Mises 与 M-C 屈服线

可见，根据洛德角(主应力空间第一主应力和偏应力分量夹角)的不同，a、k 有不同的取值。

当 $\theta_\sigma=-\frac{\pi}{6}$，材料处于拉伸状态时：

$$\alpha=\frac{2\sin\varphi}{\sqrt{3}(3+\sin\varphi)} \quad (2\text{-}139)$$

$$k=\frac{6c\cos\varphi}{\sqrt{3}(3+\sin\varphi)} \quad (2\text{-}140)$$

当 $\theta_\sigma=\frac{\pi}{6}$，材料处于压缩状态时：

$$\alpha=\frac{2\sin\varphi}{\sqrt{3}(3-\sin\varphi)} \quad (2\text{-}141)$$

$$k=\frac{6c\cos\varphi}{\sqrt{3}(3-\sin\varphi)} \quad (2\text{-}142)$$

当 $\theta_\sigma=0$，材料处于纯剪状态时：

$$\alpha=\sin\varphi \quad (2\text{-}143)$$

$$k=c\cos\varphi \quad (2\text{-}144)$$

在平面应力状态下有：

$$\alpha=\frac{2\sin\varphi}{\sqrt{3}\sqrt{3+\sin^2\varphi}} \quad (2\text{-}145)$$

$$k=\frac{\sqrt{3}c\cos\varphi}{\sqrt{3+\sin^2\varphi}} \quad (2\text{-}146)$$

2.5.4　FLAC3D 模拟实例

(1) 获取地质力学参数

为了使后续数值模拟研究结果更准确，需要在工程现场采集岩样并测试岩体的综合性能。因此，在现场进行钻孔并采集岩样，并将岩样运送至实验室，按照测试要求加工制成标准试样,进行抗压试验、抗拉试验和抗剪试验,分别测试试样的物理参数。具体物理力学试验流程及设备如图 2-42 所示。

图 2-42　物理力学试验流程及设备

(2) 模型校正

为了保障数值计算模型中煤层力学参数的准确性,利用 FLAC3D 建立直径×高=5 m×10 m 的校正模型,对煤柱进行单轴压缩试验,并与实验室单轴压缩试验结果对比,校正结果如图 2-43 所示。

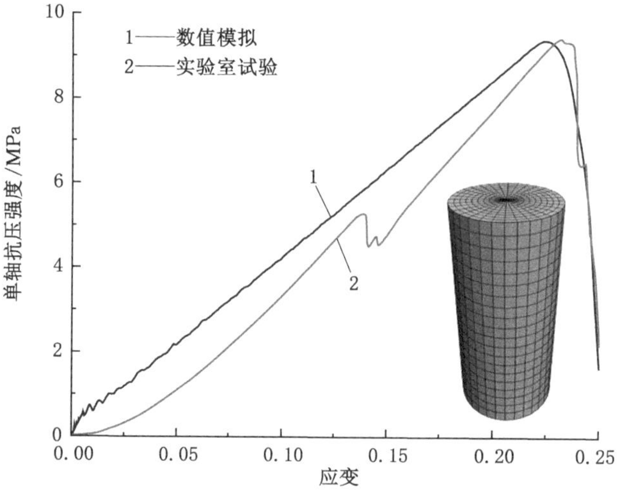

图 2-43　数值模型与实验室试验应力-应变曲线对比

(3) 创建初始几何模型

借助有限元软件 FLAC3D 6.0,根据现场情况建立数值计算模型,如图 2-44 所示。模型长×宽×高=50 m×20 m×25 m,共计 208 000 个单元,219 473 个节点。

(4) 定义本构模型及参数

这个样例中,对网格中所有区域均定义为莫尔-库仑弹塑性模型。不同的本构模型,需要定义不同的材料属性参数。莫尔-库仑弹塑性模型材料属性参数包括:bulk——体积模量;cohesion——内聚力;dilation——剪胀角;friction——内摩擦角;poisson——泊松比;

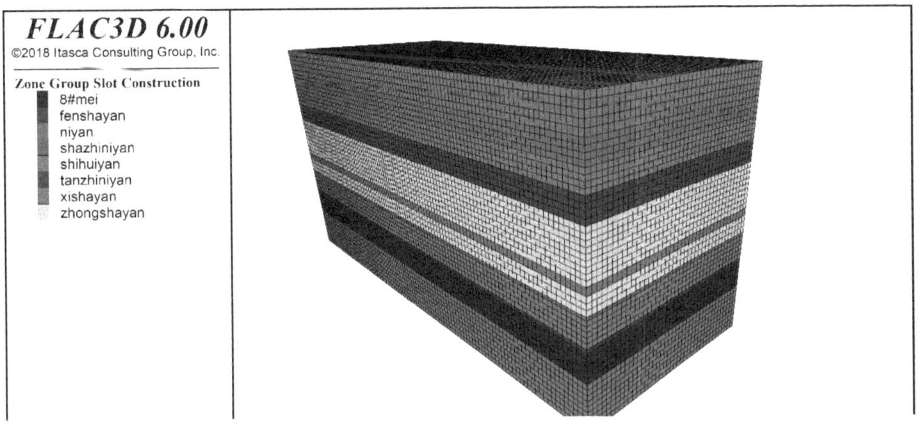

图 2-44 数值计算模型

shear——剪切模量；tension——抗拉强度；young——弹性模量。

(5) 加载及边界条件

在该例中岩体垂直应力为 2.6 MPa，侧压系数为 1.2，水平应力取 2.9 MPa。边界条件固定底面和 4 个侧面位移。设定完加载条件和边界条件后，求解模型至平衡，如图 2-45 所示。

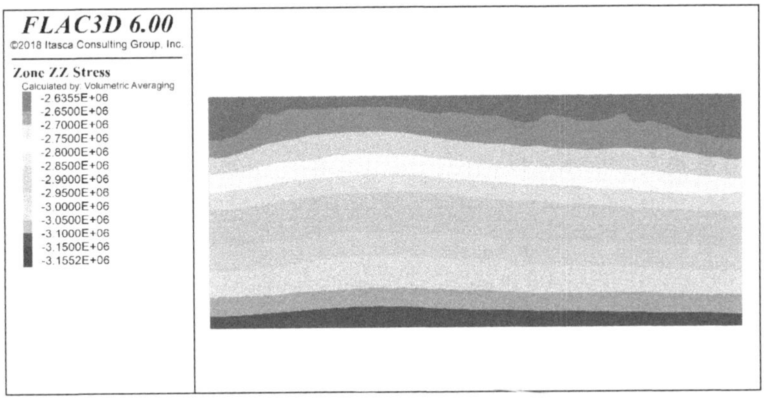

图 2-45 数值模型平衡

(6) 开挖及后处理

根据现场实际情况进行开挖巷道和工作面模拟，并求解至平衡。

结合 Tecplot 软件对 FLAC3D 结果进行后处理，回采期间不同宽度护巷煤柱垂直应力分布云图如图 2-46 所示。由图可知：① 当护巷煤柱宽度发生变化时，对工作面和采空区应力影响不大，应力值基本稳定在 2～4 MPa；对煤柱内部应力影响显著，煤柱宽度的每次变化都能引起内部应力发生 2～5 MPa 的变化。② 随着煤柱宽度的增加，应力峰值区域逐渐由煤柱中部向采空区侧转移，并且应力集中范围逐渐减小，煤柱稳定性逐步提高。

结合 Origin 软件对 FLAC3D 结果进行数据处理，回采期间不同宽度护巷煤柱垂直应力分布曲线如图 2-47 所示。由图可知：① 护巷煤柱宽度为 7 m 时，煤柱内部中心位置出现

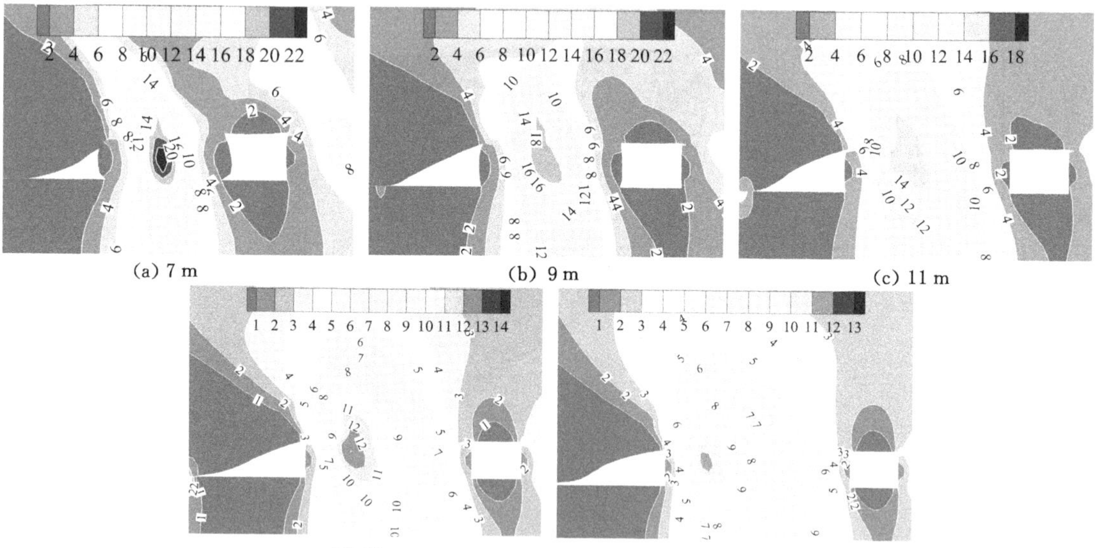

(a) 7 m　(b) 9 m　(c) 11 m　(d) 13 m　(e) 15 m

图 2-46　回采期间不同宽度护巷煤柱垂直应力分布云图

应力集中现象，应力峰值达到了 30.8 MPa；护巷煤柱宽度为 9 m 时，应力峰值为 27.8 MPa，降低了 9.7%；护巷煤柱宽度为 11 m 时，应力峰值为 20.1 MPa，降低了 34.7%；护巷煤柱宽度增加至 13 m 时，应力峰值为 16.9 MPa，降低了 45.1%；当护巷煤柱宽度达到 15 m 时，应力峰值降低至 15.3 MPa，仅为 7 m 时的 49.7%。② 护巷煤柱宽度较窄时，应力陡峭上升，煤柱整体处于高应力状态；当护巷煤柱宽度达到 11 m 后，煤柱内部应力上升趋势逐步缓和，煤柱内部应力基本在 20 MPa 以内。

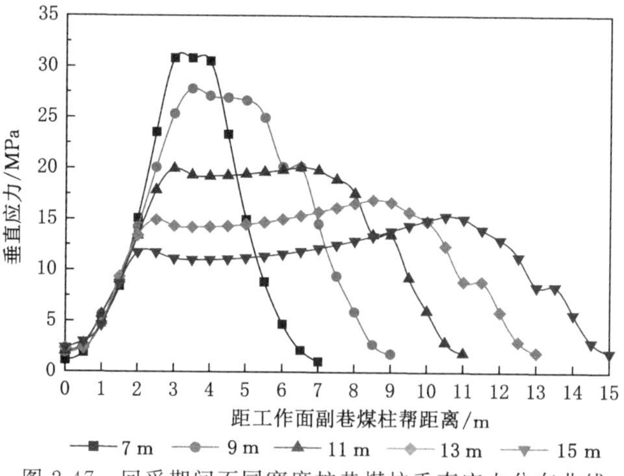

图 2-47　回采期间不同宽度护巷煤柱垂直应力分布曲线

2.5.5　收敛限制计算法

收敛限制计算模型又称特征曲线计算模型或变形计算模型，是一种以理论为基础、实测为依据、经验为参考的较为完善的地下结构计算模型。严格来说，收敛限制计算模型是连续介质设计模型之一，但由于该计算模型以现场实测结果为设计依据，与以理论分析或数值结果为依据的连续介质计算模型存在较大的差别，因此，通常将其单列为一种设计模型。

收敛限制计算模型的基本原理是按弹塑性理论等计算并绘出表示地层受力变形特征的洞周收敛曲线，同时按照结构力学的原理计算并绘出表示地下结构受力变形特征的支护约束曲线，得出两条曲线的交点，根据交点处表示的支护阻力值进行地下结构的设计。

巷道支架-围岩相互作用原理如图 2-48 所示（图中，U 是围岩变形，P 是支架所受的力）。巷道支架受载的大小不仅取决于支架本身的力学性质（承载能力和刚性等），而且与支护对象围岩的性质和承载能力有密切关系。应当把支架-围岩看作一个相互作用和共同承载的力学体系。

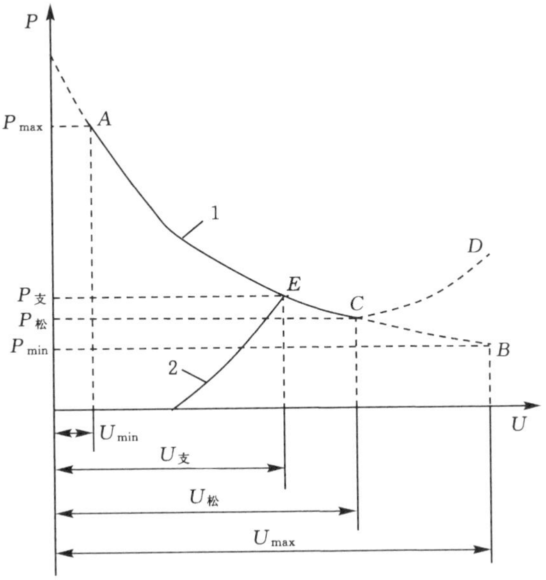

图 2-48 支架-围岩相互作用曲线

(1) 支架的支护作用

支架只能承担极其有限的一小部分荷载。支架的这个微小的支撑作用却又是极其重要和不可少的。支架对限制巷道围岩松动圈内的围岩移动、防止个别危岩冒落等仍有十分重要和不可忽视的作用。

(2) 围岩的承载能力

围岩不仅具有自承力，而且在一定条件下或一定程度上还是一种天然承载构件。合理的支架-围岩结构应是充分利用围岩的这种天然自承力和承载力的结构。利用围岩的承载能力也不是无限制的。

如果只允许巷道围岩产生微量位移，则势必要求开巷后立即安设完全刚性的支架。

如果开巷后未及时支护，或安设的是缓增阻型的大可缩量支架，则围岩将在基本上不受阻碍的状态下使移动量发展到很大。

合理的支架-围岩相互作用关系应使支架工作特性曲线 2 与围岩位移特性曲线 1 的交点保持在离 C 点不远的左侧，如图 2-48 中的 E 点。

收敛限制计算模型注重理论与实际应用的对照，比较适于软岩地下洞室、大跨度地下洞室和特殊洞形地下洞室的支护结构设计。收敛限制计算模型是一种相对比较新的地下结构计算模型，其计算原理尚待进一步研究和完善，目前一般仅按照两侧洞室的收敛值进行反馈和监控，以指导地下结构的设计和施工。由于地层变形能够综合反映影响地下结构受力的各种因素，因此，收敛限制计算模型必将获得较快发展。

根据国际隧道协会(ITA)收集的部分会员所采用的地下结构设计的模型(表 2-1)，可以看出，各国在地下结构的设计中，各种设计模型均有应用，但是针对不同地层或不同的施工方法，所采用的地下结构计算模型是不同的。

表 2-1 部分国家地下结构设计中所采用的计算模型

国家	地下结构类型			
	盾构开挖的软土质隧道	喷锚钢拱支撑的软土质隧道	中硬石质的深埋隧道	明挖施工的框架结构
奥地利	荷载结构计算模型	荷载结构计算模型、地层结构计算模型、收敛限制计算模型	经验类比计算模型	荷载结构计算模型
联邦德国	荷载结构计算模型、地层结构计算模型	荷载结构计算模型、地层结构计算模型、	荷载结构计算模型、地层结构计算模型、收敛限制计算模型	荷载结构计算模型
法国	荷载结构计算模型、地层结构计算模型	荷载结构计算模型、地层结构计算模型、经验类比计算模型	地层结构计算模型、收敛限制计算模型	—
日本	荷载结构计算模型	荷载结构计算模型、地层结构计算模型、经验类比计算模型	荷载结构计算模型、地层结构计算模型、收敛限制计算模型	—
中国	荷载结构计算模型	初期支护：地层结构计算模型、收敛限制计算模型； 后期支护：荷载结构计算模型	初期支护：经验类比计算模型； 永久支护：荷载结构计算模型、地层结构计算模型	荷载结构计算模型
瑞士	荷载结构计算模型	经验类比计算模型、收敛限制计算模型	地层结构计算模型、收敛限制计算模型、经验类比计算模型	荷载结构计算模型
美国	荷载结构计算模型	荷载结构计算模型	荷载结构计算模型、地层结构计算模型、经验类比计算模型	荷载结构计算模型

思考题

2.1　地下建筑荷载分为哪几类？其组合形式有哪些？

2.2　土压力可分为几种形式？其大小关系如何？

2.3　库仑理论的基本假设是什么？写出一般土压力计算公式。

2.4　简述围岩压力的概念及影响因素。

2.5　简述弹性抗力的基本概念。其值大小与哪些因素有关？

2.6　简述衬砌结构拱圈自重的计算方法。

2.7　地下结构基本的计算方法有哪些？

第3章

浅埋式地下矩形闭合框架设计

所谓浅埋式地下结构，是指覆盖层厚度较薄，不满足压力拱成拱条件或软土地层中覆盖层厚度小于结构尺寸的地下结构。影响地下结构选择采用浅埋式还是深埋式的因素很多，包括地下结构的使用要求、地质条件、防护等级以及现有的施工技术等。根据我国的工程经验，埋深在5～10 m的浅埋式地下结构采用明挖法施工是经济合理的，但有时受条件限制，也可采用暗挖法施工，如城市交通繁忙路段的地下人行通道、地铁等工程，其造价明显高于明挖法施工。

3.1 经典矩形闭合框架的计算

结构计算通常包括三方面的内容，即荷载计算、内力计算、截面设计。本节将针对图3-1所示的地铁通道，说明单层矩形闭合框架的计算过程。

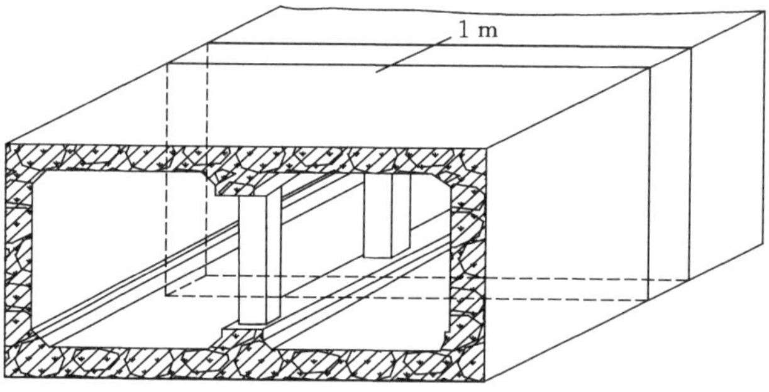

图3-1　地铁通道

3.1.1 荷载计算

地下结构所受的荷载，可分为静载、活载以及特殊荷载和地震等偶然荷载（表3-1）。静载是指长期作用在结构上的不变荷载，如结构自重、土压力及地下水压力等。活载是指结构物使用期间或施工期间可能存在的变动荷载，如人群、车辆、设备以及施工期间堆放的材料等荷载。特殊荷载（特载）则指常规武器作用或核武器爆炸形成的荷载。处于地震区的地下结构，还受到地震荷载的作用。特载的大小是按照不同的防护等级采用的，它在人防工程的有关规范中有明确的规定。

表 3-1　荷载列表

序号	荷载类型	类别
1	水土压力、结构自重	静载
2	地面超载	活载
3	特殊荷载	偶然荷载
4	爆炸荷载	偶然荷载
5	地震荷载	偶然荷载

3.1.1.1　顶板荷载

作用于顶板上的荷载，包括顶板以上的覆土压力、水压力、顶板自重、路面活荷载（地面超载，$q_{超}$）以及特载（$q^{t}_{顶}$）。

(1) 覆土压力

因为是浅埋结构，所以计算土压力时，只要将结构范围内顶板以上各层土壤（包括路面材料）的重量之和求出来，然后除以顶板的承压面积即可。如果某层土壤处于地下水中，则它的重度 γ_i 要采用浮重度 γ'_i。计算覆土压力时可采用下式：

$$q_{土}=\sum_{i}^{n}\gamma_i h_i \tag{3-1}$$

式中　γ_i——第 i 层土壤（或路面材料）的重度；

h_i——第 i 层土壤（或路面材料）的厚度。

(2) 水压力

计算水压力时可用下式：

$$q_{水}=\gamma_w h_w \tag{3-2}$$

式中　γ_w——水的重度；

h_w——地下水面至顶板表面的距离。

(3) 顶板自重

$$q_{自}=\gamma d \quad (\mathrm{kN/m^2}) \tag{3-3}$$

式中　γ——顶板材料的重度；

d——顶板的厚度。

将上面的结果加总即得到顶板上所受的荷载：

$$q_{顶}=q_{土}+q_{水}+q_{自}+q^{t}_{顶}+q_{超} \tag{3-4}$$

$$q_{顶}=\sum_{i}\gamma_i h_i+\gamma_w h_w+\gamma d+q^{t}_{顶}+q_{超} \tag{3-5}$$

3.1.1.2　底板上的荷载

一般情况下，人防工程中结构的刚度都较大，而地基相对来说较松软，所以假定地基反力为直线分布。作用于底板上的荷载可按下式计算：

$$q_{底}=q_{顶}+\frac{\sum P}{L}+q^{t}_{底} \tag{3-6}$$

式中　$\sum P$——结构顶板以下、底板以上的两边墙及中间柱等的重量，

L——结构横断面的宽度（图 3-2）；

$q_{底}^{t}$——底板上所受的荷载。

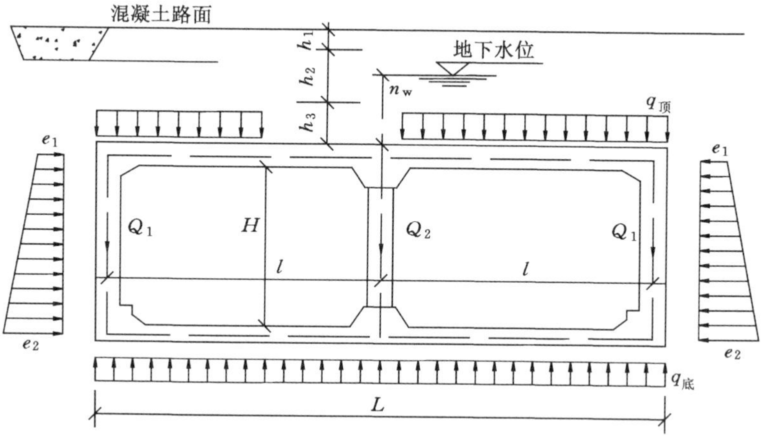

图 3-2　计算简图

3.1.1.3　侧墙上的荷载

侧墙上所受的荷载有土层的侧向压力、水压力及特载。

(1) 土层侧向压力

$$e=(\sum_{i}^{n}\gamma_i h_i)\tan^2\left(45°-\frac{\varphi}{2}\right) \tag{3-7}$$

式中　φ——结构埋置处土层的内摩擦角；

此外，处于地下水中的土壤，其 γ_i 要用浮重度。

(2) 侧向水压力

$$e_w=\psi\gamma_w h \tag{3-8}$$

式中　Ψ——折减系数，其值依土壤的透水性来确定：对于砂土 $\Psi=1$，对于黏土 $\Psi=0.7$；

h——从地下水表面至考察点的距离。

所以，作用于侧墙上的荷载为：

$$q_{侧}=e+e_w+q_{侧}^{t} \tag{3-9}$$

式中　$q_{侧}^{t}$——作用于侧墙上的特载。

除上述荷载外，温度变化、沉陷不均、材料收缩等因素也会使结构产生内力，但要精确地考虑它是很困难的，通常只在构造上采取适当措施，例如，加配一些构造钢筋、设置伸缩缝和沉降缝等。

处于地震区的地下结构，还可能受到地震荷载的作用。

3.1.2　内力计算

计算内力时，首先要选择合理的计算简图，并初步假设截面的尺寸。

3.1.2.1　计算简图

地下厂房和地铁通道等结构，一般纵向很长，横向较短，结构所受的荷载沿纵向的大小近乎不变，因此，当不考虑结构纵向不均匀变形时，结构可看作平面变形问题。计算时可沿纵向截取单位长度(例如 1 m 长)的截条当作闭合框架来计算。为了简便起见，认为杆件是等截面的(不考虑支托的影响)。图 3-3 所示为一个两孔闭合框架的计算简图。

一般情形下，框架的顶、底板的厚度要比中隔墙大得多，所以，中隔墙的刚度相对较小，此时，当侧力不大时，将中隔墙看作只承受轴力的二力杆，误差也并不大。这样，图 3-3 的计算简图可用图 3-4 代替。

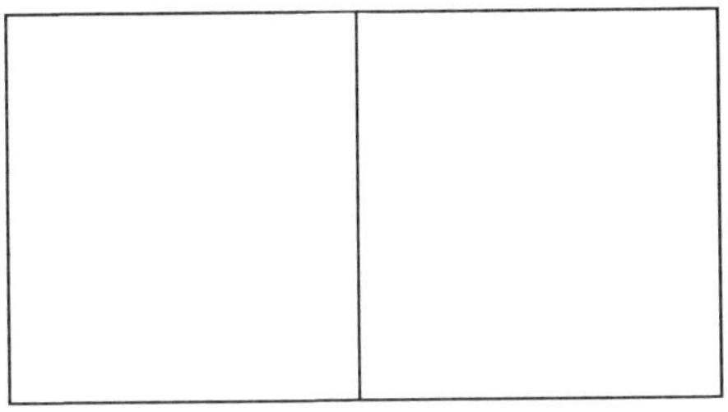

图 3-3　计算简图

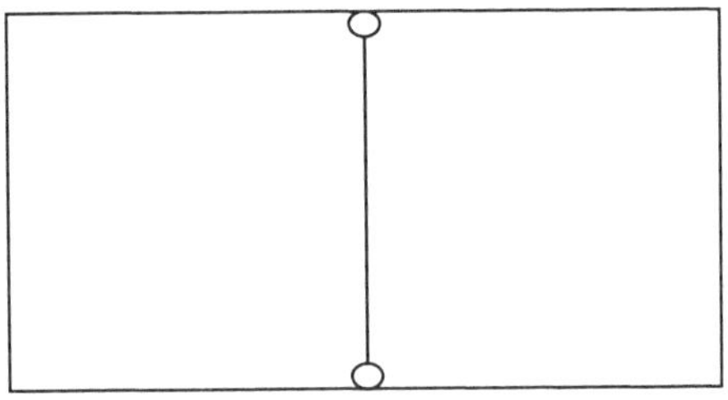

图 3-4　计算替代模型

3.1.2.2　截面选取

由结构力学可知，计算超静定结构的内力，必须事先知道各杆件截面的尺寸，至少要知道各杆件截面惯性矩的比值，否则无法进行内力计算。但是确定截面尺寸，只有知道内力之后才能进行，这一矛盾的产生，是由杆件系统结构力学理论本身带来的。克服这一矛盾的办法是：在进行内力计算之前，通常先根据以往的经验或近似计算方法设定各个杆件的截面尺寸，经内力计算后，再来验算所设截面是否合适。如不合适，重复上述过程，直至所设截面合适为止。

3.1.2.3　计算方法

当不考虑线位移影响时，可按图 3-5 所示的简化计算模式以力矩分配法进行计算。而静荷载作用下地层中闭合框架一般按弹性地基土的框架进行计算，弹性地基可按文克勒地基考虑，也可将地基视作弹性半无限平面。

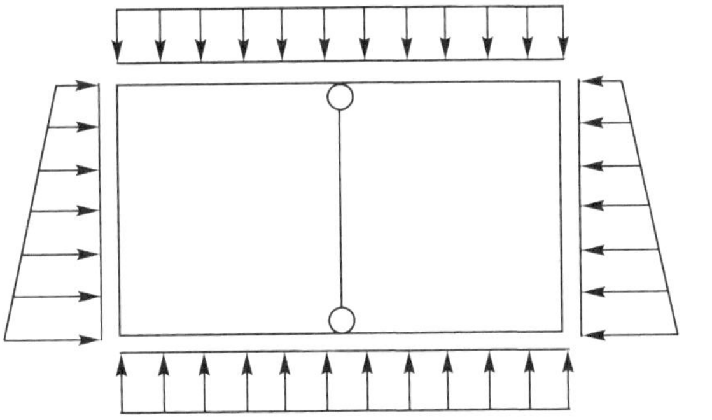

图 3-5　简化计算模型

下面介绍弹性地基上闭合框架的计算方法。

浅埋地下建筑中的闭合框架，如地铁通道、过江隧道、人防通道等，多为平面变形问题，如图 3-6 所示。计算时沿纵向取一单位宽作为计算单元，对地基也截取相同的单位宽度并把它看作一个弹性半无限平面，框架的内力分析可采用如图 3-7 所示的计算简图。与一般平面框架的区别在于底板承受未知的地基弹性反力而使内力分析变得复杂。

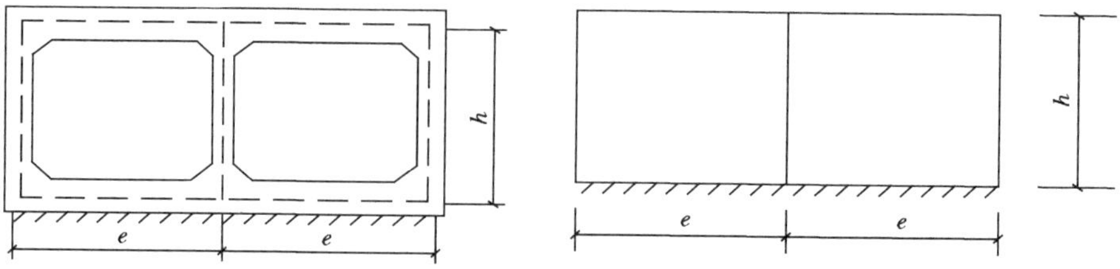

图 3-6 计算简图

弹性地基上平面框架的内力计算仍可采用结构力学中的力法，只是需要将底板按弹性地基梁来考虑。

力法的基本思路是，把超静定结构的计算问题转化为静定结构的计算问题。

图 3-7(a)所示为一个在外力 P 作用下的三度静不定刚架。若以固定端 B 处的三个约束为多余约束，则相应的静定相当系统如图 3-7(b)所示，除原荷载 P 外，它在 B 点处还承受三个广义未知力 x_1、x_2、x_3，即原固定端 B 对刚架的水平约束反力、竖直约束反力和反力矩。如果以 Δ_1、Δ_2 和 Δ_3 分别表示 B 点对应于 x_1、x_2 和 x_3 的广义位移(Δ_1 和 Δ_2 为线位移，Δ_3 为角位移)，则根据原结构在 B 点的广义位移均为零的条件，可以得到三个位移方程：由 x_1 引起的 $\Delta_1=0$，由 x_2 引起的 $\Delta_2=0$，由 x_3 引起的 $\Delta_3=0$。这三个方程将用于求解广义未知力 x_1、x_2、x_3。

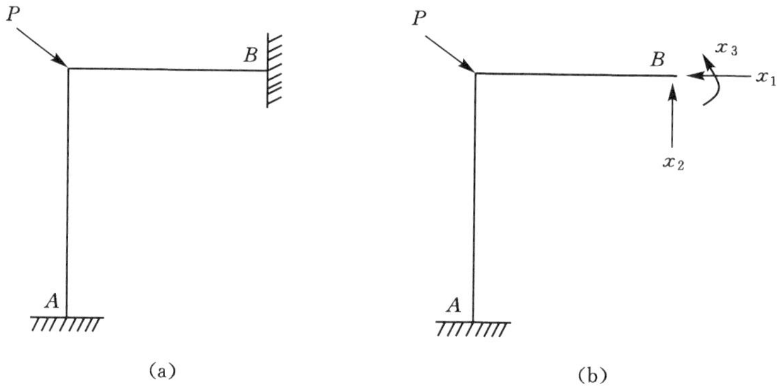

图 3-7 力法基本情况

图 3-8(a)所示为一平面闭合框架，承受均布荷载 q_0，用力法计算内力时，可将横梁在中间切开，如图 3-8(b)所示。

写出典型方程为：

$$\begin{cases} x_1\delta_{11}+x_2\delta_{12}+x_3\delta_{13}+\Delta_{1p}=0 \\ x_1\delta_{21}+x_2\delta_{22}+x_3\delta_{23}+\Delta_{2p}=0 \\ x_1\delta_{31}+x_2\delta_{32}+x_3\delta_{33}+\Delta_{3p}=0 \end{cases} \tag{3-10}$$

系数 δ_{ij} 是指在多余力 x_j 作用下，沿 x_i 方向的位移。Δ_{ip} 是指在外荷载作用下沿 x_i 方向的位移，按下式计算：

$$\begin{cases}\delta_{ij}=\delta'_{ij}+b_{ij}\\ \Delta_{ij}=\Delta'_{ip}+b_{iq}\\ \delta'_{ij}=\sum\int\dfrac{M_iM_j}{EJ}\mathrm{d}s\end{cases} \tag{3-11}$$

式中　δ'_{ij}——框架基本结构在单位力作用下产生的位移(不包括底板)；

b_{ij}——底板按弹性地基梁在单位力 x_j 作用下算出的切口处 x_i 方向的位移；

Δ'_{ip}——框架基本结构在外荷载作用下产生的位移(不包括底板)；

b_{iq}——底板按弹性地基梁在外荷载 q 作用下算出的切口处 x_i 方向的位移。

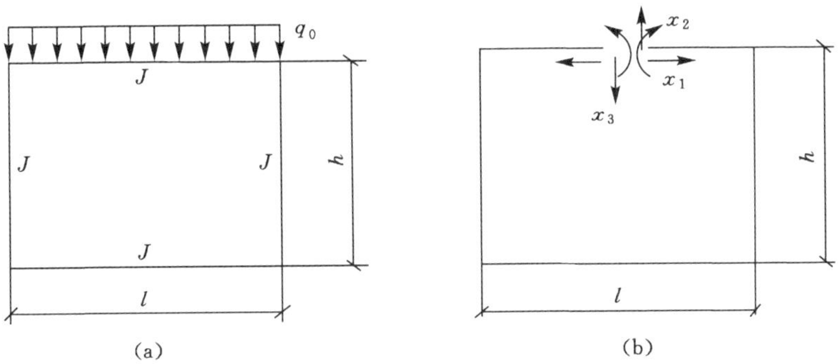

图 3-8　计算简图及基本结构

将所求得的系数及自由项代入典型方程,解出未知力 x_i,进而可绘出内力图。

3.1.2.4　设计弯矩、剪力及轴力的计算

(1) 设计弯矩

根据计算简图求解超静定结构时,直接求得的是节点处的内力(即构件轴线相交处的内力),然后利用平衡条件可以求得各杆任意截面处的内力。由图 3-9 可以看出,节点弯矩(计算弯矩)虽然比附近截面的弯矩大,但其对应的截面高度是侧墙的高度,所以,实际不利的截面(弯矩大而截面高度又小)是侧墙边缘处的截面,对应于这个截面的弯矩称为设计弯矩。根据隔离体平衡条件,可以按下面的公式计算设计弯矩。

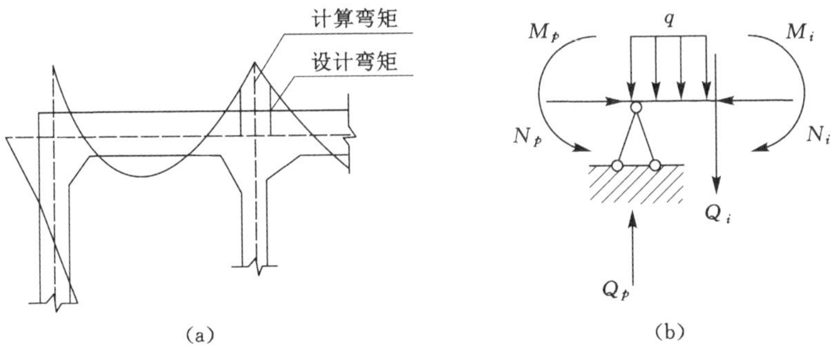

图 3-9　设计弯矩计算简图

$$M_i=M_p-Q_p\times\frac{b}{2}+\frac{q}{2}\left(\frac{b}{2}\right)^2 \tag{3-12}$$

式中 M_i——设计弯矩；

M_p——计算弯矩；

Q_p——计算剪力

b——支座宽度；

q——作用于杆件上的均布荷载。

设计中为了简便起见，将式(3-12)近似地用下式代替：

$$M_i = M_p - Q_p \times \frac{b}{2} \tag{3-13}$$

(2) 设计剪力

同上面的理由一样，对于剪力，不利截面仍然处于支座边缘处，根据隔离体条件，设计剪力按下式计算：

$$Q_i = Q_p - \frac{q}{2} \times b \tag{3-14}$$

(3) 设计轴力

由静载引起的设计轴力按下式计算：

$$N_i = N_p \tag{3-15}$$

式中 N_p——由静载引起的计算轴力。

由特载引起的设计轴力按下式计算：

$$N_i^t = N_p^t \times \xi \tag{3-16}$$

式中 N_p^t——由特载引起的计算轴力；

ξ——折减系数，对于顶板可取 0.3，对于底板和侧墙可取 0.6。

将上面两种情形求得的设计轴力加起来即得各杆件的最后设计轴力。

3.1.3 抗浮验算

为了保证结构不致因为地下水的浮力而浮起，在设计完成后，尚需按下式进行抗浮验算：

$$K = \frac{Q_{重}}{Q_{浮}} \geqslant 1.05 \sim 1.10 \tag{3-17}$$

式中 K——抗浮安全系数；

$Q_{重}$——结构自重、设备重及上部覆土重之和；

$Q_{浮}$——地下水的浮力。

当箱体已经施工完毕，但未安装设备和回填土时，计算 $Q_{重}$ 时只应考虑结构自重。

3.1.4 截面设计

地下结构的截面选择和强度计算，除特殊要求外，一般以《混凝土结构设计标准》(GB/T 50010—2010)为依据。

在特殊荷载与其他荷载共同作用下，按弯矩及轴力对构件进行强度验算时，要考虑材料在动载作用下的强度提高，而按剪力和扭力对构件进行强度验算时，则按材料的强度不提高计算。

在设有支托的框架结构中，进行构件截面验算时，杆件两端的截面计算高度采用 $h+s/3$，其中 s 为平行于构件轴线方向的支托长度。同时，$h+s/3$ 的值不得超过杆端截面高度 h_1，即

$h+s/3\leqslant h_1$，如图 3-10 所示。

地下矩形闭合框架结构的构件（顶板、侧墙、底板）常按偏心受压构件进行截面验算。

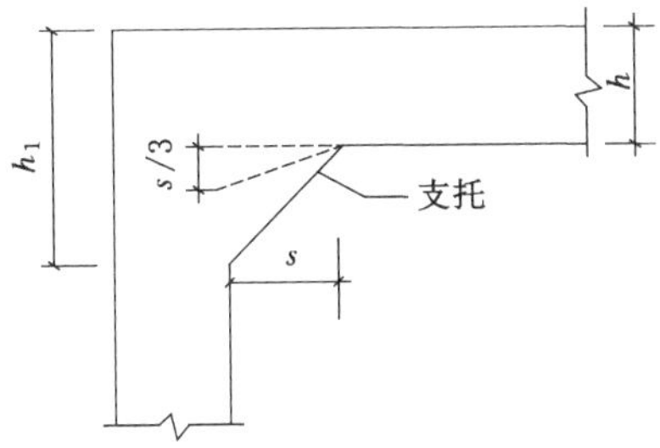

图 3-10　支托框架结构

3.2　矩形闭合框架设计要求

3.2.1　配筋形式

图 3-11 所示为闭合框架的配筋形式，它由横向受力钢筋和纵向分布钢筋组成。为便于施工也可将钢筋制成焊网，如某地铁通道将顶、底板的纵向分布钢筋和侧墙的横向受力钢筋均制成焊网。

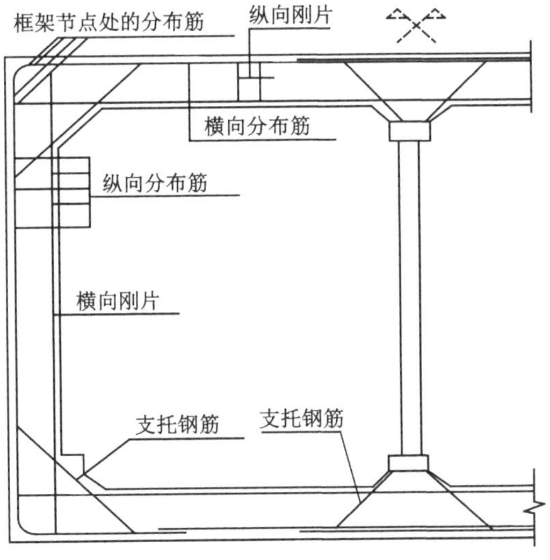

图 3-11　闭合框架配筋形式示意图

为改善闭合框架的受力条件，一般在角部设置支托，并配支托钢筋。当荷载较大时，需验算抗剪强度，并配置钢箍和弯起筋。

对于考虑动载作用的地下结构，为提高构件的抗冲击动力性能，构件断面上宜配置双筋。

3.2.2 混凝土保护层

地下结构的特点是外侧与土、水相接触，内侧相对湿度较高。因此，受力钢筋的保护层最小厚度(从钢筋的外边缘算起)应比地面结构增加 5～10 mm，遵守表 3-2 的规定。

表 3-2 混凝土保护层最小厚度

构件名称	钢筋直径 d/mm	保护层厚度/mm
墙板及环形结构	$d \leqslant 10$ $12 \leqslant d \leqslant 14$ $16 \leqslant d \leqslant 20$	15～20 20～25 25～30
梁柱	$d < 32$ $d \geqslant 32$	30～35 d+ (5～10)
基础	有垫层 无垫层	35 70

3.2.3 横向受力钢筋

横向受力钢筋的配筋率不应小于表 3-3 中的规定。计算配筋率时，混凝土的面积要按计算面积计算。

表 3-3 钢筋的最小配筋率

	受力类型	最小配筋率/%
受压构件	全部纵向钢筋	0.6
	一侧纵向钢筋	0.2
受弯构件、偏心受拉、轴心受拉构件一侧的受拉钢筋		0.2 和 $45f_t/f_y$ 中的较大值

注：1. 受压构件全部纵向钢筋最小配筋率，当采用 HRB400 级、RRB400 级钢筋时，应按表中规定减小 0.1；当混凝土强度等级为 C60 及以上时，应按表中规定增大 0.1。

2. 偏心受拉构件中的受压钢筋，应按受压构件一侧纵向钢筋考虑。

3. 受压构件的全部纵向钢筋和一侧纵向钢筋的配筋率以及轴心受拉构件和小偏心受拉构件一侧受拉钢筋的配筋率应按构件的全截面面积计算；受弯构件、大偏心受拉构件一侧受拉钢筋的配筋率应按构件的全截面面积扣除受压翼缘面积后的截面面积计算。

4. 当钢筋沿构件截面周边布置时，“一侧纵向钢筋”系指沿受力方向两个对边中的一边布置的纵向钢筋。

受弯构件及大偏心受压构件受拉主筋的配筋率，一般应不大于 1.2%，最大不得超过 1.5%。

配置受力钢筋要求细而密。为便于施工，同一结构中选用的钢筋直径和型号不宜过多。通常，受力钢筋直径 $d \leqslant 32$ mm，对于以受弯为主的构件 $d \geqslant 10 \sim 14$ mm；对于以受压为主的构件 $d \geqslant 12 \sim 16$ mm。

受力钢筋的间距应不大于 200 mm，不小于 70 mm，但有时由于施工需要，局部钢筋的间距也可适当放宽。

3.2.4　分布钢筋

考虑混凝土的收缩、温差影响、不均匀的沉陷等因素的作用，必须配置一定数量的构造钢筋。

纵向分布钢筋的截面积，一般应不小于受力钢筋截面积的 10%，同时，纵向分布钢筋的配筋率，对顶、底板不宜小于 0.15%，对侧墙不宜小于 0.20%。例如，某地铁通道顶、底板厚 50 cm，其内或外侧采用 $\frac{1}{2}\times 0.15\%\times 100\times 50=3.75(\text{cm}^2)$ 的分布筋，选用 ϕ12 mm、间距 250 mm的钢筋，其面积为 4.52 cm^2。

纵向分布钢筋应沿框架周边各构件的内、外侧布置，其间距可采用 100～300 mm。框架角部分布钢筋应适当加强(加粗或加密)，其直径不小于 12～14 mm，如图 3-12 所示。

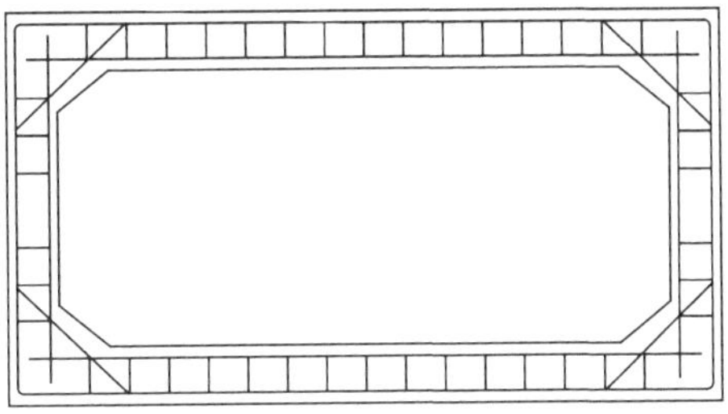

图 3-12　分布钢筋布置图

3.2.5　箍筋

地下结构断面厚度较大，一般可不配置箍筋，如计算需要时，可参照表 3-4，按下述规定配置。

表 3-4　箍筋间的最大距离

项次	板和墙厚 h/mm	$V>0.7f_tbh_0$	$V\leqslant 0.7f_tbh_0$
1	$150<h\leqslant 300$	150	200
2	$300<h\leqslant 500$	200	300
3	$500<h\leqslant 800$	250	350
4	$h>800$	300	400

注：V 表示在特定结构或构件中，如梁或柱，由箍筋所提供的剪切承载力。f_t 是箍筋的抗拉强度设计值，它表示箍筋在拉伸状态下的承载能力。b 代表结构或构件的宽度，通常指垂直于剪切荷载作用方向的尺寸。h_0 是结构或构件的有效高度，它是指从截面受压边缘到受拉钢筋中心的距离，扣除保护层厚度和钢筋直径等因素后的值。

(1) 框架结构的箍筋间距在绑扎骨架中不应大于 15d(d 为受压钢筋中的最小直径)，在焊接骨架中不应大于 20d，同时不应大于 400 mm。

(2) 在受力钢筋非焊接接头长度内，当搭接钢筋为受拉筋时，其箍筋间距不应大于 5d(d 为受力钢筋中的最小直径)，当搭接钢筋为受压筋时，其箍筋间距不应大于 10d。

(3) 框架结构的箍筋一般采用直钩槽形箍筋，这种钢筋多用于顶、底板，其弯钩必须配置在断面受压一侧。L 形箍筋多用于侧墙。

3.2.6 刚性节点构造

框架转角处的节点构造应保证整体性，即应有足够的强度、刚度及抗裂性，除满足受力要求外，还要便于施工。

当框架转角处为直角时，应力集中严重[见图 3-13(a)]。为缓和应力集中现象，在节点可加斜托[见图 3-13(b)]，斜托的垂直长度与水平长度之比以 1∶3 为宜。斜托的大小视框架跨度大小而定。

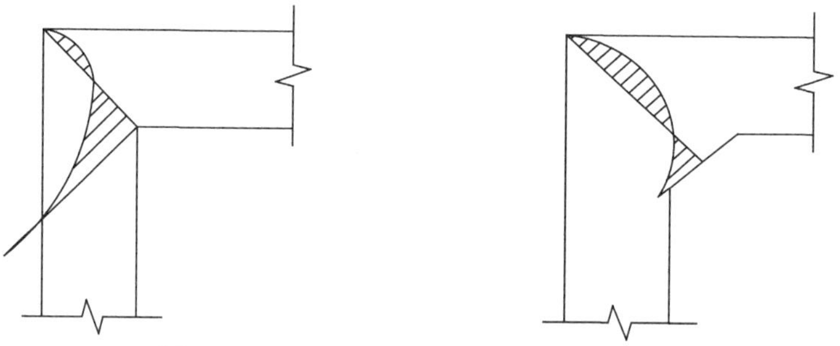

图 3-13　刚性节点构造图

框架节点处钢筋的布置原则如下：

(1) 沿节点内侧不可将水平构件中的受拉钢筋随意弯曲[见图 3-14(a)]，而应沿斜托另配直线钢筋[见图 3-14(b)]，或将此钢筋直接焊在侧墙的横向焊网上。

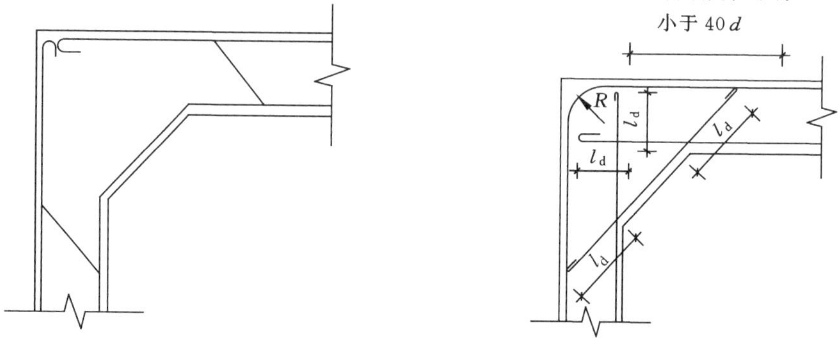

图 3-14　框架节点钢筋布置图

(2) 框架转角部分外侧的钢筋，其弯曲半径 R 必须为所用钢筋直径的 10 倍以上，即 $R \geqslant 10d$。

(3) 为避免在转角部分的内侧发生拉力时，内侧钢筋与外侧钢筋无联系，使表面混凝土剥落，最好在角部配置足够数量的箍筋(见图 3-15)。

3.2.7 变形缝设置及构造

为防止结构由于不均匀沉降、温度变化和混凝土收缩等而引起破坏，沿结构纵向，每隔

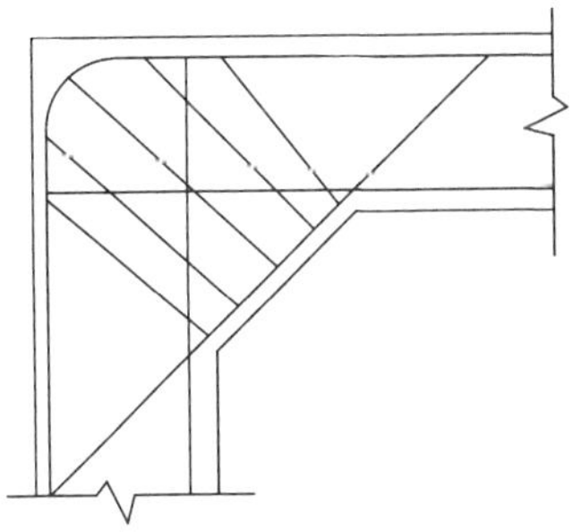

图 3-15　角部箍筋图

一定距离需设置变形缝。变形缝的间距为 30 m 左右。

变形缝分为两种:一种是防止由于温度变化或混凝土收缩而引起结构破坏所设置的缝,称为伸缩缝;另一种是防止由于不同的结构类型(或结构相邻部分具有不同荷载)或不同地基承载力而引起结构不均匀沉陷所设置的缝,称为沉降缝。

为满足伸缩和沉降需要,变形缝缝宽一般为 20～30 mm,缝中填充富有弹性且防水的材料。

变形缝的构造方式很多,主要分三类:嵌缝式、贴附式、埋入式。

3.2.7.1　嵌缝式

图 3-16 所示为嵌缝式变形缝,材料可用沥青砂板、沥青木丝板等。为了防止板与结构物间有缝隙,在结构内部槽中填以沥青胶或环煤涂料(即环氧树脂和煤焦油涂料)等以降低渗水可能。也可在结构外部贴一层防水层,如图 3-16(b)所示。

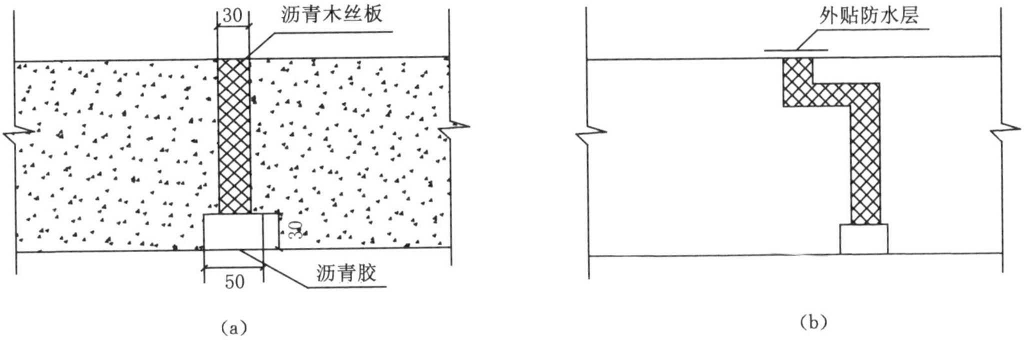

图 3-16　嵌缝式变形缝示意图

嵌缝式的特点是,造价低,易施工,但在有压水中防水效果不良,仅适于地下水较少的地区或防水要求不高的工程。

3.2.7.2　贴附式

图 3-17 所示为贴附式变形缝,它将厚度 6～8 mm 的橡胶板用钢板条及螺栓固定在结构上。

这种方式亦称为可卸式变形缝。其优点是橡胶平板年久老化后可以拆换,缺点是不易使橡胶平板和钢板密贴。这种构造可用于一般地下工程。

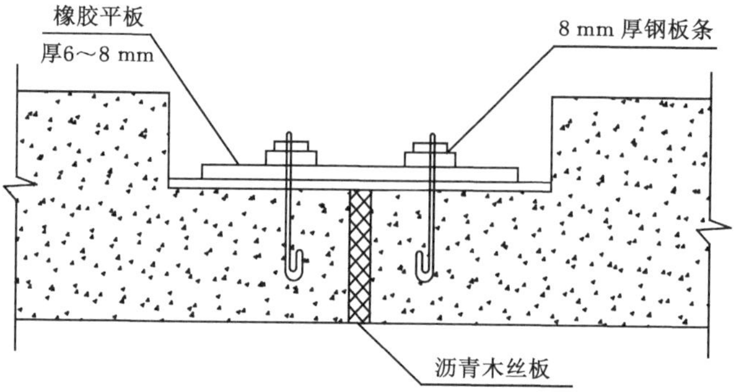

图 3-17　贴附式变形缝

3.2.7.3 埋入式

图 3-18 所示为埋入式变形缝，在浇灌混凝土时，把橡胶或塑料止水带埋入结构。其优点是防水效果可靠，但橡胶老化问题有待解决，这种方法在大型工程中普遍采用。

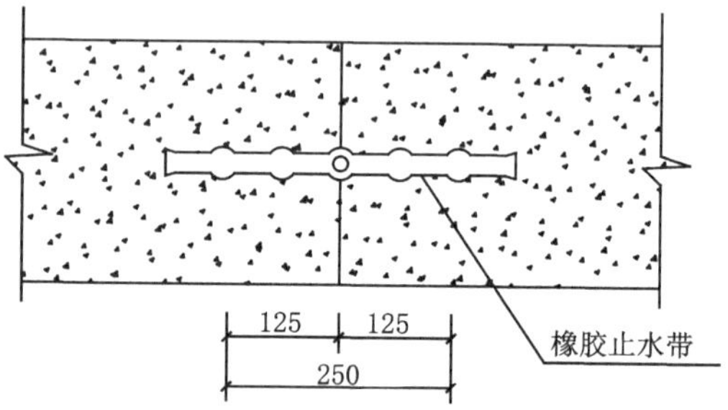

图 3-18　埋入式变形缝

在有水压，而且表面温度高于 50 ℃或受强氧化及油类等有机物质侵蚀的地方，可在中间埋设紫铜片，但造价高。其做法见图 3-19。

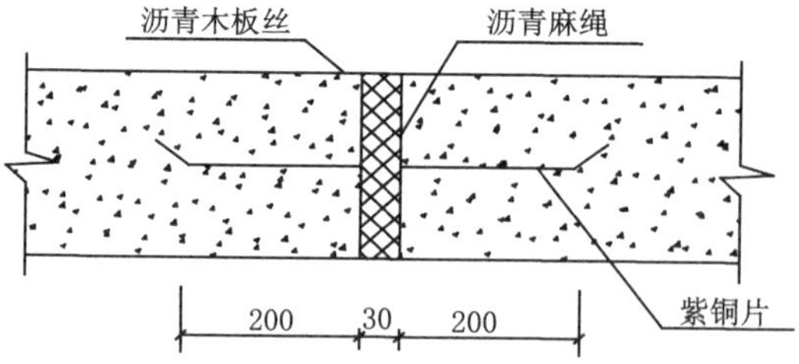

图 3-19　特殊变形缝

当防水要求高时，可采用上述方法的组合，称为混合式，此法防水效果好，但施工程序多，造价高。

3.3　设计实例

一单跨闭合的钢筋混凝土框架通道，置于弹性地基上，其几何尺寸如图 3-20(a)所示，横梁承受均布荷载 20 kN/m²，材料的弹性模量 $E=1.4\times10^4$ MPa，泊松比 $\mu=0.167$；地基的形变模量 $E_0=50$ MPa，泊松比 $\mu_0=0.3$。设为平面变形问题，绘制框架的弯矩图。

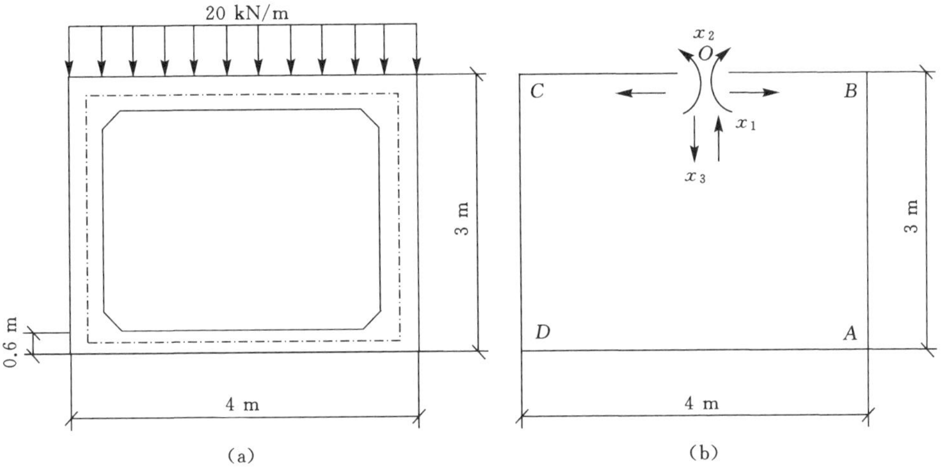

图 3-20　计算简图及基本结构

取基本结构如图 3-20(b)所示，因结构对称，故 $x_3=0$，可写出典型方程为：

$$\begin{cases}x_1\delta_{11}+x_2\delta_{12}+x_3\delta_{13}+\Delta_{1p}=0\\x_1\delta_{21}+x_2\delta_{22}+x_3\delta_{23}+\Delta_{2p}=0\end{cases}$$

首先，求系数 δ_{ij} 与自由项 Δ_{ip}，因框架为等截面直杆可用图乘法求得(图 3-21)。

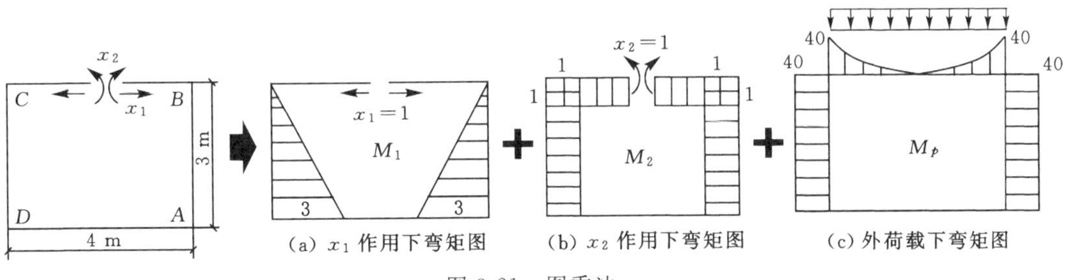

图 3-21　图乘法

应用图乘法注意事项如下。

(1) 图乘法的应用条件如下：

① $EI=$常数；

② 直杆；

③ 两个弯矩图至少有一个是直线。

(2) 竖标 y_0(y 方向弯矩)取在直线图形中，对应另一图形的形心处。

(3) 面积 A 与竖标 y_0 在杆的同侧，Ay_0 取正号，否则取负号。

$$\delta'_{11}=2\times\frac{2}{3}\times\frac{3^2}{EI}=\frac{18}{EI}$$

$$\delta'_{12}=\delta'_{21}=2\times\frac{3\times3\times1}{2EI}=\frac{9}{EI}$$

$$\delta'_{22}=2\times\frac{(3+2)\times1\times1}{EI}=\frac{10}{EI}$$

$$\Delta'_{1p}=-2\times\frac{40\times3\times3}{EI}=-\frac{360}{EI}$$

$$\Delta'_{2p}=2\left(-\frac{40}{3}\times2\times1-40\times3\times1\right)\frac{1}{EI}=-293.33\frac{1}{EI}$$

再求 b_{ij}（b_{ij} 是单位力 j 作用下弹性地基梁产生的相对位移）和 b_{iq}（b_{iq} 是外荷载 q 作用下弹性地基梁产生的相对位移）。为此，需计算出弹性地基梁的柔度指标 t。

$$t=10\frac{E_0(1-\mu^2)}{E(1-\mu_0^2)}\left(\frac{l}{h}\right)^3=10\times\frac{50(1-0.167^2)}{1.4\times10^4\times(1-0.3^2)}\times\left(\frac{2.0}{0.6}\right)^3=1.00$$

式中　l——梁的长度，m；

h——梁截面高度，m。

在单位力 $x_1=1$ 作用下，A 点产生弯矩 $M_A=3$ kN·m（顺时针方向）。根据 M_A，按照弹性地基梁计算，在 $\alpha=1,\xi=1$ 下产生的 θ_A[A 点处由于施加在结构上的单位力（在此情况下为 $x_1=1$）所产生的转角位移]按下式计算：

$$\theta_{A1}=\bar{\theta}_{Am}\frac{Ml}{EI}$$

式中　M——作用于梁上两个对称弯矩值；

$\bar{\theta}_{Am}$——两对称力矩作用下，弹性地基梁的角变计算系数，可查表求得。

代入数据，有：

$$\theta_{A1}=-0.952\times\frac{(-3)\times2.0}{EI}=\frac{5.712}{EI}\text{（顺时针向转动）}$$

在 $x_1=1$ 作用下，由于弹性地基梁的变形而使框架切口处沿 x_1 方向产生的相对线位移为：

$$b_{11}=2\times3\times\theta_{A1}=\frac{34.272}{EI}$$

同理，在 $x_1=1$ 作用下，使框架切口处沿 x_2 方向产生的相对角位移为：

$$b_{21}=b_{12}=2\times\theta_{A1}=(2\times5.712)\frac{1}{EI}=\frac{11.424}{EI}$$

在 $x_2=1$ 作用下，框架切口处沿 x_2 方向的相对角位移为：

$$b_{22}=2\times\theta_{A2}=2\times\frac{1.904}{EI}=3.81\frac{1}{EI}$$

在外荷载作用下，弹性地基梁（底板）的变形使框架切口处沿 x_1 及 x_2 方向产生位移，计算时应分别考虑外荷载传给地基梁两端的力 R 及弯矩 M 的影响，计算由两个对称弯矩引起 A 点的角变方法同前，而计算两个对称反力 R 引起 A 点的角变值为：

$$\theta_{AR}=\overline{\theta}_{AR}=\frac{Rl^2}{EI}$$

式中　R——作用于梁上两个对称集中力值，向下为正；

$\overline{\theta}_{AR}$——两个对称集中力作用下，弹性地基梁的角变计算系数，可查表求得。

因为力 $R_A=\dfrac{ql}{2}=40\ \text{kN}$，$A$ 点的弯矩 $m_A=40\ \text{kN}\cdot\text{m}$，所以

$$\theta_{AR}=0.252\times\frac{4\times2.0^2}{EI}=\frac{40.4}{EI}$$

$$\theta_{Am}=-0.952\times\frac{4\times2.0}{EI}=-\frac{76.16}{EI}$$

外荷载 q 引起弹性地基梁变形，致使沿 x_1 及 x_2 方向产生的相对位移为：

$$b_{1q}=2(\theta_{AR}+\theta_{Am})\times3=6\times\left(\frac{40.4}{EI}-\frac{76.16}{EI}\right)=-\frac{214.56}{EI}$$

$$b_{2q}=\frac{b_{1q}}{h}=\frac{-214.56}{3EI}=-71.52\times\frac{1}{EI}$$

将以上求出的相应数值叠加，得系数及自由项为：

$$\delta_{11}=\delta'_{11}+b_{11}=\frac{18}{EI}+34.272\times\frac{1}{EI}=52.272\times\frac{1}{EI}$$

$$\delta_{21}=\delta'_{21}+b_{12}=\frac{9}{EI}+11.424\times\frac{1}{EI}=20.424\times\frac{1}{EI}$$

$$\delta_{22}=\delta'_{22}+b_{22}=\frac{10}{EI}+3.81\times\frac{1}{EI}=13.81\times\frac{1}{EI}$$

$$\Delta_{1p}=\delta'_{1q}+b_{1q}=-\frac{360}{EI}-214.56\times\frac{1}{EI}=-574.56\times\frac{1}{EI}$$

$$\Delta_{2p}=\delta'_{2q}+b_{2q}=-293.34\times\frac{1}{EI}-71.52\times\frac{1}{EI}=-364.86\times\frac{1}{EI}$$

代入典型方程为：

$$\begin{cases}52.272x_1+20.424x_2+574.56=0\\20.424x_1+13.810x_2+364.86=0\end{cases}$$

解得，$x_1=1.58\ \text{kN}$，$x_2=24.08\ \text{kN}\cdot\text{m}$。

已知 x_1 和 x_2，即可求出上部框架的弯矩图。底板的弯矩可根据 A 点及 O 点的力 R 和弯矩 M，按弹性地基梁方法算出，如图 3-22 所示。

$$M=M_1x_1+M_2x_2+M_p$$

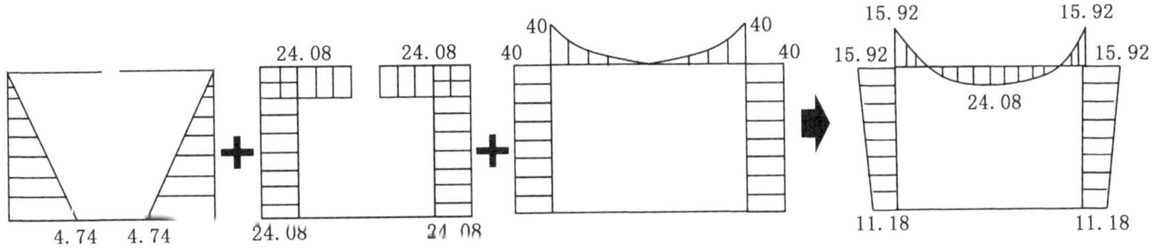

图 3-22　弯矩 M 图

对弹性地基框架的内力分析，还可以采用超静定的上部刚架与底板作为基本结构。将上部刚架与底板分开计算，再按照切口处反力相等[图 3-23(b)]或变形协调[图 3-23(c)]，用位移法或力法解出切口处的未知位移或未知力，然后计算上部刚架和底板的内力。采用这种基本结构进行分析的优点为，可以利用已有的刚架计算公式，或预先计算出有关的常数使计算得到简化。

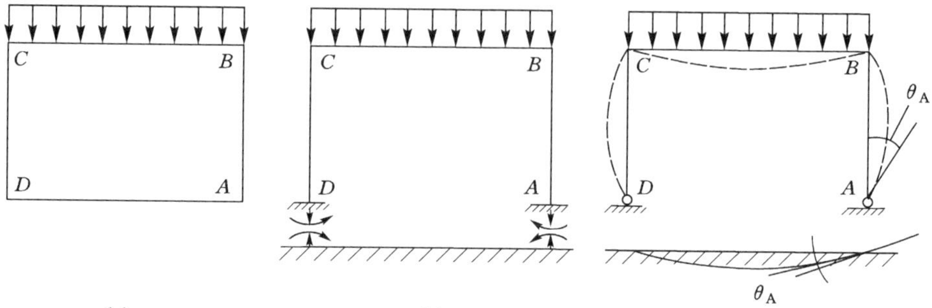

图 3-23　计算简图

思考题

3.1　矩形闭合结构有何特点？有哪些具体形式？可用于哪些地下建筑？

3.2　地下结构的设计计算包括哪些方面的内容？分别阐述其设计要点。

3.3　矩形闭合结构有哪些主要构造要求？

第 4 章 隧道地下空间施工与设计

隧道工程施工中最重要的是合理选择施工方法，施工方法是否合理，直接影响隧道工程施工的速度、安全、质量和环境。隧道工程施工的方法是多种多样的，目前我国隧道中常采用的方法包括新奥法、掘进机法、盾构法等。

4.1 新奥法

新奥法是奥地利专家总结前人在隧道工程中累积的经验后所提出来的一套隧道设计、施工技术。

图 4-1 展示了传统的矿山法与新奥法处理地下工程的本质区别：矿山法采用被动的支撑结构，任由围岩松动圈扩展，松散压力全部由支撑结构承担，不经济更不安全；而新奥法采用主动的锚喷支护结构，其与围岩紧密接触，抑制松动圈的过度扩展，最终形成协调变形的支护系统共同承载地层压力。

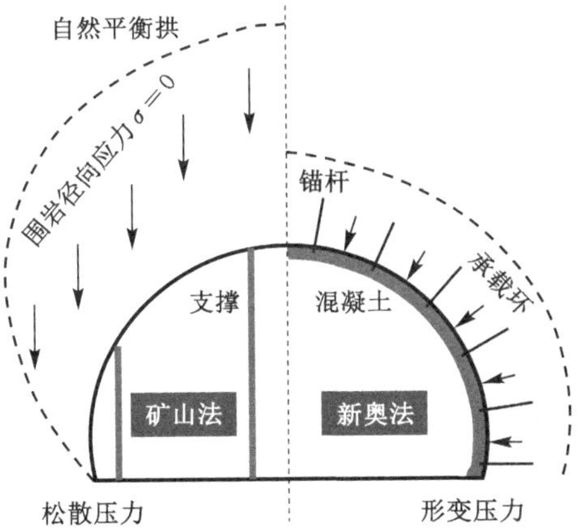

图 4-1　新奥法与矿山法对比

新奥法摒弃了传统隧道工程中应用厚壁混凝土结构支护松动围岩的思路和做法，把岩体视为连续介质，在黏、弹、塑性理论指导下，根据在岩体中开挖隧道后从变位产生到岩体破坏要有一个时间效应的特点，适时地构筑柔性、薄壁、能与围岩贴紧的支护结构来保护围岩。

围岩本身为支护结构的重要部分,使围岩与构筑的支护结构共同形成坚固的支承环,共同形成一个长期稳定的洞室。新奥法所采用的主要支护手段是喷混凝土和锚杆。

新奥法构筑隧道的主要特点是通过许多量测手段对开挖后隧道围岩进行动态监测,以此来指导隧道支护结构的设计和施工。

新奥法的理论是建立在岩石的刚性压缩特性和岩石的三向压缩应力-应变特性以及莫尔理论基础上的,并考虑了隧道掘进时的空间效应和时间效应。这一理论集中体现在支护结构种类、支护结构构筑时机、围岩压力、围岩变位这四者的关系上,贯穿在不断变更的设计施工过程中。这一理论提出了与传统方法完全不同的新理念和新观点,它指导着喷锚支护的设计和施工,指导着构筑隧道的全过程。

多年来一直没有给新奥法下过确切的定义,直到1990年,奥地利土木工程学会地下空间利用分会把新奥法定义为:"在岩质、土砂质介质中开挖隧道,以使围岩形成一个中空筒状支承环结构为目的的隧道设计施工方法"。

为了使围岩形成中空筒状支承环结构,应遵循下述原则:

(1) 应当考虑岩体的力学特性。

(2) 应当在适当的时机构筑适宜的支护结构。

(3) 为使围岩形成力学上较为稳定的中空筒状支承环结构,必须构筑一个闭合的支护结构。

(4) 由现场量测监控围岩动态,根据容许变形量确定最适宜的支护结构。

新奥法主要用于断面为50～100 m^2 的各种地下工程,世界各地成功的先例很多。20世纪70年代开始传入我国,铁道、水电、军工系统均有过探讨。20世纪80年代以来,随锚喷技术在我国煤矿建设工程中的大力推广,发现在受采动影响的巷道、遇水膨胀的软岩巷道、断面大的竖井井筒、马头门以及其他断面较大的硐室中,尚有不少锚喷技术问题需解决。我国煤矿工程技术人员在新奥法施工基本原则的指导下,将其应用于煤矿的不良岩层井巷施工,近年来已取得不少可喜的成果。

4.1.1 新奥法支护结构设计的基本思路

隧道支护设计可分为建筑设计、结构设计和施工设计。

隧道建筑设计,首先是根据其在交通线的作用,根据地形、地质条件及其与线路之间的关系,选择隧道位置,并进行隧道平面、纵断面和横断面设计。隧道在线路上的作用主要有三个方面:穿越分水岭,缩短线路长度;降低线路拔起高度,减缓线路坡度;穿过稳定山体,避开不良地质条件。

隧道结构设计是在隧道位置选定,平面、纵断面和横断面设计已经完成的基础上,根据隧道位置所穿越地层的工程地质条件(即围岩稳定能力的强弱),拟订相应的支护参数,并提出相应的施工方案。其中,隧道横断面设计就是要根据车辆限界确定隧道建筑限界。隧道结构参数涉及大衬砌的内轮廓(即净空)、结构轴线、截面厚度、结构形式、材料种类和施工方法(工艺)等。

新奥法的设计,目前以工程类比法应用最广,并以现场监控量测进行工程实际检验。考虑到地下工程地质条件的复杂性,在遇到某些特殊地形和地质条件(如浅埋,偏压,通过严重湿陷性黄土层、膨胀性地层、原始应力过大的地层等)时,以及施工大跨度地下洞室等,无相似工程类比或仅凭工程类比尚不足以保证设计的合理性时,宜采用解析法加以验算,进行综合分析研究。

目前通常采用的解析法有理论解析法(如收敛约束法)、数值解析法(有限元、边界元等)以及杆系结构分析法等,其中有些方法国内一些单位已编制了各种电算程序,可供选用。

近年来,国内发展起来的利用施工期间位移量测数据反馈来计算围岩力学参数和支护衬砌静力工作状态的位移收敛反馈法,也获得了一定的应用。

新奥法的设计应有两个阶段:施工前预设计阶段和信息反馈修改设计阶段。

施工前预设计是在认真研究勘测资料的基础上进行的。在该阶段,一般很难完全详细地掌握实际的工程地质和水文地质条件,常常会有一定幅度的变动,故通过施工中的地质调查和现场监控量测,确认和修正预设计是极为重要的。因此,新奥法的设计必然要有信息反馈修正设计阶段,这是最终确定设计参数并据以实施的阶段。

但是,对施工组织和支护结构进行大规模的变更会造成工期和工程费用的变动,应尽量避免。因此要求勘测阶段地质调查的内容和精度必须满足预设计的要求,施工前预设计必须在认真研究勘测资料和地质调查成果的基础上进行。

4.1.2　新奥法隧道支护结构设计基本程序

新奥法设计应按图4-2所列的程序进行。

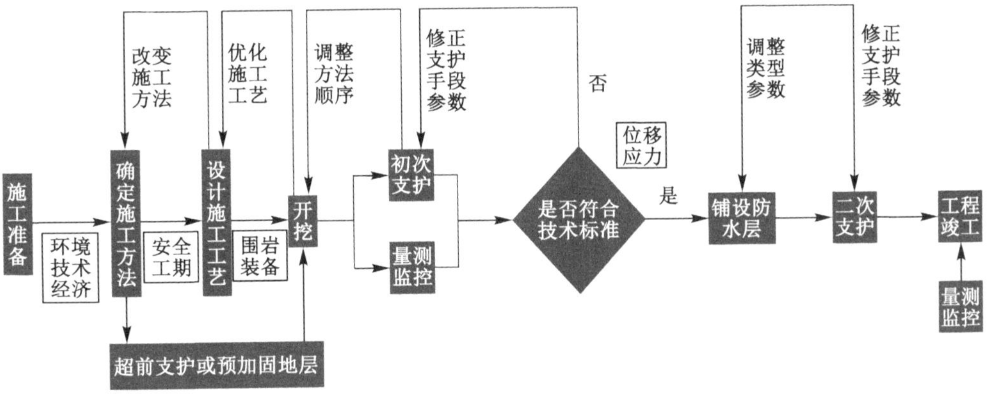

图4-2　新奥法设计和施工的基本程序

(1) 研究实测资料

设计者根据批准的初步设计文件,在现场进行具体方案的勘测落实,并通过定线、测角、中桩、高程横断面等以及其他勘测资料的测量调查及内业工作,为施工图设计搜集提供有关资料。

(2) 掌握围岩的各种性状和隧道的环境条件

在评勘的基础上要查清隧道所穿过围岩的物理力学性质,对隧道各类围岩的稳定性做出定性评价,详细划分隧道穿过的不同岩层的围岩类别,为隧道预设计提供地质依据。

在对自然概况、地质条件、不良地质现象调查的基础上,除了要查清隧道附近有无山体滑坡、泥石流等地质灾害隐患,以便采取措施确保隧道的安全,还要查明隧道所穿过的岩层有无有害气体或矿体存在,如有有害气体,应按劳动保护、环境保护等条例,查明有害气体的含量、预测释放程度,以对人体、环境不发生危害为限,超出现实的允许值时,设计时须采取必要的防护措施;对于存在的矿体,应查明矿体的赋存条件、埋置深度以及隧道所穿过矿体的位置，以便设计时能合理而准确地留设安全矿柱。

(3) 施工前预设计

施工前预设计主要包括：隧道断面形状的选择，几何尺寸的拟订；衬砌类型的选择及支护参数的确定；隧道预留变形量设计；选择施工方法以及现场监控量测设计工作；等等。

(4) 隧道开挖与开挖工作面地质调查、现场监控量测

施工单位根据隧道的地质条件，结合本单位的设备情况、技术力量等因素选择适当的施工方法进行隧道开挖，并及时进行初期支护，同时对开挖工作面的地质状况进行现场目测与隧道内空收敛的量测。根据工作面地质观察与隧道内空收敛值的大小，判断隧道围岩在初期支护的条件下是否稳定，支护体系是否合理，如果隧道围岩稳定，支护结构参数合理，说明设计满足要求，即可在适当时机进行二次衬砌；否则根据有关信息反馈对预设计修正。在软弱破碎围岩地段，信息反馈、修改设计往往进行多次才能满足要求。

4.2 隧道施工方法

4.2.1 掘进机隧道施工法

隧道掘进机(tunneling boring machine，简称 TBM)是一种集掘进、出渣、支护、通风、防尘等多功能为一体的高效隧道施工机械。掘进机法是利用岩石隧道掘进机在岩石地层挖掘隧道的一种施工方法。

随着我国大规模基础设施建设的开展，铁路、公路、调水工程、水电工程、城市地铁、市政供水供电和排污等重大工程越来越多，需要修建的长、大隧道也越来越多。由于工程规模大，地质条件复杂，工程施工速度、环保、质量和效益要求高，传统钻爆法施工技术已经难以应对这一艰巨挑战。因此，全断面隧道掘进机技术必将在我国得到长足发展。

掘进机发展至今，技术上已经很成熟。根据工程对象的变化，其类型也呈现出系列化和多样化的特点。实践证明：当隧道长度与直径之比大于 600 时，采用掘进机进行隧道施工比较经济。掘进机直径随工程对象的需要而变化，一般来说，水工隧洞直径为 3～10 m，铁路隧道直径为 6～10 m。公路隧道，一般断面较大，采用的施工方法有两种：一种是采用直径 8～12 m的掘进机一次成洞；另一种是采用小直径的掘进机进行导洞施工，然后进行钻爆法扩挖成形。截至 21 世纪初，国外采用掘进机施工的隧道长度达 4 000 km 以上，掘进机施工技术已逐渐成为一种成熟并具高竞争力的隧道施工技术。

掘进机与盾构(机)的区别主要有：全断面隧道掘进机主要是通过盘形滚刀破碎岩石，是以岩石地层为掘进对象，不具备防护泥水压、土压等维护工作面稳定的功能，一般用于山岭隧道或大型引水工程，主要采用带式输送机出渣。盾构主要用于软土层的挖掘，一般用于城市地铁及小型管道工程。盾构施工由稳定开挖面、掘进及排土、管片衬砌及壁后注浆三大工序组成，其中开挖面的稳定方法是其工作原理的主要方面，这也是盾构区别于 TBM 及比 TBM 复杂的主要方面。盾构在刀盘上除切刀外还布置一定数量的滚刀，以适应遇到的短距离岩石段。盾构采用螺旋输送机或泥浆管路出渣。

4.2.1.1 掘进机法及应用

(1) 掘进机法简介

① TBM 法与钻爆法比较

在隧道施工方法上，TBM 法和钻爆法都是隧道施工的成熟工法。钻爆法较 TBM 法工序多、施工组织复杂、工期长、超欠挖量大、安全性差，但地质适应能力较好。TBM 法与钻爆法相比的优势在于工序简单、施工速度快、安全性好。从技术上比较，TBM 法适用于工期要求紧且以硬质岩为主的圆形长隧道，而钻爆法则适用于短隧道、地质条件较复杂且不适合用 TBM 法快速施工的工程。

② TBM 施工的优点

掘进机是山岭隧道施工高度机械化的开挖设备。与钻爆法相比，掘进机法虽然投资大，但具有施工快速、优质、安全、经济、环保等突出优点。

a. 快速

掘进机掘进效率高，其掘进速度为常规钻爆法的 3～5 倍。掘进机开挖时，可实现连续作业，从而可保证破岩、出渣、支护流水化作业。而钻爆法施工，钻眼、爆破、通风、出渣等作业是间断性的，因而速度慢、效率低。

b. 优质

掘进机施工质量好。采用掘进机开挖的隧道内壁光滑，从而可以减少支护工程量，降低工程费用。而钻爆法开挖的隧道内壁粗糙、凹凸不平，且超欠挖量大，衬砌时处理困难，支护费用高。掘进机开挖隧道的洞壁粗糙率一般为 0.019，比钻爆法光面爆破的粗糙率小约 17%。掘进机开挖洞径尺寸精确、误差小，可控制在±2 cm 范围内。

c. 安全

TBM 法对岩石的扰动小，影响范围一般小于 50 cm，可大大改善开挖面的施工条件，且周围岩层稳定性较好，从而得到安全的边界环境。掘进机自身带有局部护盾或整体护盾，有利于施工人员的安全。同时，机器上配置一系列的支护设备，在不良地质条件处可及时支护，确保施工安全。并且掘进机自动化程度高，配置电视监控和通信系统，作业人员少，便于安全管理。

d. 环保

开挖时采用机械进行破岩，无钻爆法用的炸药等化学物质爆炸及污染，人员劳动强度低，使用人员数量少，作业环境好，有利于作业人员的健康。另外，掘进机采用了计算机控制、传感器、激光导向、测量、超前地质探测、通信技术，是集机、光、电、气、液、传感、信息技术于一体的隧道施工成套设备，具有自动化程度高的优点。掘进机具有施工数据采集、姿态管理、施工数据管理、施工数据实时远传等功能，实现了施工信息化。

③ TBM 施工的局限性

掘进机施工法与钻爆法相比，局限性有以下几方面：

a. 掘进机的经济性问题。由于掘进机结构复杂，对零部件的耐久性要求较高，因此制造的成本和价格较高，前期一次性投资的成本费用较高，工程建设投资大。

b. 设计制造周期长。其采购周期一般需要 12～15 个月，主要是关键部件，如主轴承、大排量液压泵，目前只有少数厂商生产。

c. 掘进机针对性强，对多变的地质条件(如断层、破碎带、溶洞、挤压带、涌水及坚硬岩石等)适应性较差。不同地质条件需要不同种类的掘进机及相应的配置，因此其适应性方面没有钻爆法灵活。

d. 开挖断面只限于圆形，每台掘进机只能用于一种开挖断面。

e. 要求施工人员的技术水平和管理水平高，施工短隧道时不能发挥其优越性。

f. 运输困难，对施工场地有特殊要求。

(2) 掘进机法的应用

掘进机和辅助施工技术的日臻完善，以及现代高科技成果的应用(液压新技术、电子技术和材料科学技术等)，大大提高了岩石掘进机对各种复杂地质条件的适应性。如果简单地从开挖可能性上看掘进机的适用范围是不全面的，必须根据岩石的抗压强度，裂隙、节理发育状态，涌水状态等地层岩性条件的实际状况，机械构造，以及隧道的断面、长度、埋深、选址条件等进行判断，综合考虑。

a. 对地质条件的要求

掘进机适用于隧道长度 6～7 km 及以上，围岩单轴抗压强度为 50～200 MPa 的工况。从地层岩性条件来看，掘进机一般只适用于圆形断面隧道，隧道开挖直径为 3～12 m，一次性连续开挖隧道长度不宜短于 6 km，通常 6～15 km 比较经济。若隧道太短，则掘进机的折旧费用和待机准备时间占工程总费用和时间的比例必然增加。但如果一次性连续开挖施工的隧道太长，掘进机维修及辅助工序时间长，自然要增加费用和延长施工时间。掘进机适用于中硬岩层，需注意的是，岩层的地质情况对掘进机进尺影响很大。在良好岩层中，掘进机月进尺可达 500～600 m，而在破碎岩层中，月进尺只有 100 m 左右。鉴于掘进机对不良地质条件十分敏感，选用掘进机开挖施工隧道时应尽量避开复杂地层，或增加较多的辅助设备，这样才能处理不良地质段(但增加辅助设备会增加成本)。

以下地质条件一般不适于掘进机的施工：塑性地压大的软弱围岩；类砂性土构成的软弱围岩和具有中等以下膨胀性的围岩；断层破碎带，岩溶发育带，严重涌水地段，岩石单轴抗压强度超过 250 MPa 的极硬岩，且节理不发育、高硬度或高拉伸强度及高磨蚀性岩石。

b. 对工期的要求

掘进机施工的工期应包括掘进机的前期准备、掘进衬砌、拆卸转场全过程。掘进机的工期应满足工程施工要求。

(a) 掘进机前期工作：设计、制造、运输、场地、安装、调试、步进等应满足预定的隧道掘进工期要求。

(b) 掘进机掘进工期应满足预定的隧道开挖所需的工期。

(c) 隧道衬砌成洞总工期应满足预定工期要求。

(d) 掘进机的拆卸转场应满足预定的后续工期要求。

c. 对经济适应性的要求

采用掘进机一次性连续开挖隧道长度不宜小于 6 km。隧道太短，掘进机的制造费用和待机准备时间占工程的费用和时间的比例必然增加。如果一次性连续开挖施工的隧道太长，超出掘进机大修期限(一般 8～10 km)则会增加费用和延长施工时间。

掘进机成洞总费用主要由系统运行费、衬砌止水费、掘进机等设备折旧费三部分组成。

就目前国内掘进机使用测算情况看，掘进机施工的成洞费用一般高于钻爆法成洞的总费用，主要由以下原因造成：

(a) 掘进机系统的折旧费从理论上分析一般应按 20 km 的掘进长度分摊，而实际操作时，隧道承包方会比较现实地将掘进机系统的折旧费分摊到现有的承包长度上，因为后续工程无法确定。这样就造成每延米设备的折旧成本的提高，大大地增加了掘进机成洞的总费用。

(b) 与钻爆法相比，掘进机开挖对隧道围岩的扰动较小，因此掘进机开挖隧洞时，其钢筋混凝土衬砌厚度可较钻爆法薄。根据新奥法原理，有的可以不衬砌。这样可以大大降低衬砌费用，从而降低掘进机的成洞费用。但由于目前我国尚无掘进机成洞混凝土衬砌规范，所以隧道衬砌仍然沿用钻爆法施工的衬砌，造成掘进机施工成洞成本的增加。

(c) 掘进机系统运行费＝电耗费＋水气费＋刀具、备件费＋人工费＋管理费＋利润＋税金。由此可见，掘进机系统运行费与掘进成洞速度直接相关联，工程管理好、掘进速度快的工程，每延米掘进机运行费用就相应较低。因此，掘进机施工需要高素质的管理人员和熟练的技术工人，这样可确保掘进机的完好率，提高掘进速度。

综上所述，正确选型、合理使用、优化衬砌以及设备合理摊销，是降低掘进机成洞费用的主要措施。对于长度大于 8 km 的隧道使用掘进机，施工成洞总费用小于或等于钻爆法总费用是完全可以做到的。

另外，采用掘进机开挖与钻爆法相比，隧道总体设计时常用洞线裁弯取直的方法来大量节约工程费用；同时，掘进机施工比钻爆法进尺大、速度快，可使工程提前完工产生可观的社会、经济效益。

d. 对机械条件的要求

掘进机的适用性还受机械条件的限制，如使用刀盘旋转掘削时有开挖直径的问题。直径加大，会产生因切削刀盘周边的线速度加大而影响开挖，以及没有能承受巨大推力的轴承等问题。挖掘机械是采用压碎方式还是切削方式，对实际应用的适用范围也有影响。

e. 对作业场地和运输方案的特殊要求

掘进机属大型专用设备，全套设备重达几千吨，最大部件的质量达上百吨，拼装长度最长达 200 多米。同时，洞外配套设施多，主要有混凝土搅拌系统、管片预制厂、修理车间、配件库、材料库、供水系统、供电系统、供风系统、装卸调运系统、进出场区道路、掘进机组装场地等。这些对隧道的施工场地和运输方案等都提出了很高的要求，有些隧道虽然长度和地质条件较适合掘进机施工，但运输道路难以满足要求，或者现场不具备布置掘进机施工场地的条件。

当掘进机开挖直径过大时，会带来运输困难、造价昂贵、电能不足等一系列问题，因此可采用小直径掘进机先行，后面用钻爆法扩大到设计断面的混合套打法。掘进机开挖小直径的洞室，形成临空面，可使钻爆法开挖速度提高 2～3 倍。

f. 对企业自身实际能力的要求

对企业自身能力的要求包括：制造维修能力，经济能力，施工队伍的技术、管理水平以及传统的施工习惯等。

4.2.1.2 掘进机的结构类型

掘进机一般可分为开敞式和护盾式两大类型，其中护盾式又有双护盾和单护盾之分。开敞式 TBM 目前主要有两种结构形式：一种为前后共有两组“X”形支撑的双支撑(凯氏) TBM(含有内凯机架和外凯机架)；另一种为单支撑主梁开敞式 TBM。开敞式和护盾式掘进机的区别在于：开敞式掘进机在开挖中依靠撑于岩壁上的水平支撑提供设备推力和扭矩的支撑反力，开挖后的围岩暴露于机械四周；而护盾掘进机则可在掘进中利用尾部已安装的衬砌管片作为推进的支撑，围岩由于有护盾防护，在护盾长度的范围内不暴露。因此护盾掘进机更适用于软岩，而岩石稳定性好、软弱围岩较少的隧道一般选用开敞式。此外，还要根据工程设计、工期及工程造价进行综合分析确定。

(1) 开敞式掘进机

开敞式 TBM 设有较短的护盾，在其主机和后配套系统上安装有支护设备。随着 TBM 的向前掘进，一般可以同时进行安装锚杆、挂网、支设钢拱架和喷射混凝土等支护作业。开敞式 TBM 刀盘推力和扭矩通过机架或主梁传递到支撑系统，支撑系统径向作用于岩壁上承受推力和扭矩，如图 4-3 所示。典型机型有美国 Robbins 公司生产的单排支撑靴结构方式和德国 Wirth 公司生产的双排支撑靴结构方式两种。

图 4-3　开敞式掘进机

开敞式掘进机配置了钢拱架安装器和喷锚等辅助设备，适用于岩石不易坍塌和地层比较稳定的软硬岩隧道。在较为破碎的地层中掘进时，需要在刀盘护盾后及时进行锚喷网支护。由掘进机刀盘后的指形条格栅板支撑，在安装有喷网格栅拱架的保护下进行支护，必要时贴近指形条格栅板支撑下部安装钢拱架，指形条格栅板支撑随掘进机推进前移后，即进行喷射混凝土初期支护。

开敞式掘进机掘进隧道的最终支护方式是模筑混凝土支护或钢纤维喷射混凝土支护。

(2) 单护盾式掘进机

与开敞式掘进机不同的是，单护盾式掘进机配置有完整的圆形护盾，推进则依靠推进缸支撑在安装好的管片上获得支反力，如图 4-4 所示。单护盾式掘进机施工由于掘进和安装管片不能同时进行，进度较慢。

图 4-4　单护盾式掘进机

单护盾式掘进机适用于中等长度隧道。与开敞式掘进机相比,单护盾掘进机最终衬砌方式为管片。

(3) 双护盾式掘进机

双护盾式掘进机配置有前后护盾,在前后护盾之间有伸缩护盾,后护盾配置有一套支撑靴,如图 4-5 所示。在地质条件良好时,双护盾式掘进机掘进和安装管片可同时进行,有较快的进度。在地质条件较差时,双护盾式掘进机采用单护盾模式推进。

图 4-5　双护盾式掘进机

双护盾掘进机在软岩及硬岩中都可以使用,当它在自稳条件不良的地层中施工时,其优越性更突出。它与单护盾掘进机的区别在于增加了一个护盾,其特点是主机在护盾的保护下进行掘进作业,随着 TBM 的向前掘进,双护盾可同时进行管片安装作业,后配套系统则完全在已经完成管片衬砌的隧道内作业,同时完成豆砾石喷射和灌浆作业,因此双护盾掘进机使开挖和安装衬砌管片的停机换步时间大大缩短。当岩石太软,无法实现径向支撑而需要辅助推进液压系统提供所需推进力时,推力作用于衬砌管片上,掘进作业与管片安装作业此时不能同时进行,相当于单护盾模式的作业方式,相应掘进效率降低。在我国甘肃引大入秦工程中的 30A 号水工隧道使用一台直径 5.5 m 双护盾掘进机完成了 11.6 km 的开挖,最高月开挖突破了 1 000 m。

与开敞式掘进机相比,双护盾式掘进机必须采用管片,由于管片造价比模筑混凝土衬砌高而导致工程造价增加。双护盾盾体直径 $d \geqslant 1 \sim 3$ m,调方向困难,常因不能及时支护而被卡死,发生塌方;管片不能承受过高水压力,对岩层多变、水压过大、埋深变化的山岭隧道不宜用管片衬砌;机型造价高,管片衬砌费用又高于复合式衬砌 2 倍以上,寿命也不能保证百年。

(4) 开敞式掘进机较护盾式掘进机的优点

开敞式掘进机与单护盾掘进机、双护盾掘进机相比,具有如下优点:

① 由于山岭隧道较长,地质变化较大,采用开敞式掘进机施工,衬砌结构可根据地层变化调整,而单护盾、双护盾掘进机由于采用管片衬砌,衬砌结构不能调整;采用管片衬砌的结构较弱,一般难满足百年寿命要求。

② 开敞式掘进机长径比小于 1,易于调整掘进机姿态。双护盾掘进机长径比大于 1,因此灵活性较差。

③ 开敞式掘进机可以进行及时支护,既适应硬岩,也适应软岩,可随地层变化及时调整支护方式,如磨沟岭隧道在软弱地层施工平均月进度达 230 m。双护盾掘进机对于软弱围

岩和收敛较大的地层适应性较差，护盾易被卡死，发生塌方。

④ 双护盾掘进机造价较开敞式掘进机高 20％～30％。

4.2.2 盾构隧道施工法

软土隧道的开挖方法多种多样，主要包括机械开挖和人工开凿。

选择开挖方式及支护系统主要是根据对土体性质的预测，尤其是根据工程实际经验，确切来讲就是不管对于何种土体和何种施工条件，都要使隧道工作面维持稳定的状态。

在盾构法施工隧道的开挖过程中，盾构不仅提供和决定隧道的周界，必要时还起到支撑工作面的作用，直到初期支护或二次衬砌稳定。

（1）手工盾构隧道

在早期的盾构隧道开挖过程中，盾构主要是为了保护那些进行人工挖掘的劳动者，由工人们推着它前进，后来出现了预制管片，早期伦敦的深埋隧道就是用这种方法修建的。

（2）现代隧道掘进机

隧道掘进机（TBM），又称盾构机，由护盾（一个巨大的金属圆筒）和盾尾系统组成，最前端安装着可以转动的刀盘。在刀盘后方的腔体内，根据盾构种类的不同，切削下来的土体或者和泥浆混合（这种盾构称为泥水盾构），或者不进行混合（这种盾构称为土压平衡或 EPB 盾构），选择何种盾构取决于土体的种类。然后系统会将土体或泥浆混合物排出。在盾构掘进机的尾端，有一个液压千斤顶，用它来顶住后方已完成的结构并推动盾构机继续前进。架设器是一个可以旋转地将预制混凝土管片安装在各个部位的装置，每当掘进机向前掘进一定距离（一般 1.5～2 m），架设器会将新的环片安装在新挖好的侧壁上。在盾构的最后面，还有一系列的辅助装置，比如除污装置、泥浆输送管道、控制室、管片运送轨道等，它们也属于整个盾构设备的一部分。具体施工流程见图 4-6。

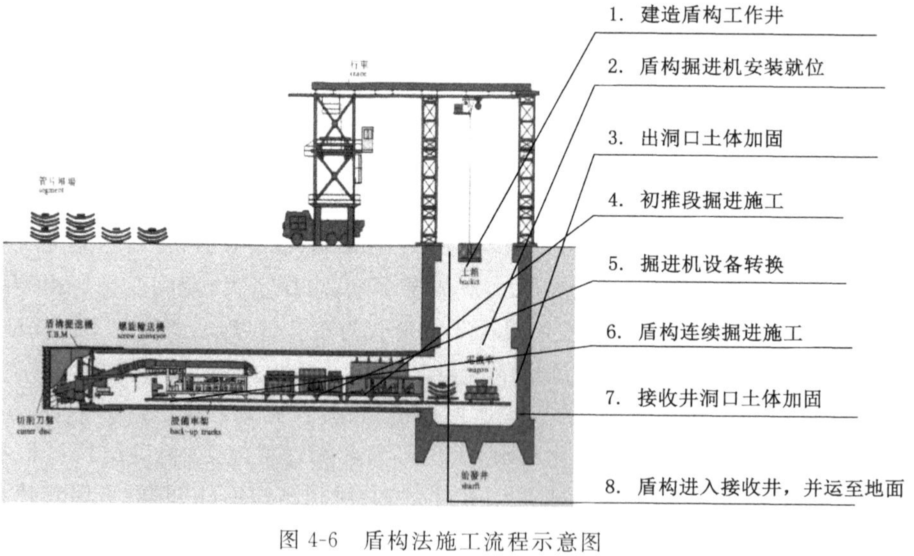

图 4-6　盾构法施工流程示意图

4.2.2.1 盾构机的分类及选型

盾构机可按照不同的分类方法进行分类。按开挖面是否封闭，可分为密闭式和敞开式两类。按平衡开挖面土压与水压的原理不同，密闭式盾构机又可分为土压式（常用泥土压式)和泥水式两种;敞开式盾构机按开挖方式又可分为手掘式、半机械挖掘式和机械挖掘式三种。按盾构机的断面形状可分为圆形和异形盾构机两类,其中异形盾构机主要有多圆形、马蹄形和矩形。现在盾构机普遍按功能分类,主要有土压平衡盾构、泥水平衡盾构和混合盾构。

(1) 土压平衡盾构

典型的土压平衡盾构如图 4-7 所示,主要适用于地下水少、渗透系数较小的黏性地层、砂性地层和砂砾土层。

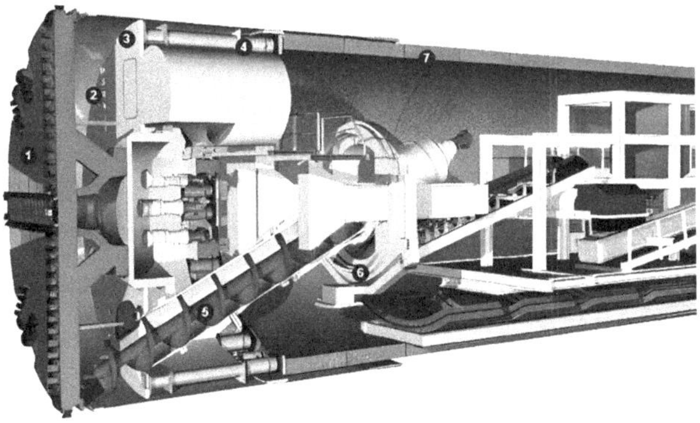

图 4-7　土压平衡盾构

盾构开挖土体后会对开挖面造成土体扰动,使其降低稳定性。为了防止开挖面失稳,必须有一个支撑力。土压平衡的盾构机工作时,黏土被刀盘 1 切削并起到挡土的作用,这是土压平衡盾构不同于其他盾构支撑的地方。盾构刀盘转动的部位叫作开挖土舱 2,它与盾构的气仓由压力隔板 3 相隔开。

土体被刀盘切削后,由刀盘的空隙进入开挖土舱,并与里面的塑性土混合。推进液压缸 4 的压力通过压力隔板作用到开挖土舱内的土体上,这样可以有效地控制切削下来的土体向开挖土舱的涌进。当开挖土舱内的土在液压缸和开挖面原状土的挤压下不能再被压缩时,便达到了平衡的状态。

开挖出来的土最后会被螺旋输送机 5 送出开挖土舱。排土量是由螺旋输送机的速度和螺旋向上开口处截面大小所控制的。螺旋输送机把排土先送到第一级传送带上,随后弃土会被送上一个反向螺旋带,这样当反向螺旋带反转时,可以起到"土塞"的作用。隧道通常使用钢筋混凝土管片 7 作衬砌,管片由压力隔墙后面的管片安装器 6 依靠气压安装并初步固定。在管片与隧道侧壁的空隙里会源源不断地进行注浆以填补空隙。

(2) 泥水平衡盾构

泥水盾构如图 4-8 所示,作为一种综合式盾构机,它常被用于开挖面不稳定的碎石地区或复杂多变的复合地层。

在开挖模式下,开挖土仓被浆液完全充满,而压力仓 4 是位于潜水和墙 1 后方的,浆液由气压垫 12 和压力隔板 2 合力支撑。气压的大小是由气压调节设备(10 和 11)自动控制的,这样可以避免开挖面发生喷涌或者塌陷。开挖土舱 3 以及压力仓的泥浆之间的压力补给都是靠连通管 5 来平衡的。注浆管 9 将浆液注入开挖土舱,泥浆导管⑥又从吸力架后面的排出舱将泥浆导出。压力仓中还有冲刷管 8 和传送管 7,它们不断地冲刷以避免连通管

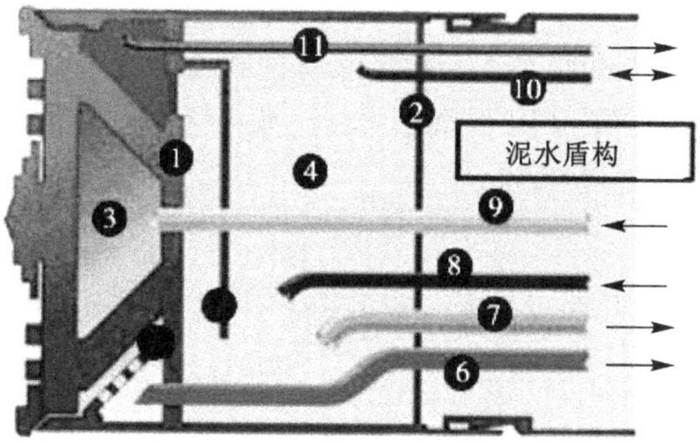

(a)

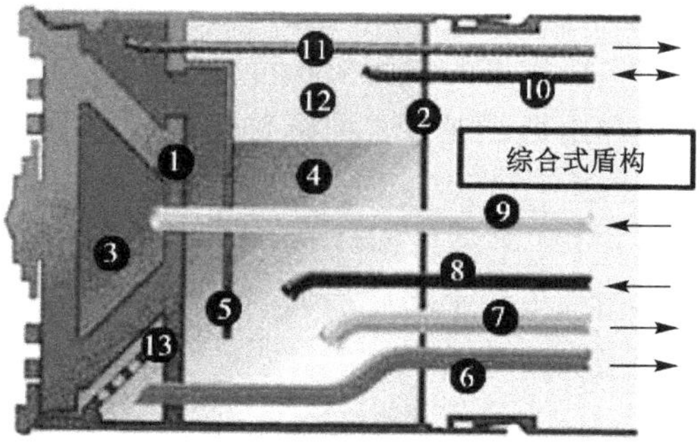

(b)

图 4-8 泥水盾构示意图

下沉积物积累。

在可能导致开挖面失稳的不良地质条件下，例如在硬质岩土或密实黏土中，类似于小型的 AVN 型机这样的机器可以当作没有气压的泥水盾构来使用。隔断压缩空气的进出即可完成混合盾构和泥水盾构之间的转换，开挖土舱将传输管压力仓、供给管压力仓和连通管的空气抽出。转换后因为连通管的闭合，压力仓仅存在大气压，隧道开挖面仅由一圈循环的膨润土悬液支撑。

（3）混合盾构

混合盾构如图 4-9 所示，它被用于碎石土或复合地层条件下。

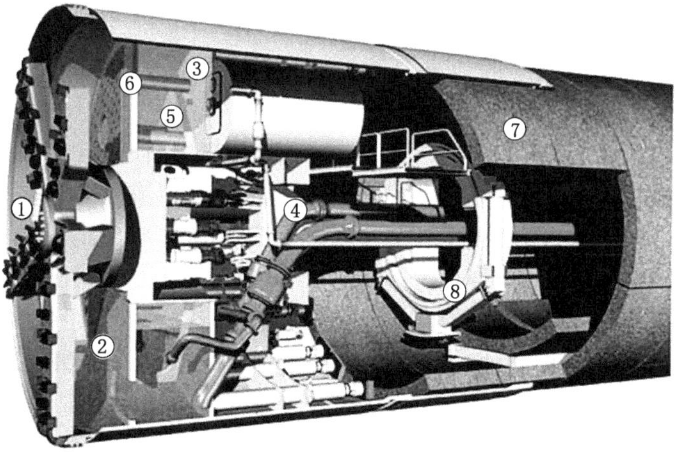

①—刀盘；②—开挖土舱；③—压力隔墙；④—供料管线；⑤—压缩气垫；
⑥—潜水隔墙；⑦—钢筋混凝土管片；⑧—管片安装器。

图 4-9 混合盾构

开挖面的土体被泥浆中旋转的刀盘 1 切削后，与注入的泥浆混合。正如前面提到的，刀盘旋转的部分叫作开挖土舱 2，压力隔墙 3 将开挖土舱与气压分开。

膨润土由供料管线 4 以和自然水土压力相等的压力通过压缩气垫⑤输送到开挖土舱，这可以防止开挖面土体涌出或失稳。开挖土舱的支撑压力并不是直接由浆液提供的，而是通过压缩气垫 5。正是由于这个原因，刀盘后面的开挖土舱与压力隔墙被潜水隔墙 6 隔开。

潜水隔墙和压力隔墙所在的位置被称作压力舱或工作舱。

开挖面的前方是完全被浆液填充的，浆液在潜水隔墙的后面，在中心轴的部位，在压缩气垫的控制下可以保持确定的压力值，这些都是由一个气压控制系统精确控制的。这样后方的补给膨润土就能够非常有效地进行供应。

切削下来的土体与泥浆混合后，由泵送到隧道外面的分离装置。为了防止堵塞，同时确保排出管道的正常运作，大块的石子和土块在进入吸水管引起吸入渠道的入口堵塞之前就会被筛选出来。

隧道同样使用钢筋混凝土管片 7 作衬砌，管片由压力隔墙后面的管片安装器 8 依靠气压安装并初步固定。在管片与隧道侧壁的空隙里会注浆以填补空隙。

(4) 盾构机选型

在盾构机类型的选择上，需要考虑土质、地下水、隧道尺寸、支护条件、开挖条件以及开挖环境。

当今世界上机械开挖的隧道中大部分的盾构隧道都是用圆形设备开挖的。然而，在特殊情况下，有时不得不对其他形状和类型的盾构加以考虑。

① 简约盾构

普通盾构有手工操作或最基本的机械化挖掘系统和支撑系统。例如，单盾隧道掘进机就属于一种开放式的盾构，开放式盾构掘进机是指那些在开挖面没有专门压力支撑系统的开挖机械。安装了护盾的隧道掘进机被用在碎石岩层或软岩隧道，它们在坚硬岩石上的应用范围非常广泛。

单盾隧道掘进机可以比其他任何全断面掘进机更准确地计算出刀盘所需的扭矩。跟许多其他的参数一样，扭矩在很大程度上取决于刀盘的穿透力和接触压力。

② 异形盾构

隧道施工往往采用的是多圆形或异形盾构(图 4-10)，一个典型的例子就是双圆盾构。双圆盾构是进行隧道开挖的具有先进技术含量的隧道掘进机之一。它结合了夹持原理和完美的管片安装协调系统，双圆盾构可以很容易地适应特殊地质条件下的隧道路线。这种类型的机器非常适合修建硬质岩层破碎带的长隧道。异形盾构由支架、支板和衬砌支撑。这项技术依靠地层提供的足够的时间，使得开挖有序地推进。它还要求隧道的仪表化，以进行实时监测和数据采集以及能在开挖和支护两个工序中迅速转换。

(a) 矩形盾构机

(b) 马蹄形盾构机

图 4-10　异形盾构机

4.2.2.2 盾构机法隧道的支护设计

(1) 开挖面稳定

开挖面的稳定性是一个至关重要的多参函数,主要包括土体类型和可变性、开挖面几何尺寸、地下水、土压力和初始土压力、开挖方式和支护方式。

对于隧道开挖面稳定已有很多的研究,大多数基于极限平衡法和极限分析法。目前计算支撑压力的一种合理的和明确的方法是块体多椎体法,该方法允许滑动面更自由地发展。对于小到中等直径的隧道(直径不大于 10 m),假设隧道压力恒定,用多椎体模型较为方便。然而,面对超大型泥水盾构隧道,泥浆压力恒定的假设是不适用的,对这种开挖面稳定的研究目前相当少。

无支护的隧道开挖和开挖面的稳定决定了施工方法和手段,通常还决定了必须进行支护的时间。每个盾构隧道的建设都会引起围岩位移或应力的变化。开挖面的稳定(自稳时间)可以由四种土体来检验,即没有黏性或黏性很小的颗粒土壤、有黏性的颗粒土壤、无膨胀硬化土和硬饱和软土。

(2) 衬砌形式和构造

① 衬砌断面的形式与选型

盾构法隧道的衬砌结构在施工阶段作为隧道施工的支护结构,它保护开挖面以防止土体变形、土体坍塌及泥水渗入,并承受盾构推进时千斤顶顶力及其他施工荷载;在隧道竣工后作为永久性支撑结构,并防止泥水渗入,同时支承衬砌周围的水、土压力以及使用阶段和某些特殊需要的荷载,以满足结构的预期使用要求。因此,必须依据隧道的使用目的、围岩条件以及施工方法,合理选择衬砌的强度、结构、形式和种类等。根据这些条件,盾构隧道横断面一般有圆形、矩形、半圆形、马蹄形等多种形式,最常用衬砌的横断面形式为圆形与矩形。在饱和含水软土地层中修建地下隧道,由于顶压和侧压较为接近,较有利的结构形式是圆形结构。目前在地下隧道施工中盾构法应用十分普遍,这样装配式圆形衬砌结构在一些城市的地下铁道、市政管道等方面的应用也较为广泛。

a. 内部使用限界的确定

隧道内部轮廓的净尺寸,应根据建筑限界或工艺要求,并考虑曲线影响及盾构施工偏差和隧道不均匀沉降来确定。

对于地下铁道,为了确保列车安全运行,凡接近地下铁道线路的各种建筑物(隧道衬砌、站台等)及设备、管线,必须与线路保持一定距离。因此,应根据线路上运行的车辆在横断面上所占有的空间,正确决定内部使用限界。

(a) 车辆限界

车辆限界是指在平、直线路上运行中的车辆可能达到的最大运动包迹线,即车辆在运行中横断面的极限位置,车辆任何部分都不得超出这个限界。在确定车辆限界的各个控制点时,除了考虑车辆外轮廓横断面的尺寸外,还需考虑到制造上的偏差、车轮和钢轨之间及在支承中的机械间隙、车体横向摆动和在弹簧上颤动倾斜等。

(b) 建筑限界

建筑限界是决定隧道内轮廓尺寸的依据,是在车辆限界以外一个形状类似的轮廓。任何固定的结构、设备、管线等都不得侵入这个限界以内。建筑限界由车辆限界外增加适量安全间隙来求得,安全间隙值一般为 150～200 mm。

一般来说，内部使用限界是根据列车(或车辆)以设计速度在直线上运行条件确定的。曲线上的限界，由于车辆纵轴的偏移及外轨超高，而使车体向内侧倾斜，因而需要加宽，其值视线路条件确定。

b. 圆形隧道断面的优点

隧道衬砌断面形状虽然可以采用半圆形、马蹄形、长方形等形式，但最普遍的还是采用圆形。因为圆形隧道衬砌断面有以下优点：

(a) 可以等同地承受各方向外部压力。尤其是在饱和含水软土地层中修建地下隧道，由于顶压、侧压较为接近，更可显示出圆形隧道断面的优越性。

(b) 施工中盾构易于推进。

(c) 便于管片的制作、拼装。

(d) 盾构即使发生转动，对断面的利用也毫无妨碍。

用于圆形隧道的拼装式管片衬砌一般由若干块组成，分块的数量由隧道直径、受力要求、运输和拼装能力等因素确定。管片类型分为标准块、邻接块和封顶块三类。管片的宽度一般为 700～1 200 mm，厚度为隧道外径的 5%～6%，块与块、环与环之间用螺栓连接。

c. 单双层衬砌的选用

隧道衬砌是直接支承地层、保持规定的隧道净空，防止渗漏，同时又能承受施工荷载的结构。它通常由管片拼装的一次衬砌和必要时在其内面灌注混凝土的二次衬砌组成。一次衬砌为承重结构的主体，二次衬砌主要是为了对一次衬砌补强和防止漏水与浸蚀而修筑的。近年来，由于防水或截水材料质量的提高，可以考虑省略二次衬砌，采用单层的一次衬砌，既承重又防水。但对于有压的输水隧道，为了承受较大的内水压力，需做二次衬砌。

综上所述，应根据隧道的功能、外围土层的特点、隧道受力等条件，选用单层装配式衬砌，或选用在单层装配式衬砌内再浇筑整体式混凝土、钢筋混凝土内衬的双层衬砌等。

由于单层预制装配式钢筋混凝土衬砌的施工工艺简单，工程施工周期短，节省投资，而双层衬砌施工周期长，造价高，且它的止水效果在很大程度上取决于外层衬砌的施工质量、渗漏情况，所以只有当隧道功能有特殊要求时，才选用双层衬砌。通常在满足工程使用要求的前提下，应优先选用单层装配式钢筋混凝土衬砌。

近年来，由于钢筋混凝土管片制作精度的提高和新型防水材料的应用，管片衬砌的渗漏水显著减少，故可以省略二次衬砌。例如，上海延安东路水底公路隧道即采用单层钢筋混凝土衬砌，防水效果较好，已达到国际先进水平。

② 衬砌的分类及其比较

a. 按材料及形式分类

(a) 钢筋混凝土管片

钢筋混凝土管片一般有箱形管片和平板形管片。箱形管片一般用于较大直径的隧道。单块管片质量较小，管片本身强度不如平板形管片，特别在盾构顶力作用下易开裂(图 4-11)。平板形管片用于较小直径的隧道，单块管片质量较大，对盾构千斤顶顶力具有较大的抵抗能力，正常运营时对隧道通风阻力较小(图 4-12)。

(b) 铸铁管片

国外在饱和含水不稳定地层中修建隧道时较多采用铸铁管片，最初采用的铸铁材料全为灰口铸铁，第二次世界大战后逐步改用球墨铸铁，其延性和强度接近钢材，因此管片就显

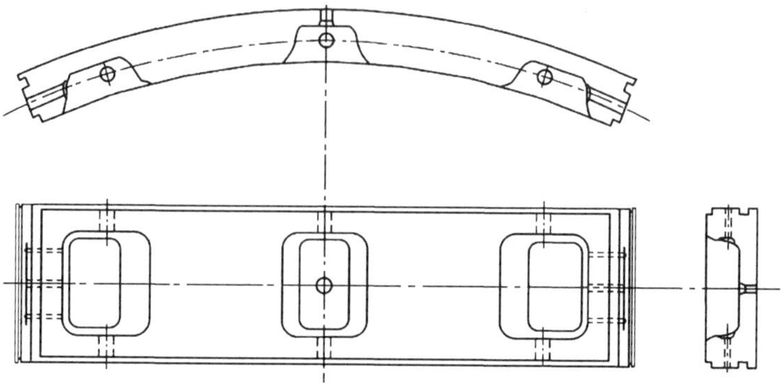

图 4-11　箱形管片（钢筋混凝土）

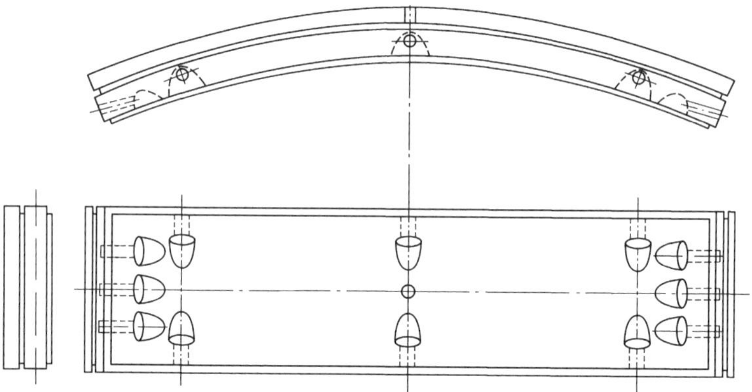

图 4-12　平板形管片（钢筋混凝土）

得较轻，耐蚀性好，机械加工后管片精度高，能有效地防渗抗漏。缺点是金属消耗量大，机械加工量也大，价格昂贵。近十几年来已逐步由钢筋混凝土管片所取代。由于铸铁管片具有脆性破坏的特性，不宜用作承受冲击荷重的隧道衬砌结构。

(c) 钢管片

钢管片优点是质量小，强度高。缺点是刚度小，耐锈蚀性差，需进行机械加工以满足防水要求，并且成本高，金属消耗量大，国外在使用钢管片的同时，再在其内浇筑混凝土或钢筋混凝土内衬。

(d) 复合管片

复合管片外壳采用钢板制成，在钢壳内浇筑钢筋混凝土，组成一复合结构。这样，其质量比钢筋混凝土管片轻，刚度比钢管片大，金属消耗量比钢管片小，缺点是钢板耐蚀性差，加工复杂。

b. 按结构形式分类

根据不同的使用要求隧道外层装配式钢筋混凝土衬砌结构分成箱形管片、平板形管片等结构形式。钢筋混凝土管片四侧都设有螺栓与相邻管片连接。平板形管片在特定条件下可不设螺栓（此时称为砌块），砌块四侧设有不同几何形状的接缝槽口，以便砌块间和环间相互衔接起来。

(a) 管片

管片适用于不稳定地层内各种直径的隧道，接缝间通过螺栓予以连接。有错缝拼装的钢筋混凝土衬砌环近似地可视为一匀质刚性圆环，接缝由于设置了一排或两排的螺栓可承受较大的正、负弯矩。环缝上设置了纵向螺栓，使隧道衬砌结构具有抵抗隧道纵向变形的能力。管片由于设置了数量众多的环、纵向螺栓，这样使管片拼装速度大为降低，增加工人劳动强度，也相应地增加了工程费用。

(b) 砌块

砌块一般适用于含水量较少的稳定地层。隧道衬砌的分块要求，使由砌块拼成的圆环(超过三块以上)成为一个不稳定的多铰圆形结构。衬砌结构在变形后(变形量必须予以限制)地层介质对衬砌环的约束使圆环得以稳定。砌块间以及相邻环间接缝防水、防泥必须得到满意的解决，否则会引起圆环变形量的急剧增加而导致圆环丧失稳定，造成工程事故。砌块由于在接缝上不设置螺栓，施工拼装进度就可加快，隧道的工程费用也随之而降低。

c. 按形成方式分类

按衬砌的形成方式，可将衬砌分为装配式衬砌和挤压混凝土衬砌两种。

装配式衬砌圆环一般是由分块的预制管片在盾尾拼装而成的，按照管片所在位置及拼装顺序不同可将管片划分为标准块、邻接块和封顶块，根据工程需要组成衬砌的预制构件有铸铁、钢、混凝土、钢筋混凝土管片和砌块。我国目前广泛使用的是钢筋混凝土管片或砌块。与整体式现浇衬砌相比，装配式衬砌的特点有以下几点：

(a) 安装后能立即承受荷载。

(b) 管片生产工厂化，质量易于保证；管片安装机械化，方便快捷。

(c) 在其接缝处防水需要采取特别有效的措施。

近年来，国外发展了在盾尾后现浇混凝土的挤压式衬砌工艺，即在盾尾刚浇捣而未硬化的混凝土处在高压作用下，作为盾尾推进的后座，盾尾在推进的过程中，不产生建筑空隙，空隙由注入的混凝土直接填充。挤压混凝土衬砌施工方法的特点如下：

(a) 自动化程度高，施工速度快。

(b) 整体式衬砌结构可以达到理想的受力、防水效果，建成的隧道有满意的使用效果。

(c) 采用钢纤维混凝土能提高薄型衬砌的抗裂性能。

(d) 在渗透性较大的砂砾层中要达到防水要求尚有困难。德国豪赫帝夫建筑工程公司研制的掺钢纤维挤压混凝土衬砌已在汉堡、罗马和里昂等地的地铁工程中得到了成功的应用，日本也在不少软土隧道的施工中采用了这种施工方法。

d. 按构造形式分类

按衬砌的构造形式大致可分为单层和双层衬砌两种。修建在饱和含水软土地层内的隧道，由于目前对隧道防水(特别是接缝防水)问题还没有得到完善的解决，影响了使用性能，因此还是选择双层衬砌结构较多，外层是装配式衬砌结构，内层是内衬混凝土或钢筋混凝土层。例如，在地下铁道的区间隧道以及一些市政管道已采用了这种双层衬砌结构形式。由于采用了双层衬砌，同时也导致了下列问题：开挖断面增大，增加了出土量；施工工序复杂，延长了施工周期，导致了隧道建设成本的增加。为此，目前不少国家正在研究解决单层衬砌的防水技术问题，以逐步取代双层衬砌结构。另一种做法是在目前隧道防水问题尚未得到较为满意解决的条件下，把外层衬砌视作一施工临时支撑结构，这样就简化了外层衬砌的要求。在内层现浇衬砌施工前，对外层衬砌进行清理、堵漏，做必要的结构处理，然后再浇捣内衬层，并使内层衬砌与外层衬砌连在一起，视作一整体结构（或近似整体结构），使其共同抵抗外荷载。

③ 装配式钢筋混凝土管片

目前，由于国内外应用装配式钢筋混凝土管片较为普遍，这里着重介绍钢筋混凝土管片的构造。

a. 环宽

根据国内外实践经验，无论是钢筋混凝土管片还是金属管片，环宽一般都为 300～1 200 mm，常用的是 750～900 mm。环宽过小会导致接缝数量的增加并且加大隧道防水的困难；过大的环宽虽对防水有利，但也会使盾尾长度增加而影响盾构的灵活度，单块管片质量也增大。一般说来，大隧道的环宽可以比小隧道的大一些。

盾构在曲线段推进时还必须设有楔形环，楔形环的锥度可按隧道曲率半径计算。表 4-1 所列为隧道外径与管片环宽锥度的经验数据。

表 4-1　隧道外径与管片环宽锥度的经验数据

隧道外径/m	$D_{外}<3$	$3<D_{外}<6$	$D_{外}>6$
锥度/mm	15～30	20～40	30～50

b. 分块

单线地下铁道衬砌一般可分成 6～8 块，双线地下铁道衬砌可分为 8～10 块。小断面隧道可分为 4～6 块。衬砌圆环的分块主要根据在管片制作、运输、安装等方面的实践经验确定。但也有少数从受力角度考虑采用 4 等分管片的，把管片接缝设置在内力较小的 45°或 135°处，使衬砌环具有较好的刚度和强度，接缝构造也可相应得到简化。管片的最大弧、弦长一般较少超过 4 m，管片越薄其长度应越短。

c. 封顶管片形式

根据隧道施工的实践经验，考虑到施工方便以及承力的需要，目前封顶块一般趋向于采用小封顶形式。封顶块的拼装形式有两种：一为径向楔入，另一为纵向插入。采用后者形式的封顶块受力情况较好，在受荷后，封顶块不易向内滑移。其缺点是需加长盾构千斤顶行程。在一些隧道工程中也有把封顶块设置于 45°、135°和 185°处的。

d. 拼装形式

圆环的拼装形式有通缝、错缝两种，所有衬砌环的纵缝环环对齐的称为通缝，而环间纵缝相互错开，犹如砖砌体一样的称为错缝。

圆环衬砌采用错缝拼装较普遍，其优点在于能加强圆环接缝刚度，约束接缝变形，圆环近似地可按均质刚度考虑。当管片制作精度不够好时，采用错缝拼装形式容易使管片在盾构推进过程中被顶碎。另外在错缝拼装条件下，环、纵缝相交处呈丁字形式，而通缝拼装时则为十字形式，在接缝防水上丁字缝比十字缝更易处理。

在某些场合，例如需要拆除管片后修建旁侧通道或有某些特殊需要时，管片常采用通缝形式，以便进行结构处理。

④ 管片接头构造

管片间的接头有两类:沿纵向(接头面平行于纵轴)的称纵向接头,沿环向(接头面垂直于纵轴)的称环向接头。从其力学特性来看,可分为柔性接头和刚性接头,前者允许相邻管片间产生微小的转动与压缩,使整个衬砌能屈从于内力的方向产生一定的变形,后者则是通过增加螺栓数量等手段,力图在构造上使接头的刚度与构件本身相同。早期的管片接头多为刚性的,以为越"刚"越安全,通过长期的试验、实践和研究,这种传统观念逐渐为后来的柔性结构思想所打破,管片的连接方式也经历了从刚性连接到柔性连接方式的过渡。

目前采用的基本的接头结构有螺栓接头、铰接头、销插入式接头、楔形接头、榫接头等。

a. 螺栓接头

这是环向接头和纵向接头上最为常用的接头结构,是一种利用螺栓将接头板紧固起来,将管片环组装起来的抗拉连接结构。

环向螺栓根据衬砌接缝内力情况设置成单排或双排的。一般在直径较大的隧道内,按内力设计的管片厚度也较大,常在管片的纵向缝上设置双排螺栓,外排螺栓抵抗负弯矩,内排螺栓抵抗正弯矩,每一排配有2～3只螺栓;对小直径隧道则常采用单排螺栓,单排螺栓孔一般设置在离隧道内侧$\frac{1}{3}h$(h为衬砌厚度)处。

纵向螺栓是根据接管片分块(拼装形式)结构受力等要求配置的,其数量不一。纵向螺栓孔设置在离隧道内侧(1/4～1/3)h处,环、纵向螺栓孔一般比螺栓直径大3～6 mm。环、纵向螺栓形式有直螺栓、弯螺栓两种,直螺栓受力性能好,加工简单,但扩大了螺栓手孔的尺寸,影响了管片承受盾构千斤顶顶力的承载能力。弯螺栓(图4-13)的设置能缩小螺栓手孔的尺寸,较少地影响管片的纵向承受能力。但其抵抗圆环横向内力的效能差,且加工麻烦。试验表明,弯螺栓接头比直螺栓接头更易变形,且实践也说明弯螺栓在施工上亦不方便,用料量也大。因此其已逐渐被直螺栓取代。

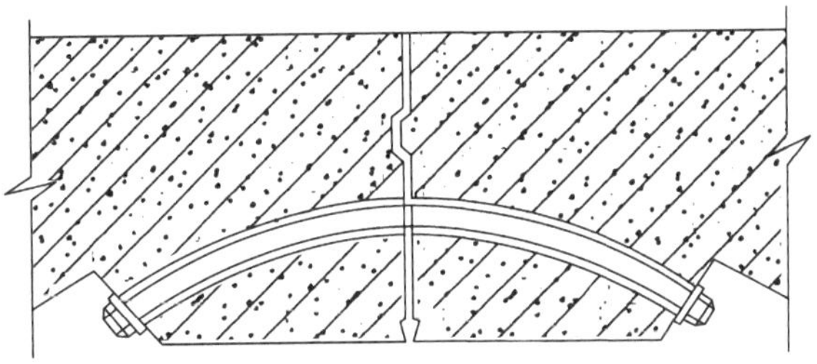

图4-13　弯螺栓连接形式

直螺栓连接通过管片的钢端肋的,称为小钢盒形式。这种连接形式虽然可缩短螺栓长度,减少钢材用量,但端肋板的耗钢量却更大,加上预埋钢盒时精度往往得不到保证,现已多改为钢筋混凝土端肋,如图4-14和图4-15所示。

b. 铰接头

它作为多铰环的环向接头使用,一般多为转向接头结构,在英国和俄罗斯等地得到广泛应用。由于几乎不产生弯曲,轴向压力占主导地位,在良好地基条件下这是一种合理的连接结构。但在地基软弱、地下水位又高的日本几乎未被采用。为了防止从管片组装到壁后注浆硬化为止这段时间内出现变形,最好在采用不损坏其结构特性接头的同时,也采取防止变形的辅助手段。另外,此类接头一般不能依靠紧固力,所以对于地下水位以下的隧道,对防

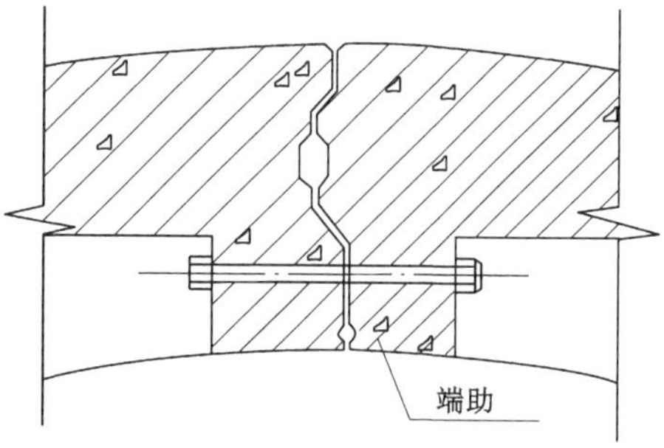

图 4-14　直螺栓连接形式图

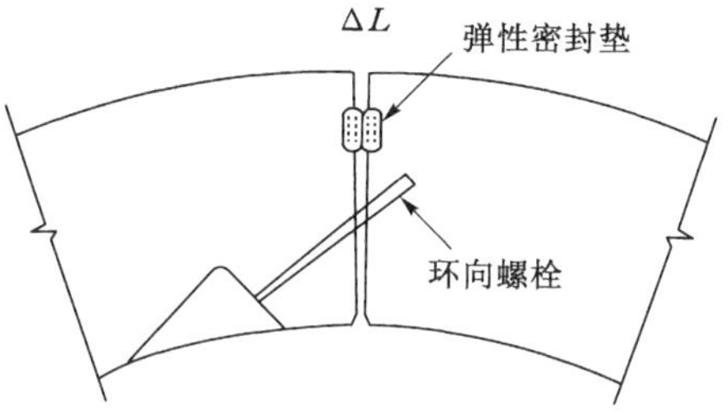

4-15 斜直螺栓连接形式

水要有特殊的考虑。

c. 销插入式接头结构

它是可以作为环向接头来使用(图 4-16),但主要是作为纵向接头使用的接头结构(图 4-17)。

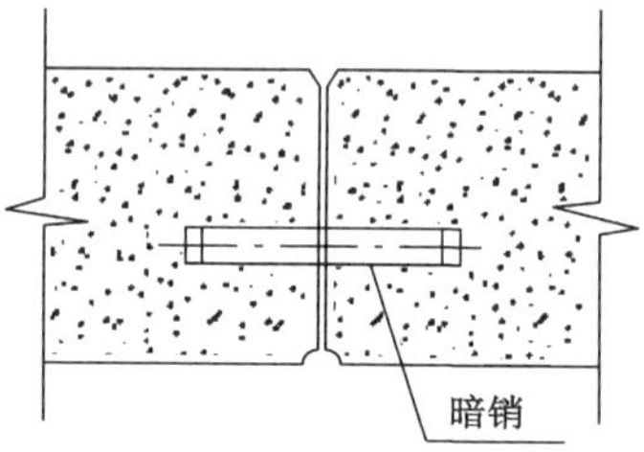

图 4-16　暗销接头

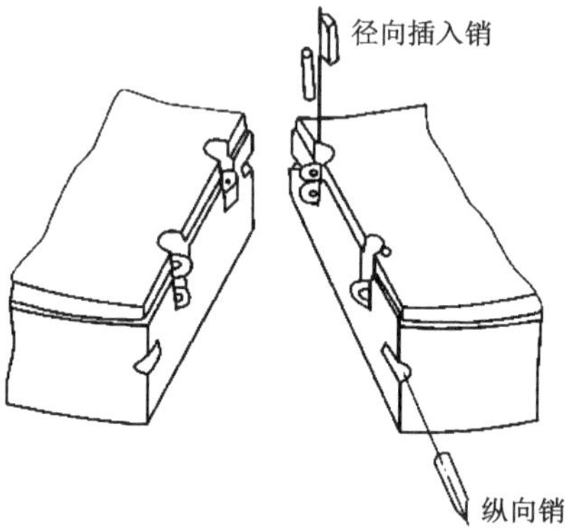

图 4-17　纵径向销接头

它在结构上的作用是加强了构件的连接,防止接头两边相对错动,承担接头上的剪力,所以有时被称为抗剪销。采用销连接的管片本身形状简单,各截面强度一致,所成的隧道内壁光滑平整,易于清理,无特殊需要可不必另设内衬。销插入式接头结构作业效率高,对自动化施工的适应性强。

d. 楔形接头

这是一种环向接头和纵向接头都可使用的结构,是利用楔作用将管片拉合紧固的接头,以混凝土平板型管片为对象开发使用。由于其难以变形的结构特征,所以在应用于会受到强制变位的隧道的环向接头时应特别注意。

e. 榫接头

这也是可以作为环向接头来使用,但主要是作为纵向接头使用的接头结构。接头部分设有凹凸结构,通过凹凸部位的啮合作用实现力的传递。用这种接头时,环的组装精度高,反过来说,从其结构上讲需要有很好的施工管理。还有,从确保隧道轴向的连续性和防水的观点出发,一般都要同时使用有紧固力的接头结构。

接头结构一旦误选,不仅难以保证管片环的组装有很好的可靠性,而且作业效率会下降,施工上还容易出漏洞,甚至会损坏接头,形成衬砌结构上的缺陷。因此,在确定接头结构的细节时，要从各个方面进行研究，以便使接头能充分发挥其作用，尤其对组装的准确性和作业方便性尤需注意。

⑤ 其他构造

a. 纵肋

对于钢筋混凝土箱型管片以及钢管片，纵肋配置必须保证千斤顶推力均匀传递。钢制管片上，纵肋必须考虑等间隔配置，其数量至少要按 2 条纵肋支承 1 块压力垫的比例配置，否则就不可能均匀地传递千斤顶推力。这时，拼接起来的两块接头板可视为一条纵肋。如果纵肋数量不够，则千斤顶的推力就不能均匀传递，主肋等结构上也会产生意想不到的应力。为了防止千斤顶推力造成主肋平面外的弯曲应力，纵肋需沿隧道轴方向连续配置。还有，纵肋的形状也要考虑管片的组装和二次衬砌施工的方便性。对于箱型管片，纵肋的配置方法应和钢制管片时的一样，而其数量一般和盾构千斤顶数量相同。

b. 注浆孔

为了能够均匀注浆，衬砌管片上需设置注浆孔。由于注浆孔数量的增加会增加可能的渗漏水通道，并且，目前广泛采用盾尾同步壁后注浆的注浆方式，管片上的注浆孔往往用于二次注浆，因而，国内采用较多的是每个管片上仅设置一个注浆孔。

注浆孔的直径必须依据使用的注浆材料确定。一般采用 50 mm 左右的内径。

c. 起吊环

盾构法隧道的管片上必须设置起吊环。混凝土平板型管片和球墨铸铁管片大多将壁后注浆孔同时兼作起吊环使用，而钢管片则需另设置起吊配件。无论哪种情况，其设计必须保证对搬运和施工时的荷载等来说都是安全的。如果采用自动组装管片的管片方式，要求管片牢固地固定在组装机上。

4.2.2.3　衬砌设计

盾构法被广泛应用在软土城市地下隧道施工中。随着盾构的发展和施工技术的进步，这些隧道的直径可达到 5～17 m 及以上，盾构法对各种复杂和困难地质条件的适应性也已得到改善。分段接合预制混凝土衬砌常用钢螺栓连接，而不是大多数盾构隧道中的钢或铸铁。为了施工方便，软土地基隧道预制混凝土管片通常采用通缝或错缝拼装的安装模式。由于存在接头，隧道盾构衬砌是一个不连续环状结构，应在隧道衬砌设计中考虑接头内力和位移的影响。国际隧道协会收集和总结了不同国家使用的隧道设计方法，软土中的盾构隧道衬砌设计典型方法见表 4-2。

表 4-2　不同国家盾构隧道典型设计方法

国家	方法
美国	圆环-弹性地基梁法
英国	圆环-弹性地基梁法
中国	自由变形圆环法或圆环-弹性地基梁法
日本	圆环-局部弹性地基梁法
法国	圆环-弹性地基梁法，有限元法
德国	圆环或完全弹性地基梁法，有限元法
澳大利亚	圆环-弹性地基梁法

可以看出，所有隧道衬砌设计方法可分为四大类型：

① 基于过去隧道建设的经验设计法。

② 基于原位测试和实验室试验的设计方法。

③ 圆环弹性地基梁法。

④ 连续介质模型法，包括理论分析法和数值法。

第③种方法是迄今为止最常采用的设计方法。这种方法也可以按照混凝土管片接缝的处理方法分为以下几类：

a. 圆环的抗弯刚度被认为在整个衬砌环上是均质的。存在接头但刚度没有折减，即衬砌与刚性环管片自身具有相同刚度。

b. 由于接头的存在而导致的刚性降低在整个刚性衬砌中用折减系数 η 来考虑。

c. 衬砌被简化为铰接的圆环。接头的刚度被忽略，接缝被假定为完全的铰接。衬砌形成一个超静定结构，承受周围的压力，包括衬砌结构周围的土壤侧压力。

d. 和方法 c 类似，考虑接头刚度且假定衬砌是一个铰接环。接缝被模拟为具有恒定刚度值的弹性铰。

上述方法各有不同的特点：第一种方法很简单，但是会引起很大的误差。第二种方法虽然看上去更合理，但是 η 值只能根据经验得到。后两种方法似乎是全面的，可以用来研究不同土壤侧压力下接头刚度对内力和位移的影响，进而模拟不同的地层响应条件。

国际隧道协会于 2002 年提出了指导性意见，盾构隧道的设计必须考虑以下几方面：

① 法律法规和标准规范

隧道设计应按照相应的法律法规、标准规范进行，具体依据由该项目的负责人决定，或和设计师讨论决定。

② 内部使用限界的确定

隧道内部轮廓的净尺寸应根据建筑限界或工艺要求并考虑曲线影响及盾构施工偏差和隧道不均匀沉降来确定。空间的大小应如下考虑：铁路隧道应考虑建筑限界和车辆限界；公路隧道应考虑交通量和车道的数量；上下水管道应考虑排水量；共同沟应考虑各种设施及它们的规模、尺寸。

③ 荷载条件的确定

作用于衬砌的荷载包括土压力、水压力、静荷载、反力、附加荷载和盾构千斤顶推力等，设计者应选择关键因素设计衬砌结构。

④ 衬砌形式的确定

设计者应确定衬砌形式，如衬的尺寸(厚度)、材料强度、配筋等。

⑤ 构件强度计算

设计者应通过适当的模型设计计算构件的强度，如衬砌的弯矩、轴力和剪力等。

⑥ 安全验算

设计者应对构件的强度进行衬砌的安全验算。

⑦ 复查

如果设计的衬砌对于设计荷载不够安全，设计者应改变衬砌的形式重新设计衬砌。如果设计衬砌安全但不经济，设计者也应重新进行设计。

⑧ 设计的审批

设计者确认衬砌的设计是安全、经济和最优化的之后,由项目负责人签发文件审批通过。

4.3 盾构法隧道支护设计

4.3.1 衬砌结构形式

4.3.1.1 衬砌支护对象

隧道支护的对象是什么?不同的支护理论对此有着不同的认识和理解。较早的支护理论将坍落拱内的岩石重量作为支护荷载,并据此进行支护设计,即支护对象是坍落拱内岩石重力。现代岩石力学中的弹塑性支护理论认为,开挖后围岩中塑性区的形成和变形是产生地压的原因,主张通过支护手段限制塑性区的发展,阻止围岩的松动破坏,支护对象显然是围岩的弹塑性变形和处于弹塑性状态的围岩。然而这种支护理论以介质连续体各向同性为条件,假设支护结构体开始就与围岩接触良好,不考虑围岩破碎后的体积变化,这些都与地下工程的实际情况很不相符。

试验和实践证明,围岩破裂过程中的岩石碎胀变形或碎胀力是单层衬砌支护的主要对象。支护的作用,一方面是维持破裂的岩石在原位不垮落,另一方面是限制隧道围岩松动圈形成过程中的有害变形。隧道在开挖之前,围岩处于三向原岩应力压缩状态,围岩内积累大量的膨胀势能,隧道开挖后,对围岩来说意味着卸载,卸载则使大量积蓄在围岩内部的膨胀势能释放出来,促使岩块向洞内移动而导致岩石破裂。尽管从理论上讲,可以采用"硬支"的方式阻止其释放出来,但在实际上却是行不通的,有效的方法只有是等到能量释放到一定程度之后再进行永久支护。这种膨胀势能在岩块刚刚破坏时为最大,变形发生一段时间之后逐渐变小;若是自由膨胀,膨胀势能将下降为零。岩石的膨胀势能是破裂岩块运动变形的力源,在它的作用下,破裂岩块变形运动,深部围岩的膨胀势能推动浅部破裂岩块向洞内移动,从而产生较大的碎胀变形量。

在破裂岩体的碎胀变形过程中,如岩块周围无任何约束,碎胀变形可以自由释放,当其受到外界的约束时则会产生碎胀变形力。由于岩石碎胀变形而对周围介质(支护)产生的变形压力称之为碎胀力。碎胀力的大小并不独立,它不同于岩体应力,岩体应力可视为一种主动力,而碎胀力则是一种被动力,它不仅与破碎岩体碎胀变形有关,而且还与周围介质力学性质及约束状况有关,如图 4-18 所示。若试件破裂后没有外界约束,允许破裂块体自由滑移,则试件只有碎胀变形而没有碎胀力[图 4-18(a)];若对试件施以刚性约束,则会产生很大的碎胀力,其数值与膨胀势能相当而不会有碎胀变形[图 4-18(b)];外界有约束但是为非刚性约束(围岩与支护相互作用,共同变形)时,才会既产生碎胀变形,又有碎胀力[图 4-18(c)],其数值与支护阻力及刚度有关。

4.3.1.2 衬砌力学传递

在单层衬砌系统中,应力的内部传递机理是比较简单的,但被约束的应力、流变及温度变化造成的应力等在第二层施工中非常早的时期就发生了,因此,就不能充分传递避免因开裂而造成损伤的必要的压力。首先,结合面完全附着的场合,能够最好地控制因被约束的应变而发生的应力,是从围岩传递到第一层及全体衬砌,同时从第一层向第二层传递的最佳条

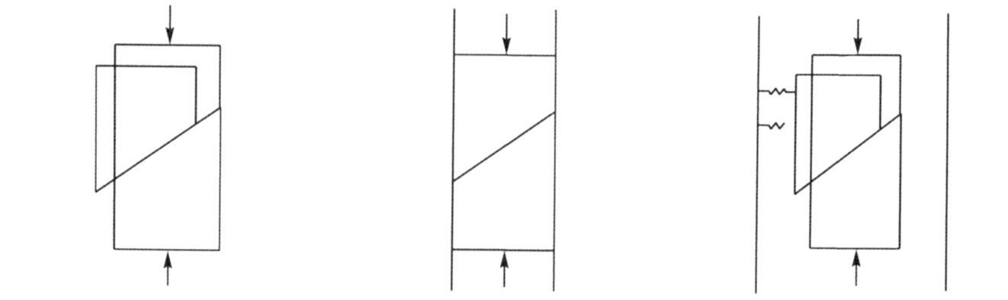

(a) 有碎胀变形无碎胀力　(b) 有碎胀力无碎胀变形　(c) 既有碎胀力又有碎胀变形

图 4-18　破裂试件碎胀力与碎胀变形

件；其次，由于各个工程的地质及地下水等条件的不同，在修筑第二层衬砌时，必须追加合理的施设时间。

单层衬砌在支护过程中经历不同的荷载状况，隧道开挖后产生的围岩松弛及碎胀变形压力是荷载的主要来源。

（1）围岩压力的传递

这种压力的传递是洞室开挖后二次应力状态的调整过程。支护施工前围岩内形成一定的变形和松弛范围，隧道开挖后，逐渐形成的变形（包括弹塑性变形、围岩松弛和碎胀变形等）压力作用在第一层衬砌上。如图 4-19 所示，在第一层衬砌的施工到第二层衬砌施工完成的最短时间，是图 4-20 中所示的 t_4（第二层）和 t_1（第一层）闭合的时间差。如果围岩的变形还在增大的过程中就修筑第二层衬砌，两层衬砌将与围岩产生共同变形以达到新的平衡状态，此时需要第二层衬砌有足够的承载力，而今，钢纤维喷混凝土可以满足这个要求；如果围岩变形基本稳定后再施工第二层衬砌，第二层衬砌将起到防水或耐久的作用，很少甚至不承担围岩压力，这也体现了荷载按支护时间分配的原则，即先支护先受力。

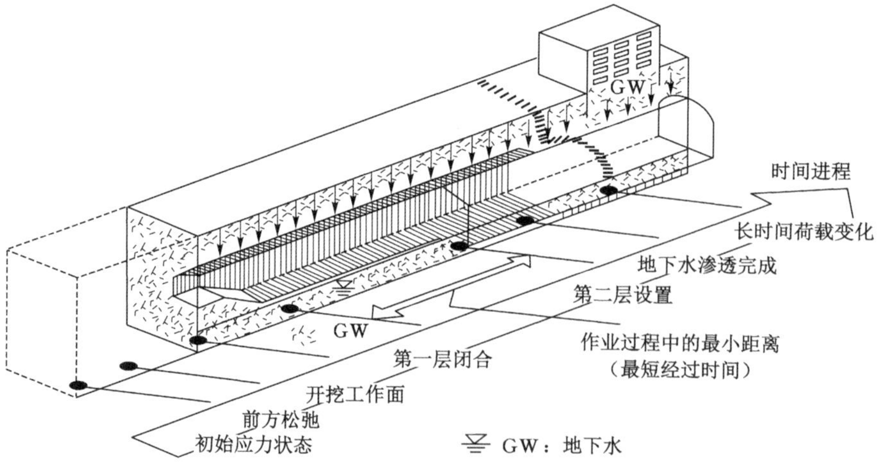

图 4-19　不同阶段的荷载状态

（2）应力的内部传递

应力内部传递顺序如下：

第一层的变形传递；

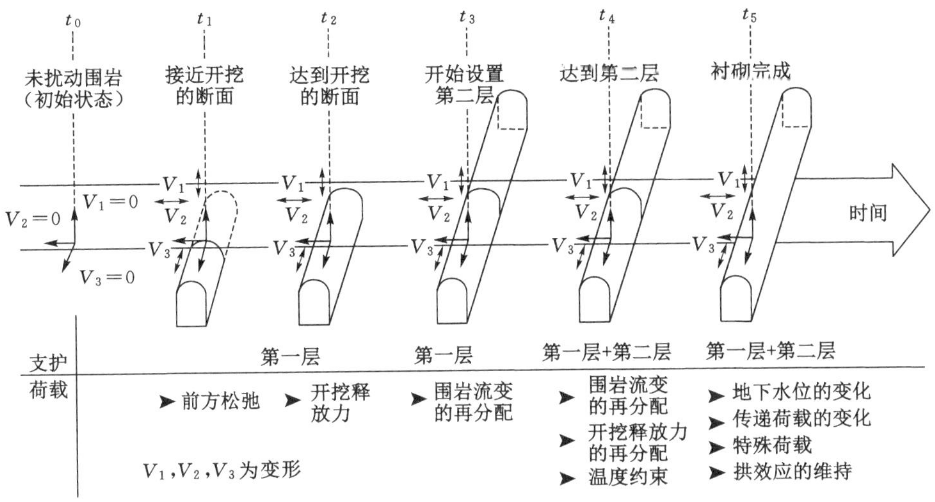

图 4-20　荷载的时间历程

第二层的水化热冷却时产生温差的传递；

第二层的收缩传递。

根据这样的传递机理，整个衬砌中由被约束应变所产生的应力是上升的，这样的应力在第二层完成后，在非常早的时期有一定积极作用，能够避免开裂的发生。因此，为满足单层衬砌的力学传递特性要求，单层衬砌构造必须满足两个条件：一是喷混凝土要有一定的早期强度；二是必须尽可能地形成紧密咬合的一体化断面，也就是要求喷混凝土与围岩之间、喷混凝土层与喷混凝土层之间有足够的黏结强度，包括沿着接触面切线方向产生“错位”的抗剪内聚力和沿着接触面法线方向的“因拉拔而引起剥落”的抗拉黏结力。

4.3.1.3　围岩与支护特征曲线法原理

围岩与支护特征曲线法是伴随着锚喷等柔性支护的应用和新奥法的发展，将弹塑性理论和岩石力学应用到地下工程中，进一步解释围岩和支护相互动态作用过程的一种理论和方法。特征曲线法可用图 4-21 中的几条曲线来说明支护与围岩作用原理，图中横坐标是隧道毛洞内壁（也是支护外缘）的径向位移 u_r；图中上半部分的纵坐标是洞室内壁在围岩原始应力作用下的径向应力 σ_r，或支护施加于洞壁的反力 P_i；图中下半部的纵坐标为时间 t。

从图 4-21 中可以看出，隧道围岩变形可分成三部分：弹塑性变形区、碎胀变形区和松散压力区。曲线①表示隧道侧壁径向位移 u_r 与侧壁径向应力 σ_r 的关系曲线，在隧道开挖前，围岩在初始地应力 σ_0 的作用下处于平衡状态，无变形，对应曲线①上的 A 点。隧道开挖后，隧道周边应力变为零，围岩首先产生弹性变形，但由于隧道工作面对其变形有一定的约束作用，实际上隧道周边应力没有真正达到零，此时对应曲线①上的某一点（B 点）。此时，即使原岩应力值不足以产生塑性变形区，围岩不产生碎胀，但随着工作面的继续前进，工作面的约束作用也将消失，此时隧道周边应力才真正为零，围岩最终发生弹塑性变形到达 C 点稳定下来。

如果原岩应力大到足以产生松动塑性区，围岩将产生碎胀变形，围岩压力突然增大，如曲线②所示。位移也持续增大，此时必须进行支护，这样才能确保洞室的稳定，图中 CF 段为碎胀变形阶段。但是碎胀变形后，由于松动区的岩体性质、碎胀率以及塑性区的大小等因

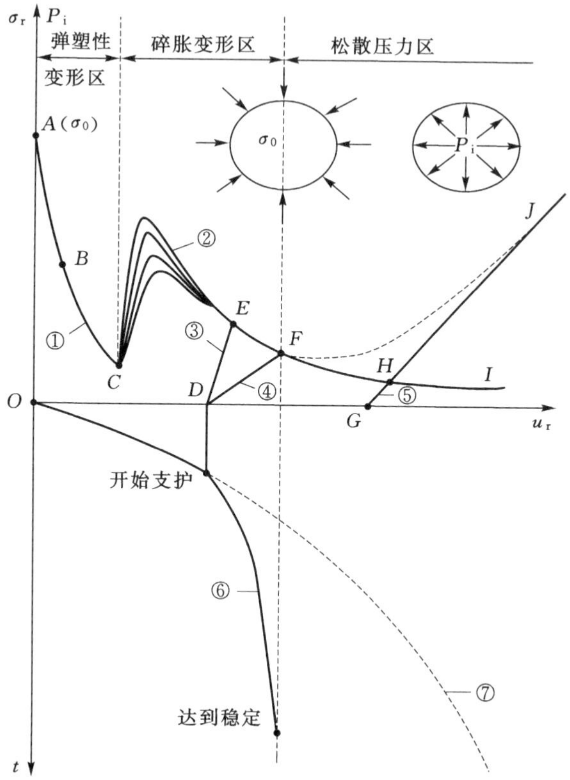

图 4-21　围岩与支护特征曲线法原理图

素的影响,碎胀后曲线②出现了不同的峰值。在洞室变形到达 D 点时开始支护,经过一段时间后,围岩与支护达到平衡,曲线③、④为支护特征曲线。由于支护的刚度不同,所以分别平衡于 E、F 点,曲线 DE 虽然支护偏早,刚性偏高,支护结构要承受高承载力,但还不至于破坏。当洞周位移到达 F 点时,碎胀变形基本结束,荷载主要来源于塑性区范围内岩体的自重,此时支护最好。由于塑性区域不断扩大,在塑性区范围内会出现松弛压力,叠加结果使曲线向上翘曲。如果围岩的强度高,不发生塑性变形,或塑性区范围小,不产生松弛压力,则不会出现曲线翘曲,出现了如图中近乎水平的 HI 段,从理论上讲,此时所需的支护阻力最小,如曲线⑤所示。此处支护承受的压力最小,但已经发生了有害变形,若支护不及时,围岩将出现垮塌冒落。图中下半部分曲线⑥、⑦则是位移时态曲线。

综上所述,如果围岩不产生松动塑性区,理论上不存在支护问题,或支护不起作用,但实际上,为防止风化或局部危岩,仍采用喷混凝土等支护形式。有塑性变形时,岩体释放的松弛压力使支护受力,围岩与支护共同作用,支护刚度对支护的受力与变形影响很大:一方面,支护要具有一定的强度,以对围岩的变形有足够的约束作用,有效控制围岩的变形,防止因岩体破坏和坍塌而形成的松散压力积聚;另一方面,必须使结构物具有一定的柔度,以充分利用岩体的卸载作用,改善支护结构的静力工作条件。因此,为达到支护与围岩共同作用的最佳点,使支护充分发挥其支护效果,应根据工程的实际情况选择支护形式,或从施工工艺上解决支护刚度大小问题;同时通过对围岩变形的监测,及时掌握隧道周边位移、岩体和支护变形情况,以达到支护衬砌结构合理、经济、安全的目的。

4.3.2 衬砌结构设计方法

4.3.2.1 结构计算方法的选择

目前装配式圆形隧道衬砌结构的计算法大都把衬砌环看作一自由变形的均质(等刚度)圆环,而接缝上的刚度不足往往采用衬砌环的错缝拼装予以弥补。这种加强接缝刚度的处理和均质(等刚度)圆环计算方法在饱和含水地层中的隧道衬砌中用得较为普遍。

由于实际上衬砌环接缝刚度远远小于断面部分的刚度(要做到均质等刚度几乎是不可能的),因此可将接缝视作一个"铰"处理,整个圆环变成一个多铰圆环。在不稳定地层中,多铰圆环结构(铰的数量大于 8 个)处于结构不稳定状态,若圆环外围土层介质给圆环结构提供了附加约束,这种约束常随着多铰圆环的变形而提供相应的地层抗力,于是多铰圆环就处于稳定状态。在地层较好的情况下,衬砌环按多铰圆环计算是经济合理的。当按多铰圆环计算时,必须根据工程的使用要求,对圆环变形量有一定的限制,并为施工提供必要的技术措施。

整个隧道衬砌费用很高,而影响隧道衬砌设计的因素又繁多且不够完全明确,因此目前对衬砌结构的设计步骤大都先按使用要求设计验算,提出衬砌结构设计方案,进行能满足各种使用要求的结构试验,参照试验结果对原设计方案进行必要的修改和加强,这样才能付之使用。当然,上述做法还是不够完备的,在衬砌投入工程使用后,设计人员有必要去现场进行实地观察,获得现场有关的第一手资料,积累经验,对衬砌结构设计方案做进一步的修改和完善。

4.3.2.2 荷载的确定

衬砌的设计不仅应满足隧道使用阶段的承载及使用功能要求,而且还必须满足施工过程中的安全性要求。表 4-3 列举了设计时应考虑的荷载种类。基本荷载是设计时必须考虑的荷载。附加荷载是在施工中或竣工后作用的荷载,是根据隧道的使用目的、施工条件以及周围环境需要考虑的荷载。特殊荷载是根据围岩条件、隧道的使用条件所必须特殊考虑的荷载。

表 4-3 荷载种类

基本荷载	1. 地层压力; 2. 水压力; 3. 自重; 4. 上覆荷载的影响; 5. 地基抗力
附加荷载	6. 内部荷载; 7. 施工荷载; 8. 地震的影响
特殊荷载	9. 平行配置隧道的影响; 10. 邻近施工的影响; 11. 其他

4.3.2.3 衬砌内力计算方法

(1)按自由变形均质圆环计算内力

在饱和含水软土地层中,主要由于工程上的防水需要,而要求对由装配式衬砌组成的衬砌圆环,其接缝必须具有一定的刚度,以减小接缝变形量。由于相邻环间按错缝拼装,并设置一定数量的纵向螺栓或在环缝上设有凹凸榫槽,使纵缝刚度有了一定的提高,因此,圆环可近似地认为是一均质刚性圆环。

衬砌圆环上的荷载分布见图 4-22。

由于荷载的对称性,故整个圆环为二次超静定结构。按结构力学力法原理,可解出各个截面上的弯矩 M、轴力 N。

圆环断面内力详见表 4-4,其中圆环内力均以 1 m 为单位,若环宽为 b(一般 $b=0.5\sim1$ m),则内力 M、N 值尚应乘以 b。弯矩 M 以内缘受拉为正,外缘受拉为负。轴力 N 以受压为正,受拉为负。

表 4-4 圆环断面内力系数表

荷载	截面位置	内力		P
		$M(t-m)$	$N(t)$	
自重	$0\sim\pi$	$gR_H^2(1-0.5\cos\alpha-\alpha\sin\alpha)$	$gR_H(\alpha\sin\alpha-0.5\cos\alpha)$	g
上荷重	$0\sim\frac{\pi}{2}$	$qR_H^2(0.193-0.106\cos\alpha-0.5\sin^2\alpha)$	$qR_H(\sin^2\alpha-0.106\cos\alpha)$	q
	$\frac{\pi}{2}\sim\pi$	$qR_H^2(0.693-0.106\cos\alpha-\sin\alpha)$	$qR_H(\sin\alpha-0.106\cos\alpha)$	
底部反力	$0\sim\frac{\pi}{2}$	$P_RR_H^2(0.057-0.106\cos\alpha)$	$0.106P_RR_H\cos\alpha$	P_R
	$\frac{\pi}{2}\sim\pi$	$P_RR_H^2\times(-0.443+\sin\alpha-0.106\cos\alpha-0.5\sin^2\alpha)$	$P_BR_H\times(\sin^2\alpha-\sin\alpha-0.10\cos\alpha)$	
水压	$0\sim\pi$	$-R_H^2(0.5-0.25\cos\alpha-0.52\sin\alpha)$	$R_H^2(1-0.25\cos\alpha-0.52\sin\alpha)+HR$	
均布荷载	$0\sim\pi$	$P_1R_H^2(0.25-0.5\cos^2\alpha)$	$P_1R_H\cos^2\alpha$	P_1
$\Delta_{侧压}$(侧压差)	$0\sim\pi$	$P_2R_H^2\times(0.25\sin^2\alpha-0.083\cos^3\alpha-0.063\cos\alpha-0.125)$	$P_2R_H\cos\alpha\times(0.063+0.5\cos\alpha-0.25\cos^2\alpha)$	P_2

注:R_H 为衬砌计算半径;α 为计算断面与圆环垂直轴的夹角;P_R、P_B 分别是径向压力和弯曲压力。$M(t-m)$为时间点 t 和 m 之间为弯矩变化;$N(t)$为时间 t 时的剪力;P 为轴力。

(2)考虑土壤介质侧向弹性抗力的圆环内力计算

仍按均质刚度圆环计算。荷载分布详见图 4-23。

土壤抗力图形分布在水平直径上下各 45°范围内,在水平直径处有:

$$P_k=ky(1-\sqrt{2}\mid\cos\alpha\mid) \tag{4-1}$$

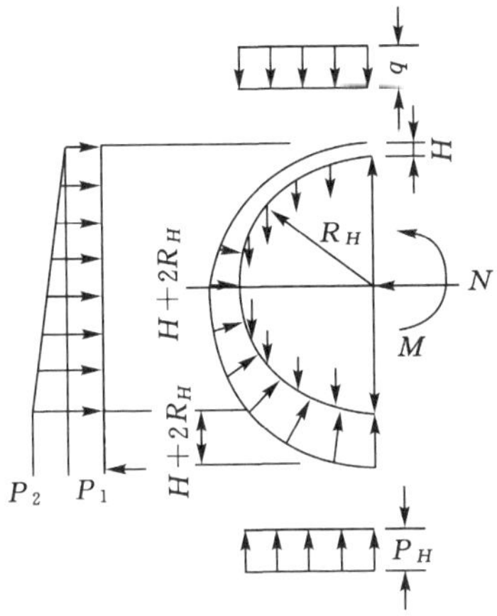

图 4-22　计算简图

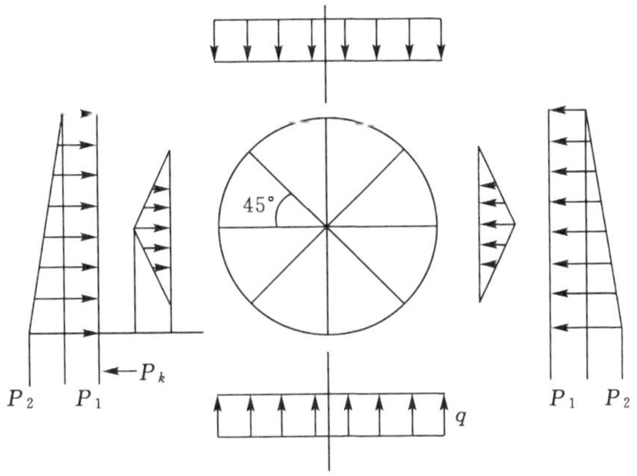

图 4-23　荷载分布图

圆环水平直径处受荷后最终半径变形值为：

$$y=\frac{(2q-p_1-p_2+\pi q)R_H^4}{24(\eta EJ-0.045+kR_H^4)} \tag{4-2}$$

式中　η——圆环刚度有效系数，$\eta=0.25\sim0.8$。

由 P_k 引起的圆环内力 M、N、Q 参见表 4-5。

表 4-5　P_k 引起的圆环内力表

内力	$0\leqslant\alpha\leqslant\frac{\pi}{4}$	$\frac{\pi}{4}\leqslant\alpha\leqslant\frac{\pi}{2}$
M	$(0.2346-0.3536\cos\alpha)P_kR_H^2$	$(-0.3487+0.5\cos^2\alpha+0.2357\cos^3\alpha)P_kR_H^2$
N	$0.3536P_kR_H^2\cos\alpha$	$(-0.707+\cos^2\alpha+0.707Z\sin^2\alpha\cos\alpha)P_kR_H$
Q	$0.3536P_kR_H^2\sin\alpha$	$(\sin\alpha\cos\alpha-0.707\cos^2\alpha\sin\alpha)P_kR_H$

将由 P_k 引起的圆环内力和其他衬砌外荷载引起的圆环内力叠加，即得最终的圆环内力。

4.3.2.4　衬砌圆环的直径变形计算

为满足隧道使用上和结构计算的需要，必须对衬砌圆环直径的变形量计算和控制，直径变形的计算可采用一般结构力学方法。变形与衬砌圆环刚度 EI 值有关，装配式衬砌组成正圆环，其 EI 值很难用计算方法表达出来，必须通过衬砌结构整环试验测得。由国外的一些有关资料知道衬砌实测的刚度 EI 值远比理论计算的 EI 值为小，其比例可称为刚度效率 η，η 值与隧道衬砌直径、断面厚度、接缝构造、位置均有密切关系，η 大致在 0.25～0.8 之间。

衬砌圆环的水平直径变形计算如下(见图 4-24)。

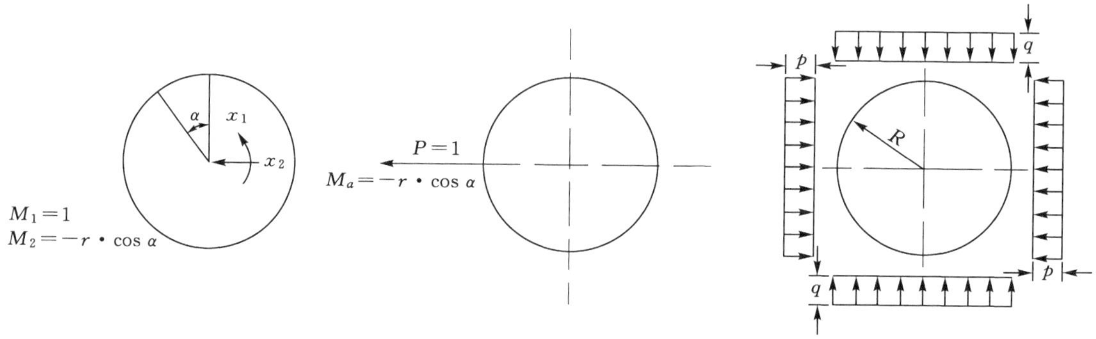

图 4-24　衬砌圆环的水平直径变形计算

$$\begin{cases} M_1=1 \\ M_2=-r\cos\alpha \\ \delta_{11}=\int\frac{M_1^2\mathrm{d}s}{EI} \\ \delta_{22}=\int\frac{M_2^2\mathrm{d}s}{EI} \\ M_a=-r\cos\alpha \\ \delta_{1a}=\int\frac{M_1M_q\mathrm{d}s}{EI} \\ \delta_{2a}=\int\frac{M_2M_a\mathrm{d}s}{EI} \\ M_q=-\frac{1}{2}q(r\sin\alpha)^2 \\ M_P=-\frac{1}{2}Pr^2(1-r\cos\alpha)^2 \\ \delta_{aq}=\int\frac{M_aM_q\mathrm{d}s}{EI} \\ \delta_{aP}=\int\frac{M_aM_P\mathrm{d}s}{EI} \end{cases}$$

所以

$$y_{水平}=x_1\delta_{1a}+x_2\delta_{2a}+\delta_{aP}+\delta_{aq}$$

式中　x_1、x_2——已解出的圆环超静定内力。

M_1、M_2——与 x_1、x_2 对应的弯矩。

表 4-6 列出了各种荷载条件下的圆环水平直径变形系数。

衬砌圆环垂直直径的计算与水平直径的相似,不再重复。

表 4-6　各种荷载条件下的圆环水平直径变形系数

编号	荷重形式	水平直径处(半径方向)	图示
1	铅直分布荷重 q	$\frac{1}{12}qr^4/(EI)$	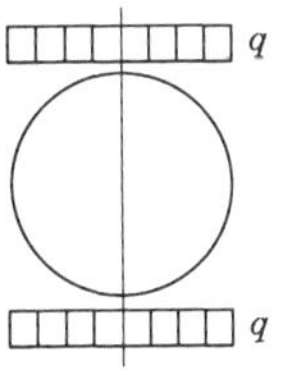
2	水平分布荷重 p	$-\frac{1}{12}pr^4/(EI)$	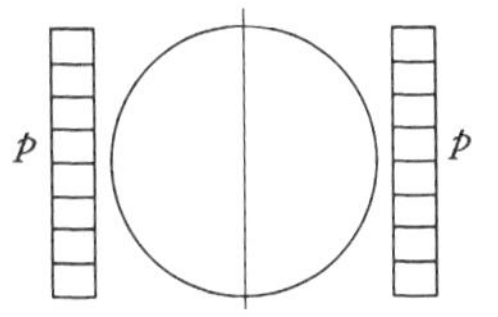
3	等边分布荷重	0	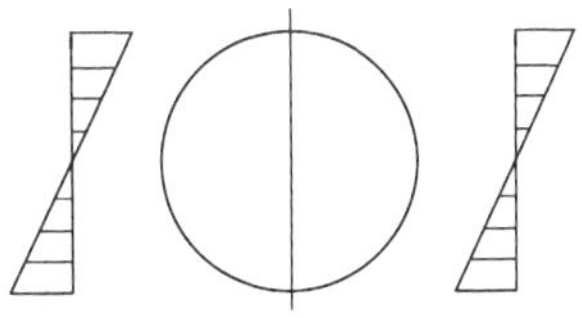
4	等腰三角形分布荷重	$-0.045\ 4pr^4/(EI)$	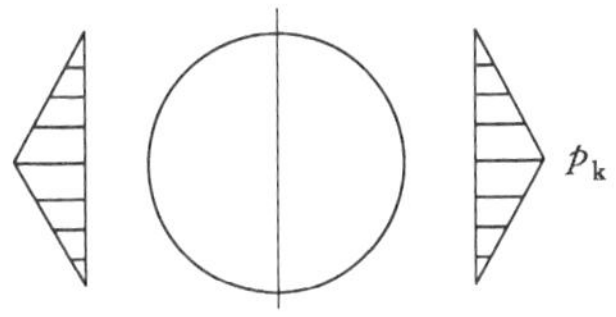
5	自重	$0.130\ 3gr^4/(EI)$	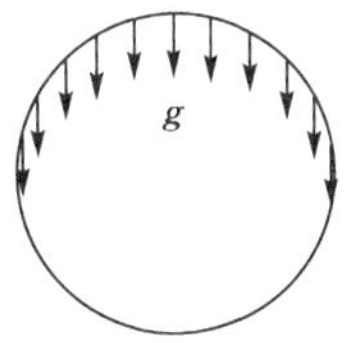

4.4　锚喷法隧道支护设计

4.4.1　喷射混凝土支护

喷射混凝土支护，是以压缩空气为动力，用喷射机将细骨料混凝土以喷射方法覆盖到需要维护的岩石表面从而凝结硬化后形成混凝土结构的支护形式，喷射混凝土施工见图 4-25。

喷射混凝土可以单独使用，在岩石、土表层或结构面形成护壁结构，成为喷射混凝土。喷射混凝土也可以和锚杆、预应力锚杆(锚索)联合使用，形成以锚杆与喷射混凝土为主的支护结构，简称锚喷支护。锚、喷支护联合作用时，喷射混凝土主要是用于避免锚尾部位岩体

图 4-25　喷射混凝土现场施工

的松脱和风化，可以起到加强锚杆等锚固构件的作用。

由于喷射混凝土的施工工艺和普通混凝土有很大差别，因而其物理力学性能和对围岩的支护特性有以下特点：

（1）混凝土在高速喷射过程中，水泥颗粒受碰撞冲击，混凝土喷层受到连续冲击而压密，而且喷射工艺又允许采用较小的水灰比，因此喷射混凝土层具有致密的组织结构和良好的物理力学性能。特别是其黏结力大，能同岩石紧密黏结，这是形成喷射混凝土独特支护作用的重要因素。

（2）喷射混凝土能随巷道掘进及时施工，且加入速凝剂后其早期强度成倍增长，因而能够控制围岩的过度变形和松弛。

（3）喷层较薄具有一定柔性，可以和围岩共同变形产生一定量径向位移。

4.4.1.1　喷射混凝土支护的基本作用

（1）加固围岩和防止围岩风化

喷射混凝土以较高速度射入张开的节理裂隙，产生如同石墙灰缝的黏结作用，从而提高岩体的内聚力和内摩擦角，由此提高围岩强度。同时，喷射混凝土层封闭了围岩，能够防止漏水和风化作用造成围岩破坏和剥落。

（2）改善围岩应力状态

巷道掘进后及时喷射一层具有早期强度的混凝土，一方面，可将围岩表层的凹凸不平处填平，消除围岩面不平所引起的应力集中现象，避免过大的集中应力造成围岩破坏；另一方面，可将巷道周边围岩由单向或双向受力状态转化为三向受力状态，提高围岩强度。

（3）柔性支护

一方面，喷射混凝土的黏结强度大，能和围岩紧密地黏结在一起，同时喷层较薄，具有一定的柔性，可以和围岩共同变形产生一定量径向位移，在围岩中形成一定范围的非弹性变形区，使围岩的自支承能力得以充分发挥，从而使喷层本身的受力状态得到改善；另一方面，混凝土喷层在与围岩共同变形中受到压缩，对围岩产生越来越大的支护抗力，能够抑制围岩产生过大变形，防止围岩发生松动破碎。

（4）与围岩形成共同作用承载体

巷道开掘后如能及时对暴露围岩喷射一层混凝土使喷层与岩石的内聚力和抗剪强度足

以抵抗围岩的局部破坏，防止个别危岩活石滑移或坠落，那么岩块间的咬合作用就能得以保持，这样不仅能保持围岩自身稳定，而且还可与喷层构成共同承载的整体结构。

4.4.1.2　喷射混凝土材料

喷射混凝土要求凝结硬化快、早期强度高，故应优先选用硅酸盐水泥和普通硅酸盐水泥，水泥的强度等级不得低于42.5。为了保证混凝土强度和凝结速度，不得使用受潮或过期结块的水泥。为了保证混凝土强度，防止混凝土硬化后收缩和减少粉尘，喷射混凝土中的细骨料应采用坚硬干净的中砂或粗砂，细度模数宜大于2.5。为了降低回弹率和防止管路堵塞，喷射混凝土的粗骨料粒径一般不大于15 mm。喷射混凝土的强度一般要求不得低于15 MPa；水灰比以0.4～0.5为最佳，水灰比在此范围内喷射的混凝土强度高且回弹率低。为使喷射混凝土能迅速黏结在壁面上，需要在喷射混凝土中添加速凝剂。速凝剂的掺加比例据品种不同而异，一般要求喷射混凝土初凝时间不应大于5 min，终凝时间不应大于10 min。此外，喷射混凝土中还配有其他水泥改性剂，如增黏剂、减水剂及早强剂等，以改善喷射混凝土的支护性能。在普通喷射混凝土中加入钢纤维可有效地改善混凝土的整体力学性能和物理性质，特别是可提高混凝土喷层的抗拉强度和抗变形能力，以及变脆性材料为塑性材料。

国内外已经在许多隧道和地下工程中使用钢纤维混凝土取代传统的普通混凝土加设钢筋网作为永久支护，这样可省掉部分钢筋网、节省大量人力物力。一般情况下，在普通喷射混凝土中掺加4%的长约30 mm、长径比为60～100（直径为0.25～0.4 mm）的（扭曲）钢纤维（此时混凝土的配合比为1∶1.6∶1.6）。这种喷射混凝土可提高抗压强度约50%、抗拉强度50%～70%、抗弯强度约30%，同时韧度还能提高9倍，从而减少喷射混凝土脆性可能引起的破坏。

4.4.1.3　喷射混凝土主要性能指标

（1）喷射混凝土抗压强度

一般喷射混凝土设计抗压强度要求达到15～20 MPa。喷射混凝土同一般混凝土一样，强度随时间增长而增加，最终强度可以达到设计强度的120%～130%。

（2）喷射混凝土黏结强度

喷射混凝土的拌和料以高速冲击面层，不仅可以提高浆料密实度，而且还可以形成5～10 mm的浆液层充满面层而接受后续的骨料。因此，无论喷层面是砖、混凝土还是石料，均有较高的黏结强度。

（3）喷射混凝土厚度

单独使用时，喷射混凝土厚度一般为50～150 mm；多次喷射时，喷层厚度可以达到250 mm；与锚杆联合使用时，根据工程性质不同可以采用50～120 mm。一般考虑防止围岩风化和工程特点，要求喷层厚度不少于80～100 mm。当岩体变形较大时，混凝土喷层将不能有效地进行支护。试验证明，当喷层厚度超过150 mm时，不但支护能力不能提高，而且支护成本明显提高，因此应选用锚喷联合支护。这时支护作用以锚杆为主，喷射混凝土只对锚杆间表面岩石进行局部支护和防止围岩风化。

4.4.1.4　喷射混凝土支护作用机理

（1）喷射混凝土的作用机理

喷射混凝土可以作为隧道工程中的临时性或永久性支护，与各种形式的锚杆、钢纤维、钢拱架、钢筋网等构成复合式支护结构。它的灵活性也很大，可以根据需要分次追加厚度，因此广泛应用于地下工程中。喷射混凝土的主要优点如下：

① 施作速度较快，支护及时，施工安全。喷射混凝土支护可在隧洞开挖后几小时内施作，具有立即提供连续的支护抗力的特性。隧洞开挖后立即施作喷射混凝土支护，就可以避免围岩处于单轴或双轴受力状态，有效地限制围岩变形的发展，保持围岩的稳定。喷射混凝土支护的及时性，也表现为它能紧跟工作面施作，这样就能充分利用空间效应（即端部支承效应），限制变形的发展，阻止围岩发生过大变形，防止围岩进入松弛状态和岩体松散。因此，锚喷支护的及时性对于迅速控制围岩的扰动、发挥围岩的自承能力具有明显的效果。

② 支护质量较好，强度高，密实度好。这主要反映在喷射混凝土的黏结性上。喷射混凝土能与围岩紧密黏结，黏结效应使喷射混凝土在围岩结合面上产生抗力，传递剪应力、拉应力和压应力，改变了围岩表面的受力状态，使围岩处于三向受力的有利状态，防止围岩强度恶化，而且喷层本身的抗冲切能力也能阻止不稳定块体的滑落。喷射混凝土可充填围岩表层节理裂隙，填充围岩表面凹穴，使被裂隙分割的岩块联合起来，保持岩块间的咬合镶嵌作用，提高其内聚力、摩阻力，防止围岩松动，避免或缓和围岩应力集中，使不稳定危岩的荷载得到转移，提高围岩的自支承能力。黏结性对于防止裂隙水渗流、减小地下水对支护结构强度的破坏也起到一定的作用。

③ 施工灵活性大，可以根据需要分次喷射混凝土追加厚度，满足工程设计与使用要求。

④ 喷射混凝土一些工艺特征决定了可以将其设计成既有一定支撑能力又有良好柔性的支护结构：

a. 可以沿围岩表面施做成保护层。

b. 较厚的喷射混凝土可以分期完成。

c. 喷射混凝土能同锚杆结合使用，必要时喷层可设置纵向变形缝。喷射混凝土的良好柔性对于控制塑性流变围岩的初始变形特别重要，它容许围岩塑性区有一定发展，避开应力峰值，能充分发挥围岩的自支承能力和有效地利用支护结构的支撑能力。

⑤ 与普通浇筑混凝土相比，喷射混凝土具有高水泥含量、低水灰比和封闭的毛细孔，使得它有高度的密封性和良好的不透水性。喷射混凝土支护覆盖在围岩表面，阻止或限制了水流从地层中流出。这样就大大降低了地下水或潮湿空气对岩体的侵蚀，阻止了节理间充填物和断层泥的流失，保持了岩块间的摩擦力，有利于保持岩体的固有强度，也提高了岩体的抗冻性，有助于岩层的稳定。

(2) 喷射混凝土的支护作用

喷射混凝土的支护作用主要有两个方面：

① 加固围岩，提高围岩的强度。隧道开挖后，立即喷射一定厚度的混凝土层，及时封闭围岩表面，由于喷层与围岩密贴，故能有效地隔绝水和空气对岩体的侵蚀，防止围岩风化脱落，对围岩的松胀变形起到一定的抑制作用，防止围岩强度的丧失。同时，混凝土料在高压下可充填于张开的裂隙，起到胶结加固作用，从而可提高围岩的强度。

② 改善围岩的应力状态。含有速凝剂的混凝土搅拌料在喷射后数分钟即可凝固，在围岩表面形成一层硬壳，及时向围岩提供支护力，使围岩表面岩体内未支护时的二向受力状态（在平面问题中为单向受力状态）转变为三向受力状态（在平面问题中为双向受力状态），如图 4-26 所示，提高了围岩的强度和稳定性。

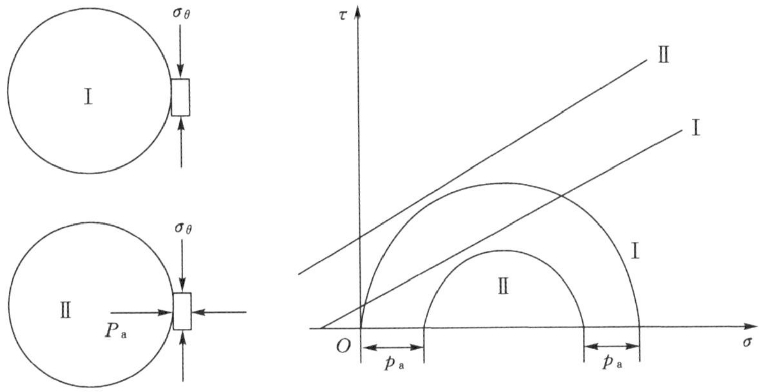

图 4-26 混凝土支护前后洞周的应力状态

无喷层时，假设原岩应力 σ_0 为静水压力状态，围岩中距隧道中心为 r 的任一点的径向应力 σ_r 和切向应力 σ_θ 分别为：

$$\begin{cases}\sigma_r=\sigma_0\left(1-\dfrac{a^2}{r^2}\right)\\[2ex]\sigma_\theta=\sigma_0\left(1+\dfrac{a^2}{r^2}\right)\end{cases}\tag{4-3}$$

式中 a——隧道半径。

在隧道洞壁上，则有：

$$\sigma_r=0,\quad \sigma_\theta=2\sigma_0\tag{4-4}$$

喷射混凝土后，喷层对围岩提供支撑力 P_a，按照围岩附加应力理论，围岩中距隧道中心为 r 的任一点的径向应力 σ_r 和切向应力 σ_θ 分别为：

$$\begin{cases}\sigma_r=\sigma_0\left(1-\dfrac{a^2}{r^2}\right)+P_a\dfrac{a^2}{r^2}\\[2ex]\sigma_\theta=\sigma_0\left(1+\dfrac{a^2}{r^2}\right)-P_a\dfrac{a^2}{r^2}\end{cases}\tag{4-5}$$

在洞壁上($r=a$)则有：

$$\begin{cases}\sigma_r=p_a\\ \sigma_\theta=2\sigma_0-p_a\end{cases}\tag{4-6}$$

4.4.2 锚杆支护

4.4.2.1 锚杆支护理论

自从锚杆支护问世以来，人们一直致力于锚杆支护机理的研究。传统的锚杆支护理论有悬吊理论、组合梁理论、组合拱理论等。这些理论都是在一定假说的基础上，针对不同围岩条件提出的。由于理论简明易懂、设计计算简单，因此得到广泛应用，在生产实践中起到了积极作用。但是，这些理论都存在一定的片面性和局限性，不能适用于各种巷道条件。

随着我国煤矿锚杆支护技术的快速发展，对锚杆支护理论的研究也取得较大进展。逐步认识到预应力在锚杆支护中的决定性作用，锚杆对围岩强度的强化作用，锚杆对围岩结构面离层滑动、节理裂隙张开等扩容变形的约束作用，以及保持围岩完整性的重要性。这些认识对提高锚杆支护效果,特别是对困难条件下巷道支护提供了有效的理论指导。

研究锚杆支护作用机理的目的是弄清锚杆与围岩之间的相互作用关系,从而为锚杆支护设计提供理论基础。到目前为止,有关人员已提出十几种锚杆支护理论,包括悬吊理论、组合梁理论、加固拱理论、最大水平应力理论及松动圈理论等。

(1) 悬吊理论

悬吊理论认为:锚杆支护的作用是将巷道顶板下部不稳定的岩层悬吊在上部稳定的岩层中(图 4-27)。悬吊理论是最早的锚杆支护理论,它具有直观、易懂、使用方便等特点。特别是在顶板上都有稳定岩层,而其下部存在松散、破碎岩层的条件下,这种支护理论应用比较广泛。在比较软弱的围岩中,巷道开掘后应力重新分布,出现松动破碎区,在其上部形成自然平衡拱,锚杆支护的作用是将下部松动破碎的岩层悬吊在自然平衡拱上。

但是,悬吊理论存在以下明显缺陷:

① 锚杆受力只有当松散岩层或不稳定岩块完全与稳定岩层脱离的情况下才等于破碎岩层的重量,而这种条件在井下巷道中并不多见。

② 锚杆安设后,岩层变形和离层,会使锚杆受力很大,而远非破碎岩层重量。

③ 当锚杆穿过破碎岩层时,锚杆提供的径向和切向的约束会不同程度地改善破碎岩层的整体强度,使其具有一定的承载能力,而悬吊理论没有考虑围岩的自承能力。

④ 当围岩松软,巷道宽度较大时,锚杆很难锚固到上部稳定的岩层或自然平衡拱上,悬吊理论无法解释在这种条件下锚杆支护仍然有效的现象。

总之,悬吊理论仅考虑了锚杆的被动抗拉作用,没有涉及其抗剪能力及对破碎岩层整体强度的改变。因此,悬吊理论计算的锚杆荷载与实际出入比较大。

(2) 组合梁理论

组合梁理论适用于层状岩层。对于端部锚固锚杆,其提供的轴向力将对岩层离层产生约束,并且增大了各岩层间的摩擦力,与锚杆杆体提供的抗剪力一同阻止岩层间产生相对滑动。对于全长锚固锚杆,锚杆和锚固剂共同作用,明显改善锚杆受力状况,增加了控制顶板离层和水平错动的能力,支护效果优于端部锚固锚杆。

从岩层受力角度考虑,锚杆将各个岩层夹紧形成组合梁,如图 4-28 所示。组合梁的最大拉应力与叠合梁的最大拉应力的比值如式(4-7)所示。

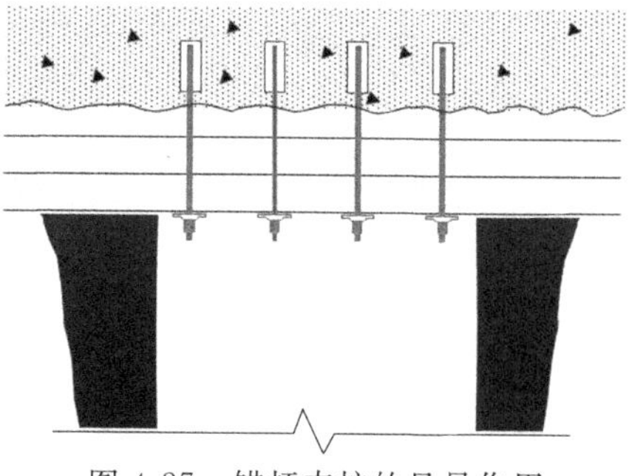

图 4-27 锚杆支护的悬吊作用

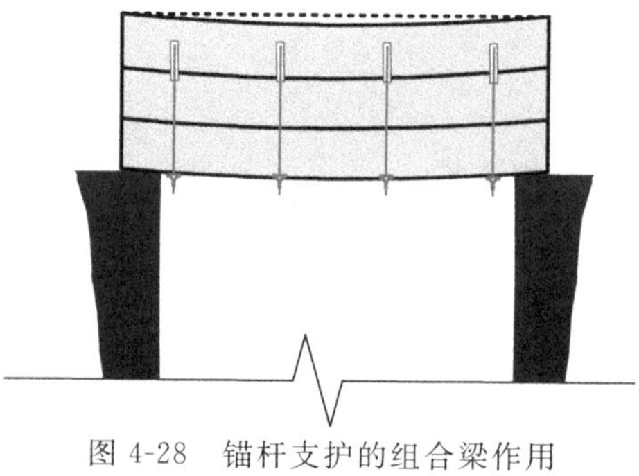

图 4-28 锚杆支护的组合梁作用

$$\frac{\sigma_{\max c}}{\sigma_{\max l}}=\frac{\sum h_i^2}{(\sum h_i)^2}=\frac{1}{n} \tag{4-7}$$

式中　σ_{maxc}——组合梁与的最大拉应力，MPa；

σ_{maxl}——叠合梁的最大拉应力，MPa

h_i——各层岩梁厚度，m；

n——岩层总数。

组合梁的最大弯曲应变为：

$$\varepsilon_{max}=\frac{WB^2}{2Et} \tag{4-8}$$

式中　W——组合梁自重，kN；

B——巷道跨度，m；

t——组合梁高度，m；

E——岩石弹性模量，MPa。

组合梁厚度越大，梁的最大应变值越小。组合梁理论充分考虑了锚杆对离层及滑动的约束作用，但是它存在以下明显缺陷：

① 组合梁有效组合厚度很难确定。它涉及影响锚杆支护的众多因素，目前还没有一种方法比较可靠地估计有效组合厚度。

② 没有考虑水平应力对组合梁强度、稳定性及锚杆荷载的作用。其实，在水平应力较大的巷道中，水平应力是顶板破坏失稳的主要原因。

③ 只适用层状顶板，仅考虑了锚杆对离层及滑动的束作用，没有涉及锚杆对岩体强度、变形模量及应力分布的影响。

（3）加固拱理论

大量的试验表明，即使在软弱松散破碎的岩层中安装铺杆，也可以形成一个承载结构。只要锚杆间距足够小，各根锚杆形成的压应力圆锥体将相互重叠，就能在岩体中产生一个均匀压缩带，如图 4-29 所示，它可承受破坏区上部破碎岩石的荷载。加固拱内的岩体受径向和切向约束，处于三向应力状态，岩体承载能力得到提高。锚杆支护的作用是形成较大厚度和较大强度的加固拱，拱的厚度越大，越有利于围岩稳定。

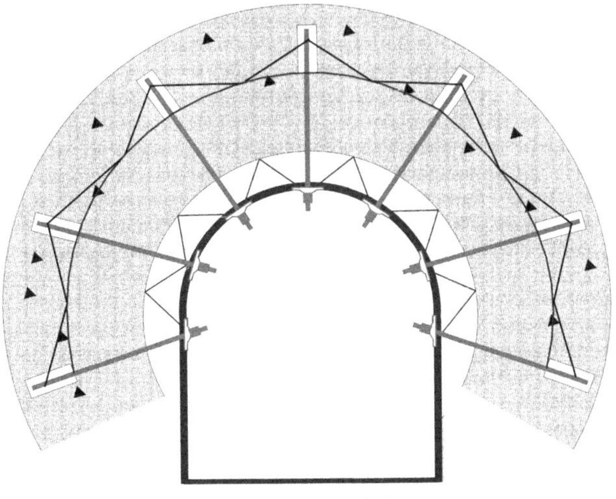

图 4-29　锚杆支护的加固拱作用

加固拱理论充分考虑了锚杆支护的整体作用，在软岩巷道中得到了较为广泛的应用。但是这种理论同样存在一些明显的缺陷：

① 只是将各锚杆的支护作用简单相加，得出支护系统的整体承载结构，缺乏对锚固岩体力学特性及影响因素的深入研究。

② 加固拱厚度涉及的影响因素很多，很难较准确地估计。

（4）最大水平应力理论

国内外井下地应力测量结果表明，岩层中的水平应力在很多情况下大于垂直应力，而且水平应力具有明显的方向性，最大水平主应力明显高于最小水平主应力，这种趋势在浅部矿井尤为明显。因此，水平应力的作用逐步得到人们的认识和重视。

澳大利亚学者 Gale（盖尔）通过现场观测与数值模拟分析，得出水平应力对巷道围岩变形与稳定性的作用。他认为，巷道顶底板变形与稳定性主要受水平应力的影响（图 4-30）：巷道轴线与最大水平主应力平行时，巷道受水平应力的影响最小，有利于顶底板稳定；巷道轴线与最大水平主应力垂直时，巷道受水平应力的影响最大，顶底板稳定性最差；当两者呈一定夹角时，巷道一侧会出现水平应力集中，顶底板的变形与破坏会偏向巷道的某一帮。

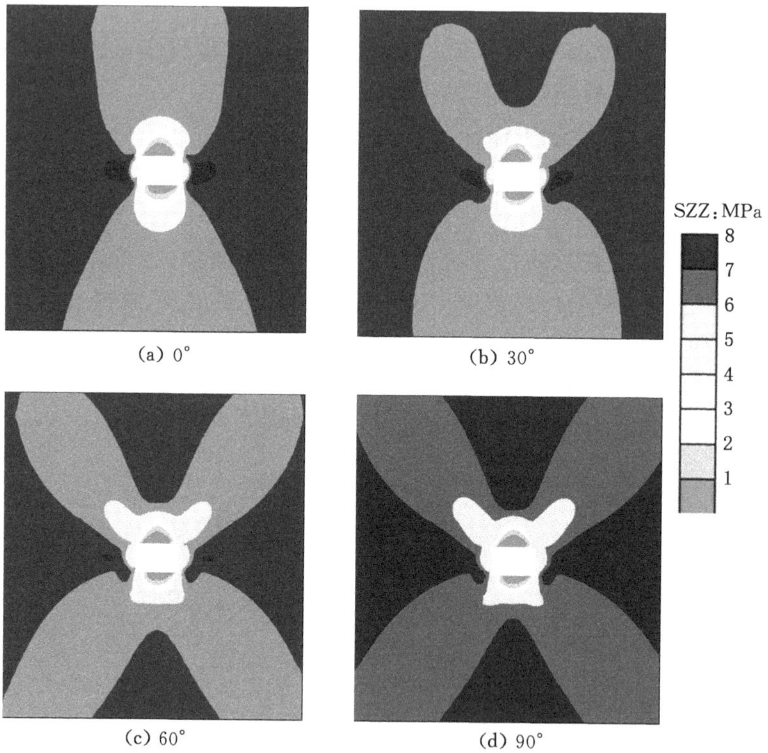

注：SZZ 为垂直应力。

图 4-30　不同夹角时巷道围岩应力分布情况

在最大水平应力作用下，顶底板岩层会发生剪切破坏，出现松动与错动，导致岩层膨胀变形。锚杆的作用是抑制岩层沿锚杆轴向的膨胀和垂直于轴向的剪切错动，因此，要求锚杆强度大、刚度大、抗剪能力强。这也正是澳大利亚锚杆支护技术特别强调高强度、全长锚固的原因。

(5) 岩松动圈支护理论

董方庭教授等在大量现场与试验研究工作的基础上，提出围岩松动圈支护理论。巷道开挖后，当围岩应力超过围岩强度时将在围岩中产生新的裂纹，其分布区域类似圆形或椭圆形，称之为围岩松动圈。围岩一旦产生松动圈，围岩的最大变形荷载来自松动圈产生过程中岩石的碎胀变形。现有支护无法有效阻止围岩松动圈的产生与发展。

围岩松动圈的厚度是围岩强度与围岩应力的函数，它是一个综合指标。围岩松动圈越大，碎胀变形越大，围岩变形量越大，巷道支护也越困难。因此，可根据松动圈的大小进行围岩分类，并提出相应的支护形式。

根据围岩松动圈理论，将锚喷支护分为如下三种类型：

① 小松动圈(厚度小于 400 mm)，锚杆支护作用不明显，只需进行喷射混凝土支护。

② 中松动圈(厚度在 400～1 500 mm 之间)，支护比较容易，采用悬吊理论设计锚杆参数，悬吊点在松动圈之外。

③ 大松动圈(厚度大于 1 500 mm)，锚杆的作用是给松动圈内破裂围岩提供约束力，使其恢复到接近原岩的强度并具有可缩性，采用加固拱理论设计锚杆支护参数。

可见，松动圈支护理论确定了几种经典锚杆支护理论的适用条件和范围。

4.4.2.2 锚杆支护理论分析设计法

理论计算法是根据巷道围岩条件，选择某种锚杆支护理论，如悬吊理论、组合梁理论、加固拱理论及其他力学分析方法，在测得支护理论所需岩体物理力学参数的前提下，建立力学模型，计算确定锚杆支护参数。锚杆支护设计的理论计算方法很多，下面介绍几种主要的方法。

(1) 悬吊理论分析设计法

悬吊理论认为，锚杆的作用是将下部不稳定的岩层悬吊在上部稳定的岩层中，阻止软弱破碎岩层垮落。悬吊理论只考虑了锚杆的被动抗拉作用，根据不稳定岩层厚度计算锚杆长度，根据锚杆悬吊的不稳定岩层重量计算锚杆直径和间排距。

① 锚杆长度

如图 4-31(a)所示，锚杆长度用下式计算：

$$L \geqslant L_1 + L_2 + L_3 \tag{4-9}$$

式中 L——锚杆长度，m；

L_1——锚杆外露长度(梯子梁厚度＋托板厚度＋螺母厚度＋0.02～0.05 m)，一般取 0.15 m；

L_2——锚杆有效长度，m；

L_3——锚杆锚固长度，m，端部锚固一般取 0.3～0.4 m。

② 锚杆锚固力与直径

锚杆锚固力应不小于被悬吊不稳定岩层的重量，用下式计算：

$$Q = KL_2 a_1 a_2 \gamma \tag{4-10}$$

式中 Q——锚杆锚固力，kN；

K——安全系数，一般取 1.5～2.0；

a_1，a_2——锚杆间距、排距，m；

γ——不稳定岩层平均重力密度，kN/m^3。

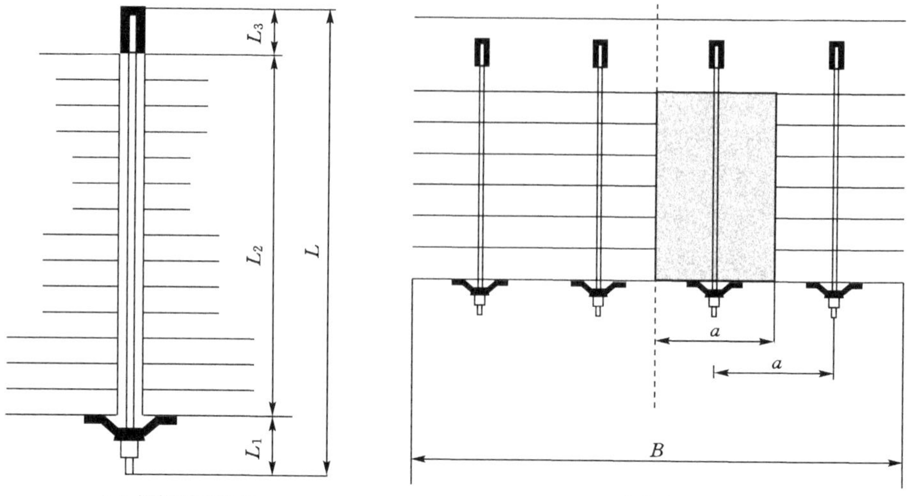

图 4-31　悬吊理论锚杆支护参数计算示意图

如果锚杆锚固力与杆体的破断力相等，则锚杆直径可由下式得出：

$$d=\sqrt{\frac{4Q}{\pi\sigma_t}} \tag{4-11}$$

式中　d——锚杆直径，m；

σ_t——杆体材料的抗拉强度，MPa。

③ 锚杆间排距

如图 4-31(b)所示，当锚杆间排距相等时，即 $a=a_1=a_2$，则间排距为：

$$a=\sqrt{\frac{Q}{KL_2\gamma}} \tag{4-12}$$

(2) 自然平衡拱理论分析设计法

该理论认为，巷道开掘后，围岩失去了层间联系，在上覆岩层压力作用下，浅部围岩发生破坏，而在深部一定范围内形成自然平衡拱。自然平衡拱以上的岩体是稳定的，锚杆的作用主要是防止破坏区围岩垮落。锚杆所需要的承载能力由破坏岩石的重量确定，而且与巷道断面形状与尺寸、埋藏深度、采动影响程度，岩层倾角、强度、结构等有关。可见，自然平衡拱理论认为锚杆支护作用的实质是悬吊作用，并提供了计算围岩破坏范围的一种方法。

① 围岩破坏范围

图 4-32 所示是用自然平衡拱理论确定巷道围岩破坏范围的计算图。煤层巷道煤帮破坏深度 C 由式(4-13)确定。

$$C=\left(\frac{K_{CX}\gamma HB}{10^4 f_y}-1\right)h\tan\frac{90^\circ-\varphi}{2} \tag{4-13}$$

式中　K_{CX}——巷道周边挤压应力集中系数，按巷道断面形状与宽高比确定；

γ——巷道上方至地表间地层的平均重力密度，kN/m^2；

H——巷道距地表的深度，m；

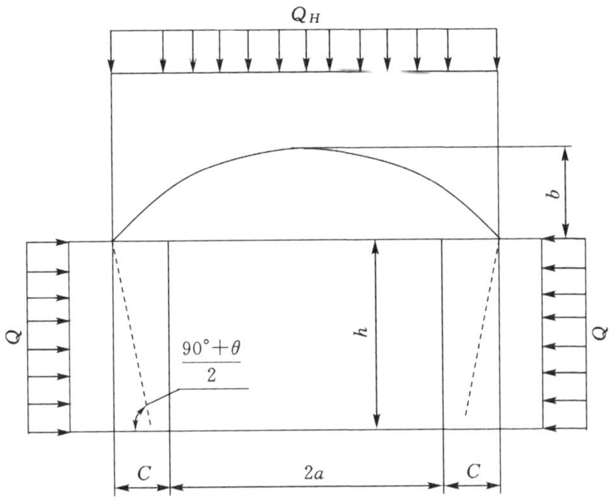

图 4-32　巷道围岩破坏范围计算图

B——表征采动影响程度的无因次参数；

f_y——煤层硬度系数；

h——煤层厚度或巷道轮廓范围内煤夹层的厚度，m；

φ——煤的内摩擦角。

按式(4-13)求出的 C 为负值时表明煤体稳定，正值表明煤体发生破坏。

顶板岩层的破坏深度 b，按相对于层理的法线计，可根据下式求出：

$$b=\frac{(a+C)\cos\alpha}{k_y f_n} \tag{4-14}$$

式中　a——巷道的半跨距，m；

α——煤层倾角，(°)；

k_y——待锚岩层的稳定性系数；

f_n——锚固岩层的硬度系数。

② 围岩压力

当 C 为正值时，作用在破坏煤帮一侧支架上的压力 Q 为：

$$Q=C\left(\gamma_y h\sin\alpha+\gamma_n b\tan\frac{90^\circ-\varphi}{2}\right) \tag{4-15}$$

式中　γ_y,γ_n——煤和岩石的重力密度，kN/m^3。

顶板支架压力 Q_H(kN/m)，按相对于岩层层理的法线确定为：

$$Q_H=2\gamma_n abB \tag{4-16}$$

③ 锚杆长度

顶锚杆长度：

$$L_r=b+\Delta \tag{4-17}$$

帮锚杆长度：

$$L_s=C+\Delta \tag{4-18}$$

式中　Δ——锚杆锚入围岩破坏范围之外的深度与锚杆外露长度之和，一般取 0.5～0.7 m。

④ 锚杆间排距

锚杆排距 a_r(m)按下式求出：

$$a_r = \pi Z\sqrt{\frac{(a+b)Z}{ab}} \tag{4-19}$$

式中 Z——锚杆锚入自然平衡拱范围之外的额定深度，m，Z 一般取 0.35 m。

锚杆的锚固强度 P(kN)取决于岩石硬度，按下式计算：

$$P = \frac{1\,000\pi d^2 f\sigma_t}{4f+8} \tag{4-20}$$

式中 d——锚杆杆体直径，m；

f——锚固段岩层的硬度系数；

σ_t——锚杆杆体的极限抗拉强度，MPa。

顶板每排锚杆数 N_k 根据作用力的平衡条件按下式求出：

$$N_k = \frac{K_3 Q_H a_r}{P} \tag{4-21}$$

式中 K_3——安全系数，取 2。

所求得的 N_k 值根据实际情况取整数。

当 C 为正值时，煤帮锚杆排距按下式求出：

$$a_y = \frac{N_y P}{K_3 Q} \tag{4-22}$$

式中 N_y——煤帮每排锚杆数。

(3) 组合梁理论分析设计法

组合梁理论认为，在层状岩层中，锚杆的作用是提供轴向和切向约束，阻止岩层产生离层和相对滑动，将若干薄岩层锚固成一个较厚的岩层，形成组合梁。与不锚固岩梁相比，组合梁的最大弯曲应变和应力都将大大减小，从而提高巷道顶板的稳定性。通过计算组合梁所必需的承载能力确定锚杆支护参数。

图 4-33 所示是顶板组合梁的力学模型。设组合梁上部受均布荷载 q 作用，在平面应变状态下，计算锚杆长度与锚杆间排距。

① 锚杆长度

锚杆长度 L 仍由式(4-9)确定，L_1、L_3 分别为锚杆外露长度和锚固长度。锚杆有效长度 L_2，即组合梁厚度，根据满足顶板最下一层岩石外表面抗拉强度条件确定。

固支梁中点下表面上拉应力最大，其值为：

$$\sigma = 0.25\frac{qB^2}{L_2^2} \tag{4-23}$$

式中 B——巷道跨度，m。

设岩石抗拉强度为 σ_t，则顶板稳定时应满足：

$$K_1\sigma \leqslant \sigma_t \tag{4-24}$$

即

$$L_2 \geqslant 0.5B\sqrt{\frac{K_1 q}{\sigma_t}} \tag{4-25}$$

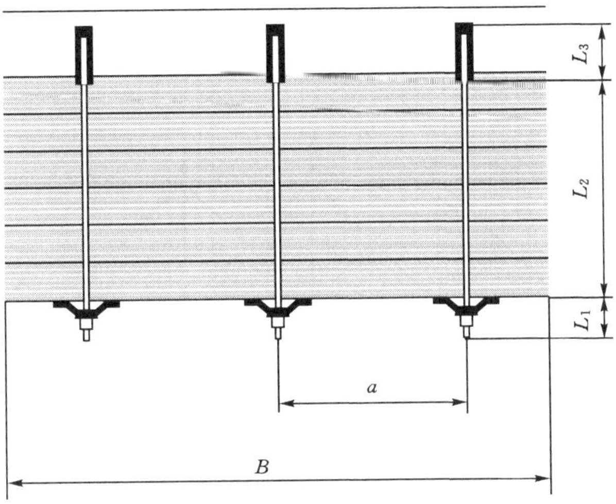

图 4-33　顶板锚杆支护组合梁力学模型

式中　K_1——安全系数，一般取 $K_1=3\sim5$。

考虑顶板各岩层间摩擦作用对梁应力和弯曲的影响，引入随岩层数目变化的惯性矩折减系数 η，则锚杆有效长度的表达式为：

$$L_2=0.602B\sqrt{\frac{K_1q}{\eta(\sigma_t+\sigma_h)}} \tag{4-26}$$

式中　σ_h——原岩水平应力分量，MPa。

η——岩层数为 1、2、3 时，η 分别为 1、0.75、0.7；岩层数≥4 时，$\eta=0.65$。

② 锚杆间排距

锚杆间距由组合梁的抗剪强度确定。设锚杆间距（a_1）与排距（a_2）相等（为 a），梁半跨内由均布荷载引起的总剪力可近似用下式表示：

$$\sum Q_{max}=\frac{3qaB^2}{16L_2} \tag{4-27}$$

不考虑组合梁层间摩擦力，同一范围内锚杆具有的抗剪能力为：

$$Q_b=\pi d^2\frac{\tau B}{8a} \tag{4-28}$$

顶板抗剪安全条件为：

$$Q_b\geqslant K_2\sum Q_{max} \tag{4-29}$$

得：

$$a\leqslant 1.447\,2d\sqrt{\frac{L_2\tau}{K_2qB}} \tag{4-30}$$

式中　d——锚杆杆体直径，m；

τ——锚杆杆体材料抗剪强度，MPa；

K_2——顶板抗剪安全系数，一般取 3～6。

(4) 组合拱理论分析设计法

组合拱理论认为，在锚杆锚固力作用下，每根锚杆周围形成一个两头带圆锥的筒状压缩区，各锚杆所形成的压缩区彼此连成一个一定厚度的组合拱(或均匀压缩带)。该拱(带)具有较大的承载能力和一定的可缩性，能够起到有效支护巷道的作用。根据所需组合拱的厚度计算锚杆参数(图 4-34)。

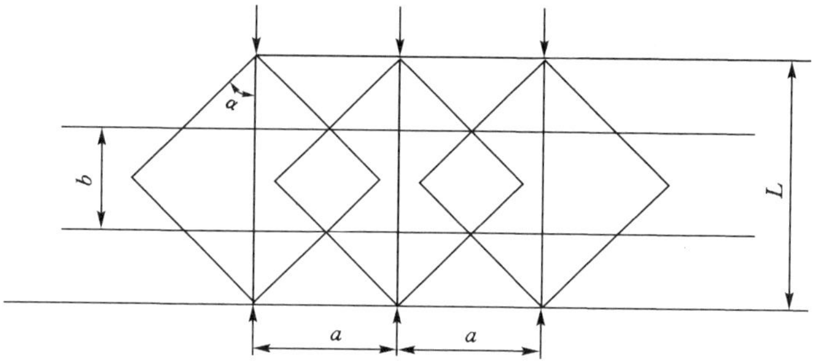

图 4-34　锚杆支护组合拱力学模型

研究表明，组合拱厚度、锚杆有效长度与锚杆间排距有以下近似关系：

$$L = \frac{b\tan\alpha + a}{\tan\alpha} \tag{4-31}$$

式中　L——锚杆有效长度，m；

b——组合拱厚度，m；

α——锚杆在围岩中的控制角；

a——锚杆间排距，m。

如果锚杆的控制角取 45°，则有：

$$L = a + b \tag{4-32}$$

理论计算法作为一种比较简单、方便的锚杆支护设计方法，虽然得到一定程度的应用，但是，由于围岩地质条件复杂多变，各种理论对锚杆支护作用的认识都有片面性和局限性，有些理论的力学参数难以确定和选取，这就大大影响了计算结果的可信度，因此，理论计算法的设计结果大多仅能作为参考。

思考题

4.1　简述新奥法结构设计的概念和特点。

4.2　简述 TBM 法与钻爆法相比的优点和局限性。

4.3　盾构法隧道的适用条件和特点有哪些？

4.4　试述喷射混凝土支护设计的基本原理。

4.5　试述“支架-围岩”相互作用原理。

4.6　简述锚杆的支护理论。

第 5 章 矿井地下空间施工与设计

我国煤矿资源丰富，经过长期开采形成了大量的地下空间，这些空间主要包括井筒、巷道、硐室和采空区等。据调查，我国现有煤矿地下空间约 139 亿 m^3，到 2030 年，预计将达到 241 亿 m^3，长度约 160 万 km，可绕赤道 40 圈。

5.1 矿井典型地下空间设计与分析

5.1.1 立井井筒

立井井筒是矿井通达地面的主要进出口，是矿井生产期间提升煤炭（或矸石）、升降人员、运送材料设备以及通风和排水的咽喉工程。按用途井筒可分为主井、副井、混合井和风井等。

主井（图 5-1）是专门用于提升煤炭的井筒，大、中型矿井提升煤炭的容器多采用箕斗，故主井又称作箕斗井。副井是用于升降人员材料、设备和提升矸石的井筒，由于副井采用的提升容器是罐笼，所以副井又称为罐笼井。同一个井筒内安设有箕斗和罐笼两种提升容器时，该井筒称作混合井。风井主要用于通风，同时又兼作矿井安全出口，井内一般设有梯子间。立井井筒自上而下可分为井颈、井身和井底三部分。根据需要在井筒适当部位还筑有壁座。靠近地表的一段井筒称作井颈，此井段内常开有各种孔口，如安全通道、管路通道等。井颈的深度一般为 15～20 m，井塔提升时可达 20～60 m。井颈部分由于多处于松软表土层或风化岩层内，地压较大又有地面构筑物和井颈上各种孔洞影响，其井壁不但需要加厚，而且通常需要配置钢筋。井颈以下至罐笼进出车水平或箕斗装载水平的井筒部分称作并身，井身是井筒的主要组成部分。井底车场水平以下部分的井筒称作井底。井底的深度是由提升过卷高度、井底装备要求的高度和井底水房深度决定的。罐笼井的井底深度一般为 10 m 左右，箕斗井和混合井的井底深度一般为 35～75 m，风井井底深度一般为 4～5 m。

5.1.1.1 井筒断面设计

立井井筒工程是矿井建设的主要工程项目，其工程量一般占矿井井巷工程量的 15%左右，而施工工期却占矿井施工总工期的 40%～50%。井筒施工速度的快慢直接影响其他井巷工程、有关地面工程和机电安装工程的施工安排。因此，加快立井井筒施工速度是缩短矿井建设总工期的重要环节。同时，立井井筒是整个矿井的咽喉，其设计和施工质量的优劣直

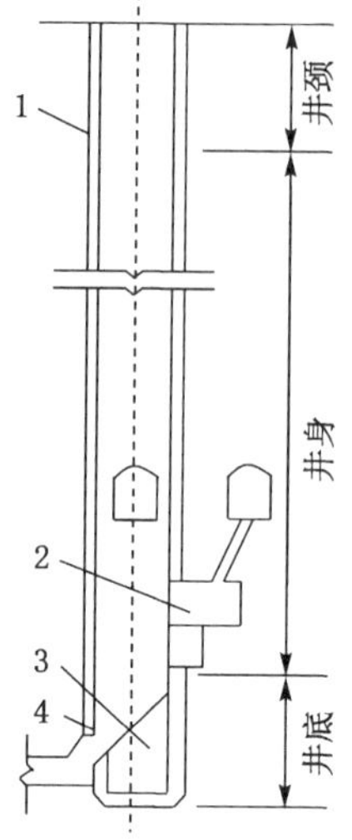

1—壁座;2—箕斗装载硐室;3—水窝;4—井筒接收仓。

图 5-1　主井井筒断面图

接关系矿井建设的成败和生产时期的正常使用。因此,立井井筒的设计必须合理,施工质量必须予以足够重视。

根据提升容器和井筒装备的不同,井筒平面布置有多种不同形式。我国煤矿中井筒断面常用的几种布置形式见表 5-1。

表 5-1　井筒平面布置形式

序号	井筒净直径/m	示意图	提升容器	井筒装备
1	4.5; 5.0; 5.5	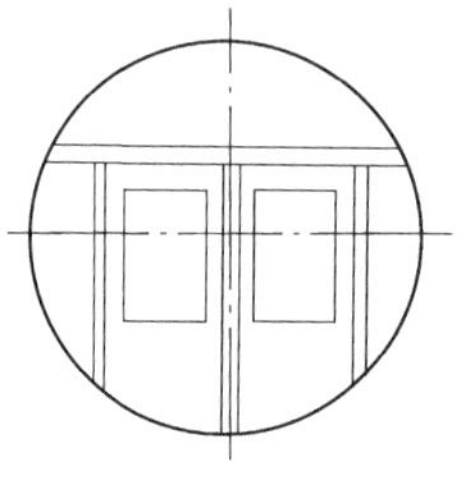	一对 1 t、6 t、8 t 箕斗	金属罐道梁、钢轨罐道,双侧布置;除小型矿井外,一般均不设梯子间
2	6.0; 6.5	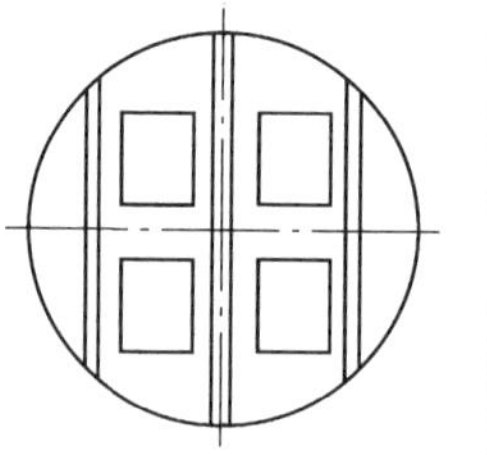	两对 4 t、6 t、8 t 箕斗	金属罐道梁、钢轨罐道,双侧布置

表 5-1(续)

序号	井筒净直径/m	示意图	提升容器	井筒装备
3	6.5	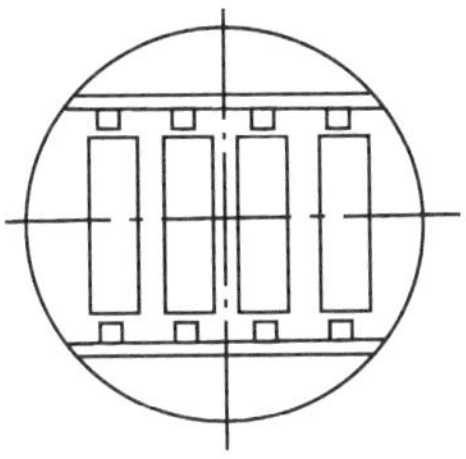	两对 12 t 长箕斗	金属罐道梁、方钢罐道、型钢组合罐道,端面布置
4	5.0; 6.5	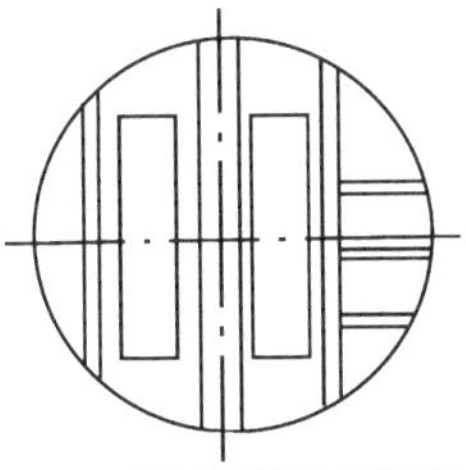	一对 1 t、3 t 矿车单、双层单车普通罐笼	金属罐道梁、金属或木罐道,双侧布置;设梯子间、管子间
5	5.0; 6.5	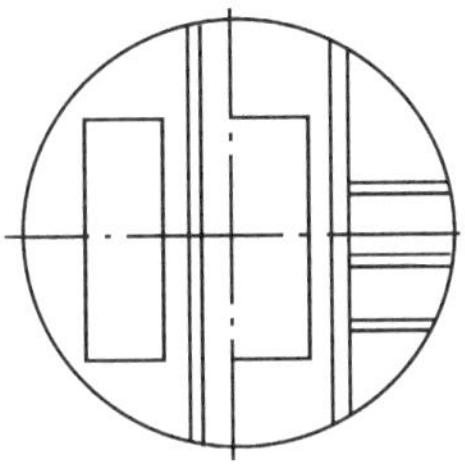	一对 1 t、3 t 矿车单层双车普通罐笼	金属罐道梁、单侧布置钢轨罐道;设梯子间、管子间
6	5.0; 6.0; 6.5	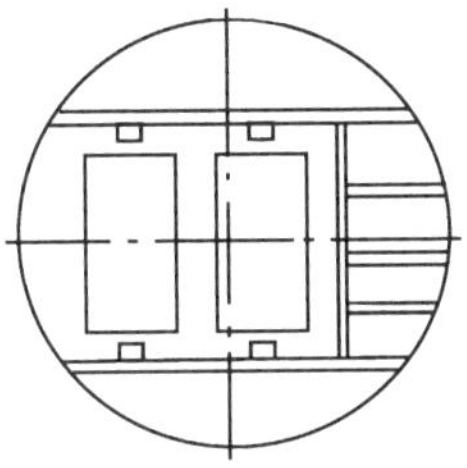	一对 1 t、3 t 矿车单、双层单车普通罐笼	金属罐道梁、金属或木罐道,端面布置;设梯子间、管子间
7	7.5; 8.0	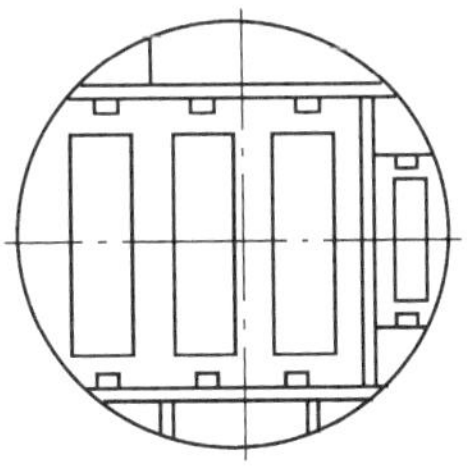	一对 1.5 t 矿车双层 4 车多绳罐笼(窄型);一个带平衡锤的 1.5 t 矿车双层 4 车多绳罐笼(宽型)	金属罐道梁、型钢组合罐道、方钢罐道,端面布置;设梯子间、管子间
8	7.5; 8.0	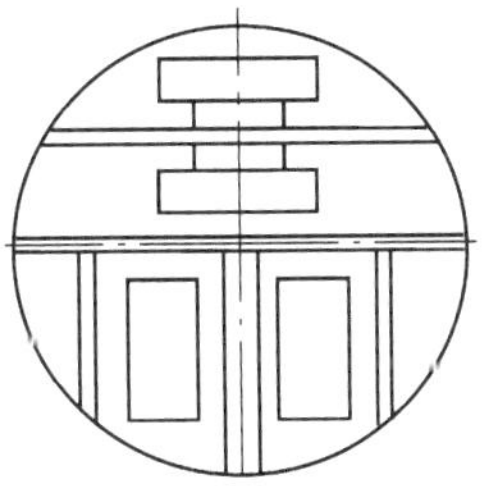	一对 4 t、6 t、8 t 箕斗和一对 1 t 矿车单、双层单车普通罐笼	箕斗提升为双侧布置钢轨罐道;罐笼提升为单侧布置钢轨罐道,金属罐道梁

5.1.1.2 井筒支护结构设计

(1) 井壁厚度计算

① 薄壁圆筒公式

$$h=\frac{v_{\mathrm{k}} p R}{f_{\mathrm{c}}} \tag{5-1}$$

以 $R=h+r$ 代入上式得：

$$h=\frac{v_{\mathrm{k}} p r}{f_{\mathrm{c}}-v_{\mathrm{k}} p} \tag{5-2}$$

式中 h——井壁厚度，mm；

R——井壁外半径，mm；

r——井筒净半径，mm；

p——地压，MPa；

f——井壁材料的设计强度，$\mathrm{N/mm^2}$；

v_{k}——结构计算荷载系数，按有关规定采用。

② 厚壁圆筒公式

a. 拉麦公式

$$h=r\left(\sqrt{\frac{f_{\mathrm{c}}}{f_{\mathrm{c}}-2 v_{\mathrm{k}} p}}-1\right) \tag{5-3}$$

b. 能量强度理论(古别拉)公式

$$h=r\left(\sqrt{\frac{f_{\mathrm{c}}}{f_{\mathrm{c}}-\sqrt{3} v_{\mathrm{k}} p}}-1\right) \tag{5-4}$$

应该指出，此公式是应用形状改变比能原理，令泊松比 $\mu=0.5$ 推导出来的，对混凝土这样的脆性材料来说不尽合理。波兰在设计井壁时常采用此公式。

(2) 圆环内力计算

按均匀侧压力计算圆环内力。

① 薄壁圆环内力计算公式(当 $h<r/10$ 时采用)

井壁上只受轴向压力，如图 5-2 所示。

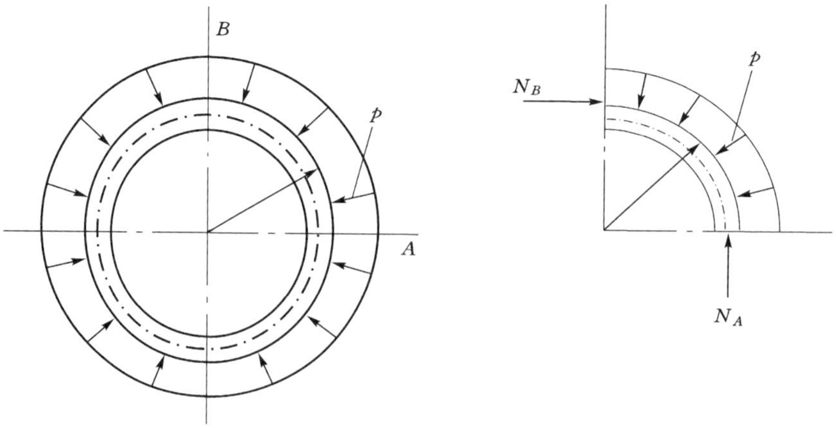

图 5-2 薄壁圆环受力分析

$$N_A = N_B = pR \tag{5-5}$$

式中　N_A、N_B——A、B 截面的轴向压力，N。

当验算井壁强度时，需满足下式：

$$N = v_k pR \leqslant f_c h\varphi \tag{5-6}$$

式中　φ——按换算长度计算的纵向弯曲系数。

② 厚壁圆环内力计算公式(当 $h > r/10$ 时采用)

a. 拉麦公式

$$\begin{aligned} \sigma_r &= \frac{R^2 p}{R^2 - r^2}\left(1 - \frac{r^2}{r_x^2}\right) \\ \sigma_t &= \frac{R^2 p}{R^2 - r^2}\left(1 + \frac{r^2}{r_x^2}\right) \end{aligned} \tag{5-7}$$

式中　σ_r——圆环的径向应力，MPa；

σ_t——圆环的切向(环向)应力，MPa；

r_x——计算点半径，mm。

当计算点半径 $r_x = R$ 时，σ_r 及 σ_t 即为井壁外缘处的应力。

$$\begin{cases} \sigma_r = p \\ \sigma_t = \dfrac{R^2 + r^2}{R^2 - r^2} p \end{cases} \tag{5-8}$$

当 $r_x = r$ 时，σ_r 及 σ_t 即为井壁内缘处的应力。

$$\begin{cases} \sigma_r = 0 \\ \sigma_t = \dfrac{2R^2 p}{R^2 - r^2} \end{cases} \tag{5-9}$$

最大的切向应力发生在圆环内缘，如图 5-3 所示。可按下式进行截面强度验算：

$$\sigma_t = \frac{2v_k R^2 p}{R^2 - r^2} \tag{5-10}$$

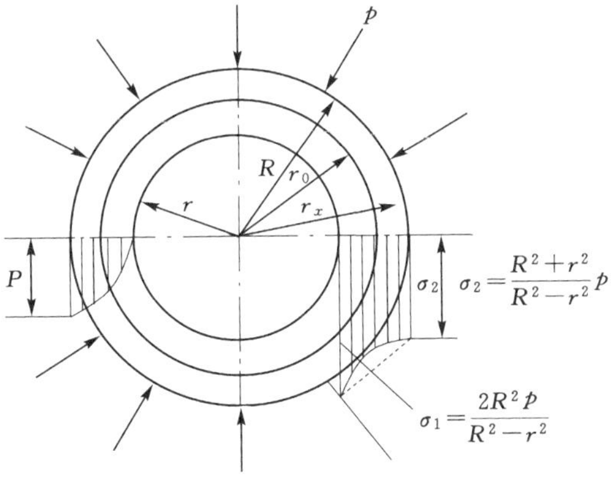

图 5-3　厚壁圆环应力分布

b. 能量强度理论(古别拉)公式

计算半径为 r_x 时的切向应力：

$$\sigma_x = \sqrt{3}\left[\frac{R^2 r^2}{(R^2 - r^2) r_x^2}\right] p \tag{5-11}$$

井壁内缘切向应力：

$$\sigma_t = \frac{\sqrt{3} R^2 p}{R^2 - r^2} \tag{5-12}$$

井壁外缘切向应力：

$$\sigma_t = \frac{\sqrt{3} r^2 p}{R^2 - r^2} \tag{5-13}$$

用下式验算井壁强度：

$$\sigma_t = \frac{\sqrt{3} V_k R^2 p}{R^2 - r^2} \leqslant f_c \tag{5-14}$$

理论研究和建井实践证明：就圆筒井壁而言，在一定压力作用下，增加井壁厚度对提高井壁承载能力作用不明显，提高井壁材料强度对提高井壁强度才更为有效。

(3) 临时支护

在立井井筒施工中，若掘进后井筒空帮高度小，空帮时间短，在进行永久支护之前不会片帮时，可不采用临时支护。否则，为了防止井筒破坏和确保施工安全都需要进行临时支护。长期以来，井筒掘进的临时支护都是采用井圈背板，这种方法由于材料消耗量大、拆装费工费时，目前主要用于表土层(或不稳定岩层)施工；在井筒基岩段施工时，采用锚喷临时支护由于能对井帮及时封闭和有效支护，可防止围岩风化，适于大段高施工，目前已发展成为井筒基岩施工中的主要临时支护方式。

(4) 永久支护

立井井筒永久支护是井筒施工中的一个重要工序。根据所用材料不同，立井井筒永久支护可采用料石砌筑井壁、混凝土(或钢筋混凝土)整体井壁、锚喷支护等结构。料石砌筑井壁由于砌筑劳动强度大，不易实现机械化施工，而且井壁的整体性和封水性很差，目前仅在一些小矿井使用，而且要求井筒涌水量不大、料石可就地取材。在围岩条件较好、涌水量较小、井筒较浅、断面较小等情况下，可采用锚喷支护作永久支护。在更多情况下，采用混凝土(或钢筋混凝土)整体井壁。

5.1.1.3 施工方法

立井施工时，通常是将井筒全深划分为若干井段，由上向下逐段施工。每个井段高度取决于井筒所穿过的围岩性质及稳定程度、涌水量大小、施工设备等条件，通常分为 2～4 m(短段)，30～40 m(长段)，最高时达 100 多米。施工内容包括掘进、砌壁(井筒永久支护)和井筒安装(安装罐道梁、罐道、梯子间、管缆间或安装钢丝绳罐道)等工作。当井筒掘砌到底后，一般先由上向下安装罐道梁，然后自下向上安装罐道，最后安装梯子间及各种管缆。也有一些立井在施工过程中，掘进、砌壁、井筒安装三项工作分段互相配合同时进行，井筒到底时，掘、砌、安三项工作也都完成。

(1) 井筒表土施工

立井井筒表土段施工方法是由表土层的地质和水文地质条件决定的。立井井筒穿过的表土层，按其掘砌施工的难易程度分为稳定表土层和不稳定表土层。稳定表土层，是指在井筒掘砌施工中井帮易于维护、用普通方法施工能够通过的表土层，其中包括含非饱和水的黏土层、含少量水的砂质黏土层、无水的大孔性土层和含水量不大的砾(卵)石层等。不稳定表土层,是指在井筒掘砌施工中井帮很难维护、用普通方法施工不能通过的表土层,其中包括含水砂土层、淤泥层、含饱和水黏土层、浸水的大孔性土层、膨胀土和华东地区的红色黏土层等。

根据表土的性质及其所采用的施工措施,井筒表土施工方法可分为普通施工法和特殊施工法两大类。对于稳定表土层一般采用普通凿井施工法,普通凿井施工法具有工艺简单、设备少、成本低、工期短等优点;而对于不稳定表土层,可采用特殊施工法或普通与特殊相结合的综合施工方法。

① 普通施工法

普通施工法主要有井圈背板施工法、吊挂井壁施工法和板桩法。

a. 井圈背板施工法

采用人工或抓岩机(土硬时可放小炮)出土,下掘一小段后(空帮不超过 1.2 m)即用井圈、背板进行临时支护,掘进长段后(一般不超过 30 m)再由下向上拆除井圈、背板,然后砌筑永久井壁,如图 5-4 所示。如此周而复始,直至基岩。这种方法适用于较稳定的土层。

b. 吊挂井壁施工法

吊挂井壁施工法是适用于稳定性较差表土层中的一种短段掘砌施工方法。为保持土的稳定性、减少土层裸露时间,段高一般取 0.5～1.5 m,按土层条件分别采用台阶式或分段分块并配以超前小井降低水位的挖掘方法。吊挂井壁施工中,因段高小而不必进行临时支护。因段高小,每段井壁与土层的接触面积小,土对井壁的围抱力亦小,为了防止井壁在混凝土尚未达到设计强度前失去自身承载能力、引起井壁拉裂或脱落,必须在井壁内设置钢筋并与上段井壁吊挂,如图 5-5 所示。

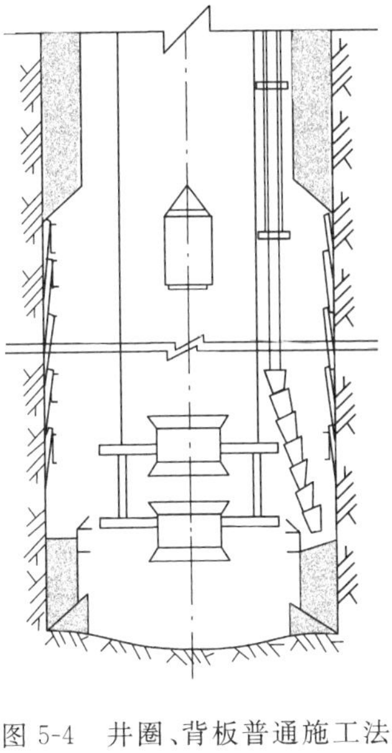

图 5-4　井圈、背板普通施工法

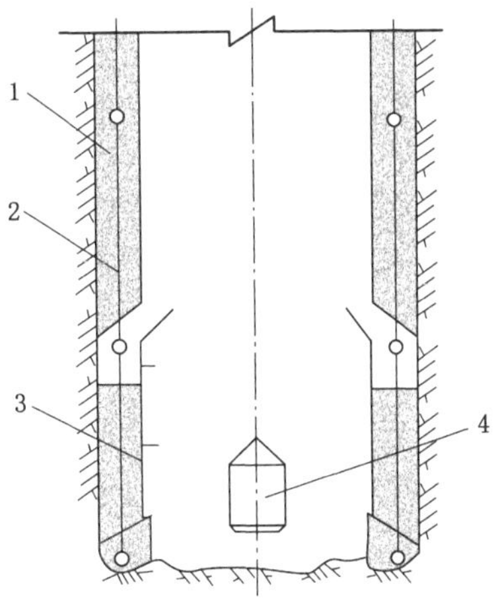

1—井壁;2—吊挂钢筋;3—模板;4—吊桶。

图 5-5　吊挂井壁施工法

这种施工方法可用于渗透系数大于 5 m/d、流动性小、水压不大于 0.2 MPa 的砂层和透水性强的卵石层以及岩石风化带。吊挂井壁法使用的设备简单、施工安全,但其工序转换频繁、井壁接茬多、封水性差。故常在通过整个表土层后自下而上复砌第二层井壁。为此，需按井筒设计规格适当扩大掘进断面。

c. 板桩法

对于厚度不大的不稳定表土层，在开挖之前可先用人工或打桩机在工作面或地面沿井筒荒径依次打入一圈板桩，形成一个四周密封的圆筒以支承井壁，并在其保护下进行掘进。板桩材料可采用木材和金属材料两种。木板桩多采用松木或柞木制作，彼此采用尖形接榫。金属板桩常用 12 号槽钢相互正反扣合相接。根据板桩入土的难易程度，可逐次单块打入，也可多块并成一组分组打入。木板桩取材容易、制作简单，但刚度小、入土困难，板桩间连接紧密性差，故多用于厚度为 3～6 m 的不稳定土层。而金属板桩可根据打桩设备的能力，用于厚度 8～10 m 的不稳定土层，若与其他方法相结合，其应用深度可更大。

应用井筒表土普通凿井施工法时应特别注意水的处理，常采用工作面超前小井或降水钻孔两种方法降低水位。它们都是在小井(或钻孔)中用泵抽水，使周围形成降水漏斗而变为水位下降的疏干区，以增加施工土层的稳定性，保证井筒顺利施工。

② 特殊施工法

在不稳定表土层中施工立井井筒，必须采取特殊的施工方法(如冻结法、钻井法、沉井法、注浆法和帷幕法)才能顺利通过。目前以采用冻结法和钻井法为主。

a. 冻结法

冻结法凿井就是在井筒掘进之前，在井筒周围钻冻结孔，用人工制冷的方法将井筒周围的不稳定表土层和风化岩层冻结成一个封闭的冻结圈(见图 5-6)，以防止水或流砂涌入井筒并抵抗地压，然后在冻结圈保护下掘砌井筒。待掘砌到预计深度后停止冻结再进行拔管和充填工作。冻结法凿井主要工艺过程有冻结孔的钻进、冻结站和冻结管路安装、井筒冻结和井筒掘砌等。

为了形成封闭的冻结圈，先要在井筒周围钻一定数量冻结孔，以便在孔内安设带底锥的冻结管和底部开口的供液管。冻结孔一般等距离地布置在与井筒同心的圆周上，其圈径取决于井筒直径冻结深度、冻结壁厚度和钻孔的允许偏斜率。冻结孔孔间距一般为 1.2～1.3 m，孔径为 200～250 mm，孔深应比冻结深度大 5～10 m。

井筒周围的冻结圈，是由冷冻站制出的低温盐水在沿冻结管流动过程中不断吸收孔壁周围岩土层的热量而使岩土逐渐冷却冻结而成的。盐水起传递冷量的作用，称为冷媒剂。盐水的冷量是利用液态氨气化时吸收盐水的热量而制取的，所以氨叫作制冷剂。被压缩的氨由过热蒸气状态变成液态过程中，其热量又被冷却水带走。可见，整个制冷设备包括氨循环系统、盐水循环系统和冷却水循环系统三部分，如图 5-7 所示。

冻结方案有一次冻全深、局部冻结、差异冻结和分期冻结等几种。一次冻全深方案的适应性强，应用比较广泛。冻结方案的选择，主要取决于井筒穿过的岩土层的地质和水文条件、需要冻结的深度、制冷设备的能力和施工技术水平等。

冻结段井筒掘砌采用冻结法施工，井筒开挖时间要选择合适，即当冻结壁已形成而又尚未冻至井筒范围以内时最为理想。此时，既便于掘进，又不会造成涌水冒砂事故。实际上，往往很难保证这种理想状态而使整个井筒被冻实。对于这种冻土挖掘，可采用风镐或钻眼爆破法施工。冻结井壁一般都采用钢筋混凝土或混凝土双层井壁。外层井壁一般为厚 400 mm左右的钢筋混凝土，随掘随进行浇筑。内层井壁一般为厚 500 mm 左右的素混凝

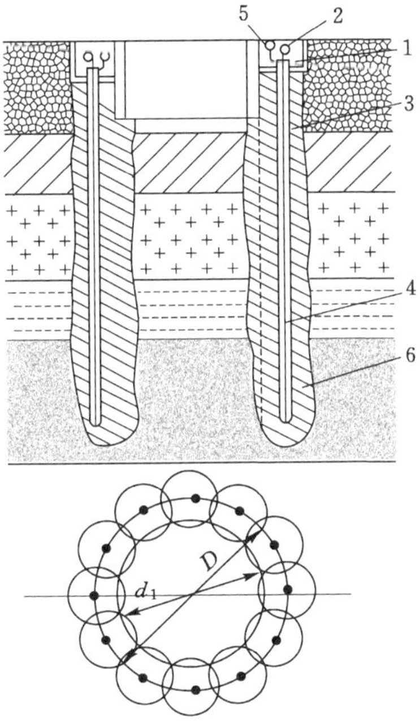

1—冷冻沟槽；2—配液管；3—冻结管；4—供液管；5—回液管；6—冻结圈；
D—冻结孔布置圈直径；d_1—井筒掘进直径。

图 5-6　冻结法凿井冻结系统

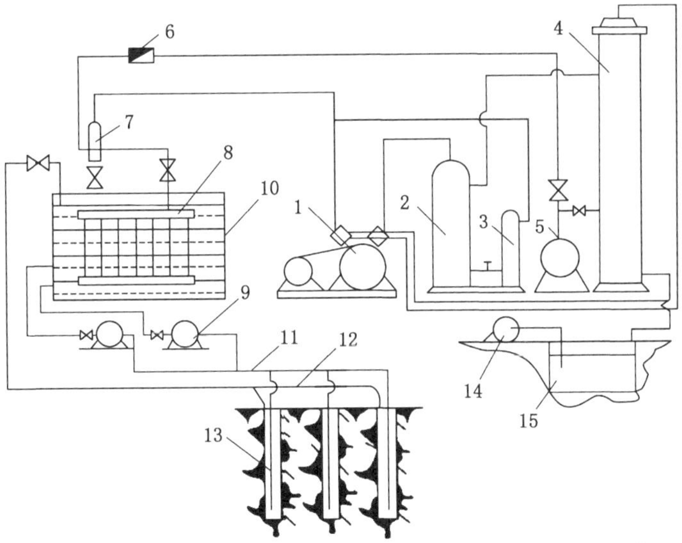

1—氨压缩机；2，7—氨油分离器；3—集油管；4—冷凝器；5—贮氨器；6—调节阀；8—蒸发器；9—盐水泵；
10—盐水箱；11—配液管；12—集液管；13—冻结孔；14—冷却水泵；15—水池。

图 5-7　制冷系统示意图

土，在通过冻结段后自下向上一次施工到井口。井筒冻结段双层井壁的优点是内壁无接茬，井壁抗渗性好；内壁在冻结期施工，混凝土养护条件较好，有利于保证井壁质量。

b. 钻井法

钻井法凿井是利用钻井机（简称钻机）将井筒全断面一次钻成或将井筒分次扩孔钻成。

我国目前多采用转盘式钻井机，其型号有 ZZS-1、ND-1、SZ-9/700、AS-9/500、BZ-1 和 L40/800等。图 5-8 所示为 AS9/500 型转盘式钻井机的工作全貌。钻井法凿井的主要工艺过程有井筒的钻进、泥浆洗井护壁、下沉预制井壁和壁后注浆固井等。

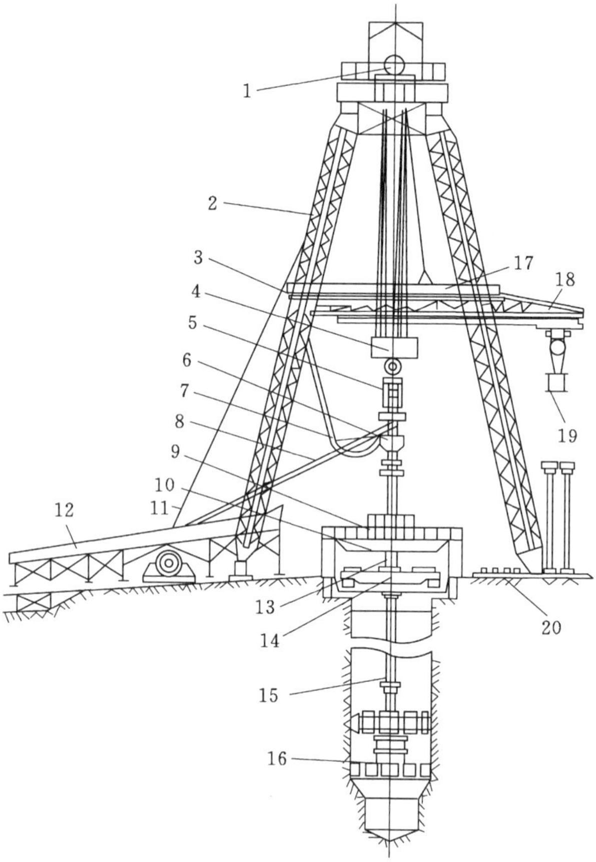

1—天车；2—钻塔；3—吊挂车；4—游车；5—大钩；6—水龙头；7—进风管；8—排浆管；
9—转盘；10—钻台；11—提升钢丝绳；12—排浆槽；13—主动钻杆；14—封口平车；
15—钻杆；16—钻头；17—二层平台；18—钻杆起重机；19—钻杆小吊车；20—钻杆仓。

图 5-8 AS-9/500 型转盘式钻井机及其工作全貌

井筒钻进是关键性工序。我国煤矿立井常采用一次、多次扩孔方式钻进。而实践证明：扩孔次数多，辅助时间消耗就多，成井速度则相应降低。但是，一次扩孔面积过大，钻头或刀盘的螺栓-法兰连接结构在钻进中需承受很大的复合应力，常发生钻头或刀盘掉落事故。如在淮南矿区谢桥东风井施工中，曾 4 次因连接螺栓全部断裂而将 8.0 m 直径扩孔钻头或刀盘掉落井下，致使打捞消耗了 9.5 个月，给施工造成了很大损失。选择扩孔直径和次数的原则是，在转盘和提吊系统能力允许情况下尽量减少打孔次数，以缩短辅助时间。钻井机的动力设备多数设置在地面，钻进时由钻台上的转盘带动六方钻杆旋转而使钻头旋转，钻头上装有破岩刀具。为了保证井筒的垂直度，都采用减压钻进，即将钻头本身重力的 30%～60% 压向工作面，刀具在钻头旋转时破碎岩石。

钻头破碎下来的岩屑必须及时用循环泥浆从工作面清除，使钻头刀具始终直接作用在未被破碎的岩石面上以提高钻进效率。泥浆由泥浆池经过进浆池槽流入井内进行洗井护壁，压气通过中空钻杆中的压气管进入混合器，压气与泥浆混合后在钻杆内外造成压力差，使清洗过工作面的泥浆带动破碎下来的岩屑被吸入钻杆，经钻杆与压气管之间环状空间排往地面。泥浆量应保证泥浆在钻杆内的流速大于 0.3 m/s，从而使被破碎下来的岩屑全部被排到地面。泥浆沿井筒自上向下流动，洗井后沿钻杆上升到地面。这种洗井方式叫作反循环洗井。泥浆的另一个重要作用就是护壁。其护壁作用，一方面是借助泥浆的液柱压力平衡地压，另一方面是在井帮上形成泥皮、堵塞裂隙、防止片帮。为了利用泥浆有效地洗井护壁，要求泥浆要有较好的稳定性、不易沉淀；泥浆失水量要比较小，从而能够形成薄而坚韧的泥皮；泥浆的黏度在满足排渣要求条件下要具有较好的流动性和便于净化。

采用钻井法施工的井筒，其井壁多采用管柱形预制钢筋混凝土井壁。井壁预制与钻进同步进行，为保证井壁的垂直度，预制井壁都在经找平后的基础上制作。待井筒钻完，提出钻头，用起重大钩将带底的预制井壁悬浮在井内泥浆中，利用其自重和注入井壁内的水重缓慢下沉，如图 5-9 所示。同时，在井口不断接长预制管柱井壁。接长井壁时，要注意测量，以保证井筒的垂直度。在预制井壁下沉的同时，需及时排除泥浆，以免泥浆外溢和沉淀。为了防止片帮，泥浆面不得低于锁口以下 1 m。

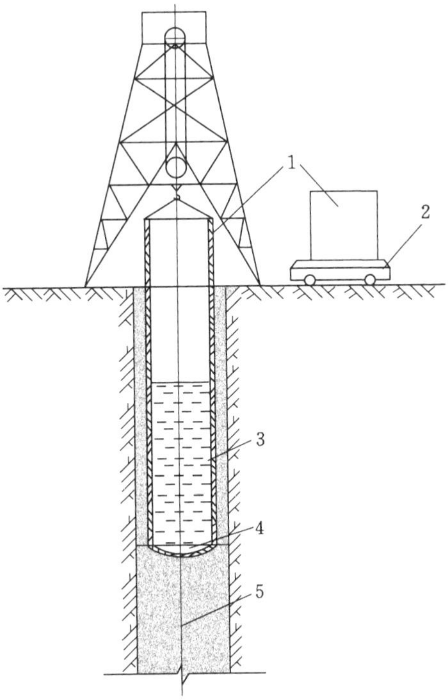

1—预制管柱井壁；2—钻台；3—配重水；4—井壁底；5—泥浆。

图 5-9　悬浮下沉井壁示意图

当井壁下沉到距设计深度 1～2 m 时，应停止下沉，测量井壁的垂直度并进行调整，然后再下沉到井底及时进行壁后充填。最后把井壁里的水排净，通过预埋的注浆管进行壁后注浆，以提高壁后充填质量和防止破底时发生涌水冒砂事故。

钻井法凿井过程中泥浆护壁是必不可少的，但成井时泥浆却成了废物，废弃泥浆的处理一直是施工中的一个问题。大直径探井井筒施工中废浆总排出量可达3万 m^3 以上，可见问题十分突出。20世纪70年代钻300 m井筒时，开始研究采用降低泥浆中固体含量的低相对密度泥浆，取得一定效果。“七五”期间经国家重点科技项目攻关，技术上又有很大发展，通过改进泥浆处理配方和工艺流程，地面造浆量可减少20%，同时研究废浆处理新技术，先后研制成功了GP-1型造粒机和GT1800/TX型固液分离机，可结合泥浆的具体特点优选。

絮凝剂采用一级快速二级慢速的分级絮凝工艺，大规模处理废浆的工艺体系从而得以实现。经工程应用证明，这一技术的泥浆处理能力大，泥浆性能调控方便，是一种比较完善的废浆处理方法。

c. 沉井法

沉井法是超前支护的一种特殊施工方法，其实质是在井筒设计位置上预制好底部附有刃脚的一段井筒，在其掩护下，随着井内掘进出土，井筒靠自重克服其外壁与土层间的摩擦阻力和刃脚下部的正面阻力而不断下沉，随着井筒下沉在地面相应接长井壁，如此周而复始直至沉到设计标高。

随着现代化施工机械和施工工艺不断革新，沉井技术也日新月异。沉井法施工工艺简单、所需设备少、易于操作、井壁质量好、成本低、操作安全，可应用于许多地下工程领域，如大型桥墩基础、地下厂房、仓库、车站等。目前，在矿山立井井筒施工中普遍采用淹水沉井施工技术。

淹水沉井是利用井壁下端的钢刃角插入土层，靠井壁自重、水下破土和压气排渣克服正面阻力而下沉。边下沉边在井口接长井壁，直到全部穿过冲积层下沉到设计位置。淹水沉井施工如图5-10所示，首先施工套井，然后在套井内构筑带刃脚的钢筋混凝土沉井井壁。

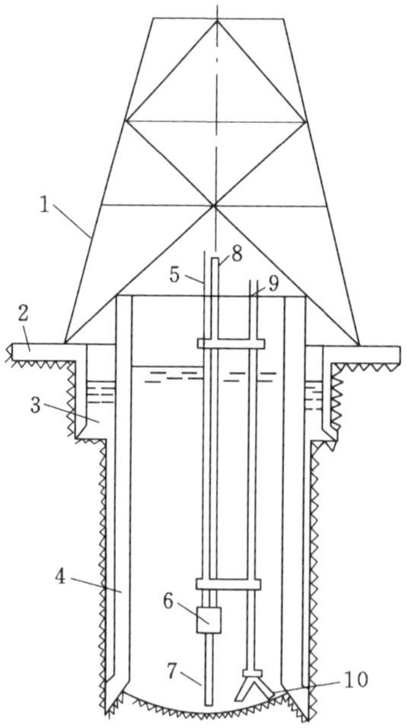

1—井架；2—套井；3—触变泥浆；4—沉井井壁；5—压风管；
6—压气排液器；7—吸泥管；8—排渣管；9—高压水管；10—水枪。

图5-10　淹水沉井法施工示意图

套井的深度是由第一层含水层深度决定的，一般取 8～15 m。套井与沉井之间的间隙，一般取 0.5 m 左右。

当钢筋混凝土沉井井壁的高度超出地面高度后，用泵通过预埋泥浆管将泥浆池中的泥浆压入沉井壁后形成泥浆隔层和泥皮。泥浆和泥皮起护壁润滑作用，同时可减小沉井下沉的摩擦阻力。沉井内充满水以达到平衡地下水静水压力的目的，可防止涌砂冒泥事故发生。

淹水沉井的掘进工作不需要人工挖土，而是采用机械破土。通常可用钻机和高压水枪破土、压气排渣。在井深不大的砾石层和卵石层中，也可采用长绳悬吊大抓斗直接抓取提到地面的破土排渣方法，但一般只适用于深度不大于 30 m 的浅沉井。

沉井在下沉过程中，由于土层倾角刃脚下局部有大块卵石、地下水流动方向和出土不均衡等因素的影响，沉井往往产生偏斜，因此首先要注意防范。除了要在沉井井壁外侧安设导向装置外，还要注意观测，发现偏斜及时处理。沉井发生偏斜时，一般可以在地面用液压千斤顶顶推井壁，同时在刃脚较高处加强破土排砂，使沉井的偏斜在下沉移动过程中得到纠正。

当淹水沉井或普通沉井下沉到设计位置而井筒的偏斜值又在允许范围内时，应及时进行注浆固井工作，防止继续下沉和漏水。注浆前，一般需要在工作面浇筑混凝土止水垫封底，防止冒砂跑浆。如果刃脚已插入风化基岩内，也可以不封底而直接注浆。注浆工作一般是利用预埋的泥浆管和注浆管向壁后注入水泥或水泥-水玻璃浆液。套井与沉井之间的间隙要求用毛石混凝土充填。

在不稳定表土层中施工立井井筒还可以采用注浆法、帷幕法及其他特殊施工技术。井筒表土施工方法选择的最基本的依据是土层的性质及其水文地质条件，普通法表土施工的速度往往关系施工的成败，因此必须做好充分准备，力求快速通过。特殊法表土施工的工期长、成本高，但适应性强。应根据实际条件，灵活正确地选择施工方法，以便做到安全可靠、快速经济地通过表土层。

(2) 井筒基岩施工

立井基岩施工是指在表土层或风化岩层以下的井筒施工，根据井筒所穿过岩层的性质，目前主要采用爆破施工工艺，包括钻眼爆破排矸、井筒支护等。

① 钻眼爆破

在立井基岩施工中，钻眼爆破工作时间占整个掘进循环时间的 20%～30%，钻眼爆破的效果直接影响其他工作的进行及井筒施工速度和成本。

在立井掘进中使用的钻眼设备多为风动凿岩机，如 YT-23 型轻型凿岩机和 YGZ-70 型导轨式重型凿岩机，前者由人工手持打眼，后者用于配备伞形钻架打眼。用伞形钻架钻眼深度为 3～4 m，具有机械化程度高、劳动强度低、钻眼速度快和工作安全等优点。

在立井施工中，工作面常有积水，要求采用抗水炸药。常用的抗水炸药有抗水岩石硝铵类炸药、水胶炸药和硝化甘油炸药，其中，水胶炸药使用比较广泛。起爆器材通常采用国产 8 ms 延期电雷管、毫秒延期电雷管和导爆索。在有瓦斯或煤尘爆炸危险的井筒内进行爆破，必须采用煤矿许用炸药和延期时间不超过 130 ms 的毫秒延期电雷管。爆破电源多采用交流电源，其电压不得超过 380 V。

爆破深度是根据岩石性质、凿岩和爆破器材的性能，以及循环工作组织的要求等确定。确定一次爆破深度时应综合考虑上述影响因素，也可参考月进度计划。合理的深度，应能满足爆破效果好、掘进速度快、材料消耗少、有利于施工组织与管理等要求。一般情况下，当采用人工手持钻眼时一次爆破深度以 1.5～2.0 m 为宜，当采用伞形钻架打眼时以 3.0～4.0 m 为宜。

炮眼间距和数目及炸药消耗量与岩石性质、井筒断面大小和炸药性能等因素有关。合理的炮眼间距和数目及炸药消耗量，应该是在保证最优爆破效果下爆破器材消耗量最少。

炮眼数目应结合炮眼布置最后确定。对圆形断面井筒，炮眼多采用同心圆布置，即将炮眼布置在与井筒同心、半径不同的若干个圆周上，如图 5-11 所示。炮眼比较深时，为了打眼方便和防止崩坏井内设备多采用直眼掏槽，掏槽眼圈径为 1.2～2.2 m。周边眼距离设计井为 0.2 m，相邻同心周边眼间距为 0.7～1.0 m；掏槽眼间距为 0.6～0.8 m，崩落眼间距为 0.8～1.0 m，周边眼间距为 0.4～0.6 m。

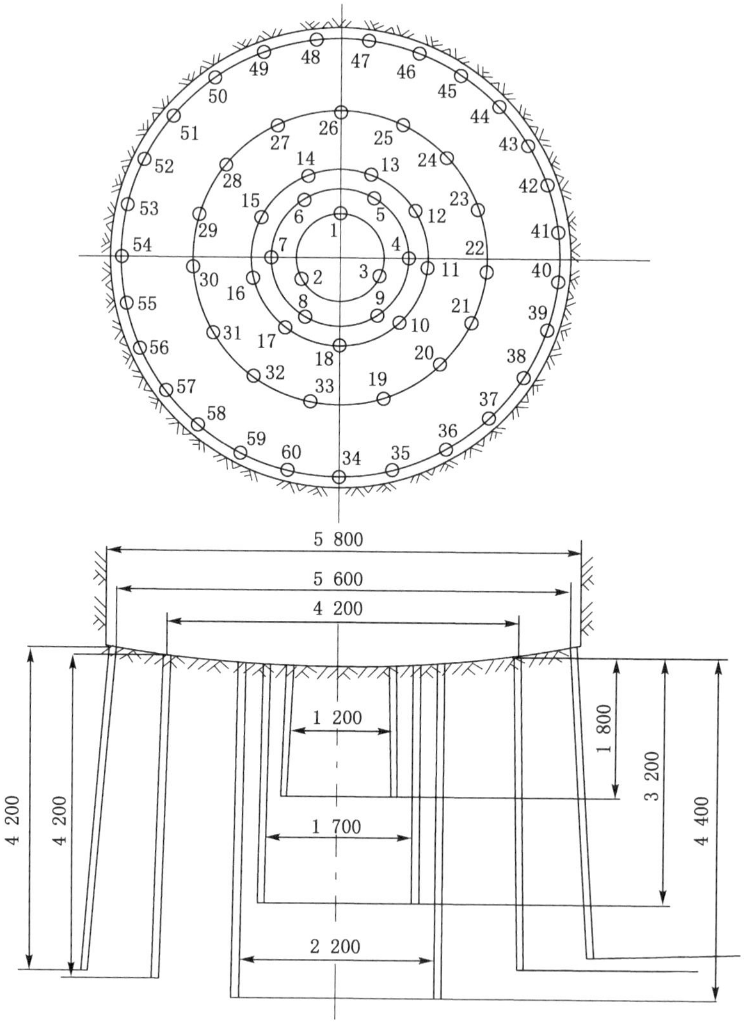

图 5-11　圆形断面立井爆破炮眼布置图

装药方式一般都采用柱状连续装药，为了达到光面爆破的目的，周边眼可以采用不耦合装药或间隔装药。连线方式一般都采用并联，若一次起爆的雷管数目较多，并联不能满足准爆电流要求时，可以采用串并联方式。在立井施工爆破时，所有人员必须升井离开井口棚，并打开井盖门；爆破应由专职爆破工进行；爆破后，必须将炮烟排出并经过检查认为安全时，才允许作业人员下井。

② 装岩提升

在立井基岩施工中，矸石被直接排到地面，排矸由装岩、提升和卸矸三个环节组成。排矸时间占整个掘进工作循环时间的 50%～60%，因此排矸速度直接影响和决定着立井施工的速度。

目前立井施工已普遍采用抓岩机装岩，实现了装岩机械化。我国生产的抓岩机有 NZQ_2-0.9 型抓岩机、长绳悬吊抓岩机(HS 型)、靠壁式抓岩机(HK 型)、环行轨道式抓岩机(HH 型)、中心回转式抓岩机(HZ 型)等。煤矿立井施工多采用中心回转式抓岩机。中心回转式抓岩机被固定在吊盘下层盘或稳绳盘上。抓斗通过变幅机构做径向运动，通过回转机构做圆周运动，通过提升机构做上下运动。抓斗抓岩由司机在司机室内操作，司机室距工作面不超过 15 m。

凿井时的提升任务除排矸外，还包括升降人员和设备、下放材料等，通常采用混合提升。提升系统一般由提升容器、钩头连接装置、提升钢丝绳、提升机和提升系统辅助设施(包括天轮、导向轮、提升容器的导向稳绳和滑架等)组成。可采用单钩或双钩提升方式。根据井筒断面的大小和提升需要，在井筒内可布置 1 套单钩系统，或 2 套单钩系统，或 1 套单钩系统加 1 套双钩系统。

装满矸石的吊桶由提升机提到地面卸矸台以上，靠人工或安设在井架卸矸台上的自动翻矸机构翻转吊桶，将矸石卸入溜槽，溜入地面的矿车(或汽车)中，排至排矸场。

5.1.2　平巷交岔点

5.1.2.1　交岔点分类

矿井水平巷道交岔点的结构形式，分为柱墙式交岔点和穿尖式交岔点两种；其断面形状宜与相连接的巷道断面形状相同，如图 5-12 所示。

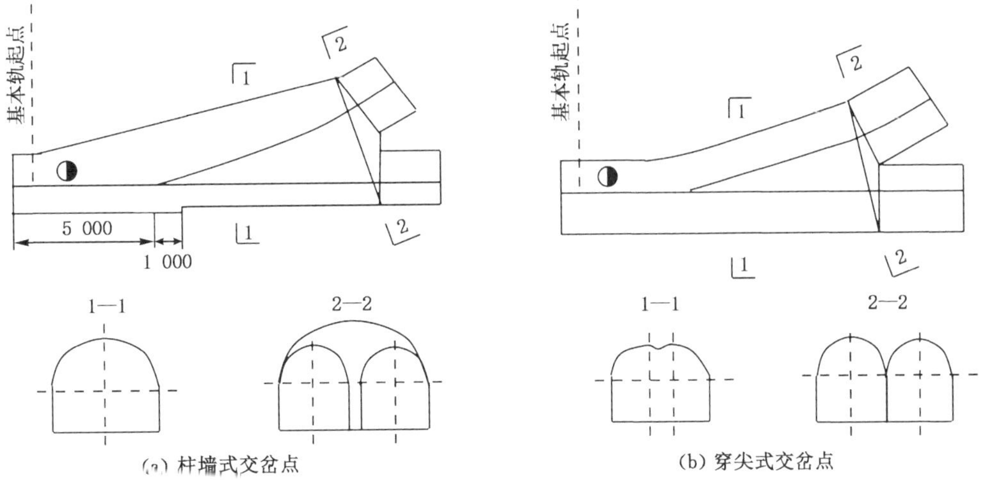

图 5-12　交岔点结构形式

① 柱墙式交岔点

柱墙式交岔点又称“牛鼻子”碹岔，在各类围岩的巷道中均可使用。在该交岔点长度内两巷道的相交部分，共同形成一个渐变跨度的大断面，其最大断面的跨度和拱高是由相交巷道的宽度和柱墙的宽度决定的。

这种交岔点较穿尖式交岔点工程量大，施工时间长，但具有受力条件好、容易维护等特点，所以得到普遍应用。

② 穿尖式交岔点

穿尖式交岔点一般在围岩稳定坚硬、跨度小的巷道中使用。在交岔点的长度内，两巷道为自然相交，其相交部分保持各自的巷道断面。拱高不是以两条巷道的最大跨度来决定，而是以巷道自身的跨度来决定的。因此，碹岔中间断面的高度不超过两相交巷道中宽巷的高度。由于拱高低、长度短、断面尺寸不渐变，从而工程量小，施工时间短，通风阻力小，也使设计工作简化。但它较柱墙式交岔点，在相同条件下拱部承载能力小，仅适用于围岩坚硬、稳定、跨度较小的巷道。

5.1.2.2 交岔点支护原则

（1）锚喷支护交岔点的支护参数，应按交岔点最大宽度选取，并取上限值。

（2）交岔点分岔巷道的加强支护长度，应根据围岩性质确定，宜取 2～5 m。

（3）砌碹支护的交岔点，砌碹厚度应按交岔点最大宽度选取。分岔巷道的砌碹厚度，当 $f \geqslant 3$ 时，应按各自的宽度选取；当 $f < 3$ 时，应按交岔点最大宽度选取。

（4）交岔点柱墙是两条分岔巷道顶板的支撑点，应采用料石和混凝土砌筑。锚喷支护交岔点当不用混凝土和料石砌筑柱墙时，其柱墙处应采取措施加强支护。

5.1.2.3 交岔点矿压计算特点

（1）矿压计算的特点（表 5-2）

表 5-2 交岔点矿压计算特点

<table>
<tr><th rowspan="2">交岔点矿压计算图</th><th rowspan="2">顶梁 CD 的顶压计算原则</th><th colspan="2">抬棚梁 AD 或 CB 的计算原则</th></tr>
<tr><th>抬棚梁上架梁数<6 架</th><th>抬棚梁上架梁数≥6 架</th></tr>
<tr><td>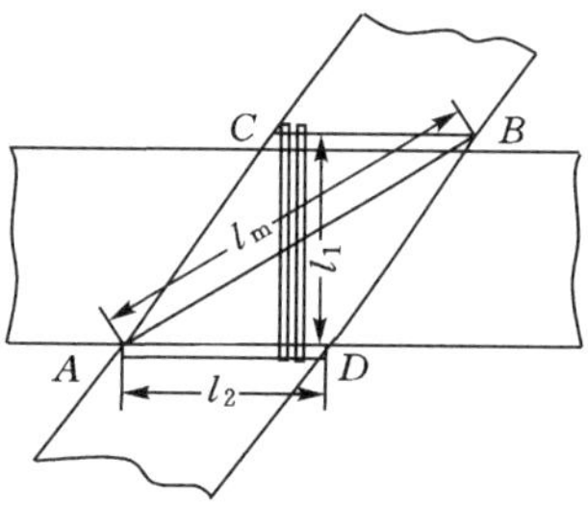
</td><td>交岔处两巷道互相削弱，使冒落拱高及底跨均加大。计算顶梁 CD 的顶压时，冒落拱底跨取为(1.25～1.50)l_m，l_m 为交岔点最长对角线长度</td><td>抬棚梁按承受集中荷载简支梁计算</td><td>抬棚梁按承受均布荷载简支梁计算，荷载集度为
$$q_L = q_g + \frac{ql_1}{2d}$$
式中 q_L—顶梁自重，N/cm；
q—顶梁所受顶压集度，N/cm；
l_1—顶梁实际跨度，cm；
d—顶梁间距，cm</td></tr>
</table>

（2）交岔点应力集中的特点

两条交岔巷道两侧的支承压会产生相互叠加。正在开凿第一巷道时的应力集中系数 K 比开凿前增大 10%～15%；交岔点第二巷道掘进后，应力集中系数 K_0 比开凿前增大 40%～50%。

巷道交岔点的交叉角度 θ 和交叉巷道数目 n，对交岔点拐角岩柱应力集中系数 K_0 的相互关系可用式(5-15)表达：

$$K_0=\frac{K_1+K_2}{2}\sqrt{\frac{n}{\sin\frac{\theta}{2}}} \tag{5-15}$$

式中　K_1、K_2——交岔点区域外与拐角岩柱相毗连巷道两帮中相应的压应力集中系数，此值由巷道断面形状和巷道掘进宽度 $B_i(2a_1)$ 与掘进高度 h_1 的比值确定，见表5-3。

表5-3　应力集中系数K

巷道断面形状	a_1/h_1					
	1	1.25	1.5	1.75	2	2.25
梯形	2.8	2.9	3.0	3.1	3.2	3.3
矩形	2.6	2.65	2.7	2.75	2.8	
拱形	2.0	2.25	2.5	2.7		
弓形	1.8	1.9	2.0	2.1		
圆形	2.0					
多边形	2.5					

5.1.3　马头门

马头门是直接与副、主井井筒相连的主要硐室。其施工方法与一般硐室相同，但是由于它们与立井筒相连，必须考虑与井筒施工的关系和对凿井设备的利用。

5.1.3.1　*施工方法*

马头门因与井筒相连接、断面较大又受施工条件限制，故全断面一次掘进法用得很少，一般多采用自上而下分层施工法。另外，马头门与井筒相接处的井壁应砌筑成一个整体。

马头门的施工顺序如图5-13所示。当井筒掘进到马头门上方5～10 m处，井筒停止掘进，先将上段井壁砌好。井筒继续下掘，可以随井筒掘进同时将马头门掘出，也可以将井筒掘到底或掘至马头门下方的混凝土壁圈处，由下而上砌筑井壁至马头门的底板标高处，再逐段施工马头门。当岩层松软、破碎时，两侧马头门应分别施工；在中等以上稳定岩层中，两侧马头门可以同时施工。当马头门处围岩比较坚硬稳定时，掘进可采用锚喷做临时支护。为了加快马头门施工速度，可安排与井筒同时自上而下分层施工马头门。

兖州矿区鲍店煤矿副井净直径8 m，马头门位于井筒−430 m水平两侧，马头门范围内有推车机、调车机、下料绞车、信号等小型硐室以及等候室、变电所等通道。马头门进车和出车线长度分别为31 m和16 m，进车侧的掘进高度和宽度分别为11.65 m和9.2 m，出车侧的掘进高度和宽度分别为11.4 m和8.7 m，马头门的最大掘进断面为105 m^2，马头门进出车两侧16 m长度内为锚喷网和双排钢筋混凝土支护结构，进车侧16～31 m范围内则采用锚喷网和素混凝土支护结构。

该马头门采用与井筒同时施工方法(图5-14)，整个工程安排4个阶段施工。第一阶段，

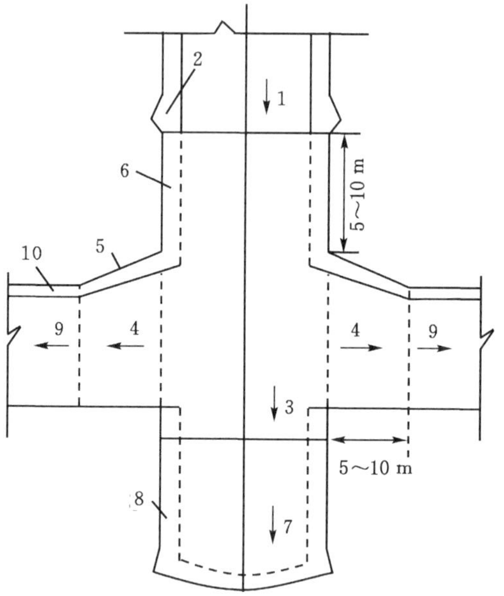

注：1～10 为施工顺序。

图 5-13　马头门的施工顺序

施工井筒两侧马头门各 7.0 m，并与井筒同时完成永久支护的钢筋混凝土浇筑；第二阶段，待主井通过井底车场和副井马头门贯通后，再由主井一侧的巷道向马头门进车侧最外端的 15 m(图 5-14 中Ⅱ区)施工；第三阶段，施工马头门进、出车侧的其余部分各 9 m；最后阶段，施工马头门范围内的其他所有硐室和设备基础。施工时将马头门全断面划分为Ⅰ～Ⅴ分区，如图 5-15 所示。施工时先掘进马头门的拱部，同时用锚喷网控制围岩，随后向下分层分区(中间留岩柱)依次掘至马头门底板，掘出的碎石放入井筒中由抓岩机装入吊桶提出。再由下向上立模、绑扎钢筋、连续浇筑混凝土，并与井筒井壁一并向上砌筑，以保证连接部分支护的整体质量，最后清除中间岩柱。

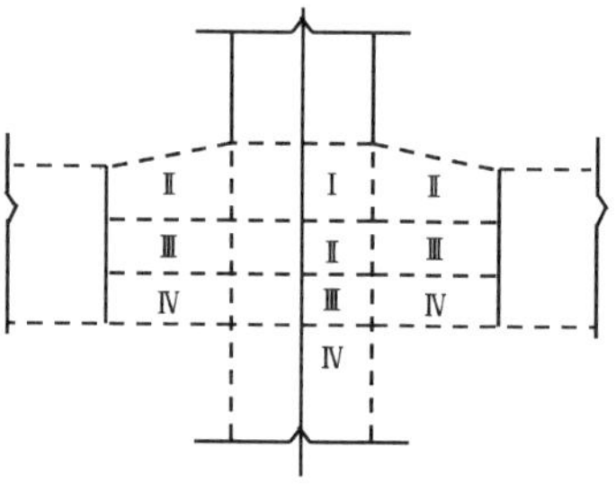

注：下行分层施工法，Ⅰ～Ⅳ为施工顺序。

图 5-14　马头门与井筒同时施工法

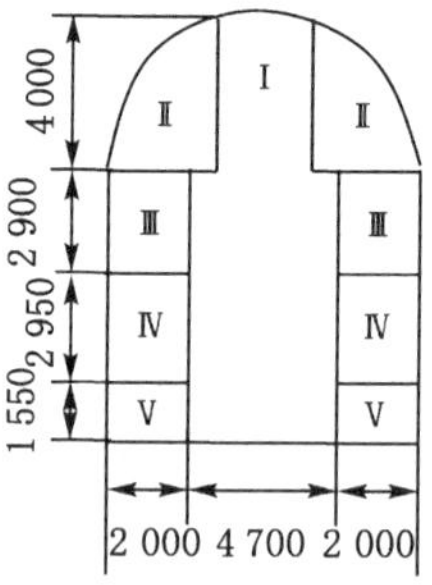

图 5-15　鲍店副井马头门施工分区图

马头门的一次支护在每次爆破后立即进行，先喷 50 mm 厚混凝土，接着安设锚杆、挂金属网。锚杆采用倒楔式砂浆锚杆，直径 14 mm、长 2 m，最后复喷 100 mm 厚混凝土。为了加强对顶板的维护，由下向上分层连续浇筑，混凝土设计强度等级为 C25，施工时按 C35 配制；主筋规格为 ϕ20 mm，配筋规格为 ϕ12 mm，间距 300 mm，严格控制混凝土的配合比和水灰比；分层连续浇筑层厚不超过 300 mm 并振捣密实。为了加强两次支护层间的密实性，在马头门的拱顶部预埋 2 根长 1.0 m 的注浆管，以备后期再注入水泥浆液，填塞壁后层间的裂隙和空洞。该马头门掘进总工程量 2 684 m^3，混凝土浇筑工程量连同井壁共 1 026 m^3，共耗用钢筋 43.5 t。

马头门与井筒同时施工具有如下特点：可以充分利用凿井设备和设施进行打眼爆破、通风排烟、装岩提升、压气供应、排水、拌料下料等工作，使准备、辅助工作大大简化；支护的整体性好，工程质量易于保证。该方法不足之处是马头门施工占用井筒施工期，致使井筒到底会推迟一段时间。

马头门与井筒顺序施工，是指先掘砌完整个井筒再返上来施工马头门。即当井筒掘砌到马头门位置处时，预留下马头门的硐口不砌（硐口预留得稍大一点，以免将来马头门掘进爆破时崩坏井壁），暂时将硐口用喷射混凝土作临时支护封闭起来，待井筒掘砌到设计深度后再返上来施工马头门。为了施工方便，可以在马头门底板下方位置搭设一个临时固定盘作为掘砌的工作台，也可以直接利用凿井吊盘作为活动的掘砌工作台。

这种施工方法突出的优点是马头门施工不占用井筒施工工期，可使井筒提前到底，后期的马头门施工也可能和其他工程平行作业。

由于是高空作业，所以必须采取防坠安全措施。另外，由于井壁和马头门壁不是一次连续整体浇筑，因而马头门施工时应特别注意工程质量。当采用临时固定盘施工时，盘的安、拆费工费料，后期清除井底的存矸也需花费时间。

江苏三河尖煤矿的马头门施工采用了马头门与井筒顺序施工方法。该马头门的掘进宽度为 5.36 m，掘进高度为 4.86 m，掘进断面积 22.96 m^2，马头门在井筒掘砌到底后开始施工，前后只用了 8 d 时间就完成了东侧 5.0 m、西侧 4.0 m 的马头门和信号硐室工程，有效地缩短了井筒到底时间。

5.1.3.2　断面设计及支护

（1）断面形状

连接处断面形状，主要取决于围岩性质及压力显现形式，一般均采用半圆拱形断面。当顶压和侧压较大时，可采用马蹄形断面；当顶压、侧压及底压均较大时，可采用椭圆形、封闭形断面。

（2）支护

连接处通常采用料石或混凝土等不燃性材料支护，支护厚度为 400～600 mm。当围岩稳定、节理、裂隙不发育时可考虑采用锚喷联合支护，当围岩不稳定、地压大或连接处断面较大时，可采用钢筋混凝土支护；当连接处位于膨胀性岩层中，或连接处岩层破碎、层理发育时，可采用锚喷金属网或金属支架作临时支护，然后再砌筑永久支护。连接处上、下 2～5 m 的井壁，要安设金属支撑结构，此段井壁一般应加厚 100～200 mm，并配置构造筋以加强井壁支护能力，使金属支撑结构安设可靠。

5.1.4　采区煤仓

随着矿井机械化和集中化程度不断发展，工作面和采区及矿井生产能力都有大幅度提高。如果工作面和采区的生产能力具有较大波动性，出煤时多时少，致使各环节运输设备忙闲不均，则不能充分发挥生产能力。此外，在生产中各环节（提升、运输等）设备的工作时间、运作方式不同和可能发生的各种机电设备故障等影响，都可能使各环节之间相互发生牵连，造成一些环节间断，从而降低矿井或水平的实际运输（或提升）能力，甚至影响整个矿井生产正常进行。为了解决上述矛盾，需在相互有牵连的提升、运输各环节之间设置各种类型的井下煤仓，而且要求其要有一定的容量。

根据围岩稳定性和矿井年生产能力大小，井底煤仓可分为垂直式和倾斜式两种。倾斜煤仓一般是拱形断面，其倾角在60°～70°以上，适用于围岩稳定性较好、开采单一煤种或开采多煤种但不要求分装分运的中小型矿井。垂直煤仓一般是圆形断面，适用于围岩稳定性较差、要求分装分运的大型矿井。无论是垂直式还是倾斜式煤仓，其下口均要收缩成适合安装闸门的断面。

煤仓的永久支护一般采用混凝土浇筑，壁厚300～400 mm，也可采用喷射混凝土，喷厚一般在150 mm左右。煤仓布置在稳定坚固的岩层中时也可以不支护，但下部漏煤口斜面应采用混凝土浇筑。

煤仓的施工，一般采用先自下向上掘凿小反井，而后再自上向下刷大设计断面的方法，即反井施工。就反井施工方法而言，有普通反井法、吊笼反井法、深孔爆破法和反井钻机法等几种。过去多采用普通反井法，后来逐渐被吊笼反井法取代。虽然吊笼反井法比普通反井法具有劳动强度低、节省坑木、掘进速度快、效率高、成本低等优点，但作业环境和安全性仍很差，同时该方法要求反井围岩比较稳定并具有垂直精度较高的先导提升钢丝绳孔，所以其使用范围受到一定限制。

国外20世纪60年代就开始生产和使用反井钻机进行反井施工，反井钻机钻井的工艺不断得到完善和发展，目前在工业发达国家使用反井钻机钻凿反井的比重已超过70%，有的达到90%。自20世纪70年代我国开始自制反井钻机，目前已有多种不同规格形式的反井钻机在煤矿中使用。反井钻机是种机械化程度高、安全高效的反井施工设备，尤其是用它钻凿煤矿的反井、井下煤仓、溜煤眼、延深井筒和各种暗立井时可大大提高建设速度，其施工速度为普通反井法的5～10倍，施工成本仅为普通反井法的三分之二。它还具有减轻工人劳动强度、作业安全、成井质量好等优点。

5.1.4.1 一般规定及要求

（1）设计所需资料

① 煤仓所处位置的水文、地质资料。

② 采区煤仓与邻巷相互关系的平、剖、断面图。

③ 采区生产能力、煤种、块度。

④ 装车站通过能力、装车要求和带式输送机上（下）山输送机的运量。

⑤ 采区煤仓装、卸载设备布置图（含调度绞车安装位置）、通信及洒水设备布置。

⑥ 采区煤仓闸门安装结构图。

⑦ 闸门操纵硐室尺寸。

（2）有关规定

① 采区输送机上（下）山应设采区煤仓。

② 采区输送机上（下）山与运输大巷或石门之间的煤仓，应根据其位置的相互关系选择煤仓的布置形式：输送机上（下）山与运输大巷或石门之间有一定高差，宜采用垂直圆形煤仓；输送机上（下）山与运输大巷均布置在煤层中，应采用水平煤仓。

③ 垂直圆形煤仓下口收口角度为 55°～60°，有条件时，煤仓收口可采用双曲线形式；斜煤仓倾角不应小于 60°。斜煤仓应采用耐磨材料铺底。

④ 煤仓必须有防止人员、物料坠入和煤、矸堵塞的设施。严禁煤仓兼作流水道；煤仓内有淋水时，必须采取封堵疏干措施，没有得到妥善处理不得使用。

⑤ 井下煤仓放煤口必须安设喷雾装置或除尘器。

5.1.4.2　煤仓布置形式

煤仓的布置形式及断面形状见表 5-4。

表 5-4　煤仓布置形式及断面形状

分类原则	图示	形式	主要优缺点	适用条件
按煤仓仓体分	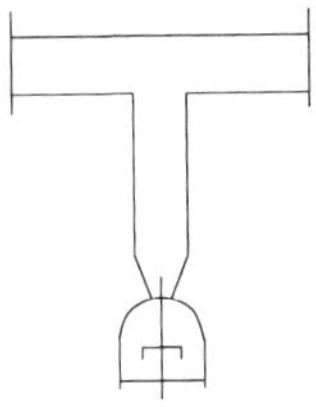	垂直式	仓体受力性能好，较少发生堵塞现象；但受条件限制	煤仓上下口巷道在一条垂直线上
	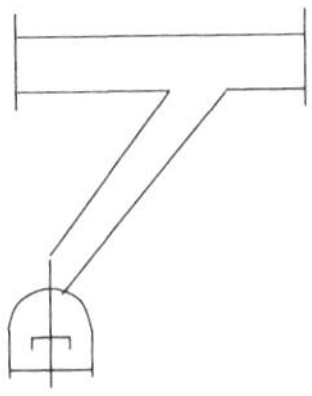	倾斜式	适应性强，施工方便；受力性能稍差，铺底工作量大	煤仓上下口巷道不在一条垂直线上
	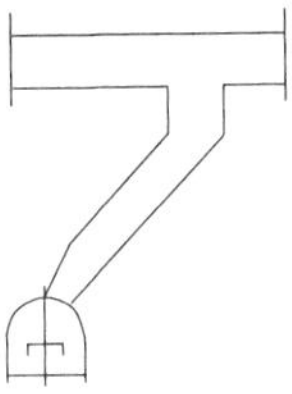	混合式	拐弯多，施工不便，但适应性最强	煤仓上下口巷道不在一条垂直线上
	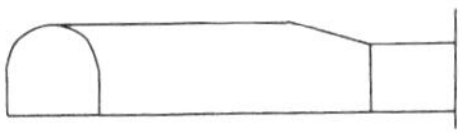	水平式	块煤率高，不堵仓，施工方便；设备投资高	大巷和采区上（下）山在同一煤层中
按煤仓断面形状分	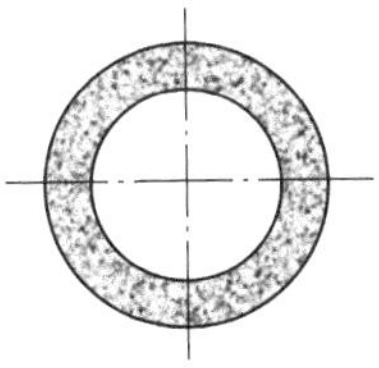	圆形	受力性能好，断面利用率高，施工方便，便于维护，不易堵仓	多用于垂直式大容量煤仓
	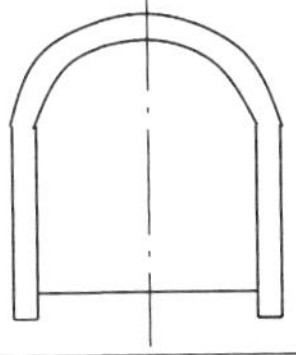	拱形	受力性能较好，施工简单	用于倾斜式煤仓

表 5-4(续)

分类原则	图示	形式	主要优缺点	适用条件
按煤仓断面形状分	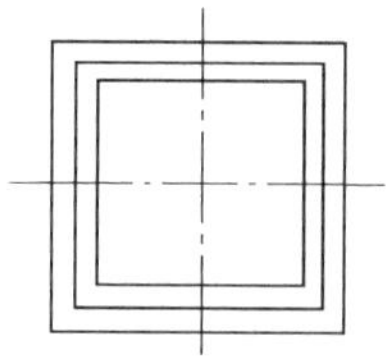	方形	受力性能差，断面利用率低；但施工简单	用于围岩条件好、断面较小的煤仓
	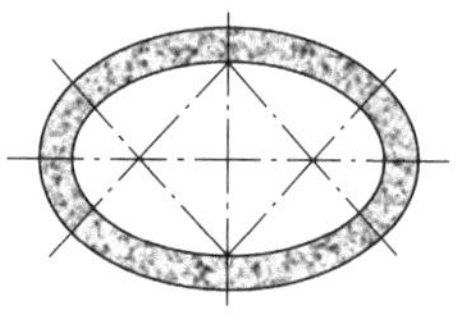	椭圆形	断面利用率高，受力性能较好；但施工较复杂	多用于垂直式需要留人行间的煤仓
	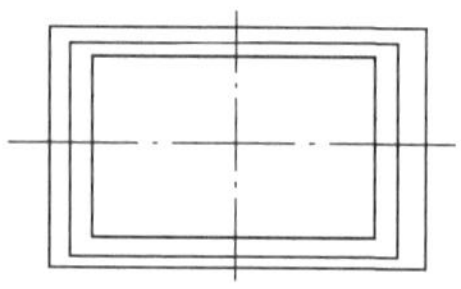	矩形	受力性能差，断面利用率低；但施工简单	用于围岩条件好、断面较小的煤仓

5.1.4.3　反井钻机施工煤仓

(1) 施工方式和施工设备

利用反井钻机钻凿反井的方式有两种：一种是把钻机安装在反井上部水平，由上而下先钻进一个导向孔(直径 216～311 mm)至反井下部水平，再由下而上扩大至反井的全断面，即上行扩孔法；另一种方式是把钻机安装在待掘反井的下部水平，先由下向上钻一导向孔，然后自上而下扩大到全断面，即下行扩孔法。下行扩孔法的岩屑沿钻杆周围下落，因此要求钻凿直径较大的导向孔，否则岩屑下落时在扩孔器边刃处重复研磨，不仅加剧刀具磨损，也会影响扩孔速度；向上钻导向孔的开孔比较困难，人员又在钻孔下方，工作条件较差。正是由于这些原因，国内外多采用上行扩孔法。如果由于岩石条件和巷道布置所限，不允许在反井上部开凿硐室和无法运输钻机，或由于岩石不稳定而要求紧跟扩孔作业进行支护等，可以考虑采用下行扩孔法。

我国煤矿应用的反井钻机常用的有 TYZ、LM 和 ATY 系列反井钻机，它们主要由主机、钻具(钻杆与钻头)、动力车、油箱车、起吊装置等部分组成，钻头分超前孔钻头和扩孔钻头，主机带有轨道平板车，工作时用于装卸钻杆，钻完后主机倒放在平板车上运送出去。

(2) 反井钻进

现以某矿采用 LM-120 型反井钻机为例说明反井钻机施工煤仓的方法。

① 准备工作

a. 施工之前应在反井的上口位置按照设计尺寸用混凝土浇筑反井钻机基础。该基础必须水平而且有足够强度。井口底板若是煤层或松软破碎岩层，应适当加大基础面积和厚度，若底板是稳定硬岩可适当减小基础面积和厚度。

b. 钻进时冷却器的冷却水要求流量为7.2 m^3/h、压力为0.8 MPa；导向孔钻进时用于冷却钻头和排除岩屑的冲洗水要求流量为30 m^3/h、压力为0.7～1.5 MPa。

c. LM-120型反井钻机因电气线路极为简单而未专门配置电气控制箱，只需用两台隔爆型磁力启动器和两台隔爆启动按钮在施工现场将电源分别接入电机即可。该机总功率为62.5 kW，主泵电动机(DYB-55型)功率为55 kW，电压为660～1 140 V。副泵电动机(BJO2-51-4型)功率为7.5 kW，电压为380/660 V。共用电压为660 V，若井下只有380 V或1 140 V电源，则需要增设变压器。

d. 钻机运到现场以后，按照图5-16所示的位置布设，然后调整钻机车位置，拧紧卡轨器后便可按照如下步骤进行工作：往油箱内注油，连接动力电源和液压管路，启动副泵，升起翻转架将钻机竖立，使其动力水龙头接头体轴心线对正预钻钻孔中心，安装斜拉杆，卸下翻转架和钻机架的连接销，放平翻转架，安装转盘吊和机械手，调平钻机架，固定钻机架(支起上下支撑缸)，接洗井液胶管和冷却水管，准备试车。

② 反井施工

a. 导孔钻进：钻机安装完毕并经过调试后即可进行开孔钻进。开孔钻进是将液压马达调成串联状态。把事先与稳定钻杆接好的导孔钻头放入井中心就位，启动马达，慢慢下放动力水龙头，连接导孔钻头，启动水泵向水龙头供水。开始以低钻压向下钻进，开孔钻速控制在1.0～1.5 m/h。开孔深度达3 m以后，增加液压缸推力进行正常钻进。根据岩石的具体情况控制钻压，一般对松软岩层和过渡地层宜采用低钻压，对坚硬岩石宜采用高钻压。在钻透前应逐渐降低钻压。在导孔钻进中，采用正循环排渣。将压力小于1.2 MPa的洗井液通过中心管和钻杆内孔送至钻头底部，水和岩屑再由钻杆外面与钻孔壁之间的环形空间返回。装卸钻杆可借助机械手、转盘吊和翻转架。

b. 扩孔钻进：导孔钻透后，在下部巷道将导孔钻头及与之相接的稳定钻杆一同卸下，再接上直径1.2 m的扩孔钻头。将液压马达调为并联状态，调整主泵油量，使水龙头出轴转速为预定值(一般为17～22 r/min)，扩孔时将冷却器的冷却水放入井口，水沿导孔壁和钻杆外壁自然下流，即可起到冷却刀具和消尘防爆的作用。扩孔开孔时应采用低钻压，待刀盘和导向辊全部进入孔内后方可转入正常钻进。在扩孔钻进时，岩石碎屑自由下落到下部平巷，停钻时装车运出。扩孔钻进情况如图5-16所示。

扩孔距离上水平还有3 m左右时，应当用低钻压(向上拉力)慢速钻进。此时，施工人员应密切注视基础变化情况，当发现基础有破坏征兆时，应立即停止钻进，待钻机全部拆除后可用爆破法或风镐凿开。进行此项工作时，施工人员应佩戴安全绳或保险带。

(3) 反井刷大

用钻机钻扩完直径1.2 m的反井全深后，即可按设计煤仓规格进行刷大。刷大前应做好掘砌施工设备的布置和安装等准备工作，煤仓刷大施工设备布置如图5-17所示。

利用煤仓上部的卸载硐室作锁口，在其上面安装封口盘，盘面上设有提升、风筒、风管、水管、下料管、喷浆管和人行梯等孔口。在硐室顶部安装工字钢梁架设提升天轮，提升利用JD-25型绞车、1 m吊桶上下机具和下放材料。人员则沿钢丝绳软梯上下。采用压入式通风，在卸载硐室安设1台5.5 kW局部通风机，用ϕ500 mm胶质风筒经封口盘下到工作面

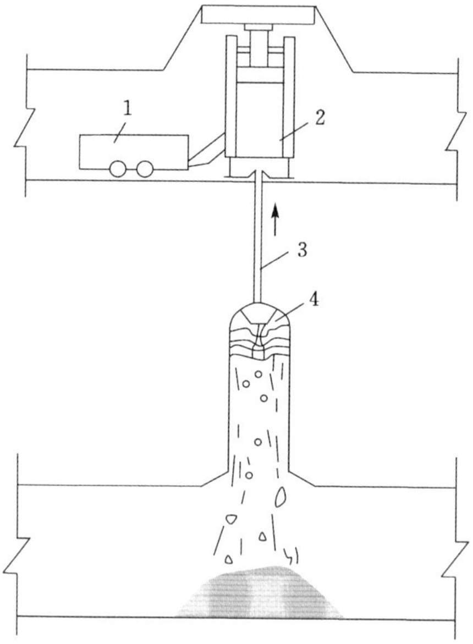

1—动力车；2—反井钻机；3—导向孔；4—扩孔钻头。

图 5-16 反井扩孔示意图

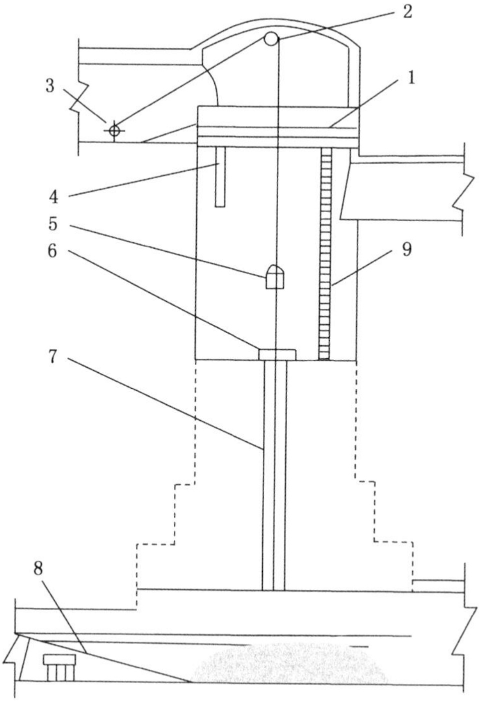

1—封口盘；2—提升天轮；3—提升绞车；4—风筒；5—吊桶；6—反井盖；7—ϕ1.2 m 的反井；8—耙矸机；9—钢丝绳软梯。

图 5-17 煤仓刷大施工设备布置示意图

上方。

煤仓反井自上向下进行刷大，工作面可配备 YT-24 型风动凿岩机，选用药卷 ϕ35 mm 的 1 号煤矿硝铵炸药和毫秒电雷管，用 MFB-150 型发爆器起爆。由于钻出的反井为刷大爆破提供了理想的附加自由面，因而工作面上不需要打掏槽眼。全断面炮眼爆破分两次进行，使爆破面形成台阶漏斗形，以便矸石向反井溜放。当刷大到距反井下口 2 m 时，采用加深炮眼方法一次打透，然后站在矸石堆上打眼，再将下面的给煤机硐室平巷段刷大。

刷大掘进爆破后，矸石大部分沿反井溜放到煤仓下部平巷，剩余矸石用人工拨入反井。下部平巷设 1 台 0.6 m^2 耙斗装岩机，将落入巷道的矸石装入 1.5 t 矿车外运。煤仓反井刷大过程中，采用锚喷网作临时支护。

(4) 永久仓壁的砌筑

该煤仓的仓壁采用厚 700 mm 的圆筒形钢筋混凝土结构。煤仓下口为倒锥形给煤漏斗，上口直径 8 m，下口直径 4.22 m，内表面铺砌厚 100 mm 的钢屑混凝土耐磨层。漏斗由两根高 2 m 的钢筋混凝土梁支托。煤仓砌筑总施工顺序是先浇灌给煤机漏斗，再自下向上砌筑仓壁。混凝土和模板全由煤仓上口的绞车调运。

煤仓砌筑时的支模，通常采用绳捆模板或固定模板，支模工作在木脚手架上进行。施工中由于脚手架不能拆除，模板无法周转使用，木材耗量大且组装拆卸困难，影响砌筑速度。因此，该矿在砌筑煤仓时，改变上述支模方法，采用滑模技术创造了一套应用滑模砌筑煤仓仓壁的施工方法。考虑到煤仓垂深不大的特点，直接引用立井的液压滑模在经济上不够合理，因而专门研制了一种砌筑仓壁的手动可伸缩模板，沿四周用 24 个 GS-3 型手动起重器(手动葫芦)作模板提升牵引装置，模板沿直径 13.5 mm 的钢丝绳滑升，使用灵活方便。煤仓砌壁滑模施工如图 5-18 所示。这种施工支模方法省工、省料、机械化程度高、速度快。

5.1.4.4　*深孔掏槽爆破法*

虽然反井钻机施工法技术先进，但有时受设备条件所限而应用困难。而传统的普通反井掘进方式多属浅眼爆破施工法，费工费时，作业面通风不良且施工安全条件差。采用中型钻机全深度一次钻孔，自下而上连续分段爆破成井，集中出渣，装药、连线、填塞、爆破等作业均在煤仓上部巷道进行，与传统施工法相比，具有作业条件好、工效高、速度快、安全、节约材料等一系列优点。

图 5-19 所示为某煤矿西采区煤仓示意图。该矿东西各有一个立式圆筒煤仓，高分别为 7 m 和 8 m，净直径为 3.4 m，喷射混凝土支护，厚度为 150 mm。煤仓上口与 17 层煤带式输送机上山机头硐室相接，下口与运输大巷相通。

先在带式输送机机头硐室内安设液压钻机，沿煤仓中心钻孔，然后在直径为1 m的圆周上均匀地打 4 个钻孔与大巷穿道，作为掏槽眼。钻孔直径均为 89 mm，爆破所用炸药为 2 号岩石硝铵炸药，1～4 段秒延期电雷管和导爆索起爆。

将 7 m 深炮眼一次装药分两段起爆，每段各炮眼装药长度为 2.52 m，装药量为 8.4 kg，中间用 500 mm 炮泥相隔，眼底用木锥、炮泥封堵 600～1 000 mm，上口封 500 mm 炮泥(见图5-20)。

装药前，先将眼底封好，再把炸药捆成小捆，每捆 4 卷，然后把 14 捆炸药对接起来，用导爆索上下贯穿并一起固定在一根铁丝上送入眼底。封 500 mm 长间隔炮泥后，再用同样方

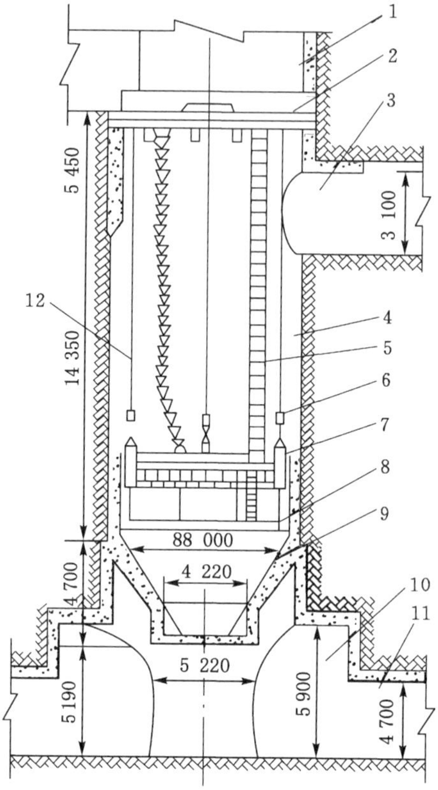

1—带式输送机机头硐室；2—封口盘；3—配煤硐室；4—煤仓；5—钢丝绳软梯；6—手动葫芦；7—滑模；8—滑模辅助盘；9—给煤漏斗；10—给煤机硐室；11—带式输送机装载硐室；12—钢丝绳。

图 5-18　手动起重机牵引滑模砌壁示意图

法装好上段炸药。用炮泥封好上口，合计每孔装药量为 16.8 kg。为确保起爆顺利，在每段炸药的上部和中部各装一个同号雷管。中心孔不装药，用铁丝悬吊两个钢弹，分别放在每分段上部位置。钢弹用 ϕ89 mm、长 500 mm 的钢管制成，每个钢弹内装药 1.2 kg。一次起爆总装药量为 69.6 kg。下段炸药和下部钢弹分别装入 1 段和 2 段雷管，上段炸药和上部钢弹分别装入 3 段和 4 段雷管。下部的过量炸药爆炸后，将中心岩石充分预裂，再借助该段上部钢弹的爆炸威力实现挤压抛渣。同理，上段装药和爆炸情况也是如此。

小反井爆透后，即可自上向下刷大至设计断面。边刷大边喷射混凝土直至下部漏斗口，安装漏斗座、中间缓冲台和顶盖梁之后煤仓即施工完毕。

此法作业安全，速度快，效率高，在高度不大的煤仓施工中使用可以获得比较满意的技术经济效益。但钻眼的垂直度要求高，爆破技术也要求严格。反井爆破前，必须在煤仓下口巷道内预留补偿空间，因为反井岩石爆破后要碎胀，如果没有一定空间，爆破后岩块间会互相挤压，因挤压紧密而下不去，故在每个煤仓下口预留一定体积无矸石空间。爆破下来的岩石由巷道中的耙斗装载机装入矿车运走。

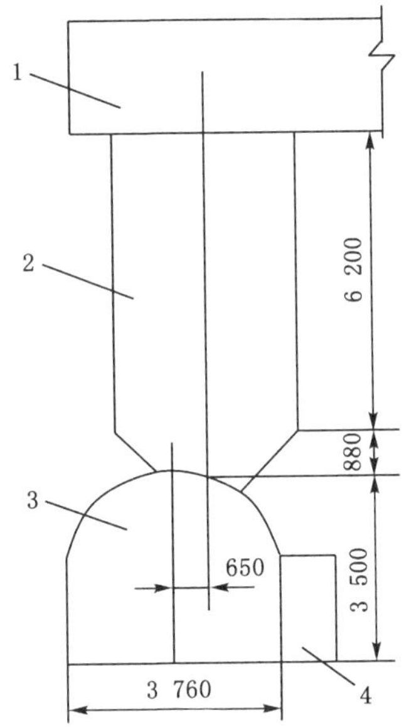

1—带式输送机机头硐室；2—煤仓；
3—运输大巷；4—小绞车硐室。

图 5-19 某煤矿西采区煤仓示意图

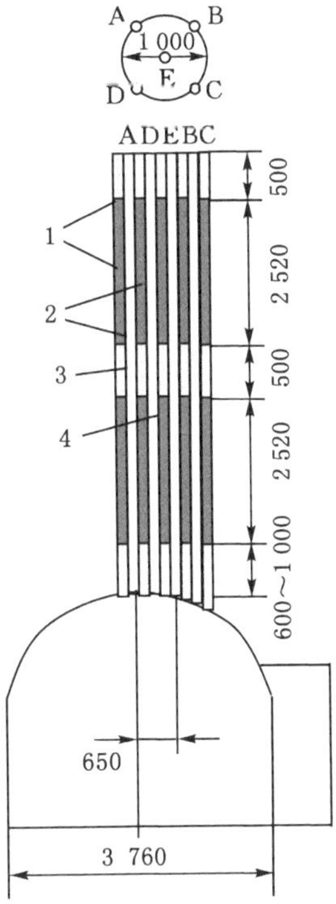

1—雷管；2—炸药；3—炮泥；4—钢弹。

图 5-20 炮眼布置与装药

5.2 矿井地下空间围岩的地质力学测试技术

岩体是一个极其复杂的地质体。与其他工程材料相比，它具有两大特点：其一是岩体内部含有各种各样的不连续面，如节理、裂隙等，这些不连续面显著改变了岩体的强度特征和变形特征，致使岩块与岩体的强度相差悬殊；其二是岩体有地应力，地应力场的大小和方向都显著影响着围岩的变形和破坏。因此，一切与围岩有关的工作，如巷道布置、巷道支护设计，都离不开对围岩地质力学参数，包括地应力、围岩强度及围岩结构等的充分了解。

5.2.1 围岩原应力测试

5.2.1.1 地应力测量方法

现有的地应力测量方法有多种，包括应力恢复法、应力解除法及水压致裂法等力学方法，光弹性应力测定法、波速法、X 射线法、声发射法等地球物理方法，地震震源机制解法，钻孔崩落法及地质构造信息法，等等。煤矿地应力测量与分析采用过以下方法，但只有应力解除法与水压致裂法得到较为广泛的应用。

(1) 应力解除法

应力解除法是目前应用很广的一种应力测量方法。从测量原理上基本可分为两大类：钻孔变形法和钻孔应变法。

钻孔变形法是通过测量应力解除前后与钻孔孔径变化有关的量计算应力的。按所使用传感器的刚度不同,又分为钻孔位移法和钻孔应力法。钻孔位移法是直接测量应力解除前后的钻孔孔径变化,从而计算应力。钻孔应力法是把一种刚性钻孔变形计安装在测量孔内,以测量解除前后变形计上的压力变化来计算应力。煤矿井下曾采用压磁套芯解除法(测量孔径变化),在新汶等矿区进行过原岩应力测量。

钻孔应变法可分为孔底应变法和孔壁应变法。孔底应变法通过测量应力解除前后钻孔端部的应变变化计算应力。孔壁应变法通过测量应力解除前后钻孔孔壁表面的应变变化计算应力。其中,空心包体应力解除法在煤矿井下得到比较广泛的应用。

(2) 水压致裂法

水压致裂法是从地面测量地壳深部应力的有效方法。国外最大测量深度已超过 5 000 m,国内也达到 2 000 m。水压致裂法原则上只适用于平面应力测量,分为传统的水压致裂(HF)与裂隙岩体水压致裂(HTPF)。有些学者对采用水压致裂法进行三维应力测量的可行性、原理等进行了研究,并得到初步应用。

煤矿勘探钻孔中曾进行了水压致裂地应力测量,最大测点深度达 1 105 m。但是,从地面进行深部地应力测量,这种水压致裂法所需设备庞大,钻孔孔径大,测量费用高,无法用于井下巷道围岩应力的快速测量。为此,原煤炭科学研究总院开采研究分院针对煤矿井下特点,开发研制出煤矿井下小孔径水压致裂地应力测量装置,目前已得到大面积推广应用。

(3) 声发射法

凯泽(Kaiser)发现,脆性材料在单调增加的应力作用下,当应力达到已有过的最大应力时声发射活动性开始显著增加。利用凯瑟效应,一些学者研究了利用声发射方法研究岩石的应力历史,估计岩石曾经的最大应力。

(4) 地质构造信息法

现在的地应力状态与现存的地质构造有密切关系,通过观察这些构造,可以获得主应力方向,而且只有最新的地质构造才能提供比较可靠的地应力信息。它可以与现场原岩应力实测结果相比较,证实其可靠性。主应力方向可由大规模的断层、褶曲走向判断。在小范围内,可根据节理、裂隙的方向判断。

(5) 地震学分析法

分析不同深度地震震源带来的信息,可了解地壳深部的应力状态。震源机制解是利用地震波初动资料求地震断层面解的方法。这种方法经过几十年的发展与应用,已经成为研究深部地壳构造应力状态的主要方法之一。国家地震局地壳应力研究所在新汶、徐州等矿区采用震源机制解分析了矿区构造应力场分布特征。

(6) 井下应力测绘法

观测资料表明,在大偏应力场中,煤层顶板中的水平应力将会引起低角度剪切裂纹产生。如果顶板岩层暴露在外面,则在井下很容易测绘。在矩形巷道中,当主应力方向近似水平和垂直时,裂纹走向将垂直于最小水平主应力的方向。当矩形巷道与最大水平主应力呈一定角度时,在掘进工作面一侧将产生严重的应力集中现象,巷道一侧出现“槽沟破坏”。当巷道与最大水平主应力方向平行时,巷道受力状况最好。

5.2.1.2 煤矿井下地应力测量及数据分析

(1) 应力解除法

以新汶、邢台、兖州、平顶山及大屯矿区应力解除法地应力测量结果为例进行分析。

① 新汶矿区

在新汶矿区的华丰矿与潘西矿，采用国家地震局地壳应力研究所开发的压磁全应力测量法及仪器，进行了单孔三维应力测量。测量结果见表 5-5，其中 σ_1、σ_2、σ_3 分别为最大、中间与最小主应力。其中华丰矿测点埋深较大，测点岩性为中粗砂岩；潘西矿测点较浅，测点岩性为中细砂岩。从表中可看出，华丰矿测点最大主应力近似垂直方向，中间与最小主应力近似水平方向；潘西矿测点最大与最小主应力为近水平方向，中间主应力近似垂直方向。可见，前者垂直应力占优势，而后者以水平构造应力为主。

表 5-5　新汶矿区地应力测量结果

煤矿	主应力	量值/MPa	方位/(°)	倾角/(°)
华丰	σ_1	20.50	205.3	−77.3
	σ_2	14.24	76.6	2.7
	σ_3	8.63	192.8	12.4
潘西	σ_1	17.69	94.9	−0.7
	σ_2	14.91	8.5	−78.7
	σ_3	7.95	184.7	−11.3

② 邢台与兖州矿区

澳大利亚岩层控制技术公司采用空心包体法，应用他们开发的 ANZI 应力计，在邢台矿区东庞煤矿进行过地应力测量。测量在一回采巷道中进行，巷道埋深 420 m。原岩应力测量结果见表 5-6。两个测点中，垂直应力与中间主应力非常接近，最大主应力为水平应力。

表 5-6　邢台东庞煤矿地应力测量结果

测点	主应力/MPa				弹性模量/GPa
	σ_1	σ_2	σ_3	σ_v	
1	14.9	10.5	7.6	9.3	23.2
2	14.3	10.7	8.6	10.8	21.5

注：σ_v 为测点处垂直于地层面的应力。

之后，兖州矿区引进了澳大利亚岩层控制技术公司地应力测量技术，并进行了改进与发展。采用 CSIRO（澳大利亚联邦科学与工业研究组织）的 HI 型空心包体三维应力计和 ANZI 三维应力计进行了全矿区的原岩应力测量。测量结果表明，兖州矿区原岩应力分布有以下特征：a. 最大主应力与最小主应力均近似呈水平方向，最大水平主应力大于垂直应力；b. 最大与最小水平主应力相差较大，水平应力具有明显的方向性；c. 最大与最小水平主应力均随深度增加而增大，垂直应力随深度线性增长，应力值比按上覆岩层重量计算的结果略小。

③ 平顶山一矿

采用空心包体三向应变计测量了平顶山一矿的地应力。测量结果表明：a. 除个别测点外，最大主应力接近水平，中间与最小主应力是倾斜的，地应力场以水平构造应力为主；b. 最大水平主应力与垂直应力之比为0.96～2.07，除个别点比值小于1外，其余都大于1.4；c. 垂直应力基本上等于或略大于上覆盖岩层的重量；d. 矿区最大主应力方向与该地区的构造运动密切相关。

④ 大屯矿区

采用空心包体法在大屯矿区孔庄矿、姚桥矿及徐庄矿进行了原岩应力测量。结果表明：a. 在－780～－380 m水平的测点中，最大主应力均接近水平方向，最大水平主应力大于垂直应力，构造应力占优势；b. 在－800 m水平以下，最大主应力接近垂直方向，而且基本与上覆岩层自重应力一致；c. 矿区地应力场有可能以－800 m水平为界，上部以构造应力为主，－800 m水平以下逐步转变为以垂直应力为主的地应力场。

（2）水压致裂法

原煤炭科学研究总院开采研究分院开发出煤矿井下小孔径水压致裂地应力测量装置，如图5-21所示。该仪器由封隔器、印模器、定向器、储能器、高压泵及数据采集仪等组成，可在直径56 mm的钻孔中快速测量地应力。采用该仪器在全国20多个矿区进行了300余个测站的地应力测试。地应力测量深度从浅部的神东矿区（最小埋深69.2 m），到深部的新汶矿区（最大埋深1 283 m）；煤层条件从近水平煤层、倾斜煤层，到急倾斜特厚煤层；煤岩体强度从软弱、中等，到坚硬类型，涵盖了我国煤矿大部分条件，具有较好的代表性。表5-7所列是山西部分煤矿井下地应力测量结果。图5-22所示为主应力与埋深的关系。图5-23所示为最大水平主应力与垂直应力比值同埋深的关系。其中，H 为埋深，σ_v 为垂直应力，σ_H 为最大水平主应力，σ_h 为最小水平主应力，α 为最大水平主应力方向。

图5-21　SYY-56型水压致裂地应力测量装置

表5-7　山西部分煤矿地应力测量结果

序号	煤矿	H/m	σ_v/MPa	σ_H/MPa	σ_h/MPa	α
1	潞安屯留	540	13.50	13.21	7.24	N24.7°E
2	潞安漳村	230	5.75	5.81	3.47	N52.7°W
3	潞安五阳	589	14.73	16.94	10.84	N12.1°W
4	潞安常村	373	9.33	13.57	6.96	N35.7°W

表 5-7(续)

序号	煤矿	H/m	σ_v/MPa	σ_H/MPa	σ_h/MPa	α
5	潞安王庄	165	4.13	7.47	4.68	N55.0°W
6	潞安高河	468	11.70	13.15	7.10	N47°E
7	晋城寺河	376	9.40	18.92	9.67	N83.4°W
8	晋城成庄	401	10.02	16.06	8.50	N43.4°E
9	晋城长平	290	7.25	10.09	6.17	N31.7°W
10	晋城赵庄	505	12.63	14.83	8.12	N34.7°W
11	晋城王坡	477	11.93	16.70	9.45	N82.7°E
12	汾西双柳	220	5.50	7.58	4.27	N27.4°W
13	汾西中兴	482	12.05	14.45	7.74	N4°E
14	汾西贺西	284	7.10	8.20	4.86	N36.8°W
15	汾西柳湾	198	4.96	6.52	3.50	N54.3°W
16	汾西水峪	176	4.41	5.29	3.39	N29°E
17	大同塔山	467	11.68	12.78	7.24	N19°E
18	阳泉新景	495	12.38	11.75	6.31	N38.4°W
19	平朔安家岭	86	2.15	5.15	3.31	N49.8°E
20	华晋沙曲	558	13.95	10.48	4.86	N37.1°W

从图 5-22 中可看出水平应力总体上随着埋深增加而增大。但各矿区岩层地质条件差异比较大，导致地应力测试数据离散性也比较大。在浅部，水平应力的增加速度大于垂直应力的，随着埋深增加，水平应力的增加速度逐渐降低，到深部最大水平主应力有接近垂直主应力的趋势。

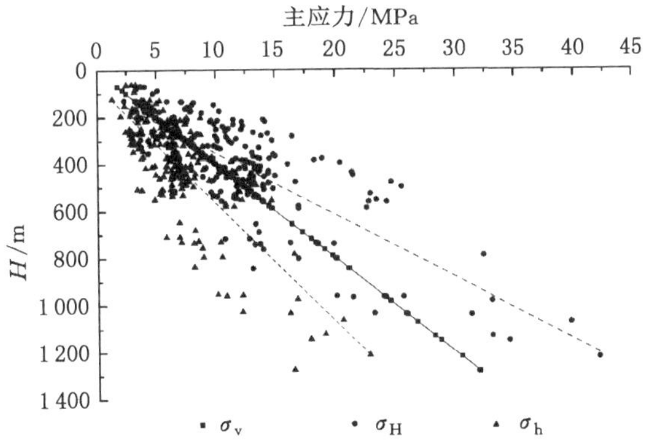

图 5-22　主应力与埋深的关系

从图 5-23 中可看出，最大水平主应力和垂直主应力的比值，随着埋深增加呈现减小的趋势，并向 1.0 附近集中，这说明在地层深部有可能出现静水压力状态。煤矿矿区最大水平主应力与垂直主应力的比值绝大部分集中在 0.5～2.0 之间。

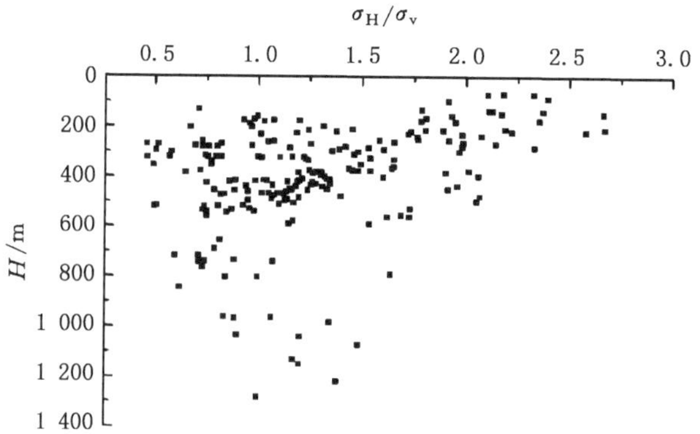

图 5-23 侧压系数与埋深的关系

5.2.1.3 煤矿井下地应力场分布特征

通过分析各种测量方法获得的煤矿井下地应力实测数据，可发现煤矿井下地应力场分布有以下特征与规律。

(1) 一般情况下，三个主应力中，有一个近似呈垂直方向，另外两个近似呈水平方向。垂直应力比较接近上覆盖岩层的重量，最大与最小水平主应力相差较大，水平应力具有明显的方向性。

(2) 主应力总体上随着埋深增加而增大。垂直应力基本随埋深增加线性增长，但水平应力由于各矿区煤岩体地质条件差异比较大，应力值存在明显的离散性。

(3) 在浅部，水平应力的增加速度大于垂直应力的，随着埋深增加，水平应力的增加速度逐渐降低，到深部最大水平主应力有接近垂直主应力的趋势。

(4) 在地应力场类型中，$\sigma_h>\sigma_H>\sigma_v$ 型应力场主要出现在埋深较浅的矿区；$\sigma_H>\sigma_v>\sigma_h$ 型应力场主要出现在中等深度的矿区；但是，受地质构造影响比较严重的深部矿区，也有可能出现 $\sigma_H>\sigma_v>\sigma_h$ 型应力场。

(5) 随着埋深增加，最大水平主应力与垂直应力的比值呈现减小的趋势，并向 1.0 附近集中。该值大于 2.0 的测点主要分布在浅部矿区，绝大部分集中在 0.5～2.0 之间。

(6) 大型褶曲、断层及陷落柱等地质构造往往引起最大水平主应力方向的显著变化，造成水平主应力值的显著变化。在向斜轴部，最大、最小水平主应力会急剧增大，出现明显的应力集中现象；而在断层附近，由于断裂时应力有所释放，因而有可能导致断层影响区域内地应力值较低。

(7) 煤岩体强度与刚度对地应力分布与大小影响明显。强度小、刚度小的煤岩体在受到较小应力作用时就会产生较大变形，不利于积累较大的变形能与水平应力；而坚硬岩层易于积累较高的弹性能，使得坚硬岩层内水平主应力比软弱岩层内的水平主应力大。

5.2.2 围岩强度原位测试

煤岩体强度是岩体力学中最基本的参数，准确了解煤岩体强度是认识研究对象必不可少的环节。煤岩体强度测试可分为实验室试验与现场原位测试。实验室试验的岩块已经脱离岩体，在进行试验时很难比较准确地模拟和反映煤岩体在井下的实际状态，如应力环境、结构面分布，以及其他井下环境影响因素。因此，实验室煤岩体强度数据往往与井下煤岩体的实际情况出入很大。现场测试在井下煤岩体中进行，在实际的井下环境中测试，所得数据更接近实际。现场测试有着实验室无法比拟的优点，在煤岩体基础参数测试中占十分重要的地位。

5.2.2.1　煤岩体强度测试方法与原理

煤岩体强度原位测量方法有大尺寸压剪试验法、冲击锤法、声波探测法、钻孔钻进法及钻孔触探法等。钻孔触探法是一种比较适合煤矿井下煤岩体的测量方法。

钻孔触探法可测量钻孔内表面岩壁的强度，原理如图 5-24 所示。在需要测试的煤岩体中打钻孔，利用钻孔触探仪对钻孔孔壁加压进行测试。钻孔触探仪的一个重要部件是探头，在液压系统液体压力作用下，从探头壳体伸出一个平头探针，压紧钻孔孔壁。继续加压，直到孔壁被压裂，记录临界压力值。通过换算，即可得到煤岩体的单轴抗压强度。

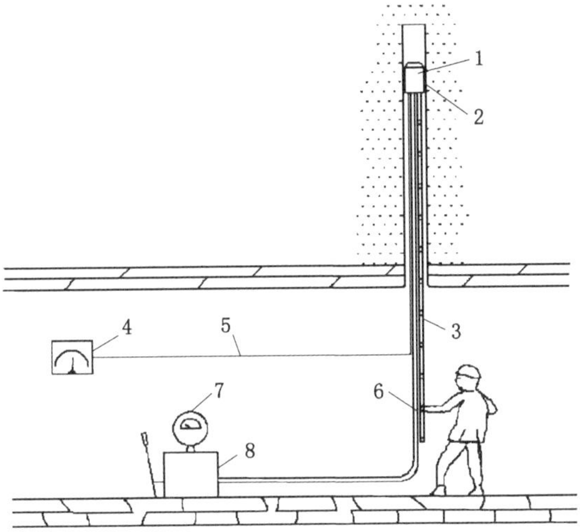

1—探头；2—探针；3—安装杆；4—探针位移指示仪；
5—电缆；6—高压胶管；7—压力表；8—手动泵。

图 5-24　钻孔触探法测试原理示意图

探针临界荷载与煤岩体单轴抗压强度的关系必须在大量的实验室岩样试验与井下实测对比数据的基础上才能建立。即在井下钻孔的同时取岩芯，在钻孔中测量探针的临界荷载，将同一层位煤岩层的岩芯在实验室进行单轴抗压强度试验，获得抗压强度数据。通过不同岩性（泥岩、页岩、砂岩、粉砂岩、煤体等）的大量对比试验，就可回归分析出探针临界荷载与单轴抗压强度的关系。

原煤炭科学研究总院开采研究分院根据煤矿井下特点，开发出基于钻孔触探法的井下巷道中使用的小孔径煤岩体强度测定装置，如图 5-25 所示。该仪器由 ϕ54 mm 探头、探针位移指示仪及手动泵等组成，可在直径 56 mm 的钻孔中快速测量煤岩体强度。在一个钻孔中，除可测量煤岩体强度外，还可测量地应力及围岩结构等参数。该装置已在多个煤矿矿区得到应用，获得大量煤岩体强度数据。

5.2.2.2　煤岩体强度的井下测试与分析

在井下巷道中测试煤岩体强度，一般每个测站布置顶板和巷帮各一个钻孔。根据要求确定钻孔深度，一般情况下顶板和巷帮钻孔长度均为 10 m。

为了测定整个钻孔长度上岩层的抗压强度，每隔 100～300 mm 取一个测试剖面，由安

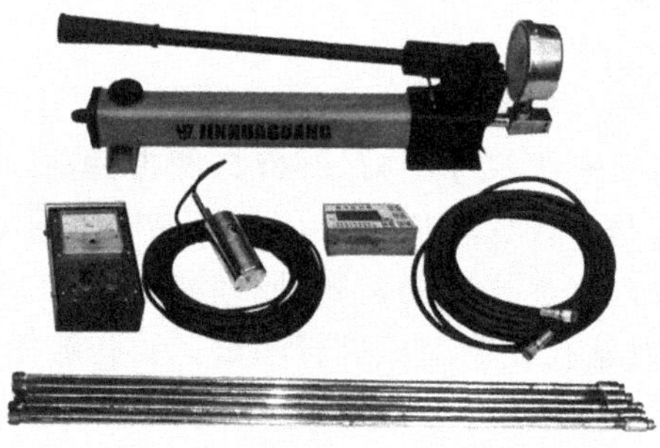

图 5-25 WQCZ-56 型煤岩体强度测定装置

装杆的刻度进行指示。在每一个剖面上测定 3～4 个点，测点之间等周长通过围绕钻孔轴心转动 90°(120°)实现。每个剖面各点临界荷载的算术平均值作为该剖面位置煤岩体的临界荷载。

下面以新汶矿业集团公司协庄矿、华丰矿及潘西矿为例，介绍煤岩体强度测试结果。

(1) 协庄矿测试结果

在协庄矿－850 m 二采区轨道下山一中部车场进行了测试，该处巷道埋深为 1 071 m，采用锚喷支护。

① 顶板岩层分布

巷道顶板从下向上依次为：0.50 m 厚的灰白色石灰岩，钙质胶结；灰黑色泥质砂岩，厚 1.70 m；灰色细砂岩，厚 1.30 m；灰色中砂岩，厚 1.75 m，纵向裂隙发育；灰黑色砂质泥岩，厚 2.27 m，水平层理和纵向裂隙发育；灰色中砂岩，厚 5.34 m，坚硬；再往上为泥质砂岩、粉砂岩及细砂岩。

② 测试数据

对顶板以上 10 m 范围内的岩层和煤帮煤层进行了详细测试，测试结果见表 5-8。煤帮煤层单轴抗压强度分布如图 5-26 所示，最大为 25.9 MPa，最小为 19.0 MPa，平均值为20.9 MPa。

表 5-8 协庄矿顶板岩层单轴抗压强度

岩性	累计厚度/m	厚度/m	平均临界荷载/MPa	单轴抗压强度/MPa
砂岩	12.86	5.34	41.6	91.5
砂质泥岩	7.52	2.27	26.2	59.6
中砂岩	5.25	1.75	36.9	81.7
细砂岩	3.50	1.30	41.4	91.0
泥质砂岩	2.20	1.70	31.8	71.2
石灰岩	0.50	0.50	48.5	105.7

(2) 华丰矿测试结果

华丰矿顶板岩层单轴抗压强度测试结果见表 5-9。

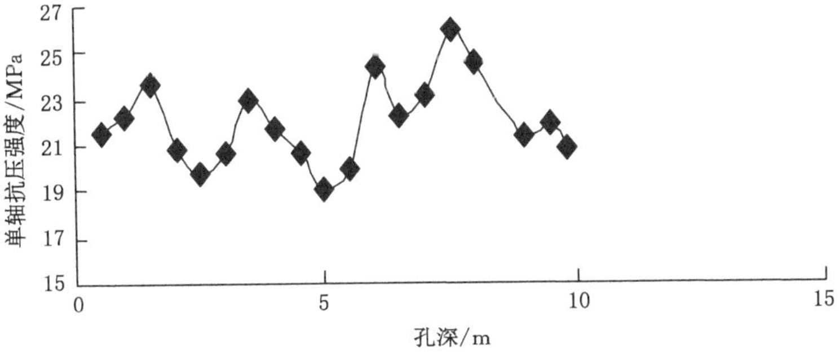

图 5-26 协庄矿巷帮煤层单轴抗压强度分布示意图

表 5-9 华丰矿顶板岩层单轴抗压强度

岩性	累计厚度/m	厚度/m	单轴抗压强度/MPa
煤	6.30	0.80	7.8
细砂岩	5.50	2.40	61.8
中砂岩	3.10	1.15	63.6
细砂岩	1.95	0.85	46.3
粗砂岩	1.10	0.70	49.7
细砂岩	0.40	0.40	53.5

煤帮煤层单轴抗压强度最大为 13.7 MPa，最小为 5.9 MPa，大部分集中在 7.5～13.5 MPa之间，平均为 10.8 MPa。

(3) 潘西矿测试结果

潘西矿顶板岩层单轴抗压强度测试结果见表 5-10。

表 5-10 潘西矿顶板岩层单轴抗压强度

岩性	累计厚度/m	厚度/m	单轴抗压强度/MPa
泥岩	7.86	1.27	46.1
细砂岩	6.59	1.65	69.8
砂质页岩	4.94	0.72	45.6
泥质砂岩	4.22	2.52	53.3
细砂岩	1.70	0.40	71.4
粉砂岩	1.30	1.30	69.5

煤帮煤层单轴抗压强度最大为 12.3 MPa，大部分集中在 8.2～9.8 MPa 之间，平均为 9.5 MPa。

(4) 测试结果分析

3 个矿煤层强度测试结果表明，协庄矿煤层平均单轴抗压强度最大，在 20 MPa 以上，华丰矿煤层平均单轴抗压强度居中，稍高于 10 MPa；潘西矿煤层平均单轴抗压强度最小，小于

10 MPa。

沿煤层钻孔深度方向,煤层强度出现了多次波动,图 5-26 中协庄矿煤层强度在 1.5 m、3.5 m、6.0 m、8.0 m 处分别出现了波峰,而在 2.5 m、5.0 m、6.5 m 处出现了波谷。分析出现这种现象的原因可能有以下方面:① 靠巷道表面的煤帮出现一定范围的破碎区,导致煤体强度降低;② 煤层性质不均匀,有些部位硬,有些部位软;③ 煤层中的节理、裂隙等结构面分布不均匀,完整的煤体强度大,破碎的煤体强度小。

从顶板岩性看,石灰岩的强度最高,超过 100 MPa;其次是细砂岩和中砂岩,大部分在 60 MPa 以上,最大达到 91.5 MPa;泥岩、泥质砂岩、粗砂岩、粉砂岩等岩性的强度比较低,最小为 46.1 MPa。

各矿煤层直接顶的强度相差比较大。总体上,直接顶强度最大的是协庄矿,为 59.6～105.7 MPa;其次是潘西矿,为 45.6～71.4 MPa;华丰矿直接顶强度相对较小,为 46.3～63.6 MPa。

5.2.3 围岩结构特征测试

煤岩体结构观察与测试的方法有很多。在煤岩体被揭露的地方,其结构暴露出来,可以通过肉眼直接进行观察和描述。对于没有被工程揭露的煤岩体,要想了解煤岩体结构,就需要在煤岩体中打钻孔。目前,了解钻孔煤岩体结构的方法主要有岩芯采取法、钻孔壁印模法和钻孔壁观察法。钻孔壁观察法是采用钻孔窥视仪观察与测试钻孔壁上的结构面分布情况。这种方法直观、有效,特别适用于取芯率低的破碎煤岩体,同时可借助锚杆、锚索孔进行观测,方便、快速、成本低,可用于煤矿井下煤岩体结构的大面积、快速观测。

我国煤矿已经引进、研制出多种类型的钻孔窥视仪,其中,原煤炭科学研究总院开采研究分院与有关单位合作开发出的数字全景钻孔摄像系统是先进的钻孔观察仪器。这些仪器已经广泛应用于煤矿井下,在煤岩岩性识别、煤岩层厚度、煤岩体结构探测与完整性分析,巷道顶板离层、围岩变形与破坏观测等方面发挥了重要作用。

5.2.3.1 钻孔窥视仪

国内外钻孔摄像技术经历了 3 个阶段:钻孔照相、钻孔摄像及数字光学成像。钻孔摄像的探头是关键部件,有 3 种类型:侧视、前视及二者的组合,都能得到钻孔孔壁的完整图像,并通过罗盘确定方位。通过监测屏幕实时观测钻孔结构。数字光学成像是先进的钻孔摄像技术,其显著的特点是采用全景图像和数字技术。

(1) 前视电子钻孔窥视仪

前视钻孔窥视仪通过 CCD 摄像头拍摄探头前方钻孔孔壁形态,以视频信号方式输出到显示器上进行实时显示,输出到记录仪上进行记录。它具有可观测钻孔的直径小,适用范围广,观测结果直观、清晰,立体感强等特点,而且仪器轻便、操作简单。

图 5-27 所示是 KDVJ-400 型矿用电子钻孔窥视仪。该仪器由 CCD 摄像头、图像接收与存储装置、安装杆等组成。仪器由摄像头在钻孔中采集图像,通过接收仪直接观察、记录图像,并可与计算机连接,分析和处理图像。该仪器可观测钻孔的最小直径为 28 mm,可观测钻孔长度为 30 m。

(2) 数字式全景钻孔摄像系统

数字式全景钻孔摄像系统中,全景图像是经过特定光学构件变换而成的、包含三维信息的平面图像。采用数字技术可将全景图像处理成各种形式的二维或三维图像。该系统可以

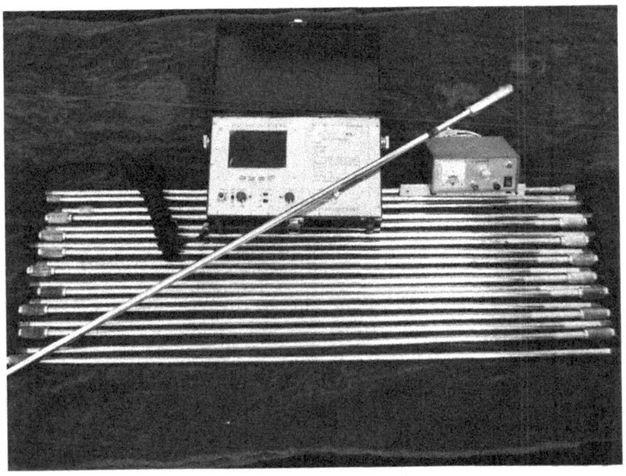

图 5-27　KDVJ-400 型矿用电子钻孔窥视仪

提供钻孔孔壁 360°平面展开图像，还可通过回卷平面展开图形成三维柱状体图像，提供虚拟钻孔岩芯图，在空间形状和位置上显得更加逼真。

图 5-28 所示是原煤炭科学研究总院开采研究分院与有关单位合作开发的数字全景钻孔摄像系统。该仪器主要由主机、全景采集探头、光电深度计数器、连接杆等组成。其中，探头对裂缝的分辨率高达 0.1 mm，内部装有高精度电子罗盘，角度分辨率为 0.1°。在测试过程中就能将深度与图像结合在一起，可提供平面展开图和立体柱状图。

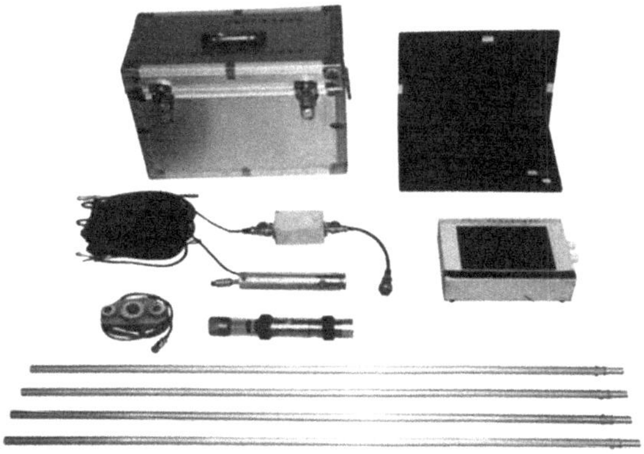

图 5-28　数字式全景钻孔摄像系统

数字式全景钻孔摄像系统提供了定量描述钻孔结构的有效手段。根据平面展开图和立体柱状图可准确确定结构面的分布与位置，结构面充填物、倾角及张开宽度。通过多个钻孔的观测结果，可分析结构面的连通性及在较大范围的分布情况。

5.2.3.2　钻孔窥视仪井下观测结果及分析

下面以大同塔山矿、潞安漳村矿为例，介绍典型的钻孔观测结果。

(1) 大同塔山矿

在大同塔山矿的带式输送机人巷、辅助运输大巷、回风大巷及首采工作面顺槽中，采用 KDVJ-400 型电子钻孔窥视仪进行了围岩结构观测。大巷与顺槽均布置在 3-5# 煤层中，煤层平均厚度为 15.72 m，属特厚煤层。巷道多数沿煤层底板掘进，顶板厚度 10 m 以上的煤体，采用锚喷、锚杆与锚索支护。由于煤层内层理、节理、裂隙发育，巷道断面大，所以支护难度比较大。巷道顶煤结构观察结果如图 5-29 所示。

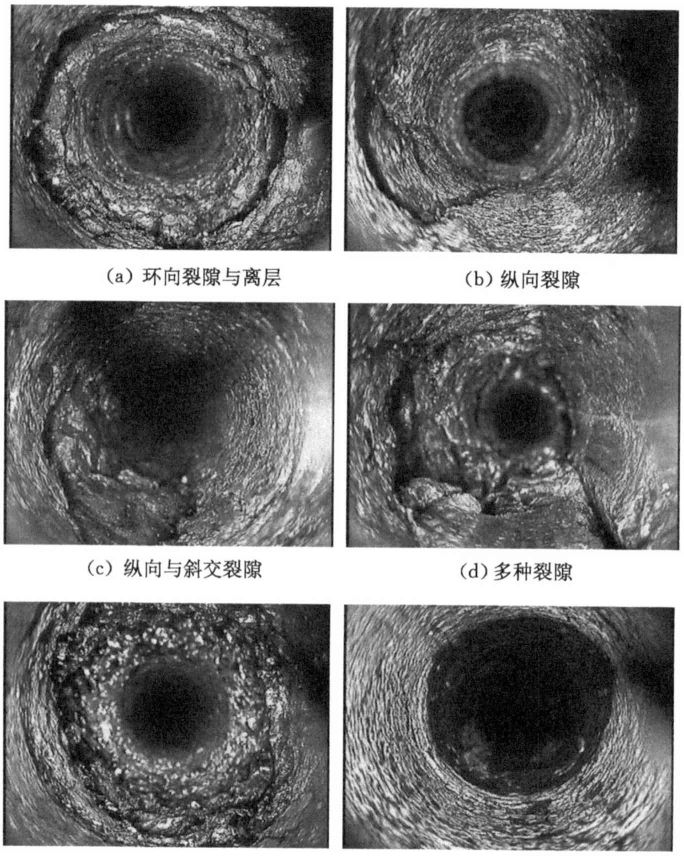

(a) 环向裂隙与离层　(b) 纵向裂隙
(c) 纵向与斜交裂隙　(d) 多种裂隙
(e) 破碎　(f) 煤岩交界

图 5-29　大同塔山矿巷道顶板结构观测图像

观测结果很直观地反映了巷道顶板的结构分布状况。顶煤中发育着各种层理与横向裂隙，纵向、斜交节理与裂隙，浅部的煤体比较破碎，一些位置发生了明显的离层。这些结构对巷道顶板的完整性与稳定性产生显著影响。

(2) 潞安漳村矿

潞安漳村矿 23 采区巷道受采掘影响，巷道顶板下沉明显，整体变形量较大。采用数字全景钻孔摄像系统进行了观测，部分孔段的钻孔图像如图 5-30 所示。观测结果表明：该段巷道顶板以上 6.0～9.0 m 段岩层破坏严重。其中，在 7.5～8.1 m 之间存在张开度较大的纵向贯通裂隙，在 7.5～7.7 m 还存在倾角 70°左右的裂隙，导致该段岩石非常破碎。在 8.3～8.5 m 之间分布一条倾角为 70°左右的裂隙，张开度较大。顶板岩层的整体性受到严重破坏，存在很大的安全隐患。为保证采区巷道的安全使用，应立即采取注浆或其他支护加固方法进行处理。

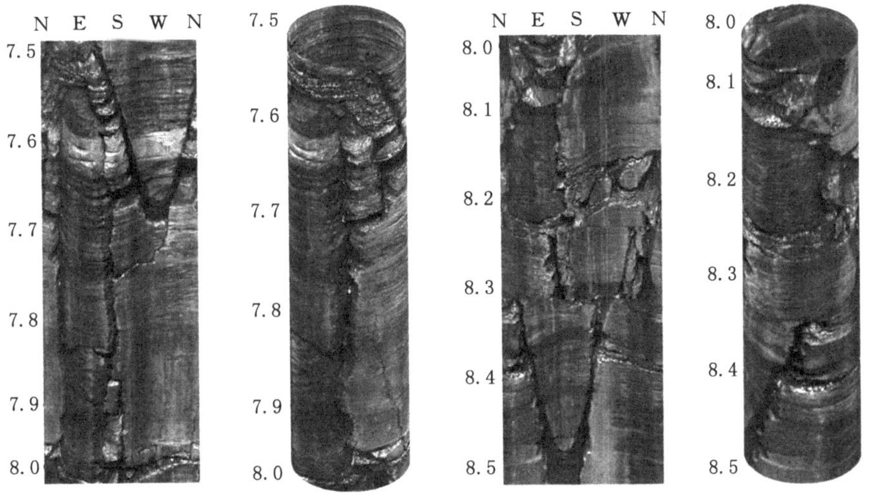

(a) 平面展开图　(b) 柱状图　(a)(续)　(b)(续)

图 5-30　潞安漳村矿巷道顶板结构观测图像

5.3　矿井地下空间围岩稳定性力学模型

采准巷道所处的岩体，一般属于非均质的各向异性介质。对这类岩体中巷道围岩应力进行精确分析，目前在数学上还有相当大的困难。因此，在计算中必须适当简化，其结果虽不是原问题的精确解，但是对于人们认识巷道围岩应力分布规律却是十分有益。

为了能够直接用弹性力学方法进行分析，我们可以将采准巷道的力学模型进行如下简化：首先，因为巷道埋深一般都远大于巷道半径，所以可将应力场看作均匀荷载情况。又由于巷道长度一般较大，因此，可以作为平面应变问题来处理。其次，先不考虑围岩强度和岩体的非均匀性和非连续性，而把它看成各向同性的均匀介质。这样可以得到有关巷道围岩应力、应变及位移的弹性、黏弹性及弹塑性解。

5.3.1　围岩周边应力分布(荷载)的弹性解

5.3.1.1　圆形巷道

无限体内圆形巷道应力分析简图如图 5-31 所示，它受单位面积上竖向荷载 p_z 作用时，围岩应力计算公式如下：

$$
\begin{cases}
\sigma_r = \dfrac{p_z}{2}\left(1-\dfrac{a^2}{r^2}\right)+\dfrac{p_z}{2}\left(1+\dfrac{3a^4}{r^4}-\dfrac{4a^2}{r^2}\right)\cos 2\theta \\
\sigma_\theta = \dfrac{p_z}{2}\left(1-\dfrac{a^2}{r^2}\right)-\dfrac{p_z}{2}\left(1+\dfrac{3a^4}{r^4}\right)\cos 2\theta \\
\tau_{r\theta} = -\dfrac{p_z}{2}\left(1-\dfrac{3a^4}{r^4}+\dfrac{2a^2}{r^2}\right)\sin 2\theta
\end{cases}
\tag{5-16}
$$

式中　σ_r——径向应力；

σ_θ——切向应力；

$\tau_{r\theta}$——剪应力；

p_z——垂直原岩应力；

a——巷道半径；

r、θ——极坐标。

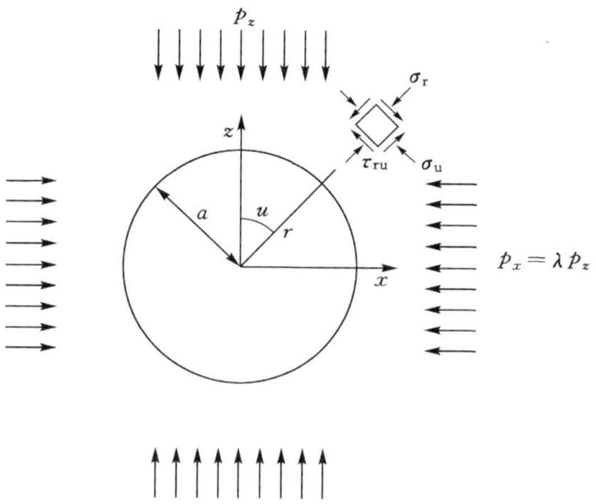

图 5-31　圆形巷道应力分析简图

巷道仅受单位面积上水平荷载 λp_z 的作用时，围岩应力 σ_r、σ_θ 和 $\tau_{r\theta}$ 为：

$$\begin{cases}\sigma_r=\dfrac{\lambda p_z}{2}\left(1-\dfrac{a^2}{r^2}\right)+\dfrac{\lambda p_z}{2}\left(1+\dfrac{3a^4}{r^4}-\dfrac{4a^2}{r^2}\right)\cos 2\theta \\ \sigma_\theta=\dfrac{\lambda p_z}{2}\left(1+\dfrac{a^2}{r^2}\right)+\dfrac{\lambda p_z}{2}\left(1+\dfrac{3a^4}{r^4}\right)\cos 2\theta \\ \tau_{r\theta}=\dfrac{\lambda p_z}{2}\left(1-\dfrac{3a^4}{r^4}+\dfrac{2a^2}{r^2}\right)\sin 2\theta\end{cases} \tag{5-17}$$

式中　λ——侧压系数。

根据式(5-6)和式(5-17)，以及弹性力学的叠加原理，由式(5-1)和式(5-2)可以求得同时受竖向应力 p_z 和水平应力 λp_z 作用时 σ_r、σ_θ 和 $\tau_{r\theta}$ 的计算公式：

$$\begin{cases}\sigma_r=\dfrac{(1+\lambda)p_z}{2}\left(1-\dfrac{a^2}{r^2}\right)+\dfrac{(1-\lambda)p_z}{2}\left(1+\dfrac{3a^4}{r^4}-\dfrac{4a^2}{r^2}\right)\cos 2\theta \\ \sigma_\theta=\dfrac{(1+\lambda)p_z}{2}\left(1+\dfrac{a^2}{r^2}\right)+\dfrac{(1-\lambda)p_z}{2}\left(1+\dfrac{3a^4}{r^4}\right)\cos 2\theta \\ \tau_{r\theta}=\dfrac{(1-\lambda)p_z}{2}\left(1-\dfrac{3a^4}{r^4}+\dfrac{2a^2}{r^2}\right)\sin 2\theta\end{cases} \tag{5-18}$$

在均匀应力场中，$\lambda=1$，根据式(5-18)得：

$$\begin{cases}\sigma_r=p_z\left(1-\dfrac{a^2}{r^2}\right) \\ \sigma_\theta=p_z\left(1+\dfrac{a^2}{r^2}\right) \\ \tau_{r\theta}=0\end{cases} \tag{5-19}$$

均匀应力场中的圆形巷道围岩应力分布如图 5-32 所示，有以下几个特点：

① 在均匀应力场中，圆形巷道围岩中的剪应力为零；σ_θ 为最大主应力，σ_r 为最小主应力，所以，围岩内无拉应力。

② 巷道围岩内应力分布与 θ 角无关，并且 $\sigma_r+\sigma_\theta=2p_z$，是与 r 值大小无关的常量。

③ 最大应力值出现在巷道周边，最大应力集中系数 $K=\dfrac{(\sigma_\theta)_{max}}{p_z}$ 为 2，最大应力集中系数与巷道尺寸无关。

④ 围岩径向应力 σ_r 和切向应力 σ_θ 都与 r 的平方成反比，随着 r 值的增大急剧衰减。当 $r\geqslant 5a$ 时，σ_r 和 σ_θ 的值与原岩应力相差不到 4%，可以将其视为原岩应力。

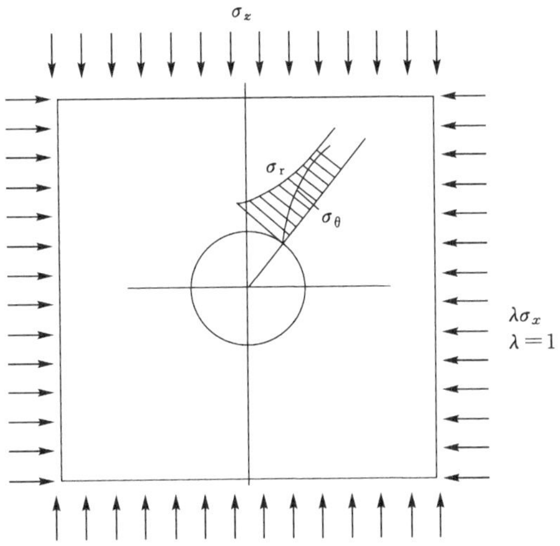

图 5-32　均匀原岩应力中圆形巷道围岩应力分布

在煤系地层中，尤其是在煤层附近的岩层中，绝大多数情况下岩体应力是非均匀的，即 $\lambda\neq 1$ 时圆形巷道围岩应力可以根据式(5-18)求得。其中 $\lambda=0$、$\lambda=0.25$ 和 $\lambda=\infty$ 时，在巷道轴线上不同深度围岩的应力见表 5-11。当 $\lambda=0.25$ 时，沿坐标轴 x 和 z 不同深度的围岩应力如图 5-33 所示。由表 5-11 和图 5-33 可见，在非均匀应力场中圆形巷道围岩应力分布有以下主要特点。

表 5-11　圆形巷道轴线上应力　　单位：MPa

围岩深度与 a 比值	$p_z=1.0, p_x=0$				$p_z=0, p_x=1.0$				$p_z=1.0, p_x=0.25(\lambda=0.25)$			
	沿 z 轴 $(\theta=0)$		沿 x 轴 $(\theta=\pi/2)$		沿 z 轴 $(\theta=0)$		沿 x 轴 $(\theta=\pi/2)$		沿 z 轴 $(\theta=0)$		沿 x 轴 $(\theta=\pi/2)$	
a/r	σ_r	σ_θ	σ_r	σ_θ	σ_r	σ_θ	σ_r	σ_θ	σ_r	σ_θ	σ_r	σ_θ
1.00	0	−1.000	0	3.000	0	3.000	0	−1.000	0	−0.250	0	2.750
1.05	−0.034	−0.781	0.127	2.668	0.127	2.688	−0.034	−0.781	−0.002	−0.109	0.118	2.403
1.10	−0.042	−0.611	0.215	2.438	0.215	2.438	−0.042	−0.611	+0.012	−0.002	0.202	2.285
1.20	0.013	−0.376	0.318	2.071	0.318	2.071	−0.013	−0.376	0.067	+0.142	0.315	1.977
1.14	+0.115	−0.135	0.375	1.645	0.375	1.646	+0.115	−0.135	0.200	0.276	0.404	1.612
1.70	0.315	−0.007	0.339	1.353	0.339	1.353	0.316	−0.007	0.399	0.332	0.418	1.351

表 5-11(续)

围岩深度与 a 比值	$p_z=1.0, p_x=0$				$p_z=0, p_x=1.0$				$p_z=1.0, p_x=0.25(\lambda=0.25)$			
	沿 z 轴 ($\theta=0$)		沿 x 轴 ($\theta=\pi/2$)		沿 z 轴 ($\theta=0$)		沿 x 轴 ($\theta=\pi/2$)		沿 z 轴 ($\theta=0$)		沿 x 轴 ($\theta=\pi/2$)	
a/r	σ_r	σ_θ	σ_r	σ_θ	σ_r	σ_θ	σ_r	σ_θ	σ_r	σ_θ	σ_r	σ_θ
2.00	0.469	0.031	0.281	1.219	0.281	1.219	0.469	+0.031	0.539	0.336	0.398	1.227
3.00	0.741	0.037	0.148	1.074	9.143	1.074	0.714	0.037	0.778	0.306	0.333	1.083
5.00	0.902	0.018	0.058	1.022	0.058	1.022	0.902	0.081	0.917	0.273	0.283	1.027

注:a 为极坐标系中圆半径,γ、θ 为极坐标。

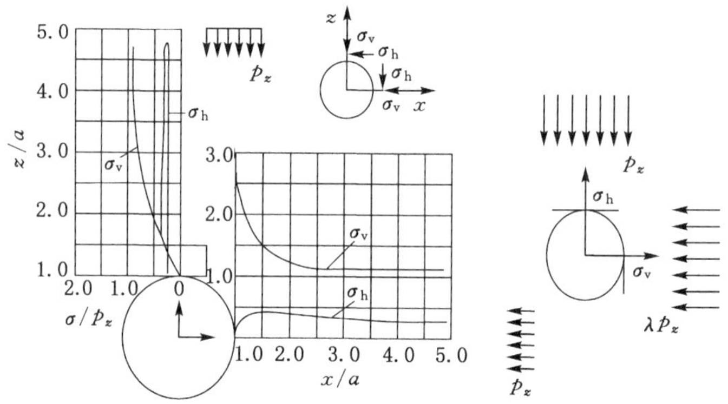

图 5-33 圆形巷道围岩应力分布($\lambda=0.25$)

① 最大压应力出现在巷道周边,与半径 r 和 θ 角无关;应力集中系数小于或等于 3,它和孔径尺寸无关。

② 当 $\lambda<1/3$ 时,巷道顶底板中出现拉应力,λ 值越小,顶底板中的拉应力越大,范围越广。最大拉应力数值等于 $-p$。

由式(5-18)还可以求出在 $\theta=0$ 和 $\theta=\pi/2$ 时巷道顶底板和两帮表面中点(A、C 点)的切向应力 σ_θ 随 λ 的变化:

$$\sigma_\theta=(3\lambda-1)p_z \quad (\theta=0) \tag{5-20}$$

$$\sigma_\theta=(-\lambda-3)p_z \quad (\theta=\pi/2) \tag{5-21}$$

A、C 两点切向应力 σ_θ 与侧向应力系数之间的关系曲线如图 5-34 所示。该图表明,当侧向应力系数 $\lambda\leqslant3$ 时,巷道两帮不出现拉应力;反之,当 $\lambda>3$ 时,两帮有拉应力存在。当侧向应力系数 $\lambda\leqslant1/3$ 时,顶板有拉应力出现;反之,顶底板全部为压应力。

5.3.1.2 椭圆形巷道

椭圆形巷道在现场中应用不多,但是其他各种形状巷道破坏后的最终稳定形状往往是椭圆形。所以分析椭圆形巷道围岩应力及其变化规律,是各种形状巷道围岩应力分析的基础,对维护好巷道有较大参考价值。

在均匀应力场($\lambda=1$)和非均匀应力场($\lambda\neq1$)中,深埋椭圆巷道的计算简图如图 5-35 所示。巷道周边切向应力 σ_θ 的计算公式为:

$$\sigma_\theta = (1+\lambda)p_z - \frac{p_z[(m-1)(1+\lambda)+(m+1)(1-\lambda)](m\sin^2\theta-\cos^2\theta)}{m^2\sin^2\theta+\cos^2\theta} \tag{5-22}$$

式中　$m=\dfrac{a}{b}$；

a、b——椭圆水平轴和垂直轴长度之半。

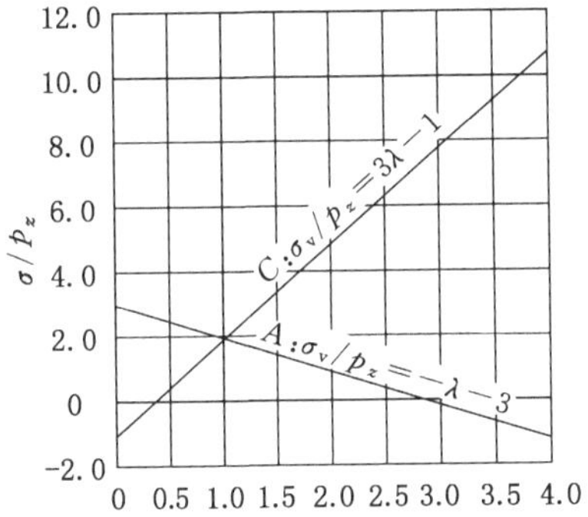

图 5-34　σ_θ 与 λ 的关系

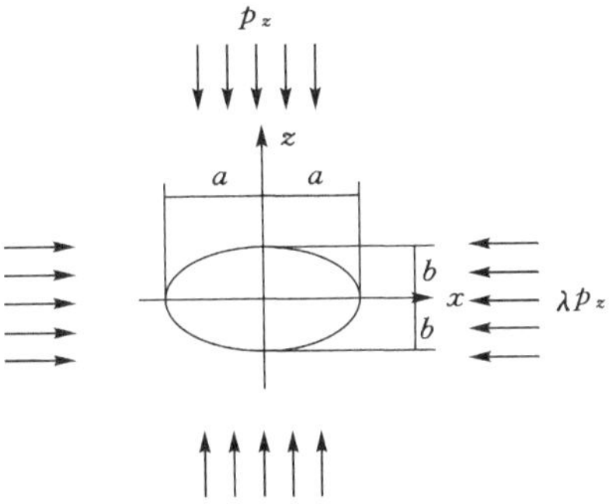

图 5-35　椭圆形巷道计算

当$\dfrac{a}{b}=\dfrac{1}{2}$，$\lambda=0.25$ 和 $\lambda=1$ 时，椭圆形巷道表面切向应力 σ_θ 分布如图 5-36 所示。由该图可见，椭圆形巷道周边围岩应力分布较复杂，各点的应力值相差较大。即使在均匀应力场中，椭圆形巷道周边各点切向应力也有很大差别，在$\dfrac{a}{b}=\dfrac{1}{2}$的情况下，均匀应力场作用下最大应力集中系数为 4。

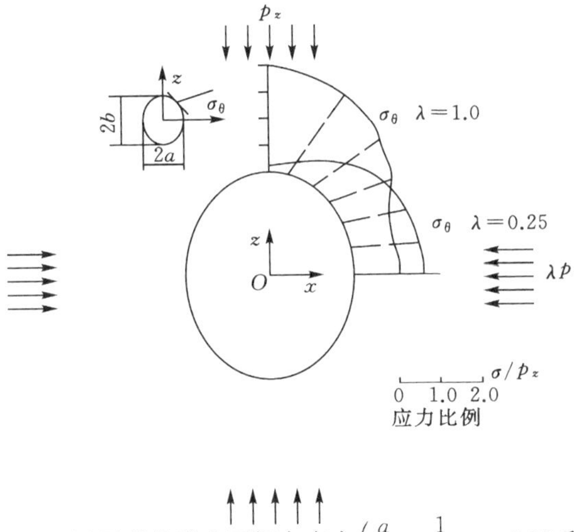

图 5-36　椭圆形巷道表面切向应力$\left(\dfrac{a}{b}=\dfrac{1}{2},\lambda=0.25\text{ 和 }1\right)$

根据式(5-22)可以求得椭圆形巷道顶底板表面和两帮表面切向应力。

$$\sigma_{\theta顶底} = \left(-1+\lambda+\frac{2\lambda}{m}\right)p_z \tag{5-23}$$

$$\sigma_{\theta帮} = (1+2m-\lambda)p_z \tag{5-24}$$

$\sigma_{\theta顶底}$和$\sigma_{\theta帮}$随轴比 m 的变化曲线如图 5-37 所示。它表明，随着巷道几何尺寸的变化，巷道顶底板及两帮的最大切向应力也将发生变化，巷道两帮应力集中系数随着轴比 m 的增大而成比例地增大。也就是说，巷道愈扁平，两帮的应力集中系数愈高；巷道顶底切向应力值则随着轴比 m 的增加而减小。由式(5-23)和式(5-24)可得出以下结论：

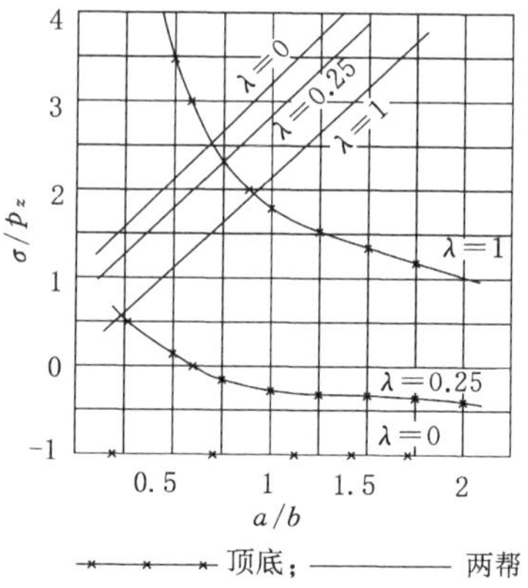

图 5-37　$\sigma_{\theta顶底}$和$\sigma_{\theta帮}$随轴比 m 的变化

(1) 根据侧压系数 λ 和巷道维护的实际需要，可以确定合适的轴比 m。

当 $\lambda<1$ 时，两帮不出现拉应力。这时顶底出现拉应力、零应力和压应力的轴比分别是：

拉应力轴比：
$$m>\frac{2\lambda}{1-\lambda} \tag{5-25}$$

零应力轴比：
$$m=\frac{2\lambda}{1-\lambda} \tag{5-26}$$

压应力轴比：
$$m<\frac{2\lambda}{1-\lambda} \tag{5-27}$$

当 $\lambda>1$ 时，顶底不会出现拉应力。这时两帮出现拉应力、零应力和压应力轴比分别是：

拉应力轴比：
$$m>\frac{\lambda-1}{2} \tag{5-28}$$

零应力轴比：
$$m=\frac{\lambda-1}{2} \tag{5-29}$$

压应力轴比：
$$m>\frac{\lambda-1}{2} \tag{5-30}$$

(2) 当 $m=\frac{a}{b}=\lambda$ 时，$\sigma_{\theta顶底}=\sigma_{\theta帮}=(1+\lambda)p_z$，巷道周边应力都是压应力，且处处相等，称为等应力轴比。

由上述分析可见，根据原岩应力场的分布情况，通过调整椭圆巷道的轴比，可以得到有利于巷道围岩稳定的围岩应力。因为岩石的抗压强度一般高出抗拉强度几倍甚至十几倍，所以最有利的轴比是等应力轴比，其次是压应力轴比和零应力轴比，最好不要采用拉应力轴比。当由于技术经济条件限制无法满足上述要求时，需要加强支护，保持巷道围岩的稳定性。

5.3.1.3　矩形巷道

矩形巷道周边切向应力可按下式计算：

$$\sigma_\theta=(a_1\lambda+b_1)p_z \tag{5-31}$$

式(5-31)中，a_1、b_1 在几个特定边长比条件下的取值见表 5-12。当 $\lambda>1$ 时，θ 角自横轴算起，表中数据不变。由表 5-12 和式(5-31)可知：

(1) $\lambda=0$ 时，各种边长比的巷道顶底中部出现拉应力。

(2) $\lambda=1$ 时，各种边长比的巷道顶底中点都是压应力，最有利于巷道稳定。这时角部的应力集中系数为 4～6。

(3) 当 $\lambda<1$ 时，巷道切向最大应力集中系数主要出现在巷道两帮。随着巷道边长比 $\frac{a}{b}$ 的减小，出现最大切向应力的位置由 $\theta=90°$ 逐渐减小到 $\theta=0°$，见表 5-12。正方形巷道周边切向应力分布如图 5-38 所示。

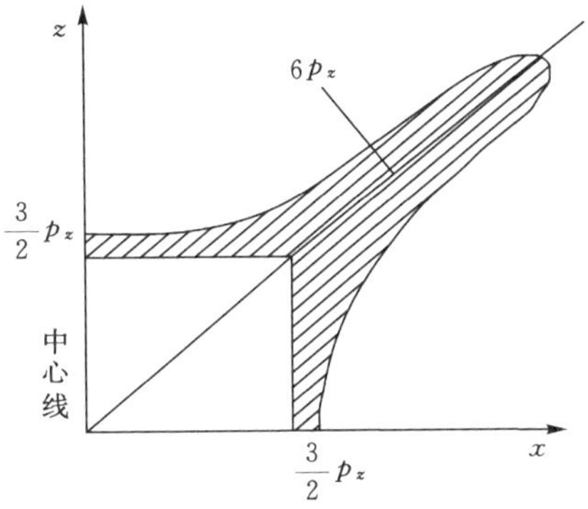

图 5-38　正方形巷道周边切向应力分布

表 5-12　矩形巷道周边切向计算系数 a_1、b_1

θ	$a:b=5$		$a:b=3:2$		$a:b=1:3$		$a:b=1$(正方形)	
	a_1	b_1	a_1	b_1	a_1	b_1	a_1	b_1
0°	1.192	−0.940	1.342	−0.980	1.200	−0.801	1.472	−0.808
45°					3.362	0.821	3.000	3.000
50°	1.158	−0.644	2.392	−0.193	2.763	2.724	0.980	3.860
65°	2.692	7.030		6.201	−0.599	5.260		
90°	−0.768	2.420	−0.770	2.162	−0.334	2.030	−0.808	1.472

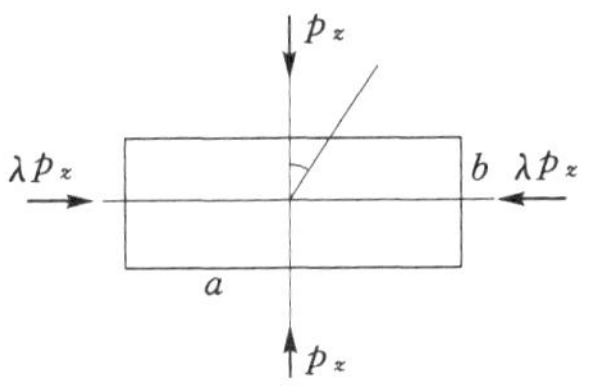

5.3.2　围岩变形破坏分区的塑性解

由以上分析可知，巷道开挖以后围岩应力重新分布的结果使部分围岩出现应力集中。一般圆形巷道最大应力集中系数为 2～3。轴比为 2 的椭圆形巷道围岩应力集中系数可以达到 4～5。矩形巷道和轴比更大的椭圆形巷道的应力集中系数可能更大。在高应力作用下，采准巷道围岩的某个区域岩体将出现拉断破坏或剪切塑性破坏。在 $\lambda<1$ 的情况下，拉断破坏主要发生在巷道顶底部，剪切塑性破坏发生在巷道两帮。λ 值越小，顶底拉应力值越大，对巷道围岩稳定越不利。只有在 $1/3\leqslant\lambda\leqslant1$ 的情况下，圆形巷道围岩中才不会产生拉应力，但是当围岩应力过大时则会出现塑性破坏。

围岩内塑性区的出现，降低了巷道围岩的稳定性。巷道围岩塑性区可以分为两部分(见图 5-39)：一是塑性区外圈应力高于原始应力的区域，该区域内的围岩虽然出现了一定程度的塑性破坏，但是在三向应力作用下，岩体的承载能力较大，应力高于原始应力。二是塑性区内应力低于原始应力的区域，该区域中最大和最小主应力的差值较大，围岩破坏程度也比较严重，所以应力值低于原始应力。

塑性区的应力降低显然不同于未破坏岩体弹性区的应力卸载。前者是伴随塑性区发展逐渐产生的，是强度降低的表现。而后者则是应力的解除，并不影响围岩的强度。

试验表明，当岩体应力达到其极限强度后，强度并不完全丧失，而是随着变形的增加而逐渐降低，直至降低到残余强度为止。主要表现为内聚力 C 值(或抗压强度 σ_c)的降低。因此，在埋深较大且岩体强度较低时，应该建立反映围岩塑性破坏特点的力学模型，分析巷道围岩的应力分布规律。

5.3.2.1　基本条件

(1) 无限长圆形巷道处于原岩应力为 p_0 的均匀应力场中(图 5-39)，岩体为各向同性、均匀的弹塑性介质，弹性阶段应力-应变关系服从胡克定律：

$$\begin{cases}\varepsilon_\theta = \dfrac{1}{E}[\sigma_\theta - \mu(\sigma_r + \sigma_z)] \\ \varepsilon_r = \dfrac{1}{E}[\sigma_r - \mu(\sigma_\theta + \sigma_z)]\end{cases} \tag{5-32}$$

式中　ε_θ、ε_r——弹性变形阶段的切向应变和径向应变；

σ_θ、σ_r——弹性变形阶段的切向应力和径向应力；

σ_z——巷道轴向上的应力；

E——弹性模量；

μ——泊松比。

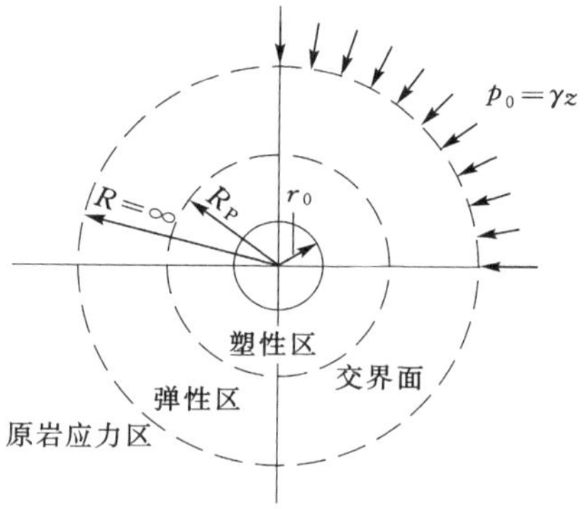

图 5-39　计算简图

屈服时满足 Mohr-Coulomb 准则：

$$\sigma_\theta^P = K\sigma_r^P + \sigma_c^P \tag{5-33}$$

式中　σ_θ^P、σ_r^P——塑性区围岩切向应力和径向应力，分别为最大和最小主应力；

σ_c^P——岩体塑性软化阶段的强度，它随着岩体变形破坏的发展逐渐降低；

$K=\dfrac{1+\sin\varphi}{1-\sin\varphi}$，其中 φ 为岩体的内摩擦角。

(2) 如果忽略自重应力的影响，则在小变形条件下，塑性区内的围岩应力满足应力微分平衡方程：

$$\frac{d\sigma_r^P}{dr} + \frac{\sigma_r^P - \sigma_\theta^P}{r} = 0 \tag{5-34}$$

(3) 考虑岩体破坏后体积会出现膨胀(即岩体的扩容现象)，按照 Price(普赖斯)对岩体扩容所做的试验(图 5-40)，岩体扩容与最大主应变可以简化成线性关系(在 $\sigma_3=0$ 时如

图 5-40中的虚线所示）：

$$\frac{\Delta V}{V}=-\eta'\varepsilon_1 \quad (\eta'>0)$$

即
$$\varepsilon_1+2\varepsilon_3=-\eta'\varepsilon_1 \text{ 或 } \varepsilon_\theta^{P}+\varepsilon_r^{P}=-\eta\varepsilon_\theta \quad (\eta>0) \tag{5-35}$$

式中　ΔV、V——试件体积增量和原始体积；

η'——平面应力条件下岩体扩容梯度；

η——平面应变条件下岩体扩容梯度；

ε_1、ε_3——最大主应变和最小主应变；

ε_r^{P}——径向塑性应变，$\varepsilon_r^{P}=\frac{du^{P}}{dr}$，为最小主应变；

ε_θ^{P}——切向塑性应变，$\varepsilon_\theta^{P}=\frac{u^{P}}{r}$，为最大主应变；

u^{P}——塑性区围岩径向位移。

由图 5-40 可见，岩体扩容梯度并非常数，它还和岩体组成、侧压系数等有关。

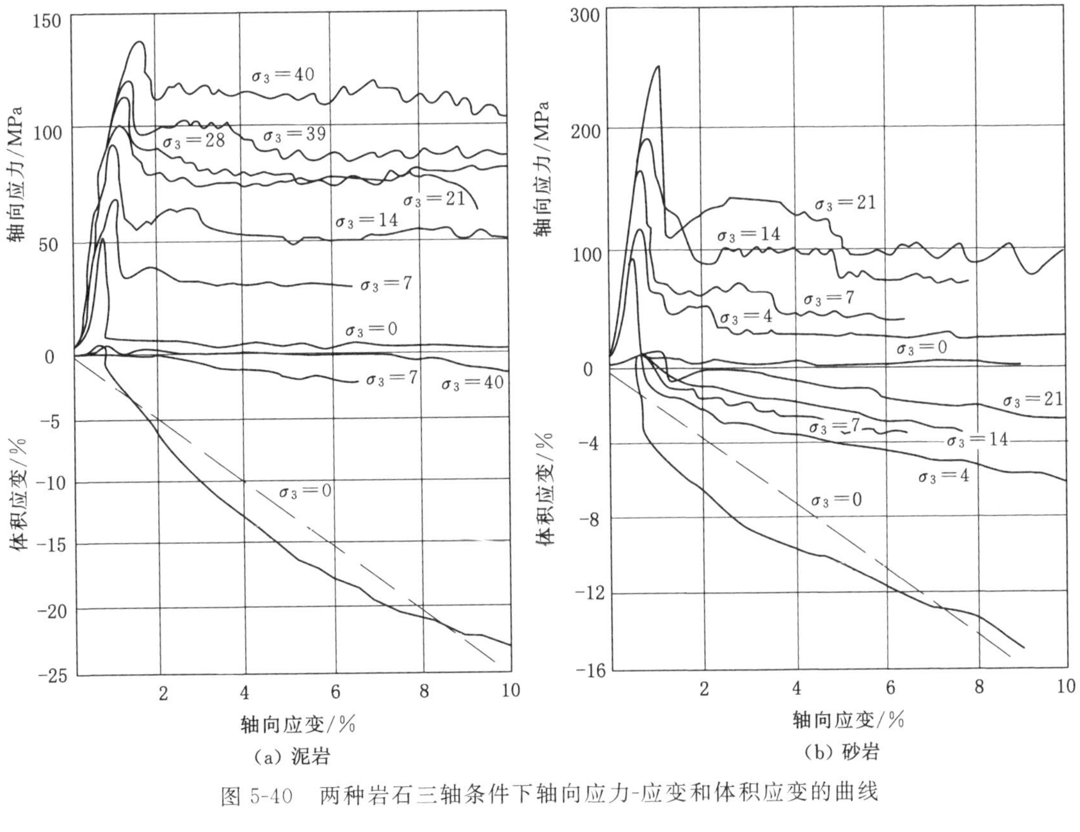

图 5-40　两种岩石三轴条件下轴向应力-应变和体积应变的曲线

在侧压力系数相同的情况下，对比图 5-40(a)和图 5-40(b)可知，泥岩扩容梯度 $\eta_{泥}$ 明显大于砂岩 $\eta_{砂}$。例如 $\sigma_3=0$ 时 $\eta_{泥}\approx2.5$，$\eta_{砂}\approx1.75$，说明泥岩的扩容性质更显著。对于同一种岩体，侧压力系数对岩体扩容梯度的影响很大。总的变化规律是当 $\sigma_3=0$ 时，η 取得最大值，随着侧压力系数的增加，η 值逐步减小，最终趋近于零。

对于巷道塑性区围岩来说，各处的 η 值都是不同的，而且由于侧压（最小主应力 σ_r）需要理论分析后才能确定，所以精确表达不同深度塑性区围岩的岩体扩容梯度 η 是非常困难的。因此，为了简化起见，暂且将 η 视为常数，其数值取最大扩容梯度（$\sigma_3=0$ 时）和最小扩容梯度（$\eta=0$）的平均值，即 $\eta=\frac{1}{2}\eta_{最大}$。

需要指出，在塑性区围岩应力和变形的计算中，迄今为止一直采用塑性区岩体体积变形为零的假定，即在平面应变条件下，$\varepsilon_1+\varepsilon_3=0$。这种假设显然与试验结果不符。

5.3.2.2　岩体塑性软化模型

岩体的全应力-应变试验曲线（图 5-41）表明，岩体强度达到其极限强度 σ_c 后，岩体变形进入塑性软化阶段，岩体自身的强度随着应变的增大逐渐衰减，直至残余强度 σ_c^*。这就是说，岩体在塑性软化期间的强度（即塑性软化强度）σ_c^P 与最大主应变有关。应变值越大，塑性软化强度值则越小。

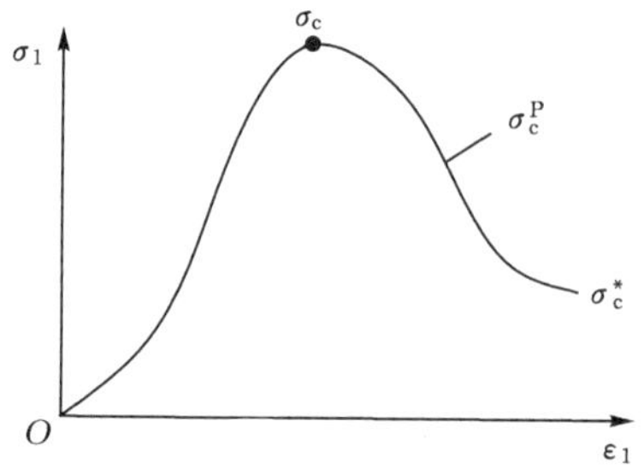

图 5-41　岩体的全应力-应变曲线

对于巷道围岩来说，在弹塑性区边界上岩体处于弹塑性的临界状态，该处岩体尚未产生裂纹和塑性软化，所以，岩体的塑性软化强度 σ_c^P 与极限抗压强度 σ_c 相同。随着半径 r 的减小，岩体的变形破坏也越来越严重，岩体的自身强度也逐渐减小。在巷道周边（$r=a$ 处），围岩的应变值 ε_θ^P 最大，该处已破坏了岩体的塑性软化强度 σ_c^P 就是岩体的残余强度 σ_c^*。因此，如果认为巷道围岩体的塑性软化强度 σ_c^P 也是塑性应变 ε_θ^P 的函数，并且与岩体的全应力-应变曲线具有类似的变化规律，则 σ_c^P 可以表示成：

$$\sigma_c^P=f(\varepsilon_\theta^P) \tag{5-36}$$

由于岩体试验条件与巷道围岩实际变形情况并不完全相同，所以，在相同的应力状态下，岩体全应力-应变曲线上的应变值与巷道围岩应变值也不完全相等，而是存在着对应的关系。只是在巷道围岩弹塑性区交界处和巷道周边存在以下关系：

$$r=R_P\text{ 时，}\begin{cases}\sigma_c^P=\sigma_c\\ \varepsilon_c^P=\varepsilon_\theta\end{cases} \tag{5-37}$$

$$r=a\text{ 时，}\sigma_c^P=\sigma_c^* \tag{5-38}$$

式中　σ_c——岩体单向抗压强度；

σ_c^*——岩体的残余强度；

R_P——巷道围岩的塑性区半径；

ε_θ——切向弹性应变；

a——巷道半径。

5.3.2.3　弹性区围岩应力及变形

（1）径向应力和切向应力

由式（5-32）得：

$$\varepsilon_r-\varepsilon_\theta=\frac{1+\mu}{E}(\sigma_r-\sigma_\theta) \tag{5-39}$$

$$\frac{d\varepsilon_\theta}{dr}=\frac{1}{E}\left[\frac{d\sigma_\theta}{dr}-\mu\frac{d\sigma_r}{dr}\right]$$

因此，巷道围岩弹性区($r\geqslant R$)应力为：

$$\begin{cases}\sigma_r=p+\dfrac{R_P^2}{r^2}(\sigma_R-p)\\[2ex]\sigma_\theta=p-\dfrac{R_P^2}{r^2}(\sigma_R-p)\end{cases}\tag{5-40}$$

(2) 径向位移

由于 $\varepsilon_\theta=\dfrac{u}{r}$，所以根据胡克定律[式(5-32)]和式(5-40)可得由于硐室开挖所引起的径向位移：

$$u=r\varepsilon_\theta=\frac{r}{E}[\Delta\sigma_\theta-\mu(\Delta\sigma_r+\Delta\sigma_z)]\tag{5-41}$$

在平面应变条件下，$\Delta\sigma_z=\mu(\sigma_r+\sigma_\theta)$，所以式(5-41)变为：

$$u=\frac{(1-\mu^2)r}{E}\left[\Delta\sigma_\theta-\frac{\mu}{1-\mu}\sigma_r\right]=\frac{(1+\mu)}{E}\cdot\frac{R^2}{r}(p-\sigma_R)\tag{5-42}$$

由式(5-40)和式(5-42)可见，弹性区围岩应力和位移都与围岩的塑性区半径 R 和弹性区交界处径向应力 σ_R 有关。这两个参数可通过塑性条件确定。

5.3.2.4　塑性区围岩应力及位移

(1) 围岩应力的一般解

将 Mohr-Coulomb 屈服准则[式(5-33)]代入微分平衡方程[式(5-34)]得：

$$r\frac{d\sigma_r^P}{dr}+(1-K)\sigma_c^P=\sigma_c^P\tag{5-43}$$

设 $Q=r^{1-K}$，则上式可以改写成：$\dfrac{d(\sigma_r^P)}{dr}=Q\sigma_c^P r^{-1}$。

它的通解为：

$$\sigma_r^P=\frac{1}{Q}\int Q\sigma_c^P r^{-1}dr=r^{K-1}\int\sigma_c^P r^{-K}dr\tag{5-44}$$

根据式(5-36)和上述分析可知，σ_c^P 仅是径向坐标 r 的函数，并且可以由岩体的全应力-应变曲线确定。所以，式(5-44)可以看成巷道围岩塑性区径向应力 σ_r^P 的一般表达式。该式中的不定积分常数利用弹性交界上弹、塑性径向应力相等的条件求出。通过巷道周边处的支护条件，就能确定出塑性区半径 R 值的大小。

塑性区围岩切向应力 σ_θ^P 可由式(5-43)得到。

σ_r^P 和 σ_θ^P 是关于岩体塑性软化强度 σ_c^P 的积分。因计算力学模型(例如理想弹塑性、应变软化和应变硬化等)的不同，巷道围岩塑性区半径和应力分布计算结果会差别很大。只有在力学模型接近岩体的全应力-应变曲线时，力学模型才真正反映了岩石的力学性质，计算结果才会更接近实际情况。

(2) 围岩位移和应变

由式(5-35)可得：

$$\varepsilon_r^P+(1+\eta)\varepsilon_\theta^P=0\tag{5-45}$$

求解上式得：

$$u^{\mathrm{P}}=Cr^{-(1+\eta)} \tag{5-46}$$

式中　C——任意积分常数。

由于在巷道围岩弹塑性交界的径向位移是连续的，所以在 $r=R$ 时，利用式(5-42)和式(5-46)计算的位移应该相等，即：

$$u=u^{\mathrm{P}}$$

从而得：

$$\frac{1+\mu}{E}\cdot\frac{R^2}{R}(p-\sigma_{\mathrm{R}})=CR^{-(1+\eta)}$$

$$C=\frac{(1+\mu)(p-\sigma_{\mathrm{R}})}{E}R^{2+\eta}$$

$$\left.\begin{aligned}u^{\mathrm{P}}&=\frac{(1+\mu)(p-\sigma_{\mathrm{R}})}{E}R\left(\frac{R}{r}\right)^{(1+\eta)}\\ \varepsilon_{\mathrm{r}}^{\mathrm{P}}&=-\frac{(1+\mu)(1+\eta)(p-\sigma_{\mathrm{R}})}{E}\left(\frac{R}{r}\right)^{(2+\eta)}\\ \varepsilon_{\theta}^{\mathrm{P}}&=\frac{(1+\mu)(p-\sigma_{\mathrm{R}})}{E}\left(\frac{R}{r}\right)^{(2+\eta)}\end{aligned}\right\} \tag{5-47}$$

(3) 围岩塑性区应力和位移的特解

① 岩体不产生塑性软化时的围岩应力[Kastner(卡斯特纳)公式]

如果在巷道围岩破坏以后不发生塑性软化(即理想的弹塑性模型)，则全应力-应变曲线如图 5-42 所示。这时岩体塑性软化强度 $\sigma_{\mathrm{c}}^{\mathrm{P}}$ 与 $\varepsilon_{\mathrm{c}}^{\mathrm{P}}$ 无关，为常数，因此由式(5-45)得：

$$\sigma_{\mathrm{r}}^{\mathrm{P}}=r^{K-1}\int r^{-K}\sigma_{\mathrm{c}}\mathrm{d}r=-\frac{\sigma_{\mathrm{c}}}{K-1}+C_1r^{K-1} \tag{5-48}$$

式中　C_1——不定积分常数。

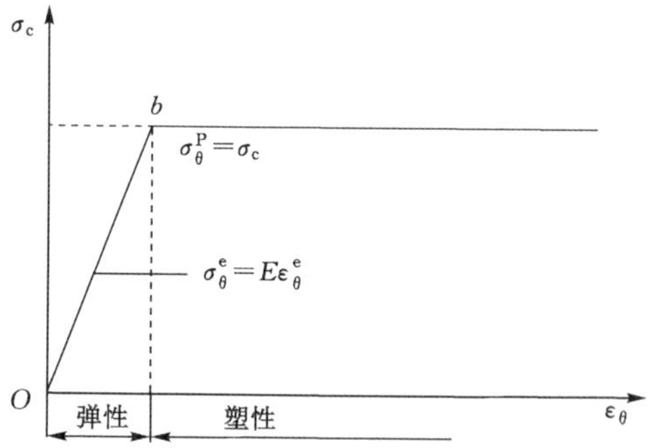

图 5-42　理想弹塑性力学模型

在弹塑性区交界上，$r=R$，$\sigma_{\mathrm{r}}^{\mathrm{P}}=\sigma_{\mathrm{R}}$，则

$$C_1=\left(\sigma_{\mathrm{R}}+\frac{\sigma_{\mathrm{c}}}{K-1}\right)R^{1-K}$$

所以有

$$\sigma_{\mathrm{r}}^{\mathrm{P}}=-\frac{\sigma_{\mathrm{c}}}{K-1}+\left(\sigma_{\mathrm{R}}+\frac{\sigma_{\mathrm{c}}}{K-1}\right)\left(\frac{r}{R}\right)^{K-1} \tag{5-49}$$

$$\sigma_\theta^{\mathrm{P}} - K\sigma_{\mathrm{r}}^{\mathrm{P}} + \sigma_{\mathrm{c}} = K\left[\left(\sigma_{\mathrm{R}} + \frac{\sigma_{\mathrm{c}}}{K-1}\right)\left(\frac{r}{R}\right)^{K-1} - \frac{\sigma_{\mathrm{c}}}{K-1}\right] + \sigma_{\mathrm{c}} \tag{5-50}$$

注意到在弹塑性交界上围岩的切向应力不应该有突变，即在 $r=R$ 时利用式(5-35)和式(5-36)两式计算得到的 σ_θ 值和 $\sigma_\theta^{\mathrm{P}}$ 值应相等，所以得到：

$$\sigma_{\mathrm{R}} = \frac{2p - \sigma_{\mathrm{c}}}{1+K}$$

式(5-49)和式(5-50)可以改写成：

$$\begin{cases} \sigma_{\mathrm{r}}^{\mathrm{P}} = \dfrac{2}{K^2-1}[(K-1)p + \sigma_{\mathrm{c}}]\left(\dfrac{r}{R}\right)^{K-1} - \dfrac{\sigma_{\mathrm{c}}}{K-1} \\ \sigma_\theta^{\mathrm{P}} = K\left\{\dfrac{2}{K^2-1}[(K-1)p + \sigma_{\mathrm{c}}]\left(\dfrac{r}{R}\right)^{K-1} - \dfrac{\sigma_{\mathrm{c}}}{K-1}\right\} + \sigma_{\mathrm{c}} \end{cases} \quad (a \leqslant r \leqslant R) \tag{5-51}$$

如果在巷道周边($r=a$)处的支护强度为 p_i，则可通过式(5-51)的第一式求得巷道围岩塑性区半径 R：

$$R = a\left[\frac{2}{K+1}\cdot\frac{\sigma_{\mathrm{c}} + (K-1)p}{\sigma_{\mathrm{c}} + (K-1)p_i}\right]^{\frac{1}{K-1}} \tag{5-52}$$

这时的巷道围岩位移和应变可以代入式(5-47)中求得：

$$\begin{cases} u^{\mathrm{P}} = B_0 R\left(\dfrac{R}{r}\right)^{(1+\eta)} \\ \varepsilon_{\mathrm{r}}^{\mathrm{P}} = -(1+\eta)B_0\left(\dfrac{R}{r}\right)^{(2+\eta)} \\ \varepsilon_\theta^{\mathrm{P}} = B_0\left(\dfrac{R}{r}\right)^{(2+\eta)} \end{cases} \tag{5-53}$$

式中，$B_0 = \dfrac{(1+\mu)[(K-1)p + \sigma_{\mathrm{c}}]}{(K+1)E}$。

② 岩体塑性软化强度按直线衰减的围岩应力及位移

若将全应力-应变曲线后破坏段简化成图 5-43 所示的直线，则巷道塑性区内岩体塑性软化强度 $\sigma_{\mathrm{c}}^{\mathrm{P}}$ 与切向应变的关系为：

$$\sigma_{\mathrm{c}}^{\mathrm{P}} = \sigma_{\mathrm{c}} - \frac{\sigma_{\mathrm{c}} - \sigma_{\mathrm{c}}^*}{\varepsilon_\theta^{\mathrm{eP}} - \varepsilon_\theta^{\mathrm{a}}}(\varepsilon_\theta^{\mathrm{eP}} - \varepsilon_\theta^{\mathrm{P}}) \tag{5-54}$$

式中　σ_{c}、$\sigma_{\mathrm{c}}^{\mathrm{P}}$、$\sigma_{\mathrm{c}}^*$ ——岩体的极限抗压强度、塑性软化强度和残余强度；

$\varepsilon_\theta^{\mathrm{eP}}$、$\varepsilon_\theta^{\mathrm{P}}$、$\varepsilon_\theta^{\mathrm{a}}$ ——巷道围岩在塑性区交界处、塑性区范围内和巷道围岩周边处的切向应变。

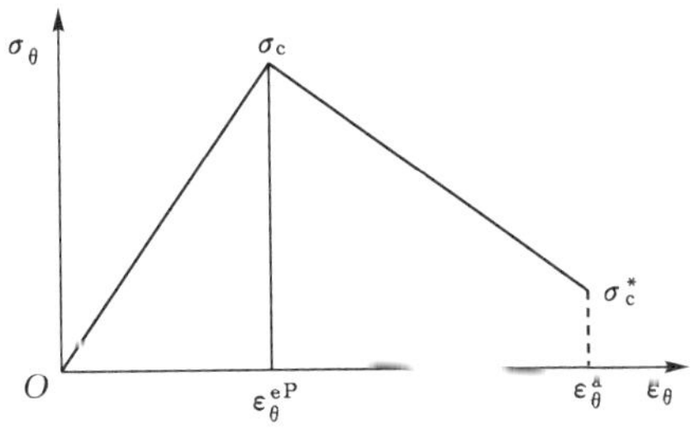

图 5-43　直线型塑性软化模型

围岩塑性位移和应变同样用式(5-35)求解，所得结果形式与式(5-53)一致，都与最终巷道塑性区半径 R 有关。因此有：

$$\begin{cases}\varepsilon_\theta^{eP}=B_0\left(\dfrac{R}{R}\right)^{(2+\eta)}=B_0\\ \varepsilon_\theta^{P}=B_0\left(\dfrac{R}{r}\right)^{(2+\eta)}\\ \varepsilon_\theta^{a}=B_0\left(\dfrac{R}{a}\right)^{(2+\eta)}\end{cases}\tag{5-55}$$

围岩应力值为：

$$\sigma_\theta^P=K\sigma_r^P+\sigma_c^P=K\sigma_r^P+A\left(\frac{R}{r}\right)^{(\eta+2)}+B\tag{5-56}$$

其中：

$$A=\frac{\sigma_c-\sigma_c^*}{1-\left(\dfrac{R}{a}\right)^{2+\eta}}$$

$$B=\sigma_c-A$$

令 $a=r$，$\sigma_r^P=p_i$（p_i 为支架对巷道围岩的支护强度），可以得到关于巷道塑性区半径的 R 的隐函数：

$$\left(\frac{2p-\sigma_c}{1+K}+\frac{A}{1+\eta+K}+\frac{B}{(K-1)}\right)\left(\frac{a}{R}\right)^{(K-1)}-\frac{A}{1+\eta+K}\left(\frac{R}{a}\right)^{(\eta+2)}-\frac{B}{(K-1)}-p_i=0\tag{5-57}$$

解上式便可得到巷道围岩塑性区半径 R。

③ 岩体塑性软化强度按双曲线衰减时的围岩应力及位移

为了使岩体的塑性软化强度更接近岩体的全应力-应变曲线的后破坏段，可以用双曲线方程拟合(图 5-44)，即令：

$$\sigma_c^P=b_1+\frac{1}{b_2\varepsilon_\theta^P+b_3}\tag{5-58}$$

其中：

$$b_1=\frac{(\sigma_c^{0.5}-\sigma_c)\sigma_c^*-\dfrac{1}{2}(\sigma_c^*-\sigma_c)\sigma_c^{0.5}}{(\sigma_c^{0.5}-\sigma_c)-\dfrac{1}{2}(\sigma_c^*-\sigma_c)}$$

$$b_2=\frac{2}{\varepsilon_\theta^{eP}-\varepsilon_\theta^{a}}\left(\frac{1}{\sigma_c-b_1}-\frac{1}{\sigma_c^{0.5}-b_1}\right)$$

$$b_3=\frac{1}{\sigma_c-b_1}-b_2\varepsilon_\theta^{eP}$$

式中　$\sigma_c^{0.5}$——岩体全应力-应变曲线上最大应变与弹塑性交界处应变之和一半处的塑性软化应力，对应的应变为 $\dfrac{1}{2}(\varepsilon_\theta^{eP}+\varepsilon_\theta^{a})$。

在 $\varphi=30°$，$\eta=0$ 的情况下，$K=3$，并可得到 σ_θ^P 和 R 的解析解：

$$\begin{cases}\sigma_r^P=\dfrac{r^2}{R^2}\left[\dfrac{1}{2b_0B_0}\ln\dfrac{r^2(b_2B_0+b_3)}{b_2B_0R^2+b_3r^2}+\dfrac{2p-\sigma_c}{4}+\dfrac{b_1}{2}\right]-\dfrac{b_1}{2}\\ \sigma_\theta^P=3\sigma_r^P+b_1+\dfrac{r^2}{b_2B_0R^2+b_3r^2}\end{cases}\tag{5-59}$$

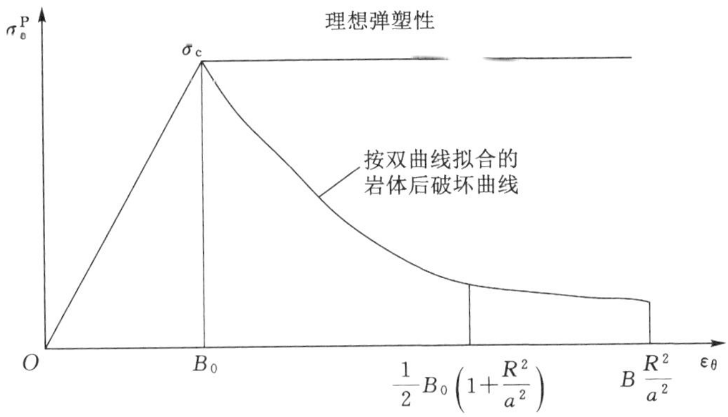

图 5-44　双曲线型塑性软化模型

R 的解析式用下面隐函数表达：

$$\frac{a^2}{R^2}\left[\frac{1}{2b_2B_0}\ln\frac{a^2(b_2B_0+b_3)}{b_2B_0R^2+b_3a^2}+\frac{2p-\sigma_c}{4}+\frac{b_1}{2}\right]-\frac{b_1}{2}-p_i=0 \tag{5-60}$$

④ 岩体塑性软化强度按多段直线衰减时的围岩应力及位移

如果将岩体全应力-应变曲线的强度衰减段曲线沿应变方向分成 n 段，如图 5-45 所示，则折线上各点的应变都可以用 ε^{P_0} 和 ε^{P_n} 表示。

$$\varepsilon_\theta^{P_i}=\varepsilon_\theta^{P_0}+\frac{i}{n}(\varepsilon_\theta^{P_n}-\varepsilon_\theta^{P_0}) \tag{5-61}$$

式中　$\varepsilon_\theta^{P_i}$ ——强度衰减曲线第 i 点处的应变；

$\varepsilon_\theta^{P_0}$ ——巷道围岩弹塑交界上的切向应变；

$\varepsilon_\theta^{P_n}$ ——巷道周边处的围岩切向应变。

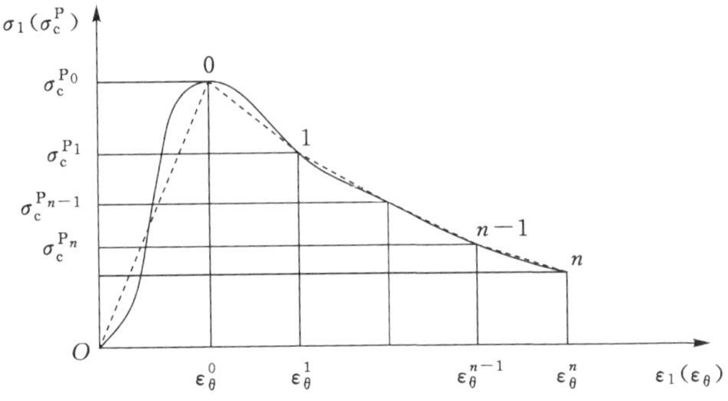

图 5-45　多段直线型塑性软化力学模型

岩体强度衰减曲线可以近似地表示为：

$$\sigma_c^P=\sigma_c^{P_i}+\frac{\sigma_c^{P_i}-\sigma_c^{P_j}}{\varepsilon_\theta^{P_i}-\varepsilon_\theta^{P_j}}(\varepsilon_\theta^P-\varepsilon_\theta^{P_i})$$

$$=\sigma_c^{P_i}+\frac{n(\varepsilon_\theta^P-\varepsilon_\theta^{P_0})+i(\varepsilon_\theta^{P_0}-\varepsilon_\theta^{P_n})}{\varepsilon_\theta^{P_0}-\varepsilon_\theta^{P_n}}\times(\sigma_c^{P_i}-\sigma_c^{P_j}) \tag{5-62}$$

式中，$j=i+1$，$\varepsilon_\theta^{P_i} \leqslant \varepsilon_\theta^{P} \leqslant \varepsilon_\theta^{P_j}$（下面公式中的 j、ε_θ^{P} 均服从该式）。$\sigma_c^{P_i}$ 为强度衰减曲线上第 i 点的塑性软化强度，其中，$\sigma_c^{P_0}=\sigma_c$，$\sigma_c^{P_n}=\sigma_c^*$。

巷道围岩塑性区径向应力：

$$\begin{aligned}\sigma_r^{P} &= r^{K-1}\int r^{-K}\sigma_c^{P}\mathrm{d}r \\ &= r^{K-1}\int r^{-K}\left[B_1^i + B_2^i\left(\frac{R}{r}\right)^{2+\eta}\right]\mathrm{d}r \\ &= r^{K-1}\int\left[B_1^i r^{-K} + B_2^i R^{2+\eta} r^{-(2+\eta+K)}\right]\mathrm{d}r \\ &= -\frac{B_2^i R^{2+\eta}}{1+\eta+K}r^{-(2+\eta)} - \frac{B_1^i}{K-1} + C^i r^{K-1}\end{aligned} \tag{5-63}$$

在巷道周边处，$\sigma_r^{P}=p_i$，则式(5-63)成为：

$$p_i = -\frac{B_2^{n-1}}{1+\eta+K}\left(\frac{R}{a}\right)^{2+\eta} - \frac{B_1^{n-1}}{K-1} + C^{n-1}a^{K-1} = 0 \tag{5-64}$$

解此方程即可求得巷道围岩塑性区半径 R。

5.3.3 围岩塑性区理论的评价及应用

5.3.3.1 力学模型讨论

在不考虑岩体破坏后体积膨胀的条件下，应用不同的力学模型得到的关于围岩塑性区半径、应力及变形的结果会有很大差别。目前应用较广泛的是 Kastner 公式。国内外学者对 Kastner 公式做了某些修正，大体有三类：第一，仍然采用 Kastner 的力学模型，将岩体按照金属材料那样的理想弹塑性介质来处理，只是将莫尔-库仑准则改为抛物线、双曲线等准则；第二，认为巷道塑性区围岩内聚力呈线性变化，在弹性区与塑性区交界处最高（对应未破坏岩体），在巷道周边处最低（对应岩体破坏后最终内聚力）；第三，认为塑性区内岩体出现弱化，强度降低。下面对几种不同力学模型得到的塑性区半径 R 进行分析。

巷道围岩塑性区半径 R 与岩体残余强度 σ_c^* 和岩体内摩擦角 φ 之间的关系曲线如图 5-46、图 5-47 所示。它们表明，应用不同的力学模型计算出的巷道围岩塑性区半径会有很大差异。

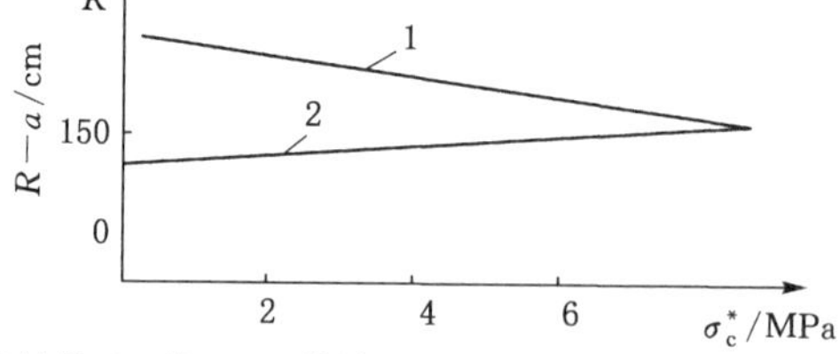

1—式(5-57)结果；2—Kastner 结果；$a=2$ m；$E=1\ 705$ MPa；$\sigma_c=8.45$ MPa；$\sigma_c^*=0.32$ MPa；$\mu=0.32$；$p=12$ MPa；$p_i=0$；$\eta=0$。

图 5-46 R 与 σ_c^* 的关系

由于 Kastner 公式中没有计入岩体塑性软化对巷道塑性区围岩应力和塑性区半径的影响，所以得到的 R 值偏小（图 5-46）。在岩体残余强度较小的情况下，Kastner 公式计算的巷道围岩塑性区深度（$R-a$）比式(5-57)的结果小一半左右。只是当塑性区岩体不发生塑性

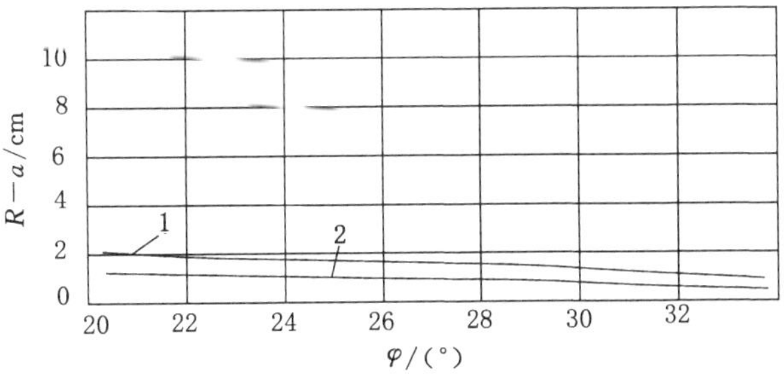

1—式(5-57)结果；2—Kastner 结果；$a=2$ m；$E=1\ 705$ MPa；$\sigma=8.45$ MPa；

$\sigma_c^*=0.245$ MPa；$\mu=0.32$；$p=12$ MPa；$p_i=0$；$\eta=0$。

图 5-47　R 与 φ 的关系

软化时（$\sigma_c^*=\sigma_c$），两者的结果才相同。

5.3.3.2　巷道围岩塑性区半径及应力

巷道围岩塑性区应力 σ_θ^P 和 σ_r^P 的分布如图 5-48 所示。

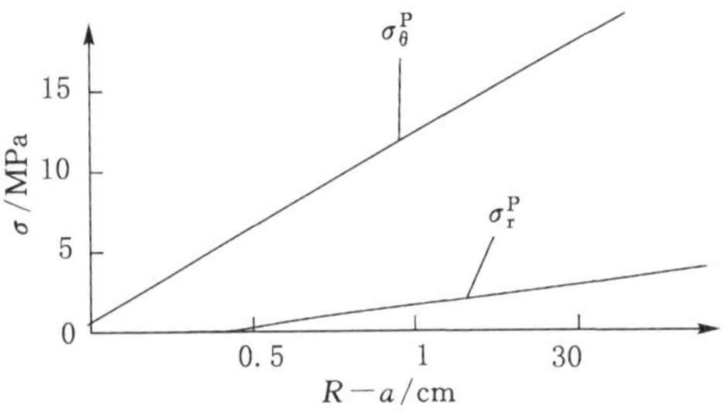

$a=2$ m；$E=1\ 705$ MPa；$\sigma_c=8.45$ MPa；$\sigma_c^*=0.45$ MPa；

$\mu=0.32$；$p=12$ MPa；$p_i=0$；$\varphi=23°$；$\eta=0$。

图 5-48　塑性区内应力变化

岩体扩容梯度 η 对巷道围岩塑性区半径 R 的大小有些影响，主要表现为随着 η 值的增大，R 值稍有减小。但 η 值大小对弹塑性区交界上应力值大小却不产生任何作用，见表5-13。

表 5-13　塑性区半径 R 及应力与 η 的关系

应力	η	巷道半径 r/m				塑性区半径 R/m		
		a	2.4	2.8	3.2	3.6	3.68	3.6
σ_θ^P	0	0.46	4.86	9.02	13.11			19.26
	1	0.45	5.69	10.15	14.34		19.26	
	2	0.43	6.83	11.00	15.19	19.26		
σ_r^P	0	0	0.45	1.38	2.59			4.74
	1	0.1	0.54	1.60	2.93		4.74	
	2	0.1	0.59	1.76	3.18	4.74		

岩体扩容梯度的影响，会使巷道围岩位移急剧增长。一般情况下，η 从 0 增到 2 时巷道周边位移增加 1～2 倍，比用 Kastner 公式计算时增加 2～4 倍，如图 5-49 所示。

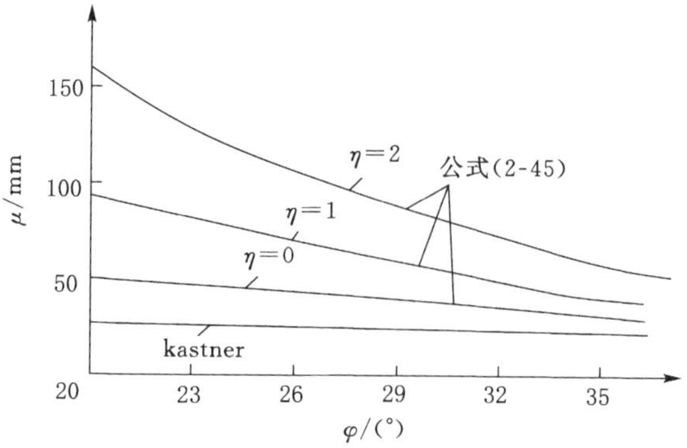

$a=2$ m; $E=1\ 705$ MPa; $\sigma_c=8.45$ MPa; $\sigma_c^*=0.45$ MPa;

$\mu=0.32$; $p=12$ MPa; $p_i=0$; $\varphi=23°$。

图 5-49　η 对 μ 的影响

5.3.3.3　非均匀应力场下巷道围岩的塑性区分布

通过上面的分析我们可以看出经典的 Kastner 公式只能计算均匀围压条件下的巷道塑性区半径，而围岩在非均匀围压下的塑性区半径却无法计算。因此，有必要重新计算和分析非均匀围压下的巷道围岩塑性区半径。

在前面我们已经得到了圆形巷道围岩在极坐标系下的应力计算公式。在不考虑围岩的塑性软化时，可以利用弹性力学中应力分量由极坐标向直角坐标的变换式：

$$\sigma_x=\frac{\sigma_r+\sigma_\theta}{2}+\frac{\sigma_r-\sigma_\theta}{2}\cos 2\theta-\tau_{r\theta}\sin 2\theta \tag{5-65}$$

$$\sigma_y=\frac{\sigma_r+\sigma_\theta}{2}-\frac{\sigma_r-\sigma_\theta}{2}\cos 2\theta+\tau_{r\theta}\sin 2\theta \tag{5-66}$$

$$\tau_{xy}=\frac{\sigma_r-\sigma_\theta}{2}\sin 2\theta+\tau_{r\theta}\cos 2\theta \tag{5-67}$$

得到：

$$\begin{cases}\sigma_x+\sigma_y=\sigma_r+\sigma_\theta\\ \sigma_x-\sigma_y=(\sigma_r-\sigma_\theta)\cos 2\theta-2\tau_{r\theta}\sin 2\theta\\ \tau_{xy}=\dfrac{\sigma_r-\sigma_\theta}{2}\sin 2\theta+\tau_{r\theta}\cos 2\theta\end{cases}$$

而在弹性力学中主应力可通过下式由水平应力和垂直应力求得：

$$\sigma_1=\sigma_x+\sigma_y+\sqrt{(\sigma_x-\sigma_y)^2+(\tau_{xy})^2} \tag{5-68}$$

$$\sigma_3=\sigma_x+\sigma_y-\sqrt{(\sigma_x-\sigma_y)^2+(\tau_{xy})^2} \tag{5-69}$$

所以有：

$$\begin{cases}\sigma_1=\sigma_r+\sigma_\theta+\sqrt{(\sigma_r-\sigma_\theta)^2\left(\cos^2 2\theta+\dfrac{1}{4}\sin^2 2\theta\right)+\tau_{r\theta}^2(\cos^2 2\theta+4\sin^2 2\theta)-3(\sigma_r-\sigma_\theta)\tau_{r\theta}\sin 2\theta\cos 2\theta}\\ \sigma_3=\sigma_r+\sigma_\theta-\sqrt{(\sigma_r-\sigma_\theta)^2\left(\cos^2 2\theta+\dfrac{1}{4}\sin^2 2\theta\right)+\tau_{r\theta}^2(\cos^2 2\theta+4\sin^2 2\theta)-3(\sigma_r-\sigma_\theta)\tau_{r\theta}\sin 2\theta\cos 2\theta}\end{cases} \tag{5-70}$$

其中：

$$\begin{cases}\sigma_r + \sigma_\theta = (1+\lambda)\gamma H + (1-\lambda)\left(2\times\dfrac{a^2}{r^2}\right)\gamma H\cos 2\theta \\ \sigma_r - \sigma_\theta = (1+\lambda)\gamma H\left(-\dfrac{a^2}{r^2}\right) - (1-\lambda)\left(1-2\times\dfrac{a^2}{r^2}+3\times\dfrac{a^4}{r^4}\right)\gamma H\cos 2\theta \\ \tau_{r\theta} = \dfrac{(1-\lambda)}{2}\left(1+2\times\dfrac{a^2}{r^2}-3\times\dfrac{a^4}{r^4}\right)\gamma H\sin 2\theta\end{cases}$$

用极限主应力 σ_1 和 σ_3 表示的库仑-莫尔强度准则，即极限平衡条件为：

$$\sigma_1 = 2C\frac{\cos\varphi}{1-\sin\varphi} + \frac{1+\sin\varphi}{1-\sin\varphi}\sigma_3 \tag{5-71}$$

根据上式，如果 $\sigma_1 - \dfrac{1+\sin\varphi}{1-\sin\varphi}\sigma_3 - 2C\dfrac{\cos\varphi}{1-\sin\varphi} = 0$，则说明围岩处于极限状态，即将进入塑性状态。

由式(5-70)和式(5-71)可以看出，在巷道埋深 H、巷道围岩容重 γ、侧压系数 λ、巷道半径 a、围岩内聚力 C 和内摩擦角 φ 都给定的情况下，式(5-71)只和塑性区半径 r 及塑性区半径与巷道水平轴的夹角 θ 有关。在巷道的同一断面内，夹角 θ 可以任意选取，因此可以根据式(5-65)～式(5-71)计算出同一断面内任意位置的塑性区半径。

(1) 圆形巷道围岩塑性区分布形状特征

利用上面介绍的计算方法可以计算出侧压系数 λ=0.5、1、2 时围岩的塑性区半径，其塑性区分布如图 5-50 所示。

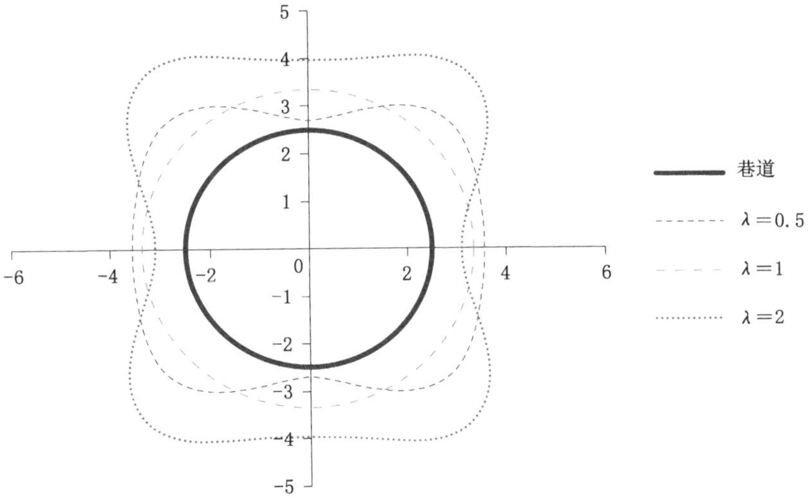

图 5-50　侧压系数变化时塑性区分布图

通过图 5-50 可以看出在非均匀围压下圆形巷道围岩塑性区分布有如下特征：

① 随着侧压系数的增大，巷道两帮的塑性区减小，而顶部的塑性区增大。

② 当侧压系数小于 1 时，巷道两帮的塑性区半径大于巷道顶部和底部的塑性区半径；当侧压系数为 1 时，则巷道塑性区半径都相等，即为圆形；当侧压系数大于 1 时，巷道两帮的

塑性区小于巷道顶部和底部的塑性区半径。

③ 巷道塑性区半径的大小与巷道围岩某一点的最大和最小主应力的差值有关，差值越大塑性半径越大，反之越小。

(2) 塑性区最大塑性破坏方向分布特征

侧压系数从 0.1 依次增加到 2.0（每次增加 0.1）时，不同侧压系数下圆形巷道断面 0°～90°范围内围岩塑性区半径最大时的角度变化如图 5-51 所示。

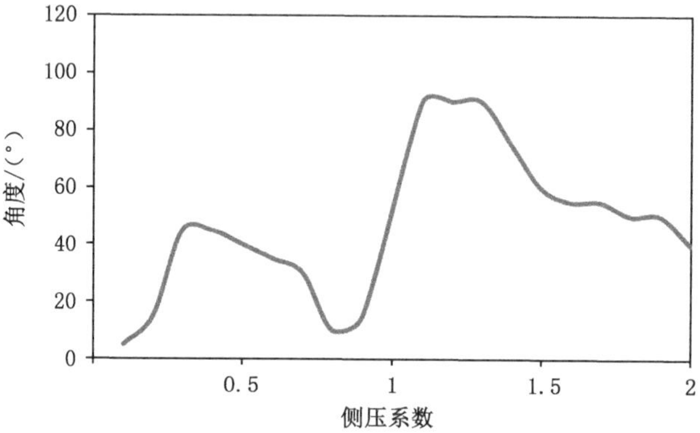

图 5-51　不同侧压系数下巷道围岩塑性区半径最大时的角度示意图

由图 5-51 可以看出以下规律：

① 当侧压系数在 0.1～1.0 之间时，曲线的形状近似为驼峰形，在侧压系数为 0.4 时，最大塑性破坏方向的角度值达到最大，与水平轴顺时针夹角为 45°左右。

② 在侧压系数在 1.0～2.0 之间时，其曲线形状也近似为驼峰形，在侧压系数为 1.2 时，最大塑性破坏方向的角度值达到最大，与水平轴顺时针夹角为 90°左右。

③ 最大塑性破坏方向并非都是在 45°左右的方向上，其最大塑性破坏方向与侧压系数有关，不同的侧压系数下，其最大塑性破坏方向也会不同。

(3) 不同岩石参数下圆形巷道围岩塑性区分布特征

通过改变岩石的内摩擦角和内聚力，可以作出在内聚力不变而内摩擦角变化的情况下（表 5-14）的塑性区分布图，如图 5-52 所示。

表 5-14　岩石参数变化表(一)

序号	内摩擦角/(°)	内聚力/MPa
1	20	3
2	25	3
3	30	3

同样，改变岩石的内摩擦角和内聚力，在内摩擦角不变而内聚力变化的情况下（表 5-15），其塑性区分布如图 5-53 所示。

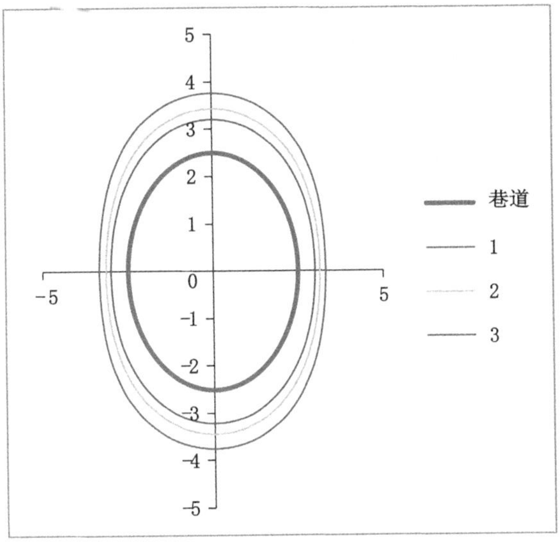

图 5-52　内摩擦角变化时塑性区分布图

表 5-15　岩石参数变化表(二)

序号	内摩擦角/(°)	内聚力/MPa
1	25	3
2	25	5
3	25	7

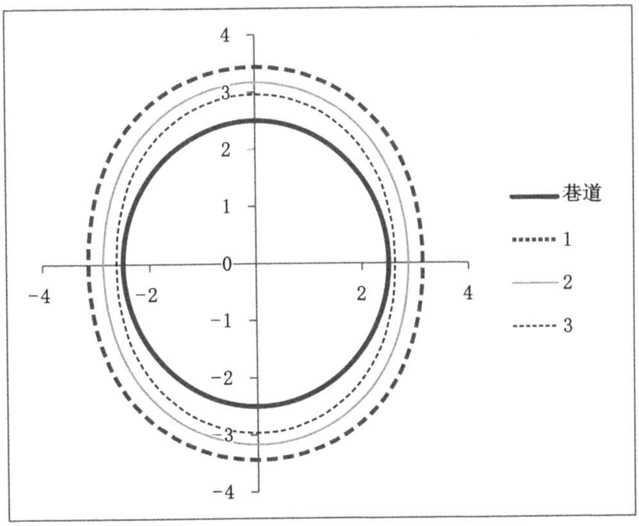

图 5-53　内聚力变化时巷道塑性区分布图

通过图 5-52 和图 5-53 可以得出以下规律：

① 随着内摩擦角的增大，巷道围岩塑性区的半径不断减小。

② 随着内聚力的增大，巷道围岩塑性区的范围不断减小。

取不同的岩石，侧压系数都相同时，其塑性区分布如图 5-54 所示。由图 5-54 可以看出，不同的岩石在侧压系数和巷道半径相同时，其塑性区分布各不相同，其塑性区半径的大小主要由其内聚力和内摩擦角决定。

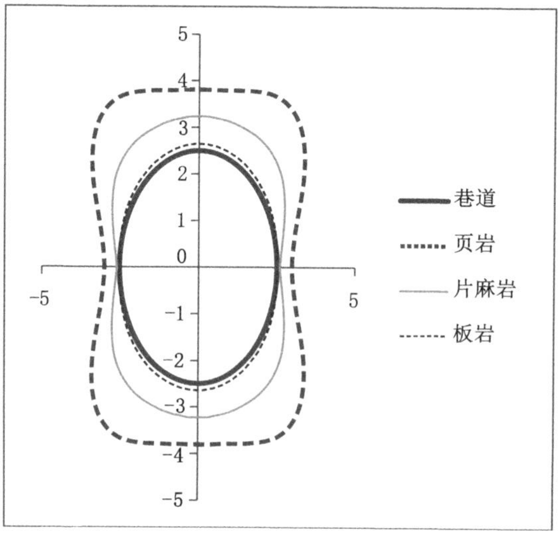

图 5-54　不同围岩性质下的圆形巷道围岩塑性区分布图

5.3.3.4　巷道围岩的稳定性

巷道围岩塑性区大小和围岩变形量是反映巷道围岩稳定性的主要指标。由于巷道围岩变形量 $u^{\mathrm{P}}=B_0\left(\dfrac{R}{r}\right)\cdot R$，所以，可以用巷道围岩塑性区半径 R 的大小判断巷道围岩的稳定性。R 值越大巷道越不稳定。

影响 R 值的因素主要有两类：一是不可控制的因素，如原岩应力 p、岩体单向抗压强度 σ_c、岩体扩容梯度 η、岩体弹性模量 E 和泊松比 μ 等，这些都属于通常技术手段难以改变的因素。另一类为可控制因素，例如支护阻力 p_i 和岩体残余强度 σ_c^* 等。

支护阻力 p_i 对巷道围岩塑性区半径 R 的影响如图 5-55 所示。该图表明，p_i 越小则 R 越大，巷道越不稳定。因此，为了保证巷道围岩的稳定性，应该尽可能提高对巷道的支护阻力 p_i。然而，过高的支护阻力往往会造成支架的浪费，使支护费用过高。

支护阻力的选择可用图 5-56 所示的原理说明。在该图中，要想使巷道围岩不出现塑性区，则支护阻力必须大于 $p_{i\max}$，但是若允许巷道围岩出现一定的塑性区，即允许围岩发生一定的位移再进行支护，则需要的支护阻力达到 p_i 就够了，这样可以大大节省支护材料和费用，也能达到保持围岩稳定性的目的。但是必须注意，围岩自身的承载能力是有限的，当 p_i 降低到 $p_{i\min}$ 值以下时，塑性区再继续扩大，围岩就要出现松动塌落。过了 $p_{i\min}$ 以后，这一支护曲线就不再适用了。

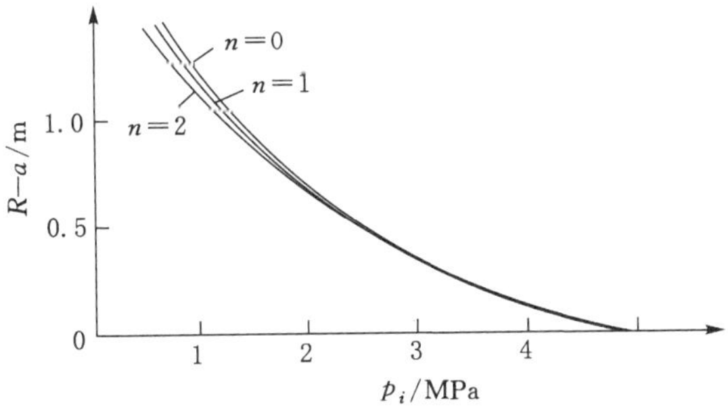

$a=2$ m；$E=1\ 705$ MPa；$\sigma_c=8.45$ MPa；$\sigma_c^*=0.45$ MPa；$\mu=0.32$；$p=12.0$ MPa；$\varphi=23°$。

图 5-55　p_i 与 R 的关系

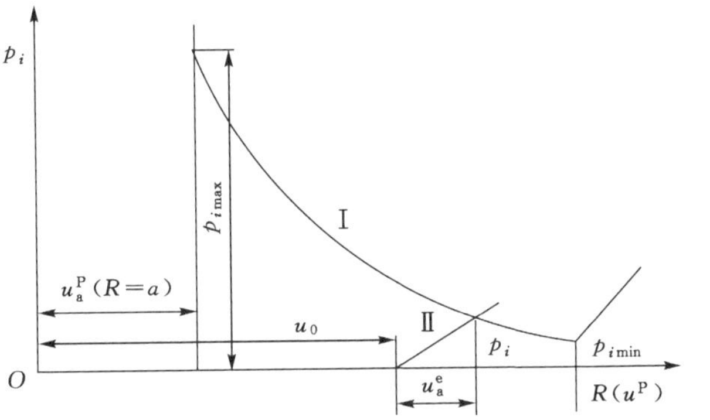

$\mu_a^P(R=a)$—刚出现塑性区时巷道表面径向位移；σ_a—巷道表面径向位移；

μ_a^e—支护结构变形；Ⅰ—p_i-u_a^V 曲线；Ⅱ—p_i—μ_a^e 曲线。

图 5-56　p_i 的合理选择

5.4　标准化设计标准——以有轨主运输巷道为例

5.4.1　巷道掘砌

（1）必须采用光面爆破掘进，巷道顶板及两帮平整，并留下明显的半眼痕迹。

（2）必须做到一工程一设计，巷道顶板拱形必须为三心拱形状，巷道坡度为 0.3‰～5‰。

（3）巷道的交岔区域和巷道岩石稳固性较差区域顶板必须进行支护，支护时可采用锚杆、锚网、长锚索、锚喷、金属支架、砌石碹等方式。

（4）巷道净宽不得小于设计规定，不应大于设计规定 150 mm；巷道净高腰线上下均不得小于设计规定 30 mm，也不应大于设计规定 150 mm。

（5）巷道顶帮无粉尘，地面整洁，路面无积水、杂物，水沟畅通，宜设水沟盖板。

5.4.2　巷道铺轨

（1）轨道的接头应平整，其高低及内侧偏差均不应超过 2 mm，螺栓、夹板必须齐全。

(2) 在直线上，两侧钢轨的接头应对齐；在弯道上，两侧钢轨的接头必须错开，其错开长度宜为钢轨长度的 1/3～1/4。

(3) 按照图集《矿山窄轨牵引网路》(89D762)的要求设置接头跨接线和并接线。

(4) 钢轨接头的间隙，在直线部分不得超过 5 mm，曲线部分不得超过 8 mm。

(5) 直线段两轨轨面的水平偏差，不应大于 5 mm；弯道曲轨应符合曲线弯度要求，外轨超高、内轨加宽、双轨中心距加宽，均应符合规定数值。

(6) 轨枕间距的允许偏差，应为±100 mm，轨道中心线与轨枕的中心线宜一致；曲线轨道的轨枕应与曲线半径方向一致。

(7) 道砟应采用碎石或卵石，其粒径宜为 20～60 mm；道床应平整，轨枕埋入道砟的深度应为轨枕厚度的 1/2～2/3，轨枕底面下的道砟厚度不应小于 100 mm。

5.4.3 滑触线架设

(1) 滑触线悬挂高度(由轨面算起)，主要运输巷道不低于 1.8 m；井下调车场、滑触线式电机车道与人行道交岔点不低于 2.0 m；井底车场(至运送人员车站)，不低于 2.2 m。

(2) 滑触线悬挂点的间距，在直线段内应不超过 5 m；在曲线段内应不超过 3 m；线夹与巷道顶板或支架横梁间的距离不小于 0.2 m；滑触线与管线外缘的距离不小于 0.2 m。

(3) 滑触线与金属管线交叉处，应用绝缘物隔开。

(4) 滑触线应设分段开关，分段距离应不超过 500 m，每一条支线也应设分段开关。

(5) 有条件的单位应安装电机车滑触线防触电装置或研发其他有效避免人行触电的装置，提高平巷运输用电安全性。

5.4.4 人行道设置

(1) 行人的水平运输巷道应设人行道，其有效净高不得小于 1.9 m。

(2) 人行道有效宽度应符合下列规定：人力运输的巷道，不小于 0.7 m；机车运输的巷道，不小于 0.8 m；调车场及人员乘车场，两侧均不小于 1.0 m。

(3) 井底车场矿车摘挂钩处，应设两条人行道，每条净宽不小于 1.0 m。

5.4.5 管缆敷设

(1) 电缆悬挂高度和位置应符合设计要求，在矿车脱轨时应不致受到撞击，坠落时不致落在轨道和运输机上，电力电缆悬挂点的间距应不大于 3 m，控制与信号电缆及小断面电力电缆间距应为 1.0～1.5 m，与巷道周边最小净距应不小于 50 mm。

(2) 风、水管架设高度应符合设计要求，电缆与风、水管平行敷设时，电缆应敷设在管子的上方，其净距不得小于 300 mm。高、低压电力电缆之间的净距应不小于 100 mm；高压电缆之间、低压电缆之间的净距应不小于 50 mm，并应不小于电缆外径。

(3) 电缆通过防火墙、防水墙或硐室部分，每条应分别用金属管或混凝土管保护，管孔应根据实际予以密闭。

(4) 巷道内的电缆每隔一定距离和在分路点上，应悬挂注明编号、用途、电压、型号、规格、起止地点等的标志牌。

5.4.6 巷道照明

(1) 照明线宜设在巷道中心，灯、线要平直美观，必须采用节能灯，灯距以满足巷道基本照明要求为准。

(2) 照明变压器宜设在专用硐室内或离开底板架设，高度满足防洪等方面的要求。

5.4.7 通风设施

(1) 挂有风筒(阻燃)的巷道，风筒要做到连接严密，吊挂平直，无破损、漏风现象。

(2) 安设局部通风机的巷道，局部通风机安设位置符合压入或抽出的位置要求，防护设施要完整，固定要牢靠。

思考题

5.1 围岩应力测试方法有哪些？

5.2 阐述水压致裂法测原岩应力步骤。

5.3 围岩周边应力分布有何特点？

5.4 研究围岩稳定性对矿山压力有何实际意义？

第 6 章 地下空间设计案例

6.1 某市地铁东风路站设计

6.1.1 车站主体基坑围护结构设计

6.1.1.1 围护结构及支撑形式的比选

根据对国内地铁深基坑的调查和工程类比，制定该线路深基坑变形控制保护等级标准。本站主体标准段基坑深度约为 17.16 m，标准段基坑宽度为 20.185 m，且两侧 H（基坑深度）范围有 DN1 500 混凝土污水管、DN1 200 混凝土雨水管、DN1 200 给水管、DN600 给水管、DN600 雨水管、1 400×800 电力管沟、1 000×1 400 电力管沟、DN700 热力管、DN315 燃气管；盾构端基坑开挖深度约 19.26 m。本站主体基坑支护的设计使用年限为 2 年。

根据车站周边的环境条件、地层条件及方案比选，主体标准段围护结构采用 ϕ800@1 100（盾构端采用 ϕ800@1 000）钻孔灌注桩，嵌固深度分别为 7.09 m、8 m。标准段竖向共设 3 道钢支撑（三道撑均为 ϕ609 mm，t=16 mm），小里程段竖向共设 3 道钢支撑（三道撑均为 ϕ609 mm，t=16 mm），大里程段竖向共设 3 道钢支撑（三道撑均为 ϕ609 mm，t=16 mm）。第一道钢支撑水平间距约为 6 m，其余钢支撑水平间距约 3 m。结合该市地铁类似工程经验，主体基坑采用内支撑加坑外降水，沉降能得到有效控制，对周边建（构）物影响较小，本次设计推荐采用坑外降水。具体见表 6-1。

表 6-1 围护结构尺寸表

结构分类	尺寸（规格）	材料
灌注桩	800 mm	C35 混凝土
钢支撑	609 mm	Q235A 钢
冠梁	1 200 mm×1 000 mm/1 500 mm×1 000 mm	C35 混凝土
桩顶挡墙	厚度 300 mm，出地面 300 mm	C30 混凝土
喷射混凝土	/	C25 混凝土
素混凝土垫层	/	C20 混凝土
轨行区素混凝土回填	回填至轨面线以下 560 mm	C35 混凝土
腰梁	2I45b	Q235A 钢

本站明挖出入口、风亭组围护结构采用 ϕ600@900 钻孔灌注桩，嵌固深度约 5 m。一般竖向设置 2 道 ϕ609 mm 钢支撑（t=16 mm）。钢支撑水平间距约 3 m。

6.1.1.2　计算模型与计算简图

计算采用同济大学“启明星 FRWS v7.0”软件，依据《建筑基坑支护技术规程》(JGJ 120—2012)进行内力变形及稳定计算。即采用弹性支点杆系有限元法计算，地面超载采用 20 kPa，主动土压力考虑水土分算按朗肯土压力理论计算，被动土压力按弹性地基梁考虑，水平抗力系数采用 m 法（假定土抗力系数随深度线性增大，即土抗力系数 k_h 与深度 z 成正比，可以表示为 $k_h=m_z$，其中 m 为比例系数，z 为深度。这种方法基于弹性地基梁理论，将地基土视为弹性体，通过计算地基土的变形和应力来得到水平抗力系数），对车站标准段、大里程端外扩段围护结构分别进行计算。

标准段基坑与盾构段基坑计算简图如图 6-1 所示。

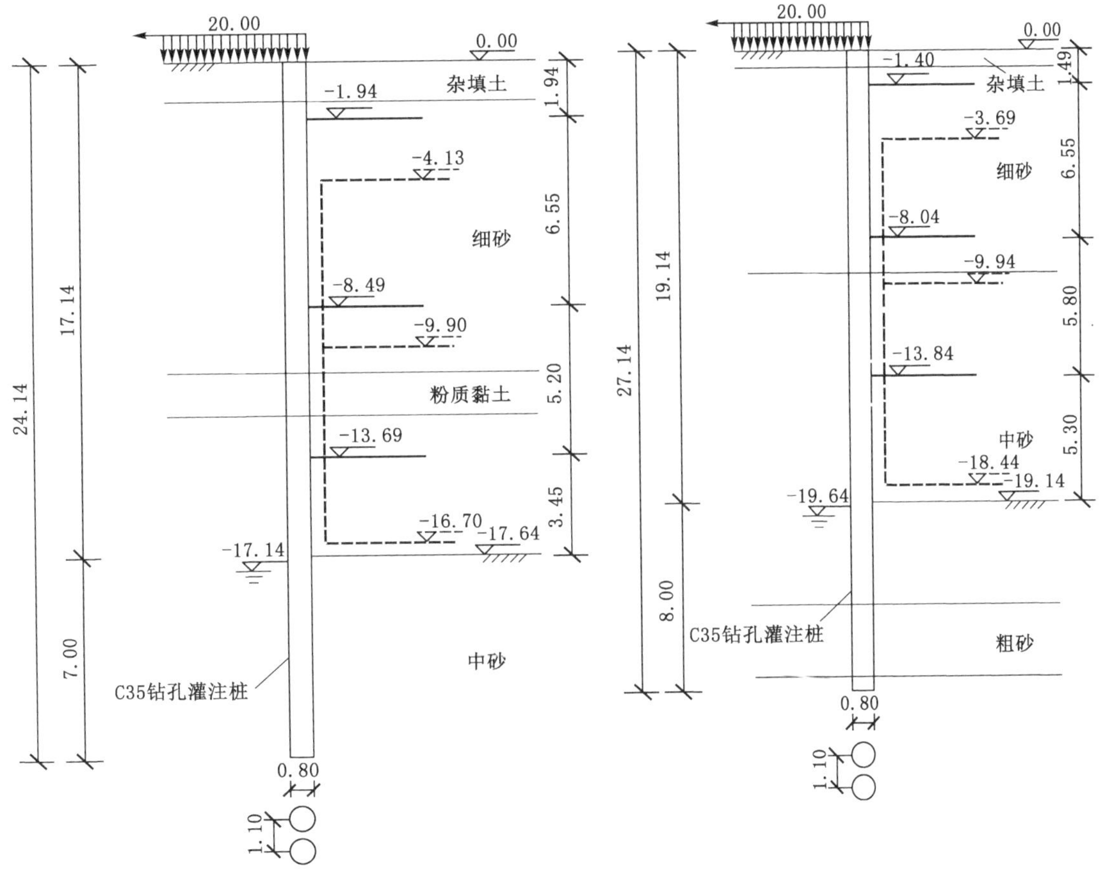

(a) 标准段基坑　　　　(b) 盾构段基坑

图 6-1　计算简图(示意图)

6.1.1.3　计算结果及分析

(1) 车站标准段计算结果

车站标准段各工况包络图如图 6-2 所示。

采用同济抛物线法进行地表沉降计算，计算结果如图 6-3 所示。

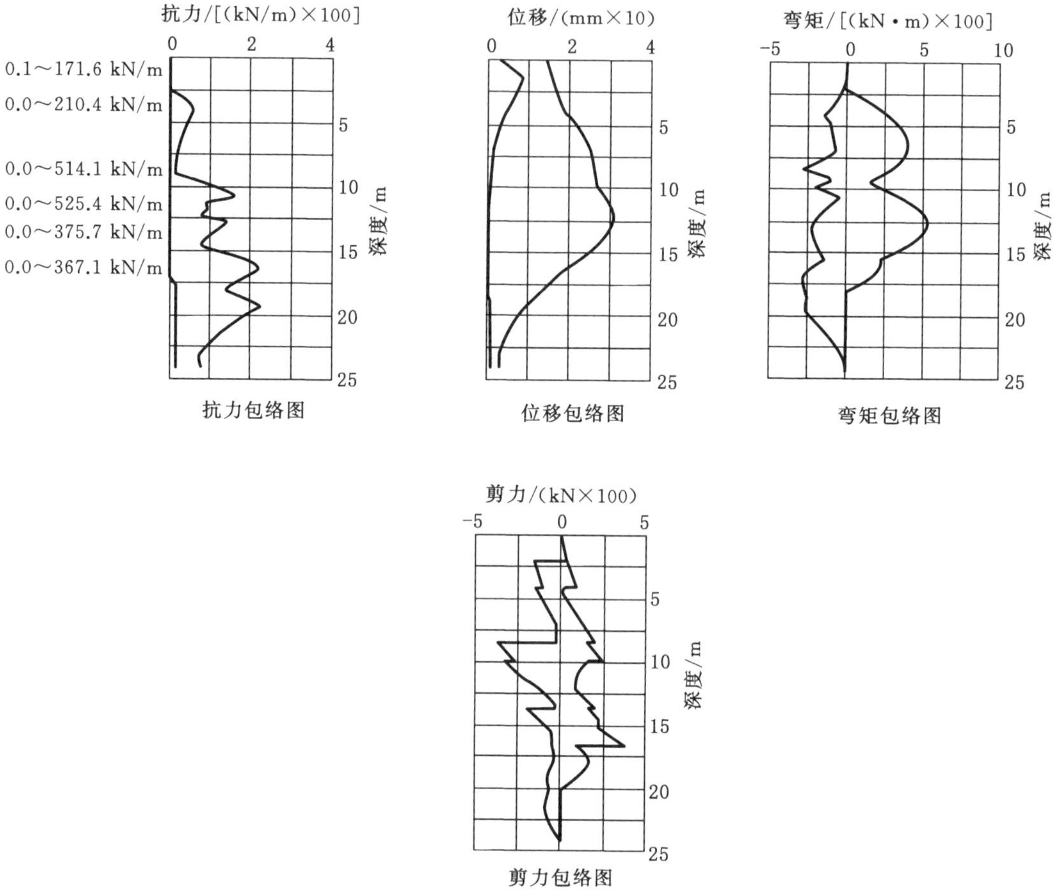

图 6-2　车站标准段工况包络图

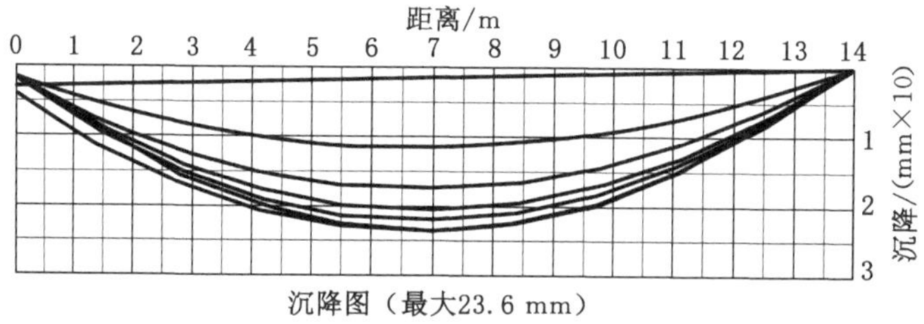

图 6-3　车站标准段地表沉降图

墙底抗隆起验算：

坑内侧向外 17.1 m 范围内总荷载：10 382.2 kN/m。

验算断面处土体内聚力：4.3 kPa；内摩擦角：34.8°。

经计算，安全系数取 1.8。

（2）盾构段计算结果

盾构段各工况包络图如图 6-4 所示。

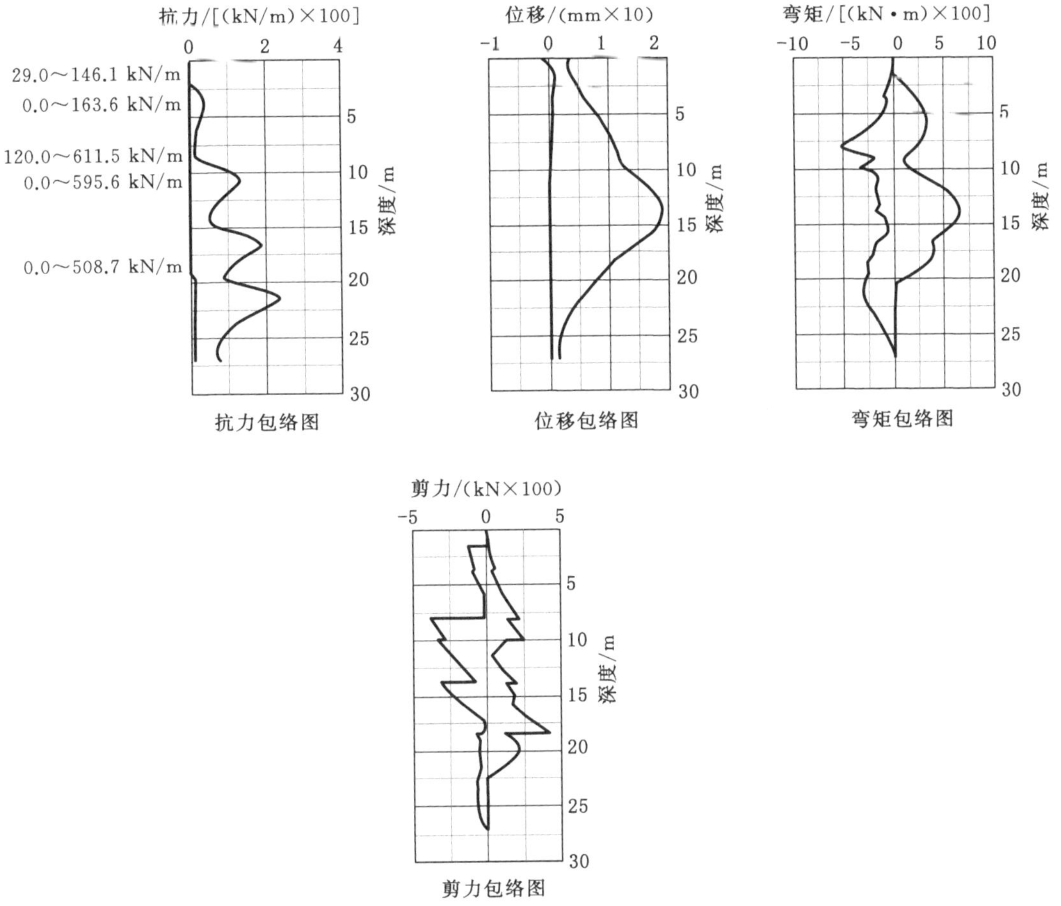

图 6-4　盾构段包络图

采用同济抛物线法进行地表沉降计算，计算结果如图 6-5 所示。

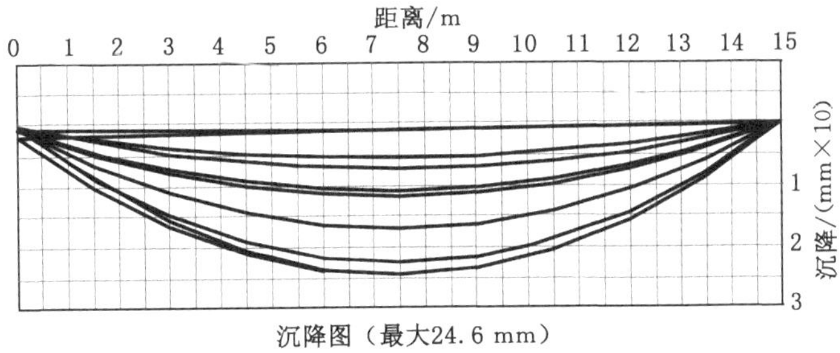

图 6-5　盾构段地表沉降图

墙底抗隆起验算：

坑内侧向外 19.1 m 范围内总荷载：10 570.0 kN/m。

验算断面处土体内聚力：4.3 kPa；内摩擦角：34.8°。

经计算，安全系数取 1.8。

(3) 计算结果分析

土体抗力安全系数:基坑围护结构计算中,标准段各工况坑内侧土体抗力安全系数为1.37～35.78,盾构段各工况坑内侧土体抗力安全系数为1.37～59.71,均大于1.0,满足规范要求。

变形计算:基坑围护结构计算中,标准段、盾构段的支护结构最大水平位移分别为15.4 mm、19.1 mm,小于基坑变形控制标准,满足要求。标准段、盾构段的地面最大沉降量分别为23.6 mm、24.6 mm,小于基坑变形控制标准,满足要求。

基坑底抗隆起验算:在本次基坑围护结构计算中,标准段、盾构段基坑底抗隆起安全系数分别为13.77、9.59,均大于1.8,满足规范要求。

围护桩配筋计算:围护桩作用基本组合的综合分项系数取1.25,支护结构安全等级为一级,结构重要性系数取1.1。标准段围护桩的弯矩标准值为524.7 kN·m,配筋为16 ⌽ 25,配筋率为1.56%。盾构段围护桩的弯矩标准值为660.9 kN·m,配筋为20 ⌽ 25,配筋率为1.80%。

6.1.1.4 地基处理

车站底板位于2-5层密实状中砂层,采用天然地基,以砂土为基础持力层。对1-1层,2-1层和局部可能存在的软弱黏性土、松散砂层,采用换填处理。对2号出入口和3号出入口爬坡段底板下湿陷性黄土进行3∶7灰土换填处理。

6.1.1.5 地下水处理措施

采用坑外管井法降水方案,施工前须将地下水位降至基底以下1.0 m,并持续至地下结构施工荷载大于地下水的最大浮力为止,以保证地下结构的施工质量。本站设置58口降水井,井深为35 m。基坑最大降水深度约9.5 m(稳定水位按现状水位上浮2.5 m考虑)。基坑降水应进行专门的设计和论证。上部黄土状土、粉质黏土层中存在上层滞水,富水性较弱,开挖过程中应先疏干后开挖。

考虑水位高于车站底板,应做好防渗工作。

基坑降水设计和施工中还应注意以下几个问题:

(1) 降水方案应进行专门的设计,由具备相应资质的单位进行设计和施工,并请专家对降水方案进行评审。

(2) 降水过程中应按相关技术要求进行水位、水量的观测和记录,并在周围一定范围内设立监测网,对基坑四周、支护结构、邻近建(构)筑物、重要管线等进行实时监测。对施工影响范围内的重要管线及建筑物建议进行风险评估。

(3) 建议在场地周边设置专门性地下水位观测孔,以了解地下水位变化情况,并进行沉降观测。若发现降水引起的周边地面沉降或路面沉降过大,建议在该地段设置回灌井进行地下水回灌处理。

(4) 遇强降水时,本工点基坑有地表水灌入的可能。基坑设防高度应考虑内涝影响,同时应加强地面排水。

6.1.2 主体结构设计

6.1.2.1 主体结构尺寸拟定

结构断面的净空尺寸应满足地下铁道建筑限界、盾构作业及使用功能和施工工艺的要求，同时考虑施工误差、结构变形等因素需要的裕量，裕量为 100 mm。其中50 mm为侧墙综合施工误差。

车站的结构形式是根据施工方法和使用功能决定的，车站采用明挖顺作法施工，为地下两层双跨箱型框架结构。

6.1.2.2　荷载与组合

（1）荷载分类

地下结构的设计荷载类型及名称按表 6-2 采用。

表 6-2　结构荷载分类表

荷载分类		荷载名称
永久荷载		结构自重
		地层压力或土压力
		结构上部和破坏棱体范围内的设施及建筑物压力
		水压力及浮力
		混凝土收缩及徐变作用
		预加应力
		设备荷载
		设备基础、建筑做法、建筑隔墙等引起的结构附加荷载
		地基下沉影响
可变荷载	基本可变荷载	地面车辆荷载及其动力作用
		地面车辆荷载引起的侧向土压力
		地铁车辆荷载及其动力作用
		人群荷载
	其他可变荷载	温度变化影响
		列车制动力和牵引力
		施工荷载
偶然荷载		地震作用
		地铁车辆脱轨荷载
		6 级人防荷载

注：1. 设计中要求考虑的其他荷载，可根据其性质分别列入上述三类荷载。
2. 表中所列荷载本节未加说明者，可按国家有关规范或根据实际情况确定。

（2）荷载取值

① 永久荷载

结构自重：钢筋混凝土构件容重为 25 kN/m^3，素混凝土构件容重为 22 kN/m^3，钢结构容重为 78.5 kN/m^3。

地上开发：恒载 15 kN/m^2。

覆土重：覆土容重为 20 kN/m^3。

水平压力：施工期间支护结构的外土压力按朗肯公式的主动土压力计算。使用阶段结构承受的水平力按静止土压力计算。设计采用的侧向水、土压力，对于黏性土地层采用水土合算，对于砂性土地层采用水土分算的办法。计算中应计及地面荷载和邻近建筑物以及施工机械等引起的附加水平侧压力。

静水压力及浮力：初勘报告揭露场地的抗浮水位按照 369.5 m 计算。

设备荷载：设备区荷载一般可按 8 kPa 进行设计，但对重型设备需依据设备的实际重量、动力影响、安装运输途径等确定其大小与范围，进行结构计算；对于自动扶梯需要吊装的设备荷载，在结构计算时还应考虑设备起吊所设置的位置及起吊点的荷载值。

混凝土收缩作用：超静定或截面厚度较大的地下结构应考虑混凝土收缩的影响。《铁路隧道设计规范》(TB 10003—2016)及《铁路桥涵设计规范》(TB 10002—2017)规定，混凝土收缩的影响可假定用降低温度的方法来计算：整体浇筑的混凝土结构相当于降低温度 20 ℃；整体浇筑的钢筋混凝土结构相当于降低 15 ℃；分段浇筑的混凝土或钢筋混凝土结构相当于降低温度 10 ℃。

② 可变荷载

地面超载：一般地面超载取 20 kN/m^2；车站顶板由于设置龙门吊及堆放管片引起的临时地面超载按 30 kN/m^2 考虑；盾构井端头墙由于盾构拼装及解体引起的临时地面超载按 70 kN/m^2 考虑。

站内人群荷载：站台、站厅、楼梯、车站管理人员用房等分布的人群荷载按 4 kPa 的活荷载标准值计，结构计算时应按全部均布荷载加上集中荷载的最不利组合进行。

地铁列车荷载：根据车辆轴重、排列和制动力计算。

温度作用力：温度作用计算考虑最不利工况，按均匀温度作用考虑。结构平均温度考虑结构内外(迎土侧与背土侧)温差的影响，可近似取迎土侧与背土侧温度的平均值，并应根据车站实际情况考虑离地表深度的影响。

③ 偶然荷载

地震荷载：本工程抗震设防烈度为 8 度，设计基本地震加速度值为 $0.2g$(g 为当地重力加速度)，抗震设防类别为重点设防类(乙类)，抗震设防等级为二级。地震作用计算方法需根据后期抗震专项设计确定。

人防荷载：按防核武器抗力级别 6 级和防常规武器抗力级别 6 级设防。

(3) 荷载组合

车站结构的基本组合是由永久荷载效应控制的组合，基本组合恒载分项系数取 1.3，活载分项系数一般取 1.5；当有地震力作用时重力荷载分项系数取 1.2，水平地震作用分项系数取 1.3；当考虑人防荷载作用时，荷载分项系数均取 1.0。计算中考虑荷载的不利组合，具体组合方式见表 6-3。

表 6-3　荷载组合表

编号	荷载组合验算工况	永久荷载	活荷载	偶然荷载	
				地震荷载	人防荷载
1	基本组合构件强度计算	1.3	1.5		
2	构件裂缝宽度验算	1.0	0.8		
3	构件变形计算	1.0	0.8		
4	抗震荷载作用下构件强度验算	1.2(1.0)	0.6	1.3	
5	人防荷载作用下构件强度验算	1.2(1.0)			1.0
6	构件抗浮稳定验算	1.0			

注:1. 本表仅涉及按照极限状态法计算结构强度及变形时需要遵循的荷载分项系数准则。

2. 作为临时结构的围护桩综合分项系数可取 1.25。

6.1.2.3　计算假定与计算模型

(1) 计算假定

① 沿车站纵向取 1 m 宽的结构作为计算单元,采用荷载-结构模型进行分析。

② 车站主体结构计算按底板作用在弹性地基上的平面闭合框架结构进行内力分析。

③ 按平面杆系有限元法进行计算。立柱按受压有效面积相等的原则换算为沿线路方向设置的矩形截面墙予以考虑。围护桩、墙间用杆单元进行内力传递,杆单元受拉后失效。

④ 结构内力计算时考虑 4 种工况。

a. 施工阶段(取现状水位):侧向土压力为主动土压力,直接作用在围护桩上,并通过围护桩传递至结构侧墙,此时围护桩刚度不折减。

b. 使用阶段(取抗浮水位和无水工况计算的内力包络值):侧向土压力为静止土压力,直接作用在围护桩上,水压力直接作用在永久结构上,围护桩刚度折减至 50%～70%。

c. 人防工况。

d. 地震工况。

最终把 4 种工况的内力结果配筋进行包络取值。

⑤ 应用 SAP84 程序进行结构内力计算。

(2) 计算模型

车站主体计算模型如下:

① 施工阶段计算模型(图 6-6)。

② 使用阶段计算模型(图 6-7 仅表示了抗浮水位荷载情况)。

③ 人防工况计算模型(图 6-8)。

④ 地震工况计算模型(图 6-9)。

6.1.2.4　主要结构构件尺寸拟定

根据构件各截面的控制内力和《混凝土结构通用规范》(GB 55008—2021)中的有关条款,结构主要构件的配筋原则如下:

(1) 基坑围护结构按纯弯构件配筋。

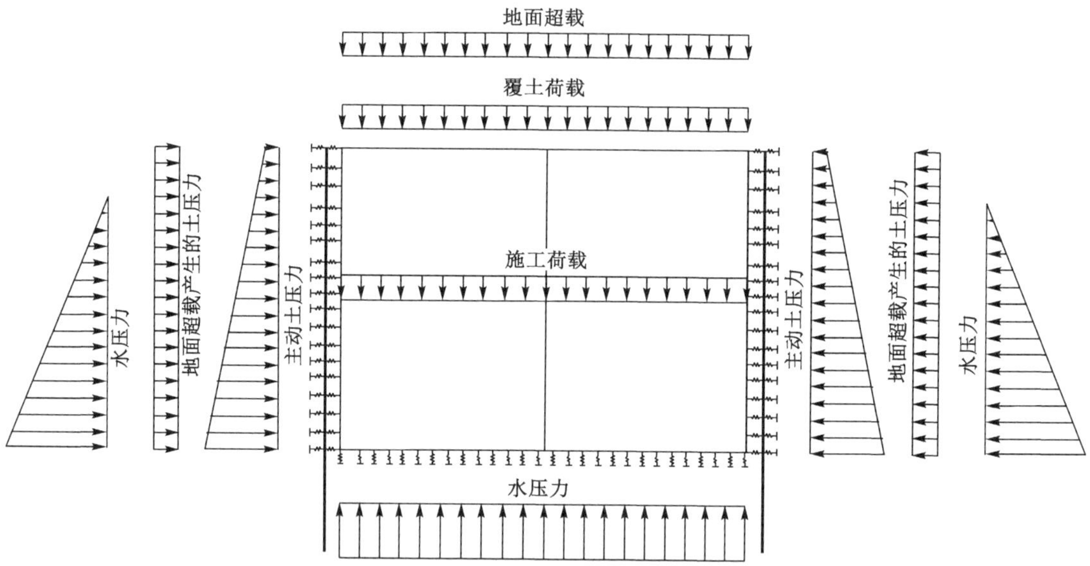

图 6-6　施工阶段计算结果示意图

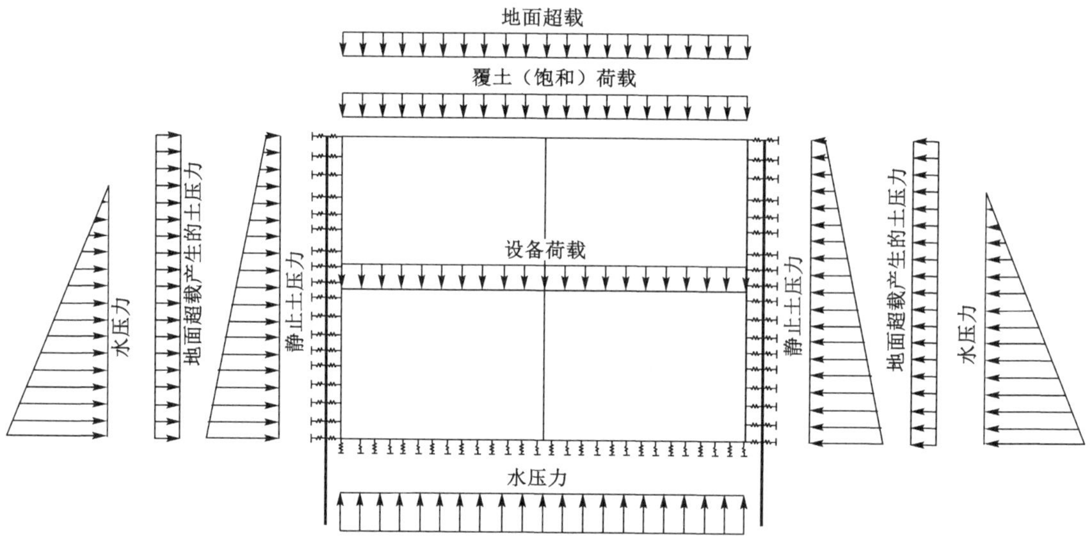

图 6-7　使用阶段计算结果

(2) 框架结构满足不同部位裂缝宽度的限值，顶、中、底板按纯弯构件设计，边墙按偏压构件设计，支座截面配筋考虑斜托的有利影响。

(3) 立柱按偏心受压构件配筋。

(4) 顶、底纵梁和楼板纵梁按纯弯构件配筋，其内力按多跨连续梁计算。

经承载能力计算与变形、裂缝验算，车站主体结构(标准段)主要构件尺寸见表 6-4。

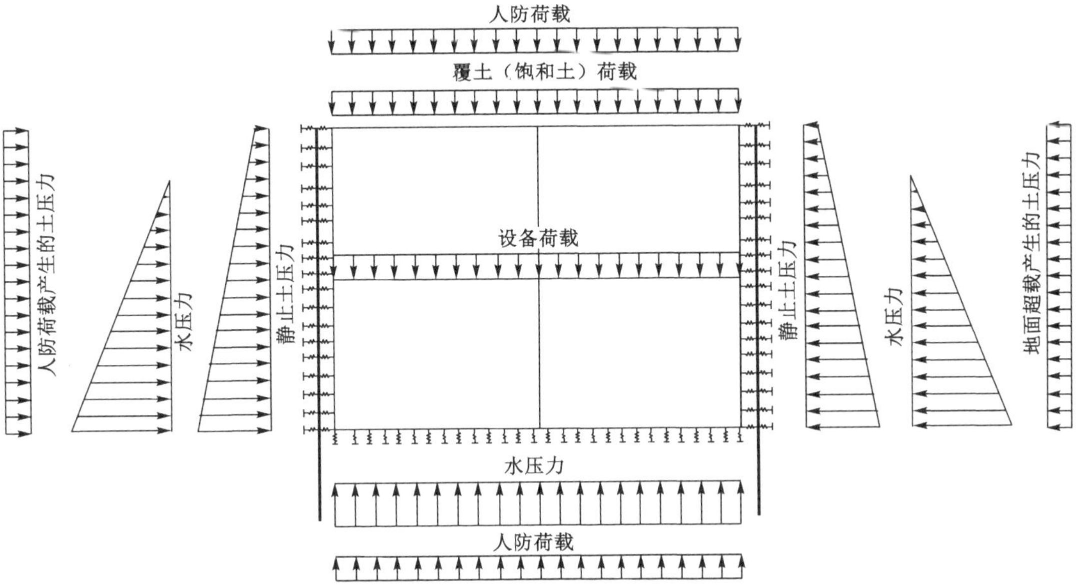

图 6-8　人防工况计算结果

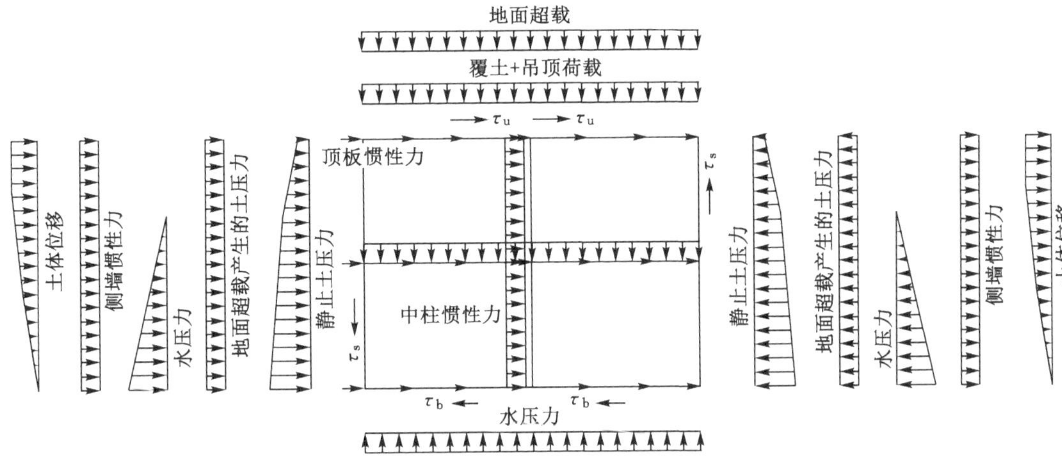

图 6-9　地震工况计算结果示意图

表 6-4　车站标准段主要构件尺寸表

构件名称	结构部位	计算内力			实配主筋	裂缝控制宽度/mm	裂缝计算宽度/mm	主筋配筋率/%
		弯矩/kN·m	剪力/kN	轴力/kN				
顶板	边支座	955	733	545	Φ25@150+Φ20@150	0.3	0.142	0.67
	跨中	719			Φ25@150	0.3	0.191	0.41
	中支座	1223	790		Φ25@150+Φ25@150	0.3	0.183	0.82

表 6-4(续)

构件名称	结构部位	计算内力			实配主筋	裂缝控制宽度/mm	裂缝计算宽度/mm	主筋配筋率/%
		弯矩/kN·m	剪力/kN	轴力/kN				
中板	边支座	339	193	1 543	Φ 18@150+Φ 16@150	0.3	0.217	0.76
	跨中	137	—		Φ 18@150	0.3	0.059	0.42
	中支座	271	179		Φ 18@150+Φ 16@150	0.3	0.147	0.76
地下一层边墙	上支座	955	545	799	Φ 25@150+Φ 20@150	0.3	0.200	0.77
	跨中	70	—		Φ 25@150	0.3	0.011	0.47
	中支座	881	551		Φ 25@150+Φ 20@150	0.3	0.172	0.77
地下二层边墙	下跨中	757	—	1 160	Φ 25@150+Φ 20@150	0.3	0.126	0.77
	下支座	1 848	1 490		Φ 25@150+Φ 28@150+Φ 25@150	0.3	0.192	1.52
底板	边支座	1 848	1 152	1 490	Φ 28@150+Φ 25@150+Φ 25@150	0.3	0.143	1.18
	跨中	879	—		Φ 28@150	0.3	0.128	0.46
	中支座	1 393	995		Φ 28@150+Φ 25@150	0.3	0.153	0.82
柱		轴压比 0.74			36 Φ 25（全部主筋）			1.70
顶梁	支座	9 421	7 389	—	34 Φ 28	0.3	0.195	0.83
	跨中	4 711	—	—	14 Φ 28	0.3	0.23	0.34
中板梁	支座	2 599	1 732	—	24 Φ 25	0.3	0.198	1.18
	跨中	1 299	—	—	13 Φ 25	0.3	0.151	0.64
底梁	支座	11 417	8 955	—	28 Φ 32	0.3	0.171	0.85
	跨中	5 709	—	—	18 Φ 32	0.3	0.150	0.55

注：混凝土的强度等级：柱——C45；板、墙与梁——C35 防水混凝土。

6.1.3 结构抗浮验算及工程措施

根据地勘资料，本站抗浮水位为 369.5 m，本站站台中心里程部分规划地面标高 370.750 m，埋深约 1.25 m 左右，考虑水浮力作用，结构顶板覆土 3.55 m，按车站每延米计算，标准段纵向取 1 m 进行浮水计算，盾构段取整体计算。

G_1：主体结构自重；G_2：覆土；F：水浮力。

G_1＝顶板＋中板＋底板＋侧墙＋柱子＋梁＋掖＋道床回填＋轨顶风道＋站台板。

(1) 标准段抗浮验算

$G_1=25\times72.3=1\ 807.5$ (kN)。

$G_2=19.985\times1.25\times1\times20+19.985\times2.49\times1\times10=997.3$ (kN)。

抗浮力：$G_1+G_2=2\ 804.8$ (kN)。

浮力：$F=10\times13.4\times19.985=2\ 678$ (kN)。

$(G_1+G_2)/F=2\ 804.8/2\ 678=1.04<1.05$，不满足抗浮要求。

采用围护桩自重参与抗浮：$22\times3.14\times0.4\times0.4\times15/1.1\times2=301$ (kN)。

抗浮系数＝$(2\ 804.8+301)/2\ 678=1.16>1.05$，满足抗浮要求。

(2) 南端盾构扩大段(接 1 号风亭)

$G_1=25\times106=2\ 650$ (kN)。

$G_2=24.185\times0.72\times1\times20+24.185\times1\times2.07\times10=848.89$ (kN)。

抗浮力：$G_1+G_2=3\ 498.89$ (kN)。

浮力：$F=15.65\times24.185\times10=3\ 784.95$ (kN)。

$(G_1+G_2)/F=3\ 498.89/3\ 784.95=0.92<1.05$，不满足抗浮要求。

采用围护桩自重参与抗浮：$(25.15\times2-8.45)\times3.14\times0.4\times0.4\times15/1.0=315.38$ (kN)。

抗浮系数＝$(3\ 498.89+315.38)/3\ 784.95=1.00<1.05$，不满足抗浮要求。

考虑围护桩摩阻力[(桩和土接触的面积×侧摩阻力标准值×抗拔系数)/2]的抗浮力：F_1 为坑底以上围护桩摩阻力；F_2 为坑底以下围护桩摩阻力。

$F_1=0.5\times0.8\times(60\times8.6+75\times9.66+60\times1.3+75\times9.66)/2=393.36$ (kN)；$F_2=8\times3.14\times0.8\times75\times0.5/2\times2=753.6$ (kN)。

$F=(F_1+F_2)/1.0=1\ 146.96$ kN。

抗浮系数＝$(3\ 498.89+315.38+1\ 146.96)/3664=1.31>1.15$，满足抗浮要求。

(3) 北端盾构扩大段(接 2 号风亭)

$G_1=25\times102.26=2\ 556.5$ (kN)。

$G_2=24.185\times0.7\times1\times20+24.185\times1\times2.05\times10=834.38$ (kN)。

抗浮力：$G_1+G_2=3\ 390.88$ kN。

浮力：$F=15.15\times24.185\times10=3\ 664$ (kN)。

$(G_1+G_2)/F=3\ 390.88/3\ 664=0.93<1.05$，不满足抗浮要求。

采用围护桩自重参与抗浮：$(24.25\times2-6.75)\times3.14\times0.4\times0.4\times15/1.0=314.6$ (kN)。

抗浮系数＝$(3\ 390.88+314.6)/3\ 664=1.01<1.05$，不满足抗浮要求。

考虑围护桩摩阻力[(桩和土接触的面积×侧摩阻力标准值×抗拔系数)/2]的抗浮力：F_1 为坑底以上围护桩摩阻力；F_2 为坑底以下围护桩摩阻力。

$F_1=0.5\times0.8\times(50\times0.66+60\times(9.4+2.1)+75\times(6.54+6.54)+72\times1.5)/2=348$ (kN)；$F_2=8\times3.14\times0.8\times75\times0.5/2\times2=753.6$ (kN)。

$F=(F_1+F_2)/1.0=1\ 101.6$ kN。

抗浮系数＝$(3\ 390.88+314.6+1\ 101.6)/3\ 664=1.31>1.15$，满足抗浮要求。

6.2 某隧道设计

6.2.1 工程背景

6.2.1.1 地形地貌

拟建隧道位于中高山区，总长 4 418 m(4 441 m)，最大埋深 460 m，属高寒干旱地区双洞石质特长隧道。区域内山势陡峻，层峦叠嶂，植被稀少，多基岩裸露且沟谷纵横，山体南北两侧宽度一般为 11～35 km，隧道所在区山体宽度约13 km。区域内沟谷大多呈"V"字形，沟谷两侧自然山坡坡度在 30°～60°之间，当金山北坡陡峻，南坡相对较缓，地表风化严重，岩体破碎。隧址区地形地貌受东西向断裂构造控制，隧道穿越山梁北坡临近区域断裂 F_1、F_2、F_3，地势较低，东西向沟谷发育，地形破碎，地表切割强烈，起伏变化大，岩体风化严重，褶皱发育，形成众多山间沟谷；南坡山体陡峻，地势较高，山脊高耸，地表切割较小，坡体完整。隧道轴线方向为 SE108°，隧址区地面高程为 3 000～3 540 m，相对高差约 540 m。隧道入口如图 6-10 所示。

图 6-10　隧道入口

6.2.1.2 气象

隧址区属高寒半干旱气候区，季节性温差较大，雨季和旱季较为明显，年降水量一般不大。据气象局资料，多年平均气温 3.1 ℃，最低－34.3 ℃，最高 35.9 ℃，最冷月平均气温－13.1 ℃，相对湿度为 30%；年平均降水量 127 mm，年平均蒸发量为 3 297.9 mm，最大积雪厚度约 16 cm，最大季节性冻土深度约 233 mm，年平均大风(≥8 级)日数 72.8 d。

6.2.1.3 水文地质条件

(1) 地下水分布特征

隧道区地下水的分布和储存条件，受地形、构造、岩性、气象及植被控制和影响。隧道区山体岩层历经多次构造运动，褶皱、断裂、节理裂隙均较发育，其不同的岩性接触带、断裂带、向斜、岩层的片理和层理以及岩体的节理裂隙等为地下水储存、运移提供了空间和通道，进而也决定了地下水多以基岩裂隙水为主。基岩裂隙水按成因又分为网状风化基岩裂隙水及脉状构造裂隙水，受其所处地貌位置、构造部位和岩性特征的控制，并因补给条件的不同，地下水的分布表现出明显的差异。第四系松散堆积层孔隙潜水主要分布在隧道进、出口段。

根据地形地貌、地层岩性、地质构造、泉水的分布以及钻探和物探测试分析，隧道区地下水主要赋存于长城系石英片岩和变质砂岩之中，集中赋存于区域断裂 F_1、F_2、F_3、F_4 和褶皱核部，其次在次级断层及不同岩性接触带中，构成本区基岩裂隙水含水层(体)。

(2) 地下水类型

根据隧道区出露的地层岩性、地质构造特征，并结合含水介质的不同，地下水分为基岩裂隙水和第四系松散堆积层孔隙水两大类。

基岩裂隙水的形成受地形地貌、地层岩性、地质构造、植被分布、气象等多种因素控制和影响，特别是在构造作用下，断层破碎带、褶皱带、节理密集带、岩性接触带以及在大理岩的溶蚀发育区为地下水的贮存运移创造了良好的内部条件。基岩裂隙水又可细分为构造裂隙水、风化裂隙水及层间裂隙水等。

第四系松散堆积层孔隙水主要在隧道进、出口段，含水层主要为洪积的角砾土，其透水性较好。

(3) 地下水补给、径流、排泄条件

隧道通过区地下水以基岩裂隙水和第四系孔隙水为主，局部具有弱承压性。但由于其含水介质的各向异性，因此地下水的补给、径流、排泄条件十分复杂。

区域地貌为高中山区，地面高程为 3 000～3 540 m，自然坡度 30°～60°，沟谷深切，呈“V”字形，坡脚多斜坡堆积层、崩塌堆积层，隧道通过大部分地区山势陡峻，山峰尖锐，纵横沟谷切割剧烈。隧道通过区地下水分为岭北、岭南两个大的径流系统，隧道通过区沟谷发育，隧道洞身段以地下潜流为主，在下游地表水沟底形成地表径流，岭南未见流水沟道。这些沟谷一般都分别构成一个小的、独立的地下水循环系统，各水流系统之间水力联系微弱，基本无统一的地下水面。岭南山前湖泊沿山岭侧泉水分布较多，分析主要为山前堆积层中的孔隙潜水形成的。隧道区地下水补给来源主要为大气降水、冰雪融水及地表沟水。夏季由于斜坡地形而使降水很快以片流、泉水形式向地表排泄；冬季气候寒冷，山体被冰雪覆盖，随着来年气温回升冰雪融化，雪融水大量渗入对地下水进行补给，雪融水为隧道区地下水的主要补给来源。地下水主要以补给地表沟水和泉水形式进行天然排泄，局部封闭构造带呈滞流状态。泉水分布在区域断层破碎沿线，流量 2～150 m^3/d，根据泉水分布特征，判定区域断裂 F_1、F_2、F_3、F_4 破碎带均储存有地下水。

(4) 水化学特征

根据水化资料，隧址区沟谷地表水水化学类型主要为 $SO_4 \cdot Cl(Na+K) \cdot Ca$ 型，矿化度一般为 0.83～1.62 g/L，水中不含有侵蚀性 CO_2，Cl^- 含量为 339.1～202.7 mg/L，SO_4^{2-} 含量为 157.3～498.0 mg/L；根据隧道钻孔水化及附近铁路工程资料，地下水水化学类型为 $SO_4 \cdot Cl—(K+Na) \cdot Mg$ 型，矿化度为 1.11～1.69 g/L，水中不含有侵蚀性 CO_2，Cl^- 含量为 329.4～2 272.0 mg/L，SO_4^{2-} 含量为 576.4～2 000 mg/L。按照Ⅰ类环境评价，水对混凝土结构具弱-中等腐蚀性，对钢筋混凝土结构中的钢筋具弱腐蚀性。

6.2.1.4　地应力

根据隧址区断裂、褶皱构造特征分析主要构造线的方向为 N55°～60°W，区域地应力方向应以北东向为主。本次勘查在隧道 ZK2-SD-04 号钻孔中采用水压致裂法进行了地应力大小和方向的测量，根据地应力测试结果分析，隧道区地应力方向为北北东向（平均为N8°～13°E），与区域应力场主导方向较为一致，总体来看，钻孔中主应力值随地层深度增加而增加。在75～181 m测试深度内，最大水平主应力（SH）为8.51～12.56 MPa，最小水平主应力（Sh）为4.99～7.88 MPa，估算出的各测段的垂直应力（Sv）为1.99～4.80 MPa。总体看来，在该孔测量深度内三向主应力表现为SH＞Sh＞Sv，显示水平应力起主导作用，构造应力作用强烈。最大主应力方向与隧道走向（SE108°）夹角为72°，因此最大主水平主应力不利于洞室的稳定。

根据相关规范的岩体初始应力场评估方法及对本隧道各区段初始应力初步计算，评估结果见表6-5。表6-5计算结果表明，隧道围岩地应力普遍偏高，其中YK278＋800～YK282＋300段埋深在45～460 m段可能存在高-极高应力，对围岩稳定性影响较大。

表6-5　隧道岩体初始应力评估表（以右线为例）

起讫桩号	隧道埋深/m	单轴饱和抗压强度 R_c/MPa	最大水平主应力 σ/MPa	垂直于轴线最大主应力 σ_{max}/MPa	R_c/σ_{max}	应力情况
YK278＋800～YK280＋400	45～300	40	7.5～16.4	7.1～15.6	2.6～5.6	高-极高应力
YK280＋400～YK282＋300	245～460	70	14.4～21.9	13.7～20.9	3.4～5.1	高-极高应力

注：200 m深度以下 σ 采用线性拟合计算值，当 $R_c/\sigma_{max}<4$ 时为极高应力，当 $4<R_c/\sigma_{max}<7$ 时为高应力。

根据表6-5分析统计结果，隧址区存在高-极高地应力问题，引起的主要工程地质问题可能有硬质岩岩爆和软弱破碎带大变形，隧道在通过含石榴黑云石英片岩段有发生岩爆的可能，在通过节理密集带、褶皱核部时有产生软弱围岩较大变形的可能，设计和施工中应予以重视。

由于隧址区岩石受构造影响，节理裂隙较发育，隧道进出口临近沟谷，隧道深埋段左侧1.3～2.0 km为沟谷，山脊高出沟底约600 m，隧道标高高出沟底约150 m，部分应力得到释放；结合隧道深孔勘探揭示，岩体中均赋存地下水，在这样的地层内开挖深埋隧道，即使发生岩爆，也属轻微-中度水平，对隧道围岩的稳定性不会构成大的危害。根据岩石物理力学性质，并结合实测地应力结果和隧址区工程地质、水文地质特征综合判断，隧道发生岩爆的可能性较小，局部可能有轻微岩爆。总之，岩爆的形成是上述多种条件共同作用的结果，开挖断面不规则，容易造成岩爆，而规则的断面、科学的开挖方式可以降低或避免岩爆的发生；在地质条件相同情况下，采用钻爆法施工就有可能发生岩爆，因为钻爆法施工导致的超挖、开挖可引起局部应力集中。

6.2.2　隧道结构设计

6.2.2.1　隧道洞门形式

隧道进出口按照“早进洞、晚出洞”的原则布设，贯彻“零开挖”进洞设计理念，以最大限度地降低洞口边坡、仰坡的开挖高度，保证原状岩土体的稳定。本路段隧道进出口或地形陡峻、偏压（隧道支护结构两侧的围岩压力相差较大或存在不对称荷载作用），或围岩松散破碎堆积，构造节理发育，地生态环境脆弱，设计中本着尽量减小对洞口自然生态环境的破坏的原则，在进行洞门位置和形式的选择上充分考虑隧道洞口的地形、工程地质、水文地质、自然环境、施工场地等因素，合理确定隧道洞门位置及结构形式。通过洞口及浅埋段的超前管棚、超前预注浆、综合制定洞口段施工方案，加强地表沉降及位移观测、合理布设洞口排水设施等措施，确保洞口结构稳定及施工安全；对隧道洞口开挖坡面采取生态防护绿化处理，兼顾周边自然景观协调。本路段选择的洞门结构形式主要为削竹式和端墙式洞门。本隧道进出口端地形均存在偏压，且坡面陡峻，设计中均采用了端墙式洞门，施工前应清除坡面危石，并在洞口坡面设置了被动网以防止坡面落石。

6.2.2.2　隧道结构设计

隧道衬砌结构按照新奥法原理设计。初期支护以喷、锚、网为主要支护手段，锚杆长度宜控制在 2.5～5.0 m，根据围岩特性确定锚杆形式；喷射混凝土一般采用 C25 喷射混凝土，采用湿喷工艺，内置钢筋网；Ⅴ级及Ⅳ级围岩地段的初期支护内设置型钢拱架。Ⅳ～Ⅴ级围岩及紧急停车带段增加钢拱架支护，辅助措施主要为超前注浆管棚或小导管注浆预加固围岩，Ⅴ级围岩及紧急停车带段二次衬砌采用钢筋混凝土结构。

明洞段拱墙采用 C30 钢筋混凝土，厚 60 cm；仰拱为 C30 钢筋混凝土，厚 60 cm。

隧道明洞及洞身段二次衬砌混凝土抗渗等级不低于 P8。

(1) Ⅴ级围岩

① SⅤa 型衬砌(适用于洞口浅埋Ⅴ级软弱围岩段)：超前支护采用 ϕ42 mm×4 mm 超前小导管，L＝300 cm，环向间距 35 cm，每环 37 根，搭接长度 150 cm，斜插角为 10°～15°；I20a 型钢拱架支护，纵向间距 75 cm，每榀钢拱架之间采用 ϕ22 mm 钢筋连接，环向间距 1 m；喷射 C25 混凝土 26 cm；拱墙铺挂 ϕ8 mm 钢筋网(15 cm×15 cm)；D25 注浆锚杆，L＝350 cm，间距 75 cm(纵)×100 cm(环)；初期支护仰拱封闭，全断面模筑 C30 钢筋混凝土二次衬砌 50 cm。

② SⅤb 型衬砌(适用于深埋Ⅴ级、围岩完整性相对较好段)：超前支护采用 ϕ42 mm×4 mm超前小导管，L＝300 cm，环向间距 35 cm，每环 37 根，搭接长度 150 cm，斜插角为 10°～15°；I18 型钢拱架支护，纵向间距 75 cm，每榀钢拱架之间采用 ϕ22 mm 钢筋连接，环向间距 1 m；喷射 C25 混凝土 24 cm；拱墙铺挂 ϕ8 mm 钢筋网(15 cm×15 cm)；D25 注浆锚杆，L＝350 cm，间距 75 cm(纵)×100 cm(环)；全断面模筑 C30 钢筋混凝土二次衬砌 45 cm。

③ SⅤc 型衬砌(适用于Ⅴ级断层影响带及软弱破碎围岩段)：超前支护采用 ϕ42 mm×4 mm超前小导管，L＝300 cm，环向间距 35 cm，每环 37 根，搭接长度 180 cm，斜插角为 10°～15°；I20a 型钢拱架支护，纵向间距 60 cm，每榀钢拱架之间采用 ϕ22 mm 钢筋连接，环向间距1 m；喷射 C25 混凝土 26 cm；拱墙铺挂 ϕ8 mm 钢筋网(15 cm×15 cm)；R25 自进式中空注浆锚杆，L＝400 cm，间距 60 cm(纵)×100 cm(环)；初期支护仰拱封闭，全断面模筑 C30 钢筋混凝土二次衬砌 50 cm。

④ SⅤd 型衬砌(适用于Ⅴ级围岩浅埋偏压段)：超前支护采用 ϕ42 mm×4 mm 超前小导管，L＝300 cm，环向间距 35 cm，每环 37 根，搭接长度 150 cm，斜插角为 10°～15°；I20a 型钢拱架支护，纵向间距 75 cm，每榀钢拱架之间采用 ϕ22 mm 钢筋连接，环向间距 1 m；喷射 C25 混凝土 26 cm；拱墙铺挂 ϕ8 mm 钢筋网(15 cm×15 cm)；D25 注浆锚杆，L＝350 cm，间距 75 cm(纵)×100 cm(环)；初期支护仰拱封闭，二次模筑衬砌为 50～70 cm 厚

C30 钢筋混凝土结构，仰拱衬砌为 C30 钢筋混凝土厚 50 cm。

⑤ SⅤae 型衬砌（适用于洞身Ⅴ级区域性 F_5、F_6 和 F_7 断层破碎带段）：超前支护采用 ϕ42 mm×4 mm超前小导管，L=300 cm，环向间距 35 cm，每环 37 根，搭接长度 180 cm，斜插角为 10°～15°；I22b 型钢拱架，纵向间距 60 cm，每榀钢拱架之间采用 ϕ22 mm 钢筋连接，环向间距1 m；喷射 C25 混凝土 28 cm；拱墙铺挂 ϕ8 mm 钢筋网（15 cm×15 cm）；D25 注浆锚杆，L=400 cm，间距 60 cm（纵）×100 cm（环）；初期支护仰拱封闭，全断面模筑 C30 钢筋混凝土二次衬砌 55 cm。

⑥ JSⅤ型衬砌（适用于Ⅴ级围岩主洞和车行横洞交叉口处衬砌）：超前支护采用 ϕ42 mm×4 mm超前小导管，L = 300 cm，环向间距 35 cm，每环 29～37 根，搭接长度 120 cm，斜插角为 10°～15°；I20a 型钢拱架支护，纵向间距 60 cm，每榀钢拱架之间采用 ϕ22 mm钢筋连接，环向间距 1 m，喷射 C25 混凝土 26/28 cm；拱墙铺挂 ϕ8 mm 钢筋网（15 cm×15 cm）；D25 注浆锚杆，L=350 cm，间距 60 cm（纵）×100 cm（环）；初期支护仰拱封闭，模筑 C30 钢筋混凝土二次衬砌 45 cm，仰拱为钢筋混凝土衬砌 45 cm。

（2）Ⅳ级围岩段

① SⅣa 型衬砌（适用于Ⅳ级围岩一般地段）：超前支护采用 ϕ42 mm×4 mm 超前小导管，L=300 cm，环向间距 40 cm，每环 35 根，搭接长度 100 cm，斜插角为 10°～15°；I16 型钢拱架支护，纵向间距 100 cm，每榀钢拱架之间采用 ϕ22 mm 钢筋连接，环向间距 1 m；喷射 C25 混凝土 22 cm；拱墙铺挂 ϕ8 mm 钢筋网（20 cm×20 cm）；ϕ22 水泥药卷锚杆，L=300 cm，间距 100 cm（纵）×100 cm（环）；全断面模筑 C30 混凝土二次衬砌 40 cm，二衬内设单层钢筋网。

② SⅣb 型衬砌（适用于Ⅳ级软弱围岩段）：超前支护采用 ϕ42 mm×4 mm 超前小导管，L=300 cm，环向间距 40 cm，每环 35 根，搭接长度 100 cm，斜插角为 10°～15°；I18 型钢拱架支护，纵向间距 100 cm，每榀钢拱架之间采用 ϕ22 mm 钢筋连接，环向间距 1 m；喷射 C25 混凝土24 cm；拱墙铺挂 ϕ8 mm 钢筋网（20 cm×20 cm）；ϕ22 mm 水泥药卷锚杆，L=300 cm，间距 100 cm（纵）×100 cm（环）；全断面模筑 C30 混凝土二次衬砌 40 cm，二衬内设单层钢筋网。

③ SⅣc 型衬砌（适用于Ⅳ级完整围岩段）：超前支护采用 ϕ22 mm 超前锚杆，L=350 cm，环向间距 40 cm，每环 35 根，搭接长度 110 cm，斜插角为 10°～15°；I16 型钢拱架支护，纵向间距 120 cm，每榀钢拱架之间采用 ϕ22 mm 钢筋连接，环向间距 1 m；喷射 C25 混凝土 22 cm；拱墙铺挂 ϕ8 mm 钢筋网（20 cm×20 cm）；ϕ22 mm 水泥药卷锚杆，L=300 cm，间距 120 cm（纵）×100 cm（环）；拱墙以上断面模筑 C30 混凝土二次衬砌 40 cm，二衬内设单层钢筋网，无仰拱。

④ JSⅣ型衬砌（适用于Ⅳ级围岩主洞和车行横洞交叉口处衬砌）：超前支护采用 ϕ42 mm×4 mm超前小导管，L = 300 cm，环向间距 40 cm，每环 26～33 根，搭接长度 150 cm，斜插角为 10°～15°；I18 型钢拱架支护，纵向间距 75 cm，每榀钢拱架之间采用 ϕ22 mm钢筋连接，环向间距 1m；喷射 C25 混凝土 28 cm；拱墙铺挂 ϕ8 mm 钢筋网（20 cm×20 cm）；D25 注浆锚杆，L=300 cm，间距 75 cm（纵）×100 cm（环）；模筑 C30 钢筋混凝土二次衬砌 40 cm，仰拱为钢筋混凝土衬砌 40 cm。

（3）Ⅲ级围岩段

① SⅢ型衬砌(适用于Ⅲ级围岩段):喷射 C25 混凝土 12 cm;拱墙铺挂 ϕ6 mm 钢筋网(20 cm×20 cm);ϕ22 mm 水泥药卷锚杆,L=250 cm,间距 120 cm(纵)×120 cm(环);模筑 C30 混凝土二次衬砌 35 cm,无仰拱。

② JSⅢ型衬砌(适用于Ⅲ级围岩主洞和车行横洞交叉口处衬砌):喷射 C25 混凝土 12 cm;拱墙铺挂 ϕ8 mm 钢筋网(20 cm×20 cm);ϕ22 mm 水泥药卷锚杆,L=300 cm,间距 100 cm(纵)×100 cm(环);模筑 C30 钢筋混凝土二次衬砌 40 cm,仰拱为钢筋混凝土衬砌 40 cm。

(4) 紧急停车带

① TSⅤ型衬砌(适用于Ⅴ级紧急停车带围岩段):超前支护采用 ϕ42 mm×4 mm 超前小导管,L=300 cm,环向间距 40 cm,每环 39 根,搭接长度 120 cm,斜插角为 10°～15°;I20a 型钢拱架支护,纵向间距 60 cm,每榀钢拱架之间采用 ϕ22 mm 钢筋连接,环向间距 1 m;喷射 C25 混凝土 26 cm;拱墙铺挂 ϕ8 mm 钢筋网(15 cm×15 cm);D25 中空锚杆,L=400 cm,间距 60 cm(纵)×100 cm(环);全断面模筑 60 cm 厚 C30 钢筋混凝土结构。

② TSⅣ型衬砌(适用于Ⅳ级紧急停车带围岩段):超前支护采用 ϕ42 mm×4 mm 超前小导管,L=300 cm,环向间距 40 cm,每环 39 根,搭接长度 150 cm,斜插角为 10°～15°;I18 型钢拱架支护,纵向间距 75 cm,每榀钢拱架之间采用 ϕ22 mm 钢筋连接,环向间距 1 m;喷射 C25 混凝土 24 cm;拱墙铺挂 ϕ8 mm 钢筋网(20 cm×20 cm);D25 中空锚杆,L=350 cm,间距 75 cm(纵)×100 cm(环);全断面模筑 50 cm 厚 C30 钢筋混凝土结构。

③ TSⅢ型衬砌(适用于Ⅲ级紧急停车带围岩段):I16 型钢拱架支护,纵向间距 100 cm,每榀钢拱架之间采用 ϕ22 mm 钢筋连接,环向间距 1 m;喷射 C25 混凝土 22 cm;拱墙铺挂 ϕ8 mm 钢筋网(20 cm×20 cm);ϕ22 mm 水泥药卷锚杆,L=350 cm,间距 75 cm(纵)×100 cm(环);全断面模筑 45 cm 厚 C30 混凝土结构。

(5) 车行横洞衬砌

① CSⅤ型衬砌(适用于Ⅴ级围岩车行横洞段):D25 中空锚杆,L=300 cm,间距 100 cm(纵)×100 cm(环)(进出口 6 m 加强段纵向间距 75 cm);I16 型钢拱架(进出口 6 m 加强段),纵距 75 cm;喷射 C25 混凝土 15 cm(进出口 6 m 加强段 22 cm);ϕ6 mm 钢筋网 20 cm×20 cm;全断面模筑 C30 混凝土二次衬砌 35 cm(进出口 6 m 加强段采用 C30 钢筋混凝土二次衬砌)。

② CSⅣ型衬砌(适用于Ⅳ级围岩车行横洞段):ϕ22 mm 水泥药卷锚杆,L=300 cm,间距100 cm(纵)×100 cm(环);I14 型钢拱架(进出口 6 m 加强段),纵距 100 cm;喷射 C25 混凝土 12 cm(进出口 6 m 加强段 20 cm);ϕ6 mm 钢筋网 20 cm×20 cm;全断面模筑 C30 混凝土二次衬砌 35 cm(进出口 6 m 加强段采用 C30 钢筋混凝土二次衬砌)。

③ CSⅢ型衬砌(适用于Ⅲ级围岩车行横洞段):ϕ22 mm 水泥药卷锚杆,L=250 cm,间距120 cm(纵)×120 cm(环);喷射 C25 混凝土 8 cm(进出口 6 m 加强段 10 cm);ϕ6 mm 钢筋网20 cm×20 cm;拱墙以上断面模筑 C30 混凝土二次衬砌 30 cm(进出口 6 m 加强段采用 C30 钢筋混凝土二次衬砌 35 cm)。

(6) 人行横洞衬砌

① RSa 型衬砌(适用于Ⅳ、Ⅴ级围岩人行横洞段):ϕ22 mm 水泥药卷锚杆,L=200 cm,100 cm(纵)×120 cm(环);ϕ6 mm 钢筋网 20 cm×20 cm(拱部);喷射 C25 混凝土 8 cm;模

筑 C30 混凝土二次衬砌拱墙 30 cm。

② RSb 型衬砌(适用于Ⅲ级围岩人行横洞段):ϕ22 mm 水泥药卷锚杆,$L=150$ cm,120 cm(纵)×120 cm(环);喷射 C25 混凝土 5 cm;模筑 C30 混凝土二次衬砌拱墙 25 cm。

③ RSc 型衬砌(适用于断层破碎带段人行横洞段):ϕ22 mm 水泥药卷锚杆,$L=200$ cm,100 cm(纵)×100 cm(环);ϕ6 mm 钢筋网 20 cm×20 cm(拱部);喷射 C25 混凝土 10 cm;模筑 C30 混凝土二次衬砌拱墙 30 cm,二衬内设单层钢筋网。

④ 锁脚锚管(杆)设置:拱腰部位锁脚锚管(杆)设置在开挖台阶的拱脚处,与竖直方向成30°～45°斜向下打入围岩,以控制拱脚下沉。

6.2.3 监控量测

由于岩土工程的复杂性和特殊性,在隧道施工过程中一般需要根据施工过程中洞内外地质调查、洞内观察、现场监控量测及岩土物理力学试验等施工反馈信息,进一步分析确定围岩的物理、力学参数,以最终确定和修改隧道施工方法和支护方式。隧道衬砌支护结构采用二次模筑和新奥法原理,在施工过程中必须进行现场监控量测和地质超前预报,及时掌握围岩在开挖过程中的动态和支护结构的稳定状态,提供有关隧道施工的全面、系统信息资料,以便及时调整、优化支护设计参数,对围岩-支护体系的稳定状态进行监控和预测,并据此制定相应的施工措施,以确保洞室周边岩体的稳定以及支护结构的安全。

根据本段隧道的具体情况,在施工过程中必须进行的监控量测项目如下。

(1) 洞口浅埋段的地表下沉观测:洞口浅埋段,布置 4～7 个观测横断面,地表下沉量测的纵向间距(S)为:$H<15$ m 时,$S=5$ m;15 m$<H<$50 m 时,$S=10$ m。开挖面距量测断面前后$<2B$(B 为隧道开挖宽度)时,1～2 次/d;开挖面距量测断面前后<5B 时,1 次/(2～3 d);开挖面距量测断面前后$>5B$ 时,1 次/(3～7 d);开挖面后>80 m,1 次/7 d。根据监控资料,绘制每一横断面沉降槽随时间变化关系图、最大沉降量随时间变化关系图、最大沉降量与开挖面距离关系图,据此进行必要的回归分析,对围岩稳定性进行评价预测。

(2) 隧道围岩及支护结构监控量测:对于台阶法(留核心土)开挖的Ⅳ～Ⅴ级围岩,单侧壁导坑配合上、下台阶法开挖的Ⅳ～Ⅴ级围岩紧急停车带段、Ⅲ级围岩紧急停车带段采用台阶法施工,必测项目有地质及支护状态观察、水平收敛、拱腰收敛及拱顶下沉量测;选测项目有围岩内部位移量测(洞内设点)、钢支撑内力量测、喷混凝土应力量测、锚杆内力量测(拉拔力测试、电测锚杆)、二次衬砌压应力量测。

(3) 围岩稳定性和支护效果分析:通过现场监控量测获得围岩力学动态和支护工作状态的有关数据,再对这些数据进行回归分析,研究隧道围岩及衬砌支护结构的变形、受力规律,通过位移反分析方法,求出围岩初始应力场及围岩综合物理力学参数,并与实际结果对比分析,对围岩稳定性和支护效果进行评价,来预测和确定隧道围岩最终稳定时间,指导施工顺序和施作二次衬砌,优化支护结构设计参数。

(4) 量测方法及布置:量测方法及布置按《公路隧道施工技术规范》(JTG/T 3660—2020)规定执行。

(5) 超前地质预报:为了动态监控整个施工过程,必须在施工时做好超前地质预报工作,成立专门的超前地质预报小组。超前地质预报内容主要包括预测、预报地质条件变化对工程的影响,涌水(涌水地点、涌水量大小、地下水泥沙含量等)预测、预报。地质预报手段有隧道地震波超前预报、瞬变电磁仪法及超前地质探孔等三种超前地质预报手段,施工过程中可根据实际情况引进其他有效预报手段，通过探测预报，起到补充勘探、提高勘探精度、防灾减灾的作用。

（6）隧道施工时，对洞顶附近电杆、电线塔等设施应进行监控，若有倾斜、偏移等现象出现，应及时与相关部门联系，采取有效措施。

6.3　某矿软弱层状岩层地下空间设计

6.3.1　高抽巷抽采原理及层位布置原则

6.3.1.1　高抽巷瓦斯抽采原理

高抽巷抽采瓦斯的原理是：在抽采泵提供的抽采负压作用下，采空区及工作面卸压瓦斯通过工作面采动形成的裂隙网络汇聚至高抽巷，然后通过抽放管路流向地面。当工作面将煤体采出后，在煤岩层中形成空间，原有应力及瓦斯压力梯度遭到破坏，产生强烈的卸压作用，造成围岩发生位移，产生剧烈的断裂和大量的裂隙，同时岩层及煤层卸压，原赋存在围岩、煤层、采空区遗煤内的瓦斯大量解吸，在抽放负压作用下通过高抽巷将采空区内瓦斯及时抽出，达到抽采采空区瓦斯的目的。

某矿具有瓦斯含量高、回采期间瓦斯涌出量大的特点。在 15105 工作面回采的过程中，容易出现工作面回风隅角处的瓦斯浓度长期处于较高状态的情况。而高抽巷的合理布置可以有效提高瓦斯抽采利用效率，对消除某矿瓦斯突出、保障矿井安全生产提供了必要的技术支持。

6.3.1.2　高抽巷层位布置原则

层位选择直接影响高抽巷抽放采空区瓦斯效果的好坏，所以高抽巷层位优选非常重要。一般来讲，高抽巷布置在冒落带范围内，冒落带在工作面推进时裂隙最先发育，高抽巷可以快速抽出瓦斯，但是随着顶板垮落，高抽巷也随之垮落受到破坏甚至与工作面连通，形成通风短路，抽采浓度急剧下降并且给工作面通风管理和防灭火带来隐患，高抽巷服务周期短且抽采效果不理想；如果布置层位过高，工作面采过后顶板裂隙发育在短期内不能达到高抽巷层位，瓦斯不能及时通过高抽巷被抽走，卸压瓦斯大量释放后会涌向采场空间，极易造成工作面和上隅角瓦斯超限影响矿井安全生产。所以，高抽巷既要保证能够及时“截流”瓦斯，将涌向工作面的瓦斯在负压作用下向工作面后方运移通过高抽巷抽出，又要尽可能保障较长时间内抽采采空区瓦斯，达到治理采空区瓦斯的目的。

高抽巷应该布置在裂隙带中，既能及时截流大量瓦斯，同时还能保持巷道不过早垮落，总能在工作面后部一定距离抽采采空区瓦斯，消除工作面和回风隅角瓦斯浓度超限。

6.3.2　工程概况

6.3.2.1　工作面概况

15105 工作面开采煤层为 15 号煤层，该煤层位于太原组的中下部，为全井田可采。15 号煤层整体赋存呈现东南高西北低，在此基础上有一些起伏，煤层倾角为 5°～13°，平均倾角为 9°。工作面范围内 15 号煤层顶底板情况见表 6-6。

表 6-6　5 号煤层顶底板情况

顶底板名称	厚度/m	抗压强度、抗拉强度	岩性特征
基本顶	2.19～4.17	泥岩抗压强度 73.9～75.3 MPa，抗拉强度 2.3～3.5 MPa； 粉砂岩抗压强度 141.7～143.5 MPa，抗拉强度 0.5～0.8 MPa	石灰岩，青灰色，致密状结构，成分为钙质
	3.03～10.45		砂质泥岩、泥岩、细砂岩，灰黑色、黑色、灰白色、黑色、黑色、灰白色
	3.64～13.52		石灰岩，深灰色。致密状结构，成分为钙质，方解石脉充填裂缝，坚硬
	7.10～20.48		砂质泥岩、泥岩、粉砂岩，灰黑色、黑色、灰白色，北部较厚
伪顶	—	无	无
直接底	7.51～27.47	泥岩 111.2～112.7 MPa，0.9～1.9 MPa	砂质泥岩、泥岩，灰黑色、黑色

选取 15105 工作面附近的 ZK5-1 钻孔进行分析，绘制 ZK5-1 钻孔完整钻孔柱状图，如图 6-11 所示。

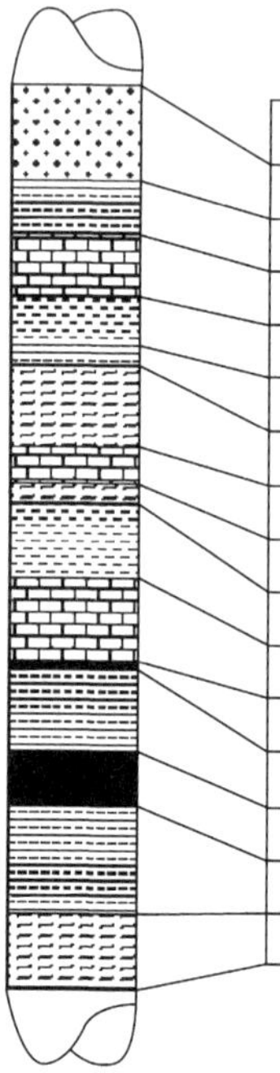

岩层名称	厚度/m	深度/m
细粒砂岩	7.30	218.36
泥岩	4.00	222.36
石灰岩	4.70	227.06
砂质泥岩	3.70	230.76
泥岩	1.55	232.31
粉砂岩	6.20	238.51
石灰岩	2.79	241.30
粉砂岩	1.54	242.84
砂质泥岩	5.67	248.51
石灰岩	6.39	254.60
14#煤	0.54	255.44
泥岩	6.26	261.70
15#煤	4.00	265.70
泥岩	8.34	274.04
粉砂岩	5.61	279.65

图 6-11　ZK5-1 钻孔柱状图

根据煤层赋存情况、地质构造的分布、保护煤柱的留设情况以及采区巷道布置等因素，确定 15105 综采大采高工作面沿煤层走向布置。工作面可采长度 1 001 m，其中工作面里段开切眼长度 60～216 m，推进长度 330 m；外段开切眼长度 216 m，推进长度 671 m。

6.3.2.2　高抽巷布置概况

本次 15105 工作面布置有 15105 工作面运输巷、15105 工作面回风巷和 15105 工作面高抽巷共三条巷道(图 6-12)，其中，工作面运输巷和回风巷均沿 15 号煤层顶板布置，15105 工作面高抽巷布置于 15 号煤层顶板岩层，巷道沿 15 号煤层底板岩层平行于回风巷布置。

(1) 15105 工作面运输巷，矩形断面，净断面：净宽 5.5 m，净高 3.6 m，净断面积 19.80 m^2。巷道采用锚网＋锚索联合支护形式。

(2) 15105 工作面回风巷，沿 15 号煤层顶板布置，矩形断面，净断面：净宽 5.5 m，净高 3.6 m，净断面积 19.80 m^2。巷道采用锚网＋锚索联合支护形式。

(3) 15105 工作面高抽巷，矩形断面，净断面：净宽 4.0 m，净高 3.0 m，净断面积 12.00 m^2。巷道采用锚网支护形式，服务年限为 15105 工作面回采期间。

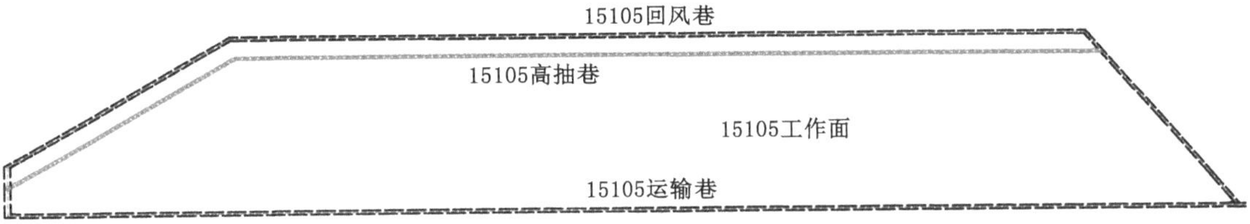

图 6-12　15105 工作面布置情况

6.3.3　顶板裂隙带高度预计

6.3.3.1　高抽巷位置分析

(1) 垂直方向——“三带”理论

煤矿回采过程中随着采煤工作面的不断推进，在应力扰动下，会在采空区竖直方向上形成“三带”的分布，即垮落带、裂隙带和弯曲下沉带。采空区顶板上方裂隙发育充分，并与裂隙带导通。大量邻近层瓦斯和围岩瓦斯在煤层压力作用下，顺着裂隙进入采空区，以及采空区中的遗煤不断解吸瓦斯，造成采空区瓦斯含量增加，在工作面漏风作用下，涌至上隅角造成上隅角瓦斯超限。

高抽巷一般布置在裂隙带内(图 6-13)，裂隙发育充分，富集瓦斯含量大，既能保证及时将采空区积聚瓦斯抽出，还能截留采空区瓦斯和顶板卸压瓦斯向工作面的运移，使得瓦斯抽采率和抽采纯量大幅提升，消除瓦斯浓度超限的隐患。

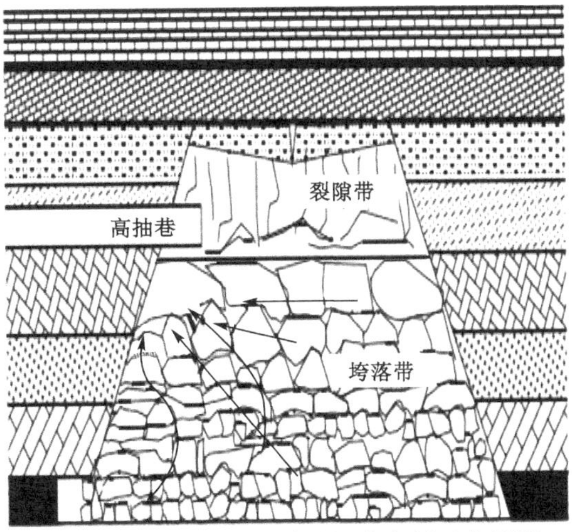

图 6-13　顶板走向高抽巷沿走向剖面布置图

(2) 水平方向——“O”形圈理论

根据"O"形圈理论，裂隙带内的中间区域受上覆岩层自重等作用逐渐被压实，形成裂隙闭合区；工作面四周受到支架和煤壁的支撑作用，在边缘形成一个连通的"O"形圈裂隙发育区，如图 6-14 所示。圈内裂隙发育充分，圈外裂隙发育不充分。

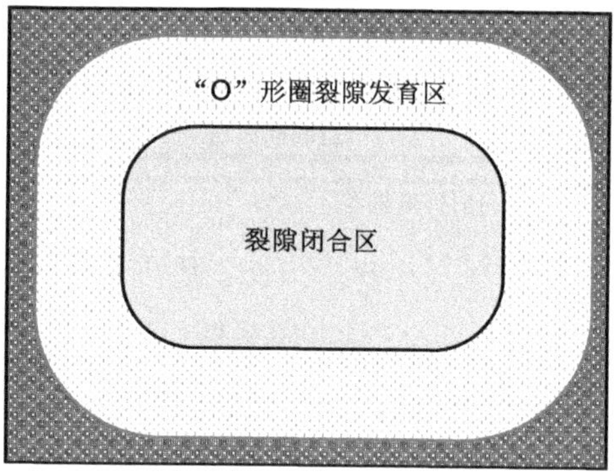

图 6-14 采空区俯视剖面图

采动裂隙"O"形圈裂隙发育区是卸压瓦斯流动的通道和贮存空间，为了大面积、长时间地抽放卸压瓦斯，高抽巷应布置在"O"形圈内。

6.3.3.2 "三下"规程的"两带"基本高度计算

在垂直方向上覆岩层垮落带和裂隙带的位置决定了其瓦斯分布规律，同时也是高抽巷层位确定的关键因素，因此对覆岩"两带"高度的准确计算是采空区瓦斯治理的关键和前提。目前还没有能准确计算覆岩"两带"高度的计算公式，在实际应用的工程中通常用经验公式对垂直带高度进行估算。

(1) 当煤层顶板岩层内有极坚硬岩层时，开采垮落带的高度(单位：m)预计公式为：

$$H_{\mathrm{m}}=\frac{M}{(K-1)\cos\alpha} \tag{6-1}$$

式中 M——工作面开采厚度，m；

K——冒落岩石碎胀系数；

α——煤层倾角，(°)。

(2) 当煤层顶板为软岩与硬岩互层时，开采垮落带的最大高度预计公式为：

$$H_{\mathrm{m}}=\frac{M-W}{(K-1)\cos\alpha} \tag{6-2}$$

式中 W——冒落过程中顶板的下沉值，mm。

(3) 对于软岩与硬岩互层，厚煤层分层开采垮落带高度预计公式见表 6-7。

表 6-7 煤层垮落带、导水裂缝带计算公式

覆岩岩性强度/MPa	垮落带计算公式/m	裂缝带计算公式/m	
		公式 1	公式 2
坚硬(40～80)	$H_{\mathrm{m}}=\frac{100\sum M}{2.1\sum M+16}\pm 2.5$	$H_{\mathrm{li}}=\frac{100\sum M}{1.2\sum M+2.0}\pm 8.9$	$H_{\mathrm{li}}=30\sqrt{\sum M}+10$

表 6-7(续)

覆岩岩性强度/MPa	垮落带计算公式/m	裂缝带计算公式/m	
		公式 1	公式 2
中硬(20～40)	$H_m = \dfrac{100\sum M}{4.7\sum M + 19} \pm 2.2$	$H_{li} = \dfrac{100\sum M}{1.6\sum M + 3.6} \pm 5.6$	$H_{li} = 20\sqrt{\sum M} + 10$
软弱(10～20)	$H_m = \dfrac{100\sum M}{6.2\sum M + 32} \pm 1.5$	$H_{li} = \dfrac{100\sum M}{3.1\sum M + 5.0} \pm 4.0$	$H_{li} = 10\sqrt{\sum M} + 5$
极软弱(<10)	$H_m = \dfrac{100\sum M}{7.0\sum M + 63} \pm 1.2$	$H_{li} = \dfrac{100\sum M}{5.0\sum M + 8.0} \pm 3.0$	—

表 6-7 中，$\sum M$ 为累计采厚，$\sum M < 15$ m；M 为单层采厚，$M < 3$ m；“±”表示中误差。

(4) 计算结果

综放一次采全高时，上覆岩层破坏高度与分层开采相比更为严重。为了安全起见，在利用经验公式计算时，中误差项均按正号取值。用表 6-7 的公式计算覆岩破坏高度见表 6-8。

表 6-8　覆岩破坏高度计算结果

开采厚度/m	垮落带高度/m			裂隙带高度/m					
				公式 1			公式 2		
4.5	软弱	中硬	坚硬	软弱	中硬	坚硬	软弱	中硬	坚硬
	9.05	13.41	23.21	27.80	47.39	69.71	26.31	52.61	73.64

根据计算结果，对岩性为软弱和中硬时的覆岩破坏高度进行分析：

① 当顶板覆岩岩性为软弱时，垮落带最大高度为 9.05 m，裂隙带最大高度根据公式 1、2 计算结果分别为 27.80 m 和 26.31 m。

② 当顶板覆岩岩性为中硬时，垮落带最大高度为 13.41 m，裂隙带最大高度根据公式 1、2 计算结果分别为 47.39 m 和 52.61 m。

③ 当顶板覆岩岩性为坚硬时，垮落带最大高度为 23.21 m，裂隙带最大高度根据公式 1、2 计算结果分别为 69.71 m 和 73.64 m。

根据高抽巷布置原理，15105 工作面高抽巷合适的布置层位是在裂隙带中。根据 15105 工作面顶板岩层情况，上方岩层存在软弱岩层泥岩、中硬岩层粉砂岩、坚硬岩层石灰岩等。因此，按照顶板岩性为中硬时的计算结果比较合理。所以，高抽巷顶板层位应布置在工作面上方 13.41～52.61 m 较为合适。

6.3.3.3　15105 工作面高抽巷层位分析

选用 ZK5-1 钻孔柱状图，根据理论计算结果，结合某矿 15105 工作面地质情况，初步设定高抽巷水平方向距离 15105 工作面回风巷 20 m(净煤柱)，垂直方向根据工作面顶板上方岩层分布情况，初步设定了 3 种方案，具体如图 6-15 所示。

根据 15105 工作面钻孔柱状图情况，采取方案 1 时，高抽巷布置在粉砂岩中，顶板为 3.2 m厚粉砂岩；采取方案 2 时，高抽巷以泥岩为底板掘进，顶板为 2.3 m 的砂质泥岩；采取

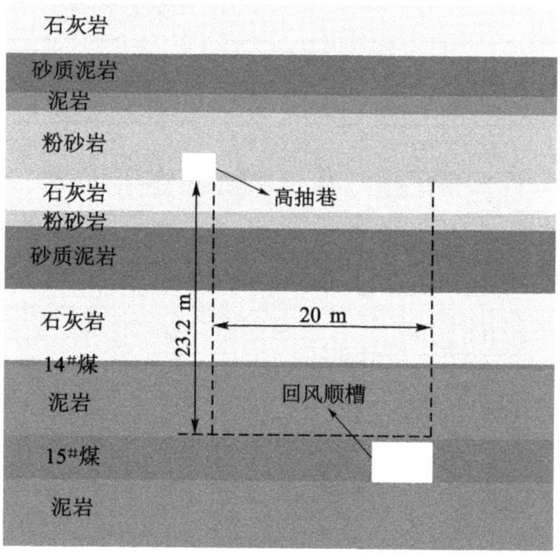

(a) 方案1

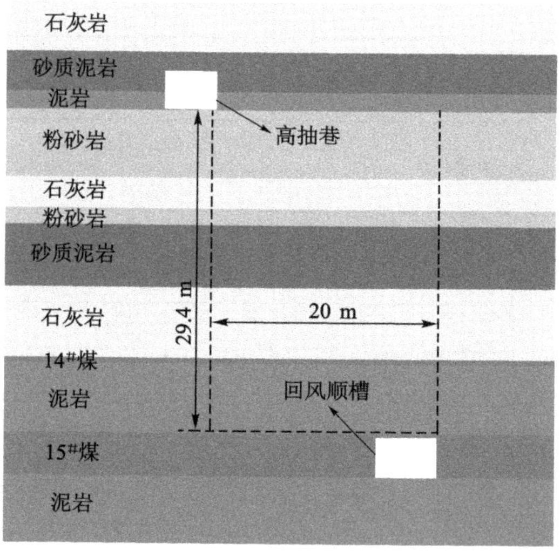

(b) 方案2

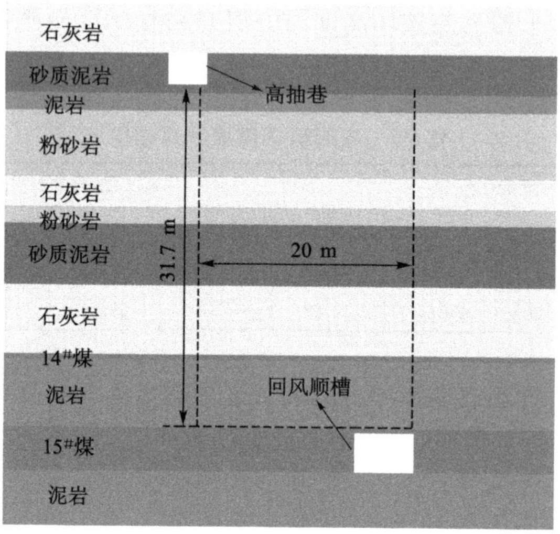

(c) 方案3

图 6-15　15105 工作面高抽巷层位布置情况

方案 3 时，高抽巷布置在砂质泥岩中，顶板为 4.7 m 的石灰岩。本章根据 3 种方案的顶板岩层情况，分别分析高抽巷顶板稳定性特征及合理支护参数。

6.3.4　15105 工作面高抽巷顶板稳定性及支护参数理论分析

6.3.4.1　巷道顶板稳定性分类研究

(1) 巷道顶板力学模型

层状结构是煤矿巷道顶板最普遍的结构。层状岩层由于在垂直于成层方向的抗拉强度几乎为零，并且与完整岩石相比，结构面上的抗剪强度很低，因而这类岩体的工程特性不同于均质块状岩体。巷道顶板岩层分层厚度一般较薄，巷道长度远大于跨度，将巷道顶板岩层简化为平面应变梁更符合工程实际，由此进行顶板稳定性分类。

单层岩层的稳定跨距可以用材料力学方法求得，图 6-16 所示为两端固支梁的受力分析。

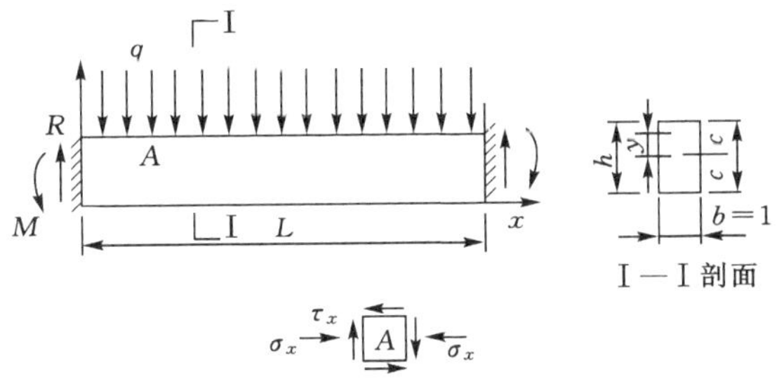

图 6-16　两端固支梁上任意点的应力分析

已知梁内任意点的正应力 σ 为：

$$\sigma=\frac{M \cdot y}{J_z} \tag{6-3}$$

式中　M——该点在断面的弯矩；

y——该点离断面中性轴的距离；

J_z——对称中性轴的断面距。

若取梁为单位宽度，则梁的断面距 $J_z=\frac{1}{12}h^3$（h 为基本顶岩层的单层厚度）。任意点 A 的正应力 $\sigma=12\frac{M \cdot y}{h^3}$，该点的剪应力 $\tau_{xy}=\frac{3}{2}Q_x\left(\frac{h^2-4y^2}{h^3}\right)$，其中 Q 为 A 点的剪切力。最大剪应力 $(\tau_{xy})_{\max}$ 发生在矩形断面梁的中性轴上，即 $y=0$ 处，因此 $(\tau_{xy})_{\max}=\frac{3Q_x}{2h}$。

根据固支梁的计算，最大弯矩发生在梁的两端，$M_{\max}=\frac{1}{12}qL^2$。因此，该处的最大拉应力 $\sigma_{\max}$ 为：

$$\sigma_{\max}=\frac{6\times\frac{1}{12}qL^2}{h^2}=\frac{qL^2}{2h^2} \tag{6-4}$$

当 $\sigma_{\max}=R_T$（岩石抗拉强度）时，岩层在该处的正应力达到该处的抗拉强度极限，岩层将在该处拉裂。为此，这种梁断裂时的极限跨距为：

$$L_{1T}=h\sqrt{\frac{2R_T}{q}} \tag{6-5}$$

若以最大剪应力作为岩层断裂的依据，最大剪应力发生在梁的两端，$Q_{\max}=\frac{qL}{2}$。因此，最大剪应力 $(\tau_{xy})_{\max}=\frac{3qL}{4h}$。

当 $(\tau_{xy})_{\max}$ 达到极限强度 R_s 时，得到的极限跨距为：

$$L_{1S}=\frac{4hR_s}{3q} \tag{6-6}$$

若以简支梁考虑，其最大剪应力 $(\tau_{xy})_{\max}$ 仍为 $\frac{4hR_s}{3q}$，与固支梁计算结果相同。

在上述的关系中，关键是确定岩层梁的荷载 q，一般顶板的岩层由几层岩层组成，因此，顶板岩梁的极限跨距应考虑荷载的大小，根据各层之间的相互影响来定。

采动覆岩中的任一岩层所受荷载除其自重外，一般还受上覆邻近岩层的相互作用产生的荷载。一般来说，采动岩层的荷载是非均匀分布的，但为了下面分析问题的方便，假设岩层荷载均匀分布。以覆岩第 1 层岩层为例来说明岩层荷载的计算方法。如图 6-17 所示，设直接顶上方共有 m 层岩层，各岩层的厚度为 $h_i(i=1,2,\cdots,m)$，体积力为 $\gamma_i(i=1,2,\cdots,m)$，弹性模量为 $E_i(i=1,2,\cdots,m)$。其中第 1 层岩层所控制的岩层达 n 层。第 1 层与 n 层岩层将同步变形，形成组合梁。对第 1 层岩层所受荷载的计算公式进行推导。

一直考虑到 n 层对第 1 层影响时相应的荷载，即 $(q_n)_x$，可得：

$$(q_n)_x=\frac{E_1h_1^3(\gamma_1h_1+\gamma_2h_2+\cdots+\gamma_nh_n)}{E_1h_1^3+E_2h_2^3+\cdots+E_nh_n^3} \tag{6-7}$$

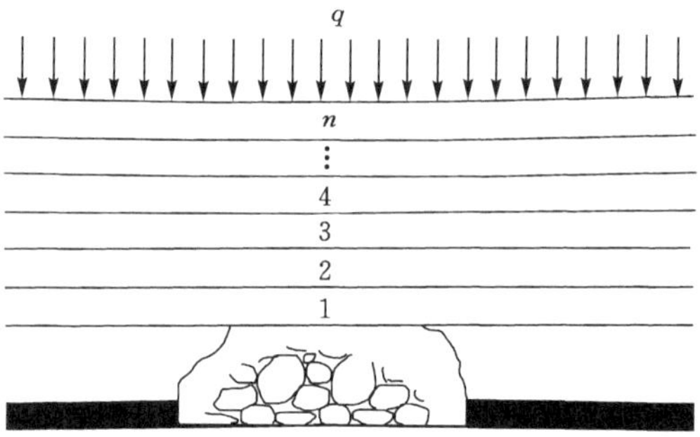

图 6-17　岩层荷载计算图

式(6-7)为计算岩层的荷载公式。计算出 $(q_n)_x$ 对 x 层最大荷载，然后计算极限跨距。

固支梁：

$$L_1=h\sqrt{\frac{2R_T}{(q_n)_x}} \tag{6-8}$$

简支梁：

$$L_1=2h\sqrt{\frac{R_T}{3(q_n)_x}} \tag{6-9}$$

根据岩梁的受力情况，在极限跨距计算时选用简支梁的极限跨距公式进行计算。

(2) 巷道顶板稳定性的影响因素及其取值方法

① 岩层特征影响

顶板岩层稳定程度如何，是否存在一个稳定层作为锚杆支护悬吊层进行承载，与岩层的强度和岩层厚度有直接的关系。

以中细砂岩为例研究顶板岩层分层厚度对顶板稳定性的影响。图 6-18 所示为不同分层厚度顶板岩层的稳定跨距(安全系数取 2)，可以看出，分层厚度越大，稳定跨距越大。

当岩层厚度一定时，岩体强度不同，稳定跨距也随之变化，如图 6-19 所示。可以看出，顶板岩层强度越大，顶板岩层的稳定跨距越大，岩层的稳定程度越高。

分析表明，顶板岩层完整厚度和岩体强度，是影响顶板稳定的重要因素。

② 岩层强度影响

存在结构面是岩体区别于岩石的最重要特征之一，且结构面的存在使岩体的强度显著低于岩块强度，并且具有非连续性特征。所以岩体强度与实验室测得的岩石强度是不同的，顶板稳定预测过程中必须考虑岩石与岩体的强度差异。根据大量的工程实践，岩石试件的

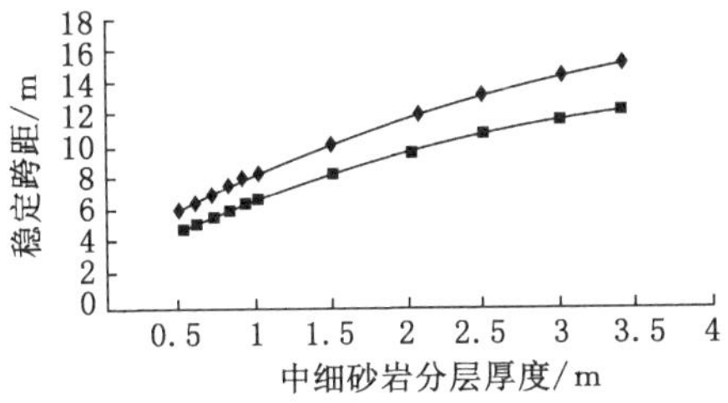

图 6-18 岩层厚度与稳定跨距关系图

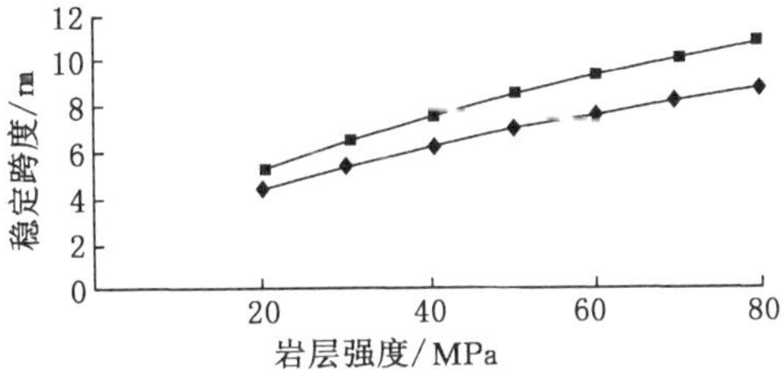

图 6-19 顶板岩层强度与稳定跨距关系图

强度是岩体强度的 1.5～2.5 倍，所以，取岩体强度为岩石强度的 0.65 倍，即强度影响系数 $f_{强}=0.65$。

③ 岩层完整性影响

在煤系地层形成过程中，沉积条件千变万化，其完整性对回采巷道顶板稳定性的影响程度也是不同的。对于泥岩、页岩等强度较低的岩层来说，完整性较差，所以在顶板预测过程中，强度较低的岩层最大计算厚度不超过 2 m，所以：

$$h=\begin{cases} H & (H<1) \\ \dfrac{2H}{H+1} & (H>1) \end{cases} \tag{6-10}$$

式中 H——岩层厚度；

h——岩层有效厚度。

对于砂岩类岩石，自身完整性较好，完整性程度对顶板的稳定性影响程度小，按实际岩层厚度计算。

④ 煤层采动影响

大量的现场实测数据表明，在巷道掘进后至工作面回采期间，采动影响范围内和无采动影响的巷道变形量差别很大，说明采动影响对回采巷道顶板稳定性影响非常明显。

研究表明，当回采工作面推进时，在距离工作面一定范围内回采巷道的顶板压力显现程度与巷道直接顶厚度有关，侧压显现程度与工作面采高有明显的关系，也就是说，回采工作面推进时，在回采巷道中引起的采动压力跟巷道直接顶厚度与采高的比值(用 N 表示，无单位)有关。

在受一次采动时采动影响集中系数一般为 2.5，在直接顶的厚度为采高的 4 倍时，采动影响集中系数最小，所以在受一次采动影响时的影响系数为：

$$f_{采}=2.5-0.25\times\frac{h_{直接顶}}{h_{采}} \tag{6-11}$$

式中 $h_{直接顶}$——直接顶高度；

$h_{采}$——工作面采高。

在受二次采动时采动影响集中系数一般为 3.5，在直接顶的厚度为采高的 4 倍时，采动影响集中系数最小，所以在受二次采动影响时的影响系数为：

$$f_{采}=3.5-0.25\times\frac{h_{直接顶}}{h_{采}} \tag{6-12}$$

⑤ 地应力的影响

地应力可以概要定义为存在于岩体中的自然应力，其呈三维状态有规律分布而构成地应力场。地应力具有双重属性，一方面是岩体赋存的环境条件，另一方面又是岩体的无形组成成分，影响着岩体的力学特性。岩体的形成包括建造及改造两个过程，也伴随着地应力的形成与积累和改造与释放两个不断变化过程，从而形成地应力场。

地应力是地质环境和地壳稳定性评价、地质工程设计和施工的重要基础之一，也是影响地质工程的重要环境因素之一。在采矿过程中，由于地应力的影响，巷道变形与破坏严重，经过多次修复，但变形仍在继续。所以说地应力是影响岩体稳定性的重要因素。而在一个矿区地应力的分布基本上是一致的，所以地应力对巷道稳定性的影响系数为：

$$f_{地应力}=40\times\frac{\sigma_{实测}}{h_{埋}} \tag{6-13}$$

式中　$\sigma_{实测}$——实测的地应力值；

$h_{埋}$——巷道埋深。

进一步计算得到实际的岩层跨度：

当岩层为固支梁时，有

$$L_1=h\sqrt{\frac{2\times R_T\times f_{强}}{(q_n)_x\times f_{采}\times f_{地应力}}} \tag{6-14}$$

当岩层为简支梁时，有

$$L_1=2h\sqrt{\frac{R_T\times f_{强}}{(q_n)_x\times f_{采}\times f_{地应力}}} \tag{6-15}$$

式中　R_T——岩层抗拉强度；

$f_{强}$——岩层强度影响系数；

$f_{采}$——煤层采动影响系数；

$f_{地应力}$——地应力影响系数；

h——岩层有效厚度。

相同的情况下，简支梁计算所得的极限跨距要远远小于固支梁计算所得的极限跨距，因此，以下顶板稳定性分类中，采用简支梁计算公式来计算极限跨距，可大大提高巷道的安全系数。

(3) 顶板稳定分类过程及结果

① 顶板稳定分类原则

a. 在顶板稳定性分类计算过程中，岩层的岩性、厚度和岩层结构以提供的柱状图为依据。

b. 在分类计算过程中，煤层巷道若是沿顶、底板掘进，巷道高度等于煤层厚度；如果煤层厚度大于巷道设计高度，顶煤厚度按煤层厚度减去开采厚度计算。

c. 煤层开采的设计高度，如果钻孔揭示的煤层厚度大于煤层的设计采高，在煤层稳定性预测过程中，采高按各矿实际开采高度进行计算；如果钻孔揭示的煤层厚度小于煤层的设计采高，在分类计算过程中，采高按煤层厚度进行计算。

d. 巷道在掘进过程中，如果遇到断层、冲刷带等地质构造或在工作面开切眼位置，煤层顶板稳定类型应降低1～2个级别；如果顶板类型为Ⅳ类顶板，应采取特殊的支护方式。

② 顶板稳定性分类指标

近水平煤层顶板稳定性分类是根据煤巷锚杆支护冒顶事故原因的调研统计分析、顶板稳定性影响因素研究及各矿锚杆支护设计和现场实践为基础制定的。

顶板稳定分类以稳定岩层及稳定岩层距巷道顶板的距离为指标，稳定跨距按简支梁公式计算，如图 6-20 所示。

Ⅰ类：稳定，无支护时巷道顶板冒落高度不大于 1.5 m，且安全系数(计算出的跨距与实际宽度的比值)大于 2。

Ⅱ类：中等稳定，有两种情况。无支护时巷道顶板冒落高度不大于 3.5 m，且安全系数大于 2；无支护时巷道顶板冒落高度不大于 0.5 m，且安全系数为 1.5～2.0。

Ⅲ类：不稳定，有两种情况。无支护时巷道顶板冒落高度不大于 5.5 m，且安全系数大于 2；无支护时巷道顶板冒落高度不大于 3.5 m，且安全系数为 1.5～2.0。

Ⅳ类：极不稳定，无支护时巷道顶板冒落高度不大于 5.5 m。

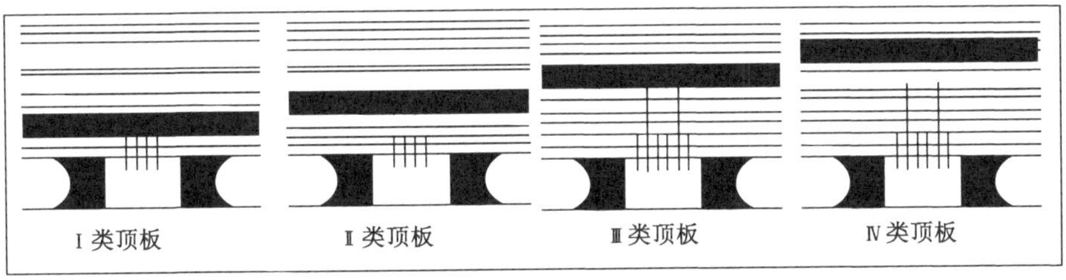

图 6-20　稳定岩层位置与顶板类别

在计算顶板岩层荷载方面，讨论如下。

a. 采取方案 1 时，各岩层的厚度、体积力及弹性模量见表 6-9。

表 6-9　方案 1 岩层参数列表

岩层	岩性	体积力 γ_i /(MN/m³)	层厚 h_i /m	弹性模量 E_i /MPa	抗拉强度 R_i /MPa
1	粉砂岩	0.023	3.2	2.6×10^4	3.2
2	泥岩	0.020	1.6	1.1×10^4	1.7
3	砂质泥岩	0.022	3.7	1.5×10^4	1.9
4	石灰岩	0.024	4.7	3.3×10^4	3.8
5	泥岩	0.020	4.1	1.1×10^4	1.7
6	细粒砂岩	0.026	7.3	3.5×10^4	5.0

第 1 层本身的荷载 q_1 为：

$$q_1=\gamma_1 h_1=23\times3.2=73.6\ (\text{kPa})$$

考虑第 2 层对第 1 层的作用：

$$(q_2)_1=\frac{E_1 h_1^3(\gamma_1 h_1+\gamma_2 h_2)}{E_1 h_1^3+E_2 h_2^3}=173.3\ (\text{kPa})>q_1$$

考虑第 3 层对第 1 层的作用：

$$(q_3)_1=\frac{E_1h_1^3(\gamma_1h_1+\gamma_2h_2+\gamma_3h_3)}{E_1h_1^3+E_2h_2^3+E_3h_3^3}=226.5\ (\text{kPa})>(q_2)_1$$

考虑第 4 层对第 1 层的作用：

$$(q_4)_1=\frac{E_1h_1^3(\gamma_1h_1+\gamma_2h_2+\gamma_3h_3+\gamma_4h_4)}{E_1h_1^3+E_2h_2^3+E_3h_3^3+E_4h_4^3}=219.2\ (\text{kPa})<(q_3)_1$$

b. 采取方案 2 时，各岩层的厚度、体积力及弹性模量见表 6-10。

表 6-10　方案 2 岩层参数列表

岩层	岩性	体积力 γ_i /(MN/m³)	层厚 h_i /m	弹性模量 E_i /MPa	抗拉强度 R_i /MPa
1	砂质泥岩	0.022	2.3	1.5×10^4	1.9
2	石灰岩	0.024	4.7	3.3×10^4	3.8
3	泥岩	0.020	4.1	1.1×10^4	1.7
4	细粒砂岩	0.026	7.3	4.1×10^4	5.0

第 1 层本身的荷载 q_1 为：

$$q_1=\gamma_1h_1=22\times2.3=50.6\ (\text{kPa})$$

考虑第 2 层对第 1 层的作用：

$$(q_2)_1=\frac{E_1h_1^3(\gamma_1h_1+\gamma_2h_2)}{E_1h_1^3+E_2h_2^3}=112.8\ (\text{kPa})>q_1$$

考虑第 3 层对第 1 层的作用：

$$(q_3)_1=\frac{E_1h_1^3(\gamma_1h_1+\gamma_2h_2+\gamma_3h_3)}{E_1h_1^3+E_2h_2^3+E_3h_3^3}=82\ (\text{kPa})<(q_2)_1$$

c. 采取方案 3 时，各岩层的厚度、体积力及弹性模量见表 6-11。

表 6-11　方案 3 岩层参数列表

岩层	岩性	体积力 γ_i /(MN/m³)	层厚 h_i /m	弹性模量 E_i /MPa	抗拉强度 R_i /MPa
1	石灰岩	0.024	4.7	3.3×10^4	3.8
2	泥岩	0.020	4.1	1.1×10^4	1.7
3	细粒砂岩	0.026	7.3	4.1×10^4	5.0

第 1 层本身的荷载 q_1 为：

$$q_1=\gamma_1h_1=24\times4.7=112.8\ (\text{kPa})$$

考虑第 2 层对第 1 层的作用：

$$(q_2)_1=\frac{E_1h_1^3(\gamma_1h_1+\gamma_2h_2)}{E_1h_1^3+E_2h_2^3}=159.5\ (\text{kPa})>q_1$$

考虑第 3 层对第 1 层的作用：

$$(q_3)_1=\frac{E_1h_1^3(\gamma_1h_1+\gamma_2h_2+\gamma_3h_3)}{E_1h_1^3+E_2h_2^3+E_3h_3^3}=65.5\ (\text{kPa})<(q_2)_1$$

采用方案 1 时，15105 工作面高抽巷顶板上方为 3.2 m 粉砂岩，岩石完整性较好，因此 $h=\frac{2H}{H+1}=\frac{2\times 3.2}{3.2+1}=1.52$ (m)。

采取方案 2 时，15105 工作面高抽巷顶板岩层为 2.3 m 的砂质泥岩，岩石完整性较好，因此 $h=\frac{2H}{H+1}=\frac{2\times 2.3}{2.3+1}=1.39$ (m)。

采用方案 3 时，15105 工作面高抽巷顶板上方为 4.7 m 石灰岩，岩石完整性较好，因此 $h=\frac{2H}{H+1}=\frac{2\times 4.7}{4.7+1}=1.65$ (m)。

岩石试件的强度是岩体强度的 1.5～2.5 倍，所以，取岩体为岩石强度的 0.65 倍，即 $f_{强}=0.65$。

由于 15105 工作面高抽巷受一次采动影响，工作面开采高度为 4.5 m，直接顶高度为 7.2 m，因此 $f_{采}=2.5-0.25\times\frac{h_{直接顶}}{h_{采}}=2.5-0.25\times\frac{7.2}{4.5}=2.1$。

地应力影响系数取 $f_{地应力}=40\times\frac{\sigma_{实测}}{h_{埋}}=1$。

将上述参数整理，得到方案 1、方案 2、方案 3 的计算参数，见表 6-12。

表 6-12　计算参数及取值

方案	h/m	R_T/MPa	$f_{强}$	q/MPa	$f_{采}$	$f_{地应力}$
1	1.52	3.2	0.65	0.22	2.1	1.0
2	1.39	1.7	0.65	0.11	2.1	1.0
3	1.65	3.8	0.65	0.16	2.1	1.0

将表 6-13 中参数代入公式，分别计算出方案 1、方案 2、方案 3 的顶板的极限跨距。

方案 1：$L_1=2h\sqrt{\frac{R_T\times f_{强}}{(q_n)_x\times f_{采}\times f_{地应力}}}=2\times 1.52\sqrt{\frac{3.2\times 0.65}{0.22\times 2.15\times 1}}=6.5$ (m)。

方案 2：$L_1=2h\sqrt{\frac{R_T\times f_{强}}{(q_n)_x\times f_{采}\times f_{地应力}}}=2\times 1.39\sqrt{\frac{4.2\times 0.65}{0.16\times 2.15\times 1}}=6.1$ (m)。

方案 3：$L_1=2h\sqrt{\frac{R_T\times f_{强}}{(q_n)_x\times f_{采}\times f_{地应力}}}=2\times 1.65\sqrt{\frac{4.2\times 0.65}{0.16\times 2.15\times 1}}=8.9$ (m)。

根据极限跨度，高抽巷宽度为 4 m，得到方案 1、方案 2、方案 3 的安全系数分别为1.625、1.525、2.225。因此，采用方案 1 和方案 2 时，顶板属于Ⅱ类顶板；采用方案 3 时，顶板属于Ⅰ类顶板。

6.3.4.2　不同顶板支护理念

(1) Ⅰ类顶板锚杆支护理念

Ⅰ类顶板属于稳定顶板，即自稳岩层在锚杆长度范围内并且岩层的极限跨距大于巷道宽度，如图 6-21 所示。由于巷道开挖破坏原岩应力，使巷道表面破坏，锚杆作用是把表面破碎的岩石通过锚杆悬吊在稳定岩层内，见图 6-22。采用悬吊理论设计顶板锚杆支护参数。对比 15105 工作面钻孔柱状图，采用方案 1 和方案 2 时，顶板条件符合Ⅰ类顶板条件；采用方案 3 时，顶板条件不符合Ⅰ类顶板条件。

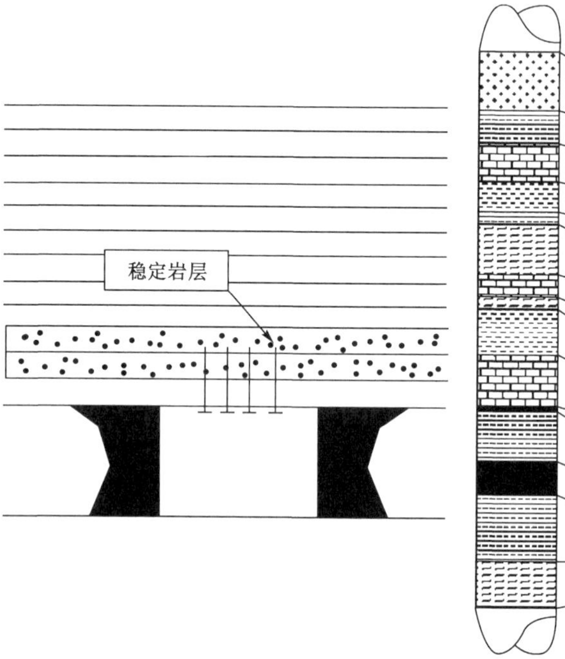

岩层名称	厚度/m	深度/m
细粒砂岩	7.30	218.36
泥岩	4.00	222.36
石灰岩	4.70	227.06
砂质泥岩	3.70	230.76
泥岩	1.55	232.31
粉砂岩	6.20	238.51
石灰岩	2.79	241.30
粉砂岩	1.54	242.84
砂质泥岩	5.67	248.51
石灰岩	6.39	254.60
14#煤	0.54	255.44
泥岩	6.26	261.70
15#煤	4.00	265.70
泥岩	8.34	274.04
粉砂岩	5.61	279.65

钻孔柱状图

图 6-21　Ⅰ类顶板岩层结构图

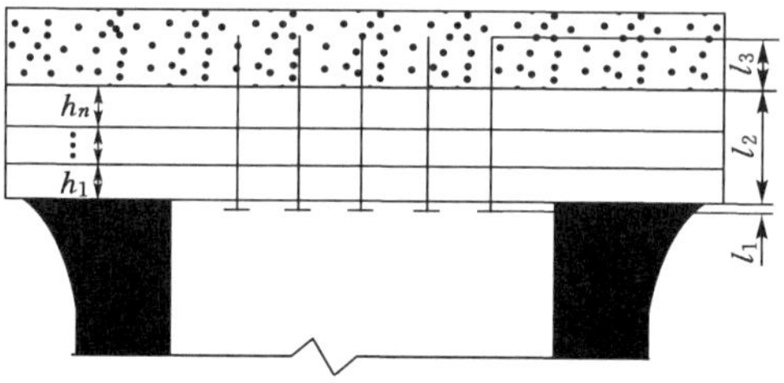

图 6-22　Ⅰ类顶板岩层支护图

（2）Ⅱ类顶板锚杆支护理念

该类顶板属于中等稳定顶板，即自稳岩层超出普通锚杆长度范围但稳定岩层的极限跨距大于巷道的宽度，如图 6-23 所示。该类巷道的顶板内稳定岩层小于 4 m。在顶板一定范围内不存在稳定岩层时，角锚杆将破坏区荷载悬吊于巷道两帮上部岩层上，角锚杆起到兜吊作用，如图 6-24 所示。采用普氏自然平衡拱理论设计顶板锚杆支护参数。对比 15105 工作面钻孔柱状图，采用方案 3 时，顶板条件符合Ⅱ类顶板条件；采用方案 1 和方案 2 时，顶板条件不符合Ⅱ类顶板条件。

（3）Ⅲ类顶板锚杆支护理念

这类顶板条件属于基本稳定型，自稳岩层虽然不在锚杆长度范围内，但是离巷道表面近

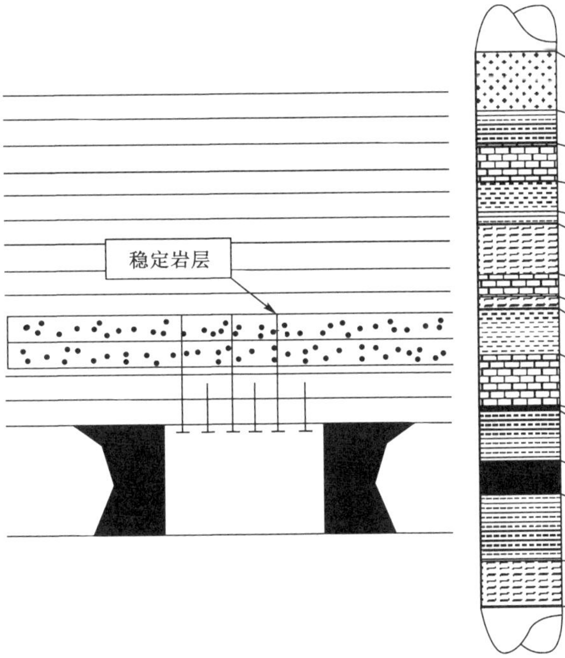

岩层名称	厚度/m	深度/m
细粒砂岩	7.30	218.36
泥岩	4.00	222.36
石灰岩	4.70	227.06
砂质泥岩	3.70	230.76
泥岩	1.55	232.31
粉砂岩	6.20	238.51
石灰岩	2.79	241.30
粉砂岩	1.54	242.84
砂质泥岩	5.67	248.51
石灰岩	6.39	254.60
14#煤	0.54	255.44
泥岩	6.26	261.70
15#煤	4.00	265.70
泥岩	8.34	274.04
粉砂岩	5.61	279.65

钻孔柱状图

图 6-23　Ⅱ类顶板岩层结构图

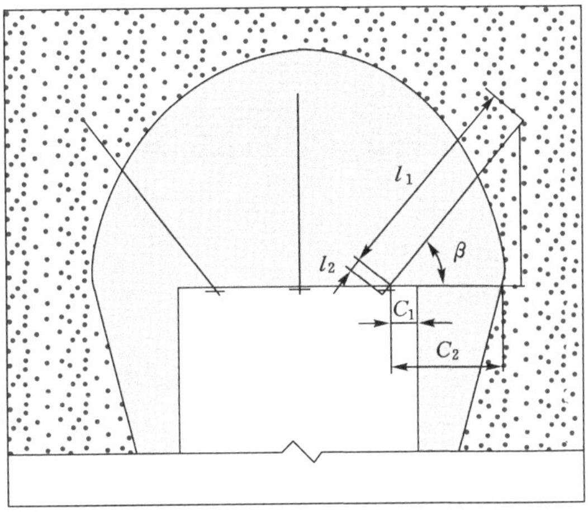

图 6-24　Ⅱ类顶板岩层支护图

且自身极限跨距大于巷道宽度，对上面的岩层起到一定承载作用，如图 6-25 所示。在这样的条件下只要能让稳定岩层以下的岩层保持稳定即可。该条件下锚杆采用螺纹钢并全长锚后，在杆体两端将形成圆锥形分布的压应力，如果沿巷道周边布置的锚杆间距足够小，各个锚杆的压应力锥体相互交错，这样就可使巷道周围的岩层形成一种连续的锚固串群体，如图 6-26 所示。采用组合拱理论计算。对比 15105 工作面钻孔柱状图，采用方案 1、方案 2 和方案 3，顶板条件均不符合Ⅲ类顶板条件。

(4) Ⅳ类顶板锚杆支护理念

该类顶板条件极不稳定，在离巷道顶板 6 m 范围内没有自身跨距能大于巷道宽度的稳

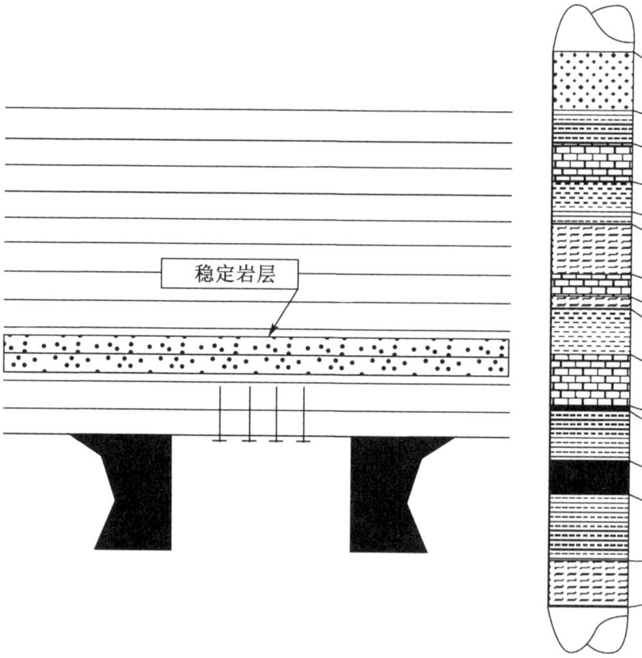

岩层名称	厚度/m	深度/m
细粒砂岩	7.30	218.36
泥岩	4.00	222.36
石灰岩	4.70	227.06
砂质泥岩	3.70	230.76
泥岩	1.55	232.31
粉砂岩	6.20	238.51
石灰岩	2.79	241.30
粉砂岩	1.54	242.84
砂质泥岩	5.67	248.51
石灰岩	6.39	254.60
14#煤	0.54	255.44
泥岩	6.26	261.70
15#煤	4.00	265.70
泥岩	8.34	274.04
粉砂岩	5.61	279.65

钻孔柱状图

图 6-25　Ⅲ类顶板岩层结构图

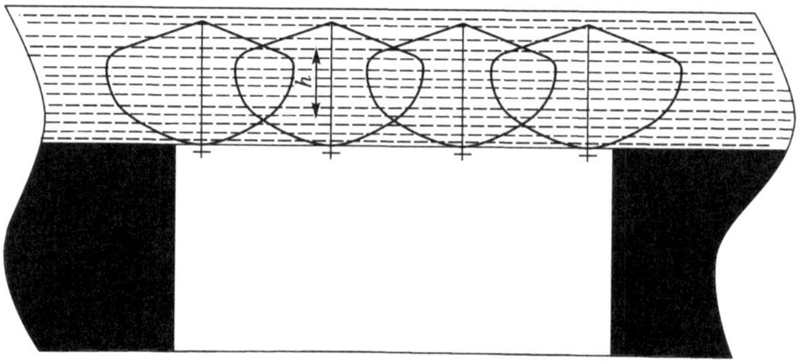

图 6-26　Ⅲ类顶板岩层支护图

定岩层，如图 6-27 所示，所以在该情况下必须考虑稳定岩层下面的岩层稳定，指导思想是，使下面破碎的岩层形成块体梁并利用长锚索把块体梁悬吊在稳定的岩层中。同时，Ⅳ类顶板的巷道围岩变形量较大，有些情况下变形量超出了锚索允许的延伸量，所以必须研究锚索和锚杆在时间和安装上的配合问题，充分发挥锚杆延伸能力强、锚索长度长和强度高等优势，克服锚索延伸量不足的问题。采用组合梁理论计算。对比 15105 工作面钻孔柱状图，采用方案 1、方案 2 和方案 3，顶板条件均不符合Ⅳ类顶板条件。

6.3.4.3　锚杆支护参数确定

（1）锚杆长度

锚杆长度为：

$$l = l_1 + l_2 + l_3 \tag{6-16}$$

式中　l ——锚杆总长度，m；

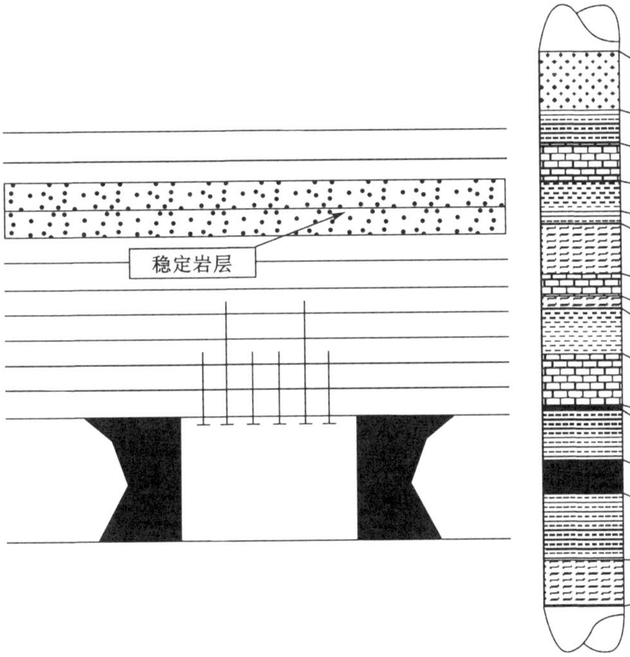

岩层名称	厚度/m	深度/m
细粒砂岩	7.30	218.36
泥岩	4.00	222.36
石灰岩	4.70	227.06
砂质泥岩	3.70	230.76
泥岩	1.55	232.31
粉砂岩	6.20	238.51
石灰岩	2.79	241.30
粉砂岩	1.54	242.84
砂质泥岩	5.67	248.51
石灰岩	6.39	254.60
14#煤	0.54	255.44
泥岩	6.26	261.70
15#煤	4.00	265.70
泥岩	8.34	274.04
粉砂岩	5.61	279.65

钻孔柱状图

图 6-27　Ⅳ类顶板岩层结构图

l_1——锚杆外露长度，m；

l_2——锚杆有效长度，m；

l_3——锚杆锚固长度，m。

锚杆外露长度 l_1＝托盘厚度＋螺母长度＋(0.02～0.03)，一般取 0.1～0.15 m。

锚杆锚固长度 l_3 根据锚固剂计算，钻孔体积为 $\pi R^2 h$；锚杆实体体积为 $\pi r^2 h$。

空心孔隙体积为 $V_空$，即每米空隙体积：

$$V_空 = \pi R^2 h - \pi r^2 h = \pi h (R^2 - r^2) \tag{6-17}$$

药卷填充体积：

$$V_药 = \pi R^2 h \tag{6-18}$$

则

$$l_3 = \frac{V_药}{V_空} = \frac{\pi R^2 h - \pi r^2 h}{\pi R^2 h} \tag{6-19}$$

式中　R——钻孔半径；

r——锚杆半径；

h——药卷长度；

$V_药$——药卷充填体积；

$V_空$——空隙体积。

锚杆有效长度 l_2 可根据不同理论确定。

① 悬吊理论(普氏自然平衡拱理论)

自然平衡拱理论认为，巷道开掘后，围岩失去了层间联系，在上覆岩层压力作用下，浅部围岩发生破坏，而在深部一定范围内形成自然平衡拱。自然平衡拱以上的岩体是稳定的，锚杆的作用主要是防止破坏区围岩垮落。锚杆所需要的承载能力由破坏岩石的重量确定，而且与巷道断面形状与尺寸，埋藏深度，采动影响程度，岩层倾角、强度、结构等有关。可见，自然平衡拱理论对锚杆支护作用的分析实质上是悬吊作用。

构建的自然平衡拱理论模型如图 6-28 所示。

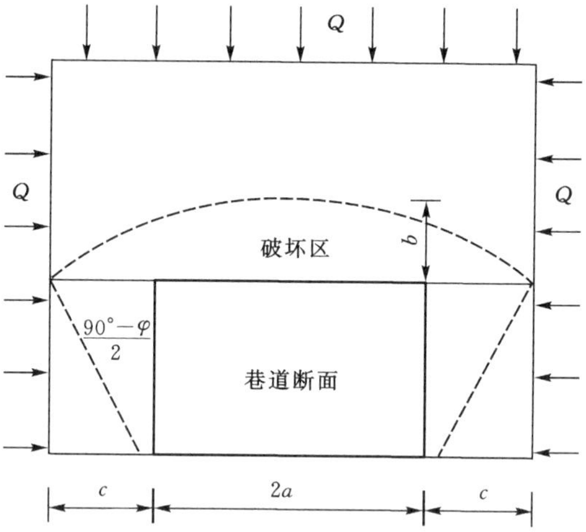

图 6-28　自然平衡拱理论模型图

a. 巷道顶锚杆有效长度：

$f \geqslant 3$ 时，$l_{2顶}=b=\dfrac{B}{2f}$。

$f \leqslant 2$ 时，$l_{2顶}=b=\dfrac{1}{f}\left[\dfrac{B}{2}+H\cot\left(45°+\dfrac{\varphi}{2}\right)\right]$。

式中　f ——巷道顶板的岩石普氏系数；

b ——（普氏免压拱高度）围岩松动圈高度，m；

B ——巷道跨度，m；

H ——巷道掘进高度，m；

φ ——两帮围岩内摩擦角，(°)。

b. 巷道帮锚杆有效长度：

$$l_{2帮}=c=\frac{1+f}{1+2f}+\frac{B-1}{B+1} \tag{6-20}$$

式中　c ——巷道帮部受挤压深度，m。

② 组合拱理论

根据组合拱理论计算巷道帮部和顶部的破坏范围，巷道帮部受挤压深度 c 为：

$$c=\left(\frac{K\gamma HB\cos\dfrac{\alpha}{2}}{10^4K_cf_c}-1\right)h\tan\frac{90°-\varphi}{2} \tag{6-21}$$

式中　K ——自然平衡拱角应力集中系数，与巷道断面形状有关，矩形断面取 2.8；

γ ——上覆岩层平均容重，kN/m^3；

H ——巷道埋深，m；

B ——固定支撑力压力系数，按实体煤取 1；

α ——煤岩层倾角，(°)；

K_c ——煤岩体完整性系数，0.9～1.0，取 1；

f_c ——帮部煤岩体普氏系数；

h ——巷道高度，m；

φ ——煤岩体内摩擦角，(°)。

潜在冒落高度 b ：

$$b = \frac{(a + c)\cos\alpha}{k_y f_y} \tag{6-22}$$

式中　a ——巷道半跨距，m。

α ——煤岩层倾角，(°)。

k_y ——直接顶煤岩类型性系数。当岩石 f =3～4 时，取 0.45；f =4～6 时，取 0.6；f =6～9 时，取 0.75。

f_y ——直接顶普氏系数。

③ 组合梁理论

组合梁理论只适合层状顶板锚杆支护的设计，对于巷道的帮、底不适用，组合梁厚度越大，梁的最大应变值越小。组合梁充分考虑了锚杆对离层和滑动的约束作用，原理上对锚杆作用分析得比较全面，但是它存在以下明显缺点。

a. 组合梁有效组合厚度很难确定。

b. 没有考虑水平应力对组合梁强度、稳定性及锚杆荷载的作用。其实，在水平应力较大的巷道中，水平应力是顶板破坏、失稳的主要原因。

采用组合梁理论方法时，计算的锚杆长度 L_2 为：

$$L_2 = 1.935B\sqrt{\frac{K_1 p}{\varphi(\sigma_1 + \sigma_x)}} \tag{6-23}$$

式中　K_1——与施工方法有关的安全系数。掘进机掘进取 2～3；爆破法掘进取 3～5；巷道受动压影响取 5～6。

p ——组合梁自重均布荷载，MPa，取 0.06 MPa。

φ ——与组合梁层数有关的系数。

B ——巷道跨度，m。

σ_1——最上一层岩层抗拉计算强度，MPa，可取试验强度的 0.3～0.4 倍。

σ_x ——原岩水平应力。

其中，φ 取值根据表 6-13 选取。

表 6-13　φ 取值情况

组合层数	1	2	3	≥4
φ 值	1.0	0.75	0.7	0.65

原岩水平应力取值如下：

$$\sigma_x = \lambda \gamma H \tag{6-24}$$

式中 λ ——侧压系数。掘进机掘进取 2～3；爆破法掘进取 3～5。

γ ——上覆岩层平均容重，取 25 kN/m^3。

H ——巷道埋深，m。

由于方案 1 和方案 2 顶板属于Ⅱ类顶板，方案 3 顶板属于Ⅰ类顶板，因此，可以采用普氏自然平衡拱对锚杆参数进行计算。

锚杆外露长度 l_1 = 托盘厚度 + 螺母长度 +(0.02～0.03)，一般取 0.1～0.15 m。

锚杆直径取 22 mm，钻孔直径 28 mm，钻孔体积为 $\pi R^2 h$，锚杆实体体积为 $\pi r^2 h$。

空心孔隙体积为 $V_{空}$，即每米空隙体积：

$$V_{空} = \pi R^2 h - \pi r^2 h = \pi h(R^2 - r^2) = 3.14 \times 1 \times (0.014^2 - 0.011^2) = 0.000\ 235\ 5\ (\text{m}^3)$$

药卷直径取 24 mm，长度取 0.35 m，共 2 卷，则填充体积：

$$V_{药} = \pi R^2 h = 3.14 \times 0.7 \times 0.012^2 = 0.000\ 316\ 512\ (\text{m}^3)$$

$$l_3 = \frac{V_{药}}{V_{空}} = \frac{0.000\ 316\ 512}{0.000\ 235\ 5} = 1.34\ (\text{m})$$

因此，锚固长度 l_3 取 1.34 m。锚杆有效长度 l_2 可根据普氏自然平衡拱理论确定。

采用方案 1 时，$l_{2顶} = b = \dfrac{B}{2f} = \dfrac{3}{2 \times 4} = 0.375\ (\text{m})$，$l = l_1 + l_2 + l_3 = 0.1 + 0.375 + 1.34 = 1.82\ (\text{m})$。

采用方案 2 时，$l_{2顶} = b = \dfrac{B}{2f} = \dfrac{3}{2 \times 3} = 0.5\ (\text{m})$，$l = l_1 + l_2 + l_3 = 0.1 + 0.5 + 1.34 = 1.94\ (\text{m})$。

采用方案 3 时，$l_{2顶} = b = \dfrac{B}{2f} = \dfrac{3}{2 \times 5} = 0.3\ (\text{m})$，$l = l_1 + l_2 + l_3 = 0.1 + 0.3 + 1.34 = 1.74\ (\text{m})$。

(2) 锚杆间排距

① 悬吊理论(普氏自然平衡拱理论)

锚杆间、排距为：

$$D \leqslant \sqrt{\frac{Q}{Kb\gamma}} \tag{6-25}$$

式中 D ——锚杆间、排距，m；

Q ——锚杆设计锚固力，kN/根；

K ——安全系数，一般取 1.5～2.0；

b ——冒落拱高度，m。

② 组合拱理论

锚杆间、排距为：

$$D = \frac{Nn}{2K\gamma ab} \tag{6-26}$$

式中 D ——锚杆间、排距，m；

N ——锚杆设计锚固力，kN/根；

n ——每排锚杆根数，根；

K ——安全系数，一般取 2～3；

γ ——被悬吊岩石的容重，kN/m^3；

a ——巷道掘进宽度的一半，m；

b ——冒落拱高度。

③ 组合梁理论

锚杆间、排距为：

$$D \geqslant 1.63 m_1 \frac{\sigma_1}{2KP} \tag{6-27}$$

式中 D ——锚杆间、排距，m；

m_1——最上一层岩石厚度，m；

σ_1——最上一层岩石抗拉强度，可取试验强度的 0.3～0.4 倍，MPa；

K ——安全系数，一般取 2～3；

P ——本层自重均布荷载，$P = m_1 \times r_1$，其中 r_1 为最下面一层岩层的容重（kN/m^3）。

采用方案 1 时，$D \leqslant \sqrt{\frac{Q}{Kb\gamma}} = \sqrt{\frac{120}{2 \times 0.375 \times 25}} = 2.52$（m）。

采用方案 2 时，$D \leqslant \sqrt{\frac{Q}{Kb\gamma}} = \sqrt{\frac{120}{2 \times 0.5 \times 25}} = 2.19$（m）。

采用方案 3 时，$D \leqslant \sqrt{\frac{Q}{Kb\gamma}} = \sqrt{\frac{120}{2 \times 0.3 \times 25}} = 2.82$（m）。

（3）锚杆直径

锚杆直径的确定如下：

$$d = \sqrt{\frac{4Q}{\pi \sigma_t}} \tag{6-28}$$

式中 d ——锚杆直径，m；

Q ——设计锚杆锚固力，kN；

σ_t ——锚杆屈服强度，MPa。

根据顶板岩层条件，选取螺纹钢锚杆，该锚杆的屈服强度为 335 MPa。锚杆直径为：

$$\varphi = \sqrt{\frac{4Q}{\pi \sigma_t}} = \sqrt{\frac{4 \times 120 \times 1000}{3.14 \times 335}} = 21.36 \text{ (mm)}$$

式中 Q——设计锚杆锚固力，120 kN；

σ_t——锚杆屈服强度，335 MPa。

锚杆的直径为 22 mm。

（4）锚杆角度

靠近巷帮的顶板锚杆安设角度与垂线成 15°，其他锚杆垂直于巷道顶部安设。

（5）支护参数汇总

根据上述分析，求得 3 种方案锚杆支护参数要求如表 6-14 所列。

表 6-14　锚杆支护参数要求

方案	锚杆长度/m	间、排距/m	直径/mm
1	≥1.82	≤2.52	≥21.36
2	≥1.94	≤2.19	≥21.36
3	≥1.74	≤2.82	≥21.36

6.3.5　15105 工作面高抽巷支护方案设计

根据理论分析结果与数值模拟结果，最终选用方案 2 作为高抽巷的布置层位，并确定了具体的 15105 高抽巷支护设计方案。同时，在遇到特殊地段时，需要采取专门的措施。因此，针对不同顶板条件进行动态调整，制定不同的支护方案，见表 6-15。不同方案下的支护设计情况如下。

表 6-15　不同方案支护参数

支护方案	顶锚杆支护参数			帮锚杆支护参数			锚索支护参数	
	长度/m	间距/m	排距/m	长度/m	间距/m	排距/m	长度/m	布置方式
高抽巷	2.4	0.85	1.4	2.0	0.8	1.4	6.3	1-1-1
特殊地段	2.4	0.85	1.0	2.0	0.8	1.0	6.3	2-2-2

6.3.5.1　15105 工作面高抽巷支护方案

15105 工作面高抽巷支护方案如下，具体的支护设计图如图 6-29 所示。

(1) 顶板支护

① 护顶锚杆

采用“掘二锚二”掘进工艺，护顶锚杆采用 MSGLW-335 22/2400 型高强螺纹钢锚杆，间排距为 850 mm×1 400 mm，靠帮两根锚杆与垂线方向成 15°角，钻孔直径 28 mm，采用端部锚固方式，每孔装填 1 卷 MSCKb2335 型超快速树脂锚固剂和 1 卷 MSK2360 型快速树脂锚固剂，锚杆托盘均采用 150 mm×150 mm×10 mm 高强度拱形托盘。每根锚杆的预紧力≥300 N·m，锚固力≥130 kN。

② 护顶金属网

护顶金属网选用 10 号镀锌经纬网，规格为 4 000 mm×1 500 mm，网格边长为 40 mm×40 mm；护顶金属网要求搭接宽度不小于 100 mm，每隔 100 mm 用双股 16 号铅丝连接。

③ 锚杆梁

钢筋托梁采用 ϕ16 mm 的圆钢焊接而成，规格(mm)为：ϕ16-3600×80-5-850。

④ 护顶锚索

护顶锚索采用 ϕ18.9 mm×6 300 mm 的矿用锚索，排距为 1 400 mm(采用“1-1-1”布置)，钻孔直径 28 mm，采用加长锚固方式，每孔各装填 1 卷 MSCKb2335 型超快速和 2 卷

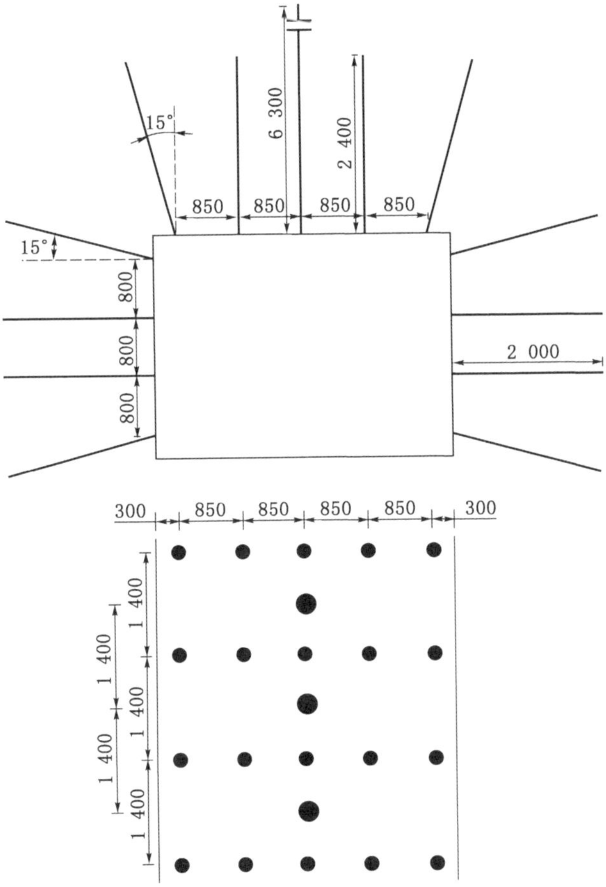

图 6-29 15105 工作面高抽巷支护设计图

MSK2360 型快速树脂锚固剂，MSCKb2335 型超快速树脂锚固剂安装在孔底锚杆端部，锚索托盘使用 300 mm×300 mm×16 mm 的高强度托盘；每根锚索的预紧力≥150 kN，锚固力≥300 kN。

(2) 护帮支护

① 护帮锚杆

两帮采用 MSGLW-335 22/2000 型高强度螺纹钢锚杆，间、排距为 800 mm×1 400 mm，每排 4 根，靠顶锚杆以 15°倾角向上倾斜，靠底锚杆以 15°倾角向下倾斜，钻孔直径 28 mm，采用端部锚固方式，配套采用 MSCKb2335 型超快速树脂锚固剂和 MSK2360 型快速树脂锚固剂，每孔装填 1 卷 MSCKb2335 型超快速树脂锚固剂和 1 卷 MSK2360 型快速树脂锚固剂，锚杆托盘均采用 150 mm×150 mm×10 mm 高强度拱形托盘。每根锚杆的预紧力≥300 N·m，锚固力≥130 kN。

② 护帮金属网

护顶金属网选用 10 号镀锌经纬网，规格为 3 000 mm×1 500 mm，网格边长为 40 mm×40 mm；护顶金属网要求搭接宽度不小于 100 mm，每隔 100 mm 用双股 16 号铅丝连接。

③ 锚杆梁

钢筋托梁采用 ϕ14 mm 的圆钢焊接而成，规格(mm)为：ϕ14-2600×80-4-800。

6.3.5.2 特殊地段支护方案

在 15105 工作面高抽巷掘进至断层等特殊地段时，为了确保施工过程中的工程质量及施工安全，需要采取以下专项措施。

(1) 在过断层等特殊地段区域及前后 10 m 范围内，采用锚网＋工字钢棚联合支护，空顶距为 1 排支护排距，采用“掘一锚一”掘进工艺，锚网支护排距为 1 000 mm。在锚杆索预紧力达不到设计要求时，全部采用工字钢架棚支护，工字钢棚距缩小至 600～800 mm。

(2) 在过断层区域及前后 10 m 范围内，锚索改用 ϕ18.9 mm×6 300 mm 的矿用锚索，间排距为 1 000 mm×1 000 mm，布置方式为“2-2-2”，钻孔直径 28 mm，采用加长锚固方式，每孔各装填 1 卷 MSCKb2335 型超快速和 2 卷 MSK2360 型快速树脂锚固剂，MSCKb2335 型超快速树脂锚固剂安装在孔底锚杆端部，锚索托盘使用 300 mm×300 mm×16 mm 的高强度托盘；每根锚索的预紧力≥150 kN，锚固力≥300 kN，用于增强应力集中区域的顶板支护，其他支护参数仍按原设计执行。

15105 工作面高抽巷特殊地段支护设计图如图 6-30 所示。

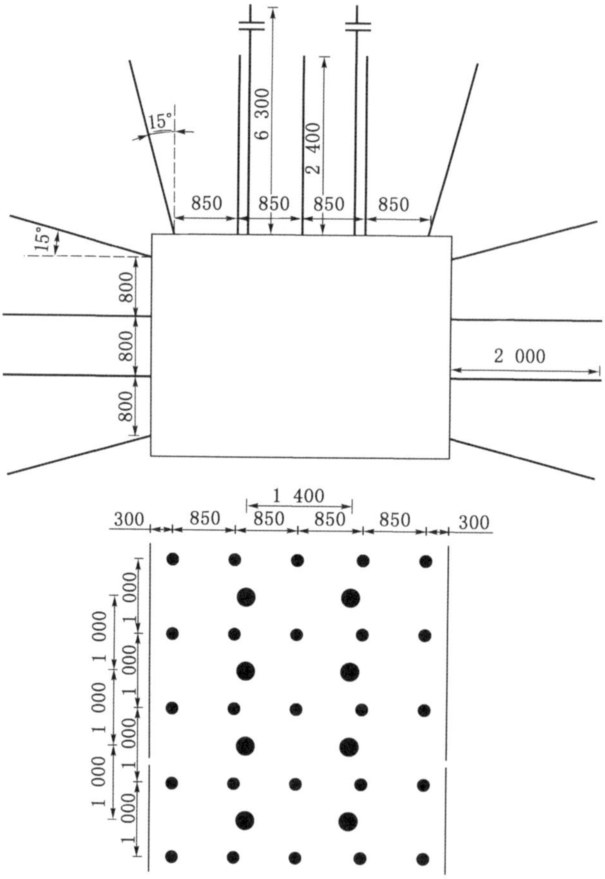

图 6-30 15105 工作面高抽巷特殊地段支护设计图

6.4 某矿软岩地下空间设计

6.4.1 工程背景

6.4.1.1 工程概况

某矿核定生产能力为 240 万 t/a。目前主采 8# 、10# 煤层，8# 煤层和 10# 煤层的平均厚度分别为 7.5 m、2.5 m。该矿Ⅱ5 轨道上山位于南翼采区Ⅱ1055 工作面和Ⅱ851 工作面之间，埋深 450～678 m，巷道主体工程位于断层群内，支护难度大。Ⅱ5 轨道上山采用架棚支护，巷道支护效果较差。主要表现为巷道底鼓、底梁鼓起、侧梁顶梁压弯和扭曲、“跪腿”、浆皮炸裂、帮顶鼓出等，两帮移近量 1 000～1 500 mm，底鼓量 800～1 200 mm，成为矿井安全生产的重大隐患。现场试验巷道破坏情况实拍如图 6-31 所示。图 6-32 所示为简化后Ⅱ5 轨道上山布置平面示意图，试验段巷道位于埋深－600 m 处。图 6-33 所示为综合地质柱状图，巷道布置在砂质泥岩中，顶板为 2.5 m 厚细砂岩，底板为 3.4 m 厚泥岩。

图 6-31 Ⅱ5 轨道上山破坏情况图

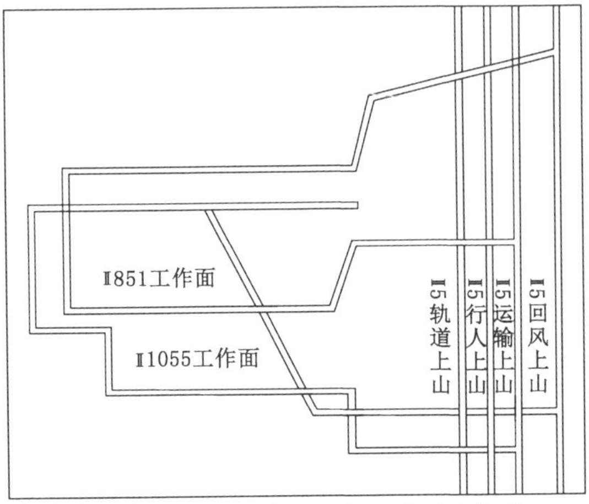

图 6-32 Ⅱ5 轨道上山布置平面示意图

6.4.1.2 巷道原支护方式及松动圈测试

该煤矿Ⅱ5 轨道上山初始支护 U29 型棚对称性支护(图 6-34)。断面规格为 4.0 m×

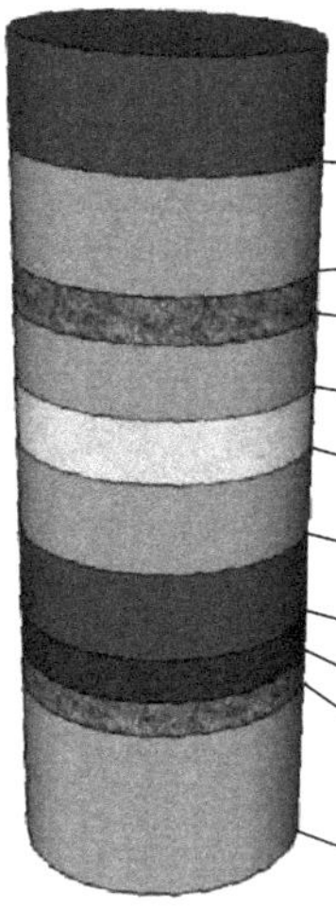

岩性	厚度/m	备 注
细砂岩	5.5	泥质胶结，易碎
中粒砂岩	5.7	水平层理发育
细砂岩	2.5	直接顶，层理裂隙发育
砂质泥岩	4.0	层理裂隙发育
泥岩	3.4	直接底，裂隙发育
细砂岩	5.0	水平层理发育
中粒砂岩	4.8	泥质胶结，易碎
10#煤	2.5	/
砂质泥岩	2.0	层理裂隙发育
细砂岩	10.0	水平层理发育

图 6-33　综合地质柱状图

3.4 m。梁腿搭接长度 400 mm，搭接处用采用两副限位卡缆及一副中部平面卡缆紧固，螺母扭紧力矩不小于 300 N·m；棚间距 500 mm，壁后采用钢筋网配合铁背板进行腰背，铁背板间距为 300 mm。由于 U 型钢支护结构只能被动承载，不能主动改善支护结构的不均匀承载状况和提高围岩自身承载能力，巷道掘进后变形速度快且位移量大，整体呈不对称分布，整体围岩控制效果较差。

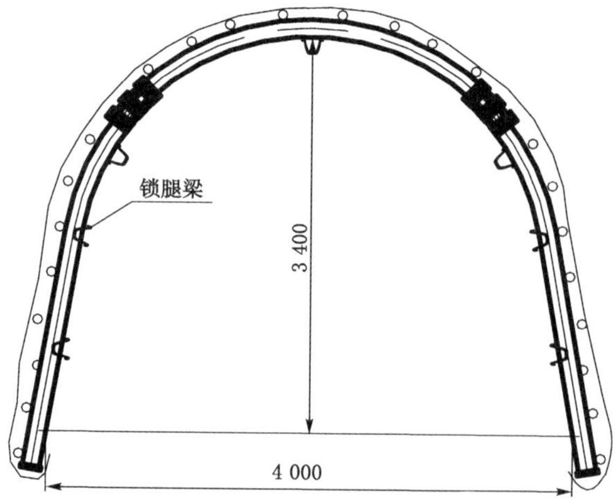

图 6-34　巷道原支护

6.4.2　参数校正及数值模型建立

数值计算工程模型基于综合柱状图中的岩性和岩层厚度建立，共涉及细砂岩、中粒砂岩、砂质泥岩、泥岩和煤等五种岩石。在建立模型前需要对各岩石的参数进行校正，由于在数值计算大模型中巷道位于砂质泥岩中，因此其他岩层的参数只需要进行短时参数校正。为了提高大模型的计算效率，细砂岩、中粒砂岩、泥岩和煤都使用弹性块体，块体间节理使用库仑滑移模型，符合莫尔-库仑准则。表 6-16 为校正计算后得到的 UDEC Trigon 模型中块体和节理赋值参数。图 6-35 为模拟曲线与实验室测试曲线的对比。表 6-17 为校正参数与目标参数的对比，可以发现两者之间的误差在 10% 以内，表明校正以后的参数可以用在工程尺度的数值计算大模型中研究现场巷道的变形特征。

表 6-16　UDEC Trigon 模型中校正后块体和节理参数

岩性	块体参数		节理参数				
	密度 /(kg/m^3)	弹性模量 /GPa	法向刚度 /(GPa/m)	切向刚度 /(GPa/m)	内聚力 /MPa	摩擦角 /(°)	抗拉强度 /MPa
煤	1 400	2.1	256.9	102.8	2.9	23	1.0
泥岩	2 461	3.1	396.3	158.5	4.3	25	1.5
中粒砂岩	2 535	3.9	477.2	190.9	7.2	26	2.7
细砂岩	2 689	4.4	549.7	219.9	8.2	30	3.3

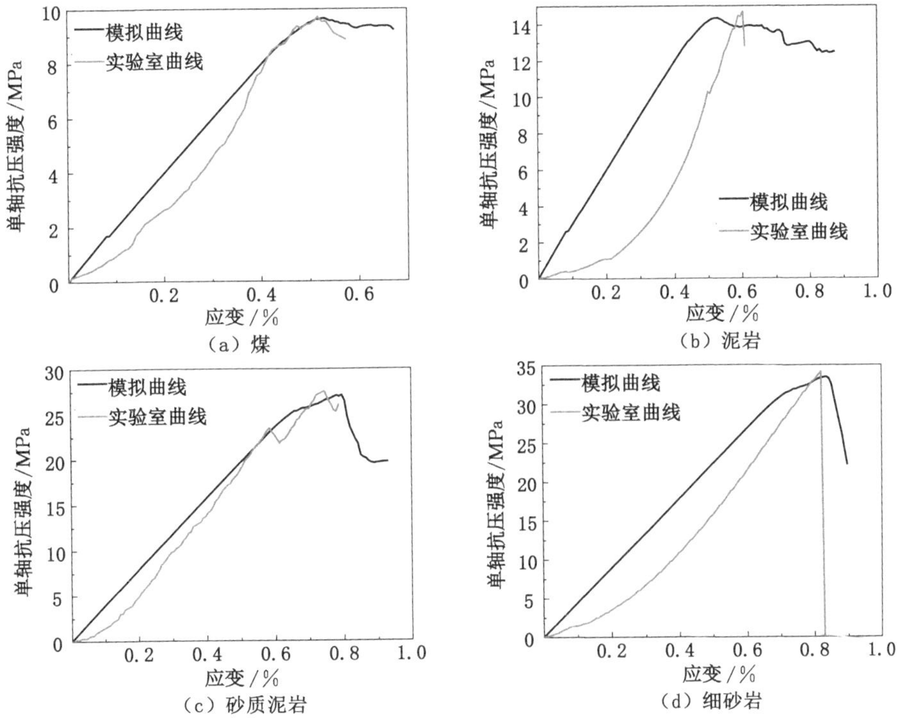

图 6-35　模拟曲线与实验室测试曲线的对比

表 6-17　校正参数与目标参数的对比

岩性	弹性模量			抗压强度		
	目标值/GPa	校正值/GPa	误差/%	目标值/MPa	校正值/MPa	误差/%
煤	2.1	1.9	9.5	9.7	9.7	0.0
泥岩	3.1	3.0	3.2	14.7	14.3	2.7
中粒砂岩	3.9	4.0	2.6	27.5	27.0	1.8
细砂岩	4.4	4.4	0.0	34.1	33.4	2.1

基于以上修正的各岩层参数并依据矿井地质条件建立该矿Ⅱ5 轨道上山的模型，模型长度为 60 m，高度为 75.4 m，巷道为直墙半圆拱形，尺寸为 4.0 m(宽)×3.4 m(高)，其中直墙高为 1.4 m，在巷道左侧存在一条断层，倾角为 70°，具体模型如图 6-36 所示。巷道布置在砂质泥岩中，巷道所在岩层块体使用 Cvisc 流变模型，节理使用改进后的强度衰减模型。其他岩层块体使用弹性模型，节理使用莫尔-库仑模型。为了提高计算效率，仅在模型顶底板和巷道中心左右侧各 8 m 的区域内进行三角块体划分，在模型的左右边界设置水平位移约束，模型的底部边界设置垂直位移约束，模型左右两侧保留 20 m 长的区域以避免边界效应，在模型的上部边界施加上覆岩层等效荷载 1.885 MPa。基于巷道埋深，取垂直应力为 15 MPa，垂直应力梯度为 0.025 MPa/m，通过查阅资料可知该煤矿的侧压系数为 1.6，因此，在模型中设置水平应力为 27.016 MPa，水平应力梯度为 0.04 MPa/m。建模和模拟过程分为以下几步：① 基于地质柱状图建立模型并为各岩层赋予标定后的参数；② 计算由重力引起的地应力初始状态；③ 开挖并支护Ⅱ5 轨道上山；④ 改变巷道支护参数。最后分析不同支护参数下巷道围岩的变形和裂纹演化情况。

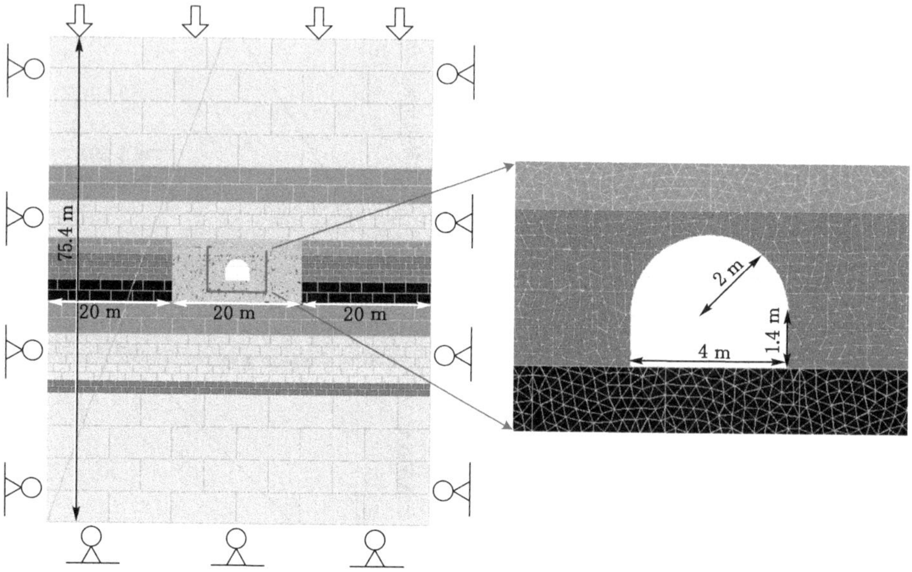

图 6-36　Ⅱ5 轨道上山数值计算模型示意图

模拟中涉及的支护构件主要为 U 型棚和锚杆。锚杆模拟使用 Rockbolt 单元模拟。U 型棚使用结构梁单元进行模拟，在 UDEC 中结构梁单元可以用于模拟巷道开挖后的各种表面支护方法，如混凝土衬砌、喷射混凝土和 U 型棚支护，模拟中结构梁单元设置在开挖后的断面表面上，支承开挖后的围岩重量。结构梁单元考虑了弯曲效应，通过弹簧连接件连接到岩石表面，弹簧连接件可用于描述支撑结构径向和切向变形特征。表 6-18 为模拟中结构梁单元的力学参数。

表 6-18　结构梁单元力学参数

	参数	数值
结构梁单元	密度/(kg/m³)	7 500
	弹性模量/GPa	220
	抗压强度/MPa	500
	抗拉强度/MPa	235
	内聚力/MPa	200
	法向刚度/(GPa/m)	10
	切向刚度/(GPa/m)	10

6.4.3　张拉锚杆支护系统简介及施加预紧力原理

目前，锚杆获得预紧力的方式是在安装过程中把螺母安装在锚杆尾部螺纹，对螺母施加扭矩使锚杆体产生轴向拉力。然而在现场施工时，锚杆螺纹处扭矩向预紧力转化效率低的现状始终难以改善。为了提高锚杆预紧力，充分发挥锚杆主动支护作用，本书给出一种新型的锚杆锁具并配套开发了锚杆用张拉千斤顶和专用搅拌器，改变了传统锚杆紧固方式，在不损伤锚杆的情况下直接施加高预紧力。三者共同配合组成了张拉锚杆支护系统，图 6-37 为系统构成部件实物图。

(a) 锚杆锁具　(b) 张拉千斤顶　(c) 搅拌器

图 6-37　张拉锚固系统构成部件

锚杆锁具是张拉锚杆支护系统中的核心部件，如图 6-38(a)所示，由锚环和夹片组成，锚环是环形结构，其中间的通孔为锥形孔，铸造材料为 40Cr 钢；夹片设置为多片，曲率半径为 120°，其外壁弧度尺寸与锥形孔的锥度配合、内壁弧度尺寸与锚杆的外径尺寸配合，夹片设置在锚环的锥形孔内壁与锚杆杆体之间。锚杆锁具的支护示意图如图 6-38(b)和(c)所示。锚杆锁具的工作原理是：千斤顶松开后，锚杆在弹性力作用下带着夹片向岩面运动，由于锚环内壁为锥形，夹片越向锥底运动受到阻力越大，夹片对锚杆夹得越紧，使锚杆不能产生径向移动，由于锚杆锁具有止退功能，张拉引起的轴向拉力直接作用于托盘转化为预紧力，并通过锚杆头部锚固剂和外露锁紧机构传递给锚固的岩石，从而对岩石产生压力发挥主动支护作用，达到巷道围岩稳定的目的。

6.4.4　巷道大变形失稳机制

下面利用 Trigon 模型和节理强度衰减的流变模型研究在原支护条件下巷道变形、周边

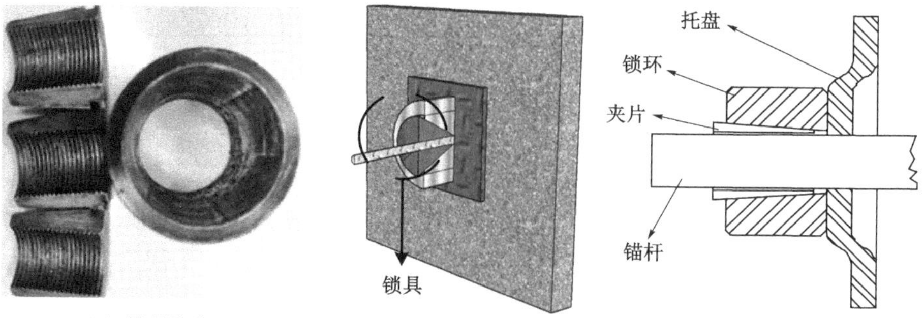

(a) 锁具构成　　(b) 锁具锚固示意图　　(c) 锁具锚固结构示意图

图 6-38　锚杆锁具结构及工作原理

应力和裂纹演化特征随时间变化的规律，进而揭示Ⅱ5 轨道上山大变形失稳机制。

6.4.4.1　巷道围岩位移演化规律

为了分析巷道围岩变形特征，下面通过应力云图和测点数据分析巷道的水平位移和垂直位移。由于巷道变形具有不对称性和不同步性，因此在巷道表面设置 12 个测点(图 6-39)，按顺时针顺序编号，1 和 9 号测点位于直墙底部，2 和 8 号测点位于直墙中部，3 和 7 号测点位于直墙上部，4 和 6 号测点位于肩角处，5 号测点位于巷道顶板中央位置，10 和 12 号测点位于底板两侧，11 号测点位于底板中央位置。这些测点分别用于测量帮部和顶底板位移。由于 UDEC 为离散元模拟软件，在模拟中由于块体的不均匀性，在部分区域容易出现应力集中，从而导致在应力集中部分出现大变形，因此，在 UDEC 中绘制的位移云图和应力云图中会出现集中点，需要调整图例的最小间隔降低集中点对应力及位移云图的整体影响，所以，图中背景色会有所不同，但整体分布特征及数值大小符合基本规律。

图 6-39　位移测点布置图

(1) 水平位移

图 6-40 所示为原支护条件下巷道水平位移云图，全图体现了水平位移随时间的演化过程。在巷道刚开挖完成后(1 d)水平位移较小，两帮位移都在 2 mm 以内。在短期内(5 d)呈现出巷道断面整体收缩的特征，位移量都在 20 mm 以内，两帮初步出现不对称变形的趋势，左帮位移量为 17 mm，右帮位移量为 13 mm。当时间为 50 d 时，巷道保持了断面整体收缩的特征，两帮不对称变形的趋势进一步扩大，左帮大部位移量为 90 mm，在底角鼓出位置位移量达到 130 mm，右帮位移量为 70 mm。在 50～250 d 的时间范围内，两帮变形量持续增加，巷道变形的影响区域也不断扩大，250 d 时左帮最大位移量达到 410 mm，右帮最大变形量达到 250 mm，左帮的表面变形量虽然大于右帮，但其变形影响区域明显小于右帮。300 d 时左帮整体位移量达到 447 mm，位移最大处达到 629 mm，右帮整体位移量达到 341 mm，位移最大处达到 408 mm，巷道断面收缩变形严重。

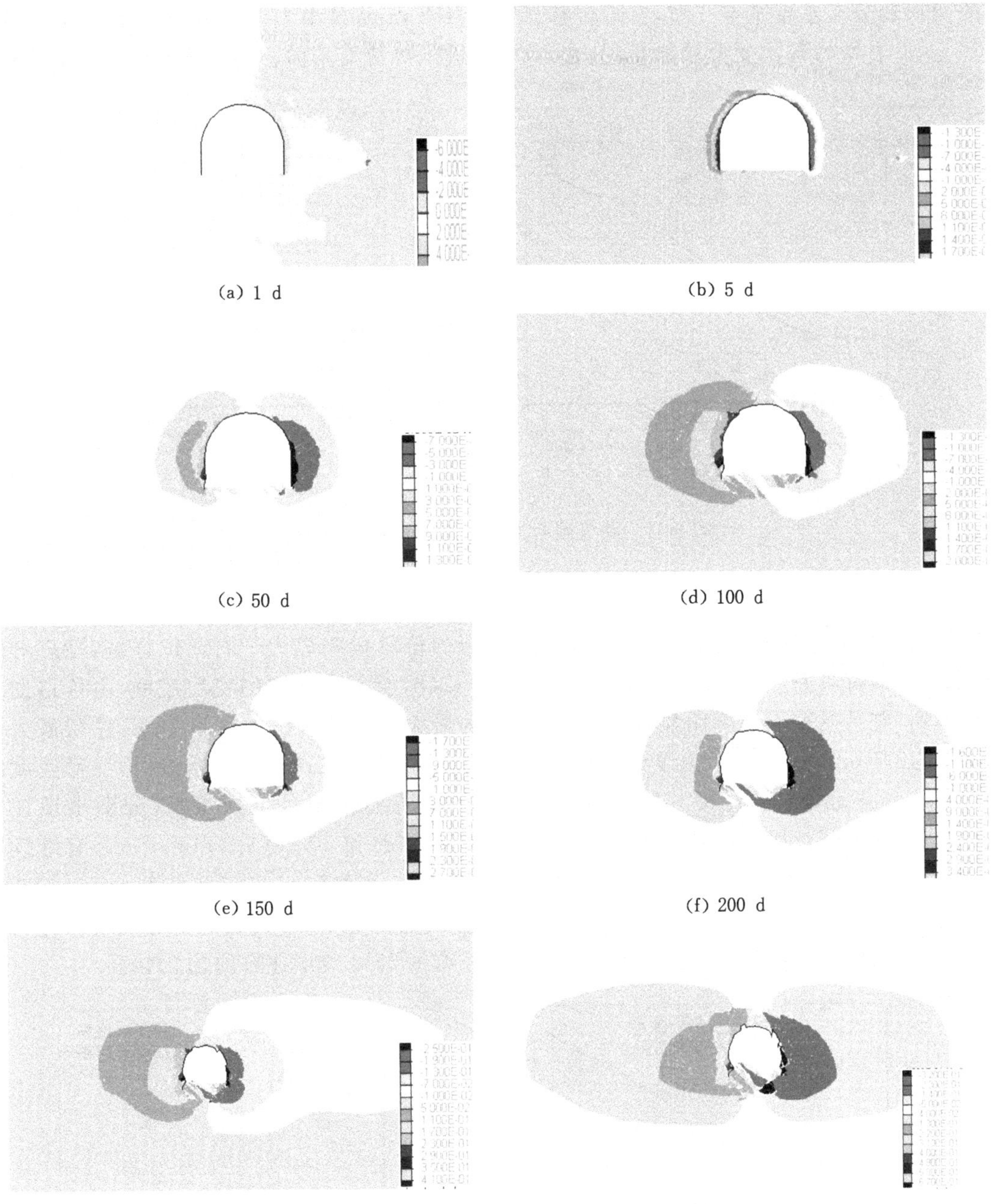

(a) 1 d　(b) 5 d　(c) 50 d　(d) 100 d　(e) 150 d　(f) 200 d　(g) 250 d　(h) 300 d

图 6-40　巷道水平位移云图(原支护)

图 6-41 所示为巷道两帮测点测得的帮部不同位置的位移量。两帮变形表现出二次变形特征,两次阶段的变形以 75 d 为分界线。75 d 前变形量仍处于可控阶段,75 d 后发生持续大变形。图 6-41(a)所示为左帮的变形数据,由图中曲线可知,帮部位移从下至上逐渐增大,左帮位移最大为 629 mm,最小为 296 mm,帮部上下位移相差 333 mm。左帮不同部位进入等速变形的时间基本相同,都在 48 d 左右,左帮底部在 7 d 后发生加速变形,左帮中部在 58 d 时发生加速变形,左帮上部的等速变形时间较长,在 98 d 时进入加速变形阶段。右

帮的变形趋势与左帮基本一致，右帮位移最大为 408 mm，最小为 335 mm，帮部上下位移相差73 mm。右帮各部位变形趋势相同，在 45 d 时进入等速变形阶段，在 125 d 时进入加速变形阶段。

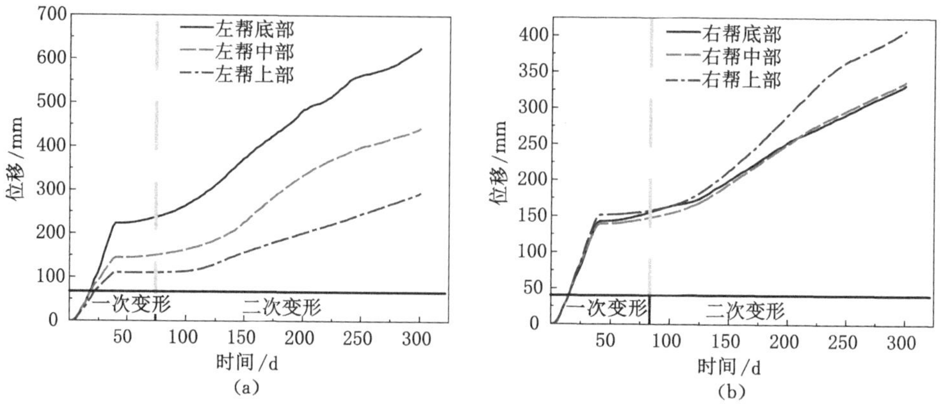

图 6-41　巷道两帮不同位置位移量(原支护)

图 6-42 所示为巷道两帮平均变形及变形速率。图 6-42(a)所示为巷道两帮平均变形，变形数据为帮部三测点数据求平均数得到。左帮的位移量明显大于右帮位移量，呈现非对称变形，两帮都具有明显的流变变形性质。图 6-42(b)所示为两帮的变形速率，由位移曲线求导得到，左帮的变形速率明显大于右帮，两帮的最大变形速率出现在第 18 d，左帮最大变形速率为5.5 mm/d，右帮最大变形速率 5.0 mm/d。在进入二次大变形阶段后，变形速度的增加是一个波动增加的过程，以左帮位移速率为例，存在明显的四次增长，分别出现在第 135 d(1.8 mm/d)、197 d(2.1 mm/d)、237 d(2.5 mm/d)和 300 d(3.3 mm/d)，并有继续增加的趋势。这四次速率增加的时间间隔分别为 62 d、40 d 和 63 d，三者平均值为 55 d，变形速率增幅分别为 16.7%、19.0%和 28.6%，三者平均值为 21.4%。这说明巷道围岩在进入加速变形后，如果不对围岩采取进一步控制措施，平均每 55 d 变形速率增加 21.4%。

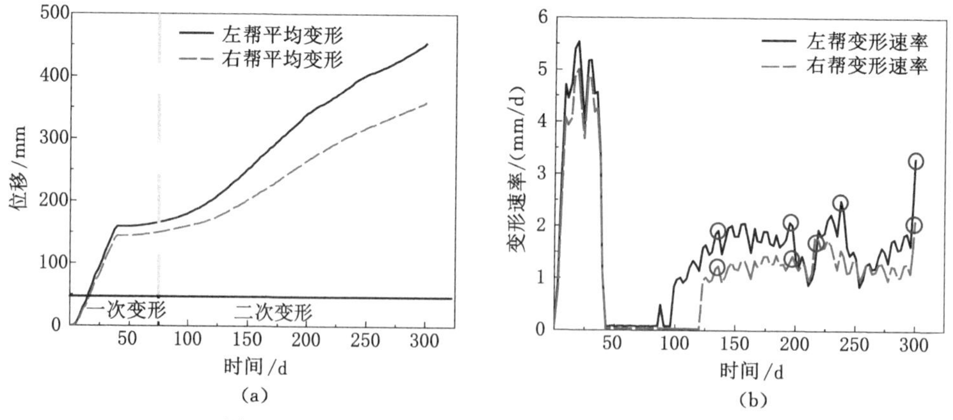

图 6-42　巷道两帮平均变形及变形速率(原支护)

(2) 垂直位移

图 6-43 所示为原支护条件下巷道垂直位移云图，全图体现了垂直位移随时间演化的过

程。与帮部位移演化趋势类似，顶底板位移和变形影响范围都随着时间的增加不断增大。在巷道刚开挖完成后（第 1 d）顶板位移略大于底板位移，随后顶板位移始终小于底板位移。由前文的力学参数测试可知，含裂纹砂质泥岩的弹性模量和抗压强度与泥岩的相差较小，含裂纹砂质泥岩的抗压强度为 12.9 MPa，泥岩的抗压强度为 14.3 MPa，仅相差 1.4 MPa，1.4 MPa的强度差在地应力环境中可以忽略不计。因此可近似认为在地应力大环境中两者为同一岩性岩体。由于顶板存在架棚支护，在顶板发生一定变形后拱架发挥支承作用限制了顶板下沉，而由于底板没有支护，表现出明显的长时间强流变特征，在第 300 d 时，顶板最大位移为 728 mm，出现在右肩角处，底板最大位移为 768 mm，出现在底板左侧。此外，由位移云图可知，从第 100 d 开始，巷道帮部鼓出和底角部向下的垂直位移与水平位移共同作用，巷道帮部围岩向巷道内移动，这对巷道的稳定存在极大威胁。

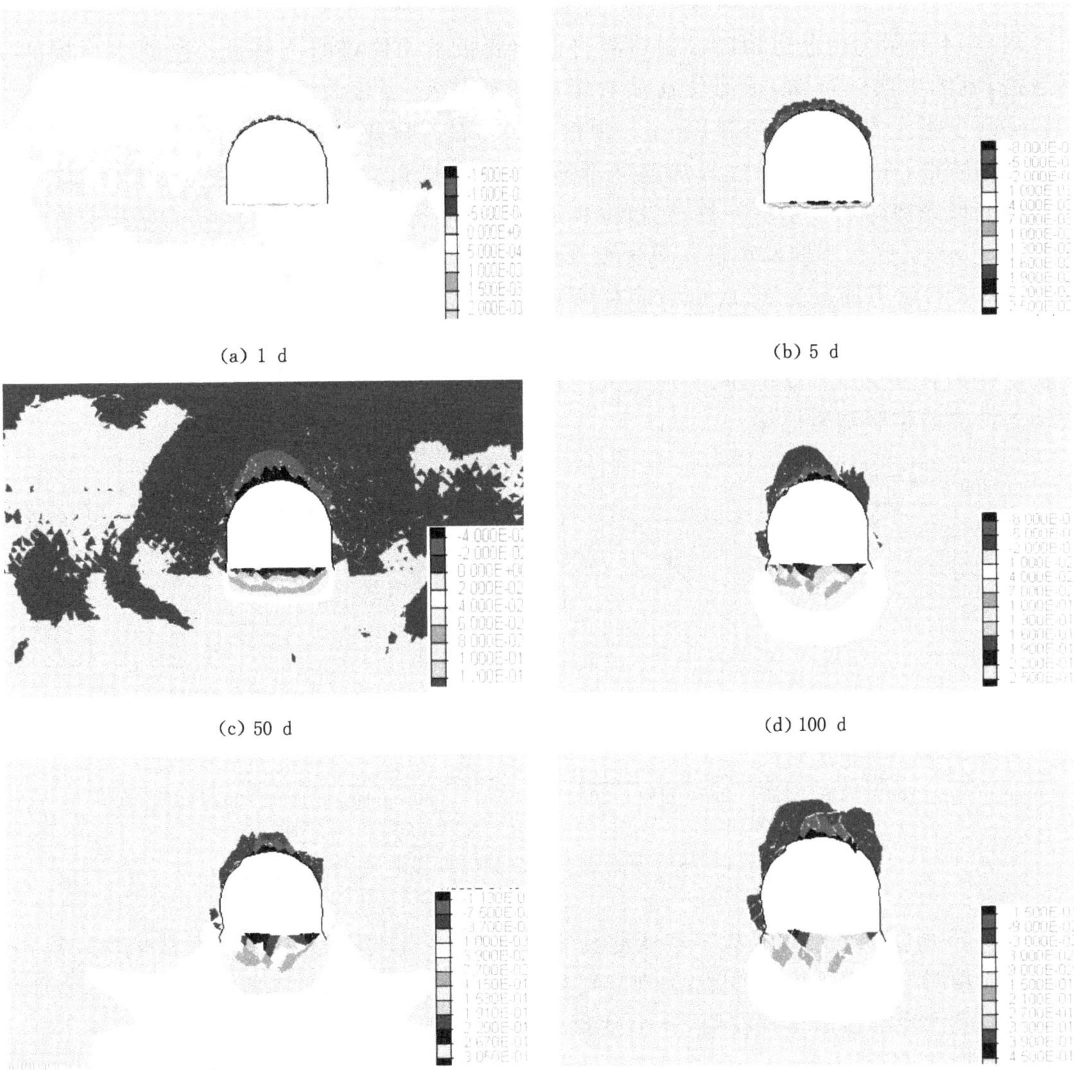

(a) 1 d　(b) 5 d

(c) 50 d　(d) 100 d

(e) 150 d　(f) 200 d

图 6-43　巷道垂直位移云图（原支护）

(g) 250 d　　(h) 300 d

图 6-43 （续）

图 6-44 所示为由巷道顶底板测点测得的顶底板不同位置的位移量。左图为顶板的变形数据，由图中曲线可知，帮部位移从右至左逐渐增大，顶板位移最大为 728 mm，最小为 104 mm，顶板左右位移相差 624 mm。顶板中部和右肩角变形趋势相同，在第 37 d 时进入等速变形阶段，在第 72 d 时进入加速变形阶段，而左肩角只经历了减速变形和等速变形。底板的变形趋势与顶板基本一致，底板位移最大为 708 mm，最小为 499 mm，底板左右位移相差 209 mm。底板不同部位进入等速变形的时间基本相同，都在第 40 d 左右，底板左部和右部在 6 d 后发生加速变形，底板中部在第 75 d 时发生加速变形。底板在第 150 d 前以整体鼓出的形式移动，第 150 d 后主要位移出现在底板中左部。与帮部位移演化趋势相比，顶底板位移具有各变形阶段提前、变形量大的特点。因此，对于巷道顶底板围岩的控制要使用主动支护提前控制围岩位移。

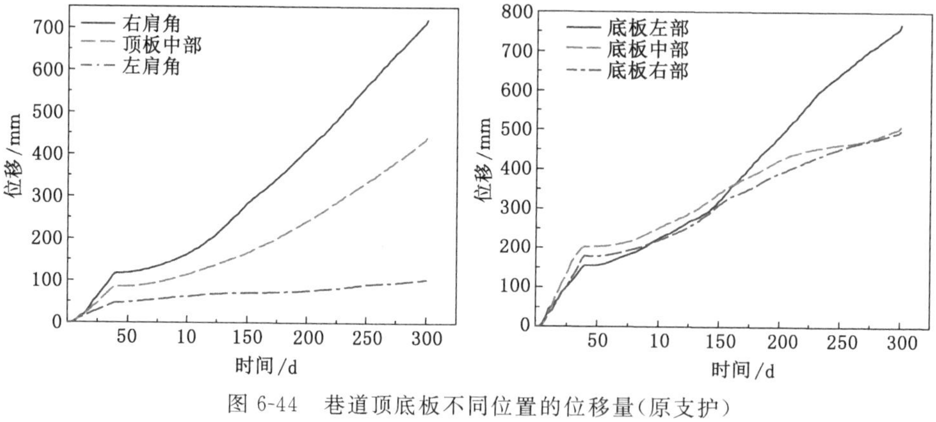

图 6-44 巷道顶底板不同位置的位移量(原支护)

图 6-45 所示为巷道顶底板平均变形及变形速率。左图所示为巷道顶底板平均变形，底板的位移量明显大于顶板位移量，呈现非对称变形。右图所示为顶底板的变形速率，变形前期顶板的最大变形速率出现在第 19 d，变形速率为 2.9 mm/d，底板的最大变形速率出现在第 8 d，变形速率 6.5 mm/d。由于顶底板位移经历等速变形阶段的时间较短，所以在位移速率曲线上体现得不明显。在进入加速变形阶段后，底板变形速度的增加是一个波动增加的过程，存在明显的四次增长，分别出现在第 93 d(1.8 mm/d)、第 147 d(2.9 mm/d)、第 237 d

(3.2 mm/d)和第 300 d(7.9 mm/d),并有继续增加的趋势。加速变形阶段,顶板变形速度逐步增加,没有明显的突增点。

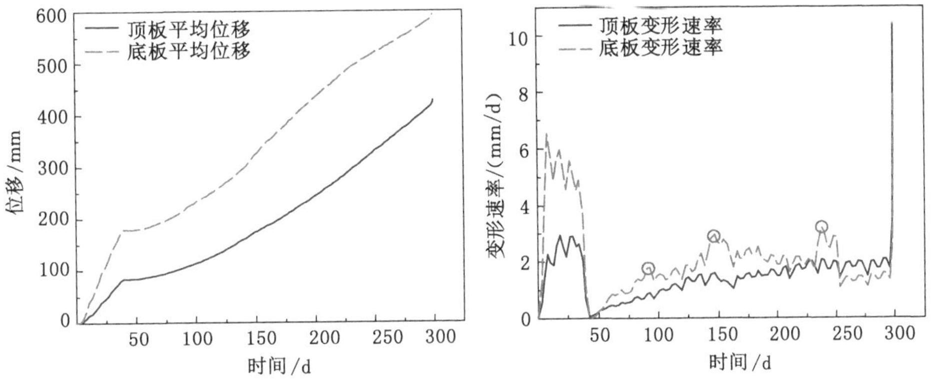

图 6-45　巷道顶底板平均变形及变形速率(原支护)

综上所述,通过水平和垂直位移云图及测点监测数据分析得到,巷道的变形经历了断面整体收缩-断层侧帮部(左帮)鼓出-底鼓-两帮移近-顶板下降的过程。左帮 U 型钢破坏严重、底角和底板底鼓严重,右帮变形相对较小,呈明显非均匀变形特征。巷道各部位减速变形阶段为第 48 d 左右,等速变形结束时间在第 58～125 d 之间。仅使用架棚支护难以控制巷道强流变导致的大变形,由于巷道变形与应力及围岩内部裂纹发育存在密切联系,因此后续将从应力及裂纹演化的角度进一步展开分析。

6.4.4.2　巷道围岩应力演化规律

下面针对最大主应力和最小主应力展开围岩应力演化分析。虽然垂直应力和水平应力在方向及数值上与最大主应力和最小主应力相差不大,但是由于巷道开挖和断层影响,围岩内部应力会重新分布出现应力偏转,与初始地应力状态相比会出现方向偏差,因此使用最大主应力和最小主应力进行分析更为精确。最大主应力分析关注的是受扰动条件下巷道周边应力对巷道稳定性的影响,最小主应力分析关注的是巷道围岩内是否存在拉应力。

(1) 最大主应力

图 6-46 所示为巷道围岩内最大主应力随时间变化的云图(示意图,下同)。由图可知,巷道刚开挖完成(第 1 d),巷道两帮及底板左部出现较小的应力变化,与原岩应力(约 19 MPa)相比,应力出现下降,即在巷道表面出现卸压区。当时间为第 5 d 时,卸压区开始扩散,巷道两帮和底板全面出现卸压区并且厚度增加,而在两肩角至顶板中央的位置出现应力集中,最大达到30 MPa,应力集中系数达到 1.58。当时间为第 50 d 时,巷道的两底角处出现应力集中,这是由于 U 型棚刚性支护所造成的。随着时间的增加,应力影响范围不断扩大,两帮的卸压区整体呈对称增长趋势,深度不断增加,卸压区范围在变形后期可达到距巷帮 5 m 处,顶板的应力集中区域上移。巷道表面卸压程度也不断增加,第 150 d 巷道表面最大主应力为8 MPa,第 250 d 巷道表面最大主应力为 6 MPa,第 150 d 巷道表面最大主应力在5 MPa以下。此外,最大主应力的极值也随着时间的增加而增长,第 150 d 最大主应力的极值为 44 MPa,第 250 d 最大主应力的极值为 48 MPa,第 150 d 最大主应力的极值为55 MPa。岩体强度的降低和最大主应力的增加使巷道的流变特征越来越明显,最终导致巷道发生大变形。

(2) 最小主应力

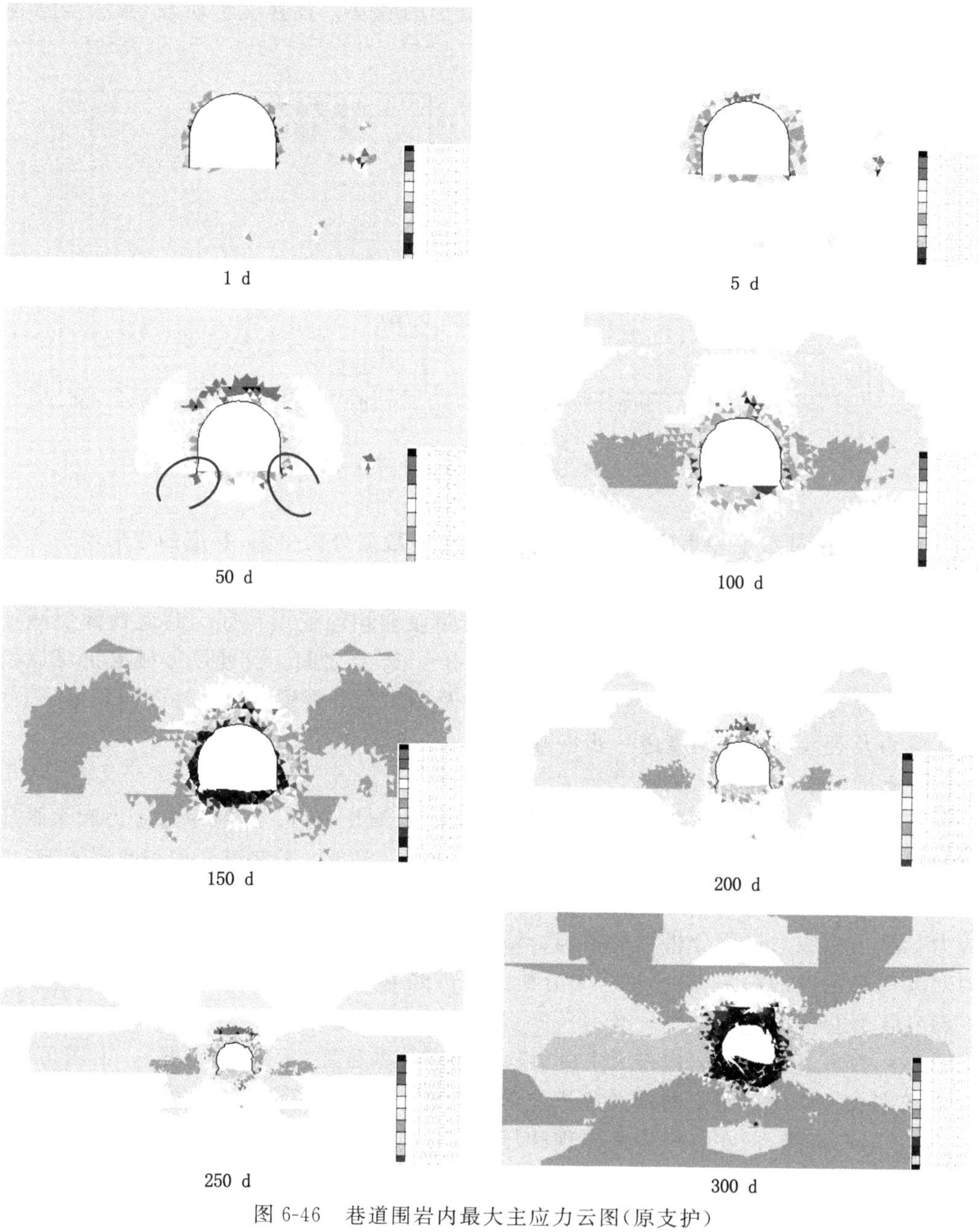

图 6-46　巷道围岩内最大主应力云图(原支护)

图 6-47 所示为巷道围岩内最小主应力随时间变化的云图。在巷道刚开挖完成时(第 1 d),只在巷道的顶部出现应力降低,导致此时的顶板位移大于底板位移。在第 5～50 d 的时间内,卸压区域以圆形的形状向深部扩展,影响范围不断扩大,靠近巷道表面处的浅层围岩卸压程度不断增加,在巷道底板和巷道帮部底角处出现拉应力区,由于岩石抗拉能力较弱,所以巷道底板开始上移鼓出,巷道帮部底角向巷道内侧移近。在第 100～250 d 的时间内,巷道的帮部和顶板相继出现拉应力,但由于帮部和顶部存在架棚支护,帮顶的拉应力区小于底板拉应力区。左帮和右帮最小主应力出现非对称特征,卸压区域影响范围明显向右侧偏

移但受影响区域卸压程度较低，导致巷道右帮虽然变形破坏程度低于左帮，但存在较大的破坏风险，而左帮虽然影响区域小但卸压程度大。这一应力分布特点导致第 100～250 d 的应力云图中左帮位移范围小、表面位移大，右帮位移范围大、表面位移小的特征。当时间为第 300 d 时，两帮高卸压区域范围增加，左帮仍大于右帮，巷道表面拉应力都达到 1.5 MPa 以上，超过砂质泥岩和泥岩的抗拉强度，巷道出现大变形。

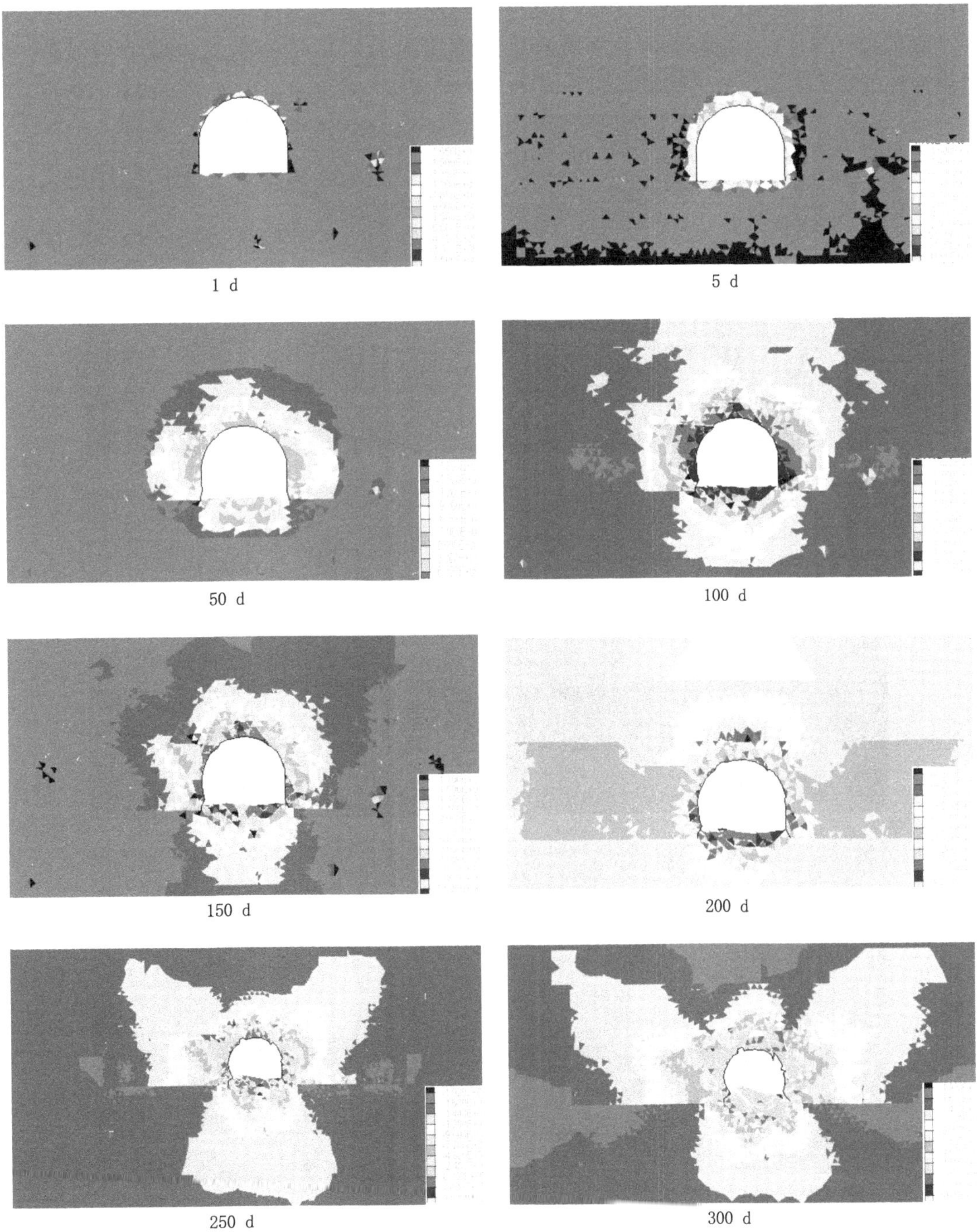

图 6-47　巷道围岩内最小主应力云图(原支护)

综上所述，根据最大主应力和最小主应力云图分析，可以得到应力演化同样存在时间效应，随着时间的增加，围岩强度降低、最大主应力极值增加和拉应力的出现导致了巷道的大变形。随着岩石自身强度降低和外部应力增加，岩石内部不可避免地会出现裂纹，而裂纹的发育尤其是张拉裂纹的发育又促进了岩石的进一步破坏，因此，下面将通过巷道围岩变形过程中裂纹的演化探究巷道大变形失稳机制。

6.4.4.3　巷道围岩裂纹演化规律

在模拟计算过程中通过监测巷道顶底板及巷道中心左右5 m范围内裂纹的扩展特征得到巷道变形过程中的裂纹演化规律。图6-48所示为巷道围岩中裂纹随时间增加的分布特征。

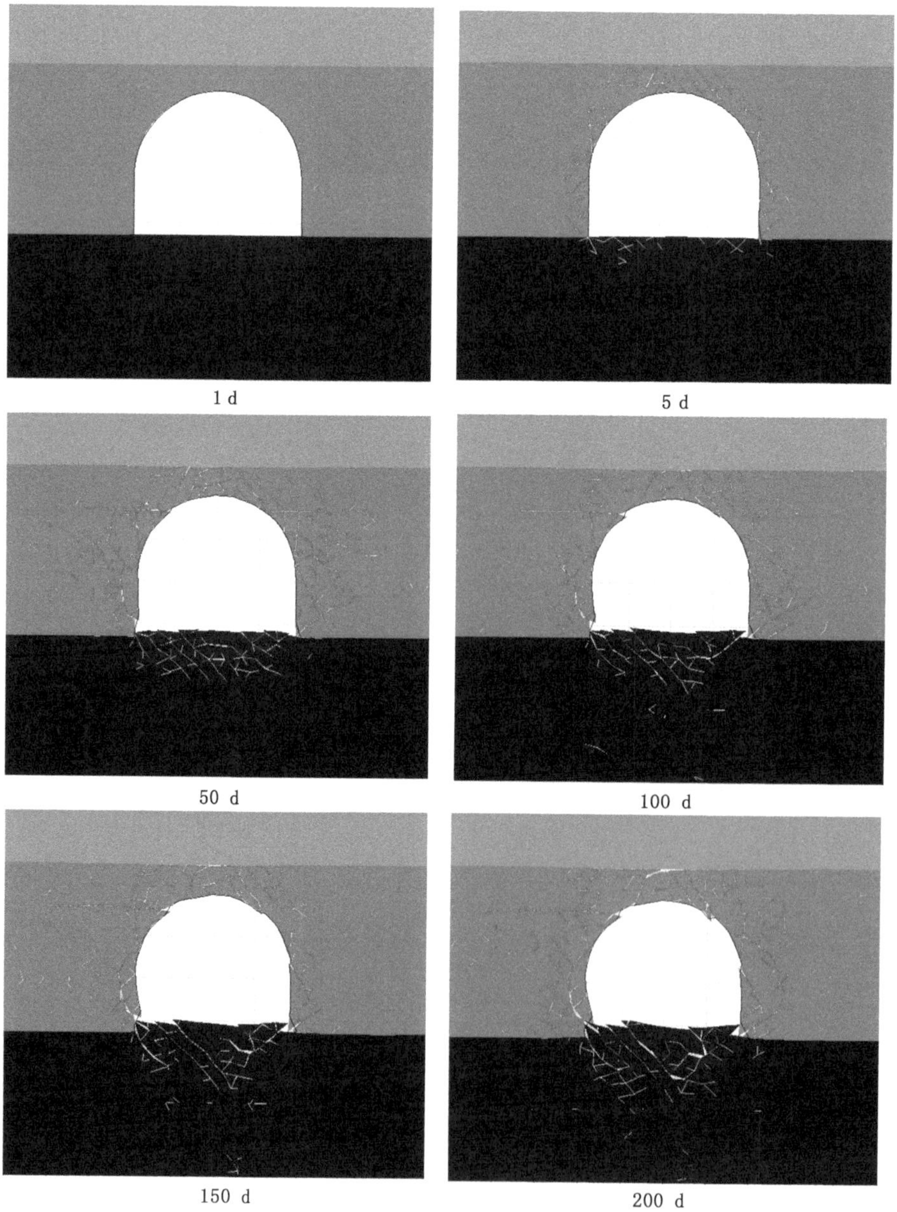

图6-48　巷道围岩裂纹随时间增加的分布特征(原支护)

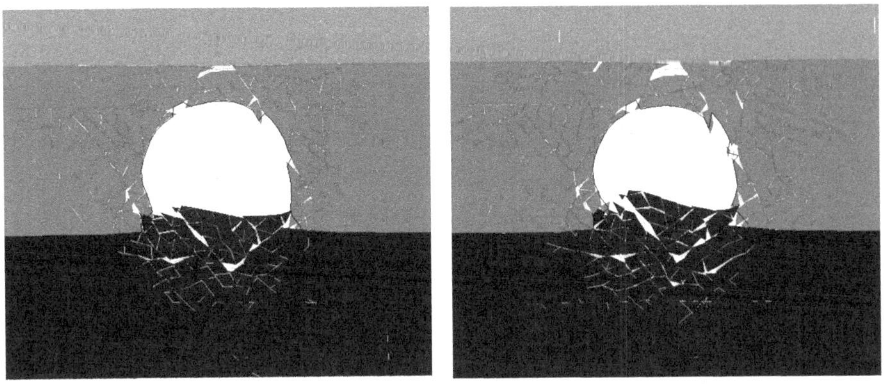

250 d　　300 d

图 6-48　（续）

由图 6-48 可知，巷道的变形经历了断面整体收缩-断层侧帮部（左帮）鼓出-底鼓-两帮移近-顶板下降的过程。巷道在初始阶段（如第 5 d），围岩周边的裂纹较少，只在围岩的表面分布有剪切裂纹，顶板及肩角处的裂纹明显多于巷道帮部和顶板，这些裂纹主要是由巷道的瞬时变形所造成的。当时间为第 50 d 时，帮部浅表裂纹向深部扩展，底板出现张拉裂纹，巷道断面整体缩小，断层侧帮部（左帮）鼓出，出现底鼓现象。随着时间的增加，巷道左帮、底板和肩角处的裂纹总数和张拉裂纹数量不断增加，当时间为第 200 d 时，巷道的左帮已经由直墙形变形为圆弧形。当时间到第 300 d 时，巷道呈现出明显的不对称破坏特征，左帮裂纹向深部扩展至距巷帮 3 m 处，右帮裂纹向深部扩展至距巷帮 2.5 m 处，巷道顶板左部产生大量的张拉破坏，块体向上挤出，左部底板变形明显大于右部。顶板在肩角处同样分布有大量张拉裂纹，造成砂质泥岩与细砂岩交界处出现轻微离层，顶板中部块体剥离，肩角处有块体突出下落。图 6-49 所示为巷道现场破坏特征与模拟破坏特征的对比，两者的破坏特征基本一致，都表现出左帮 U 型钢破坏严重，底角和底板底鼓严重，右帮变形相对较小，呈明显非均匀变形，巷道断面整体收缩的特征。

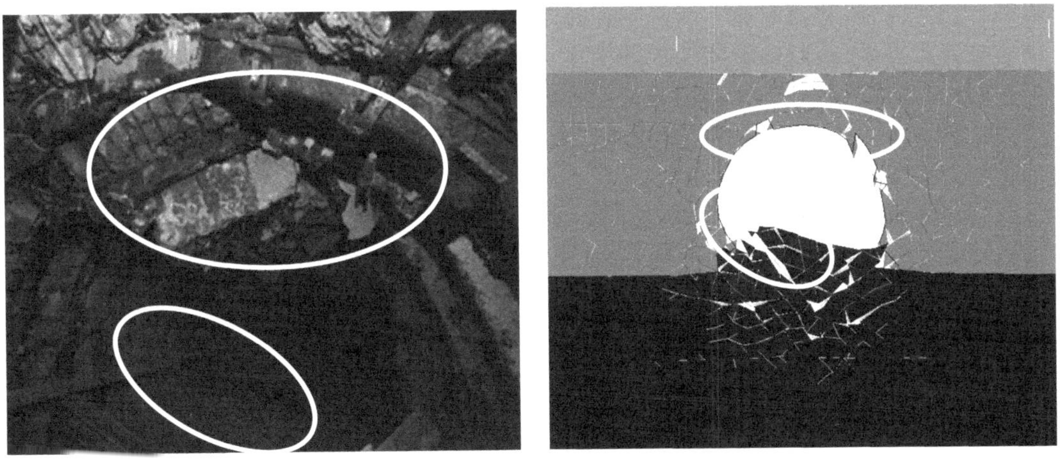

图 6-49　巷道现场破坏特征与模拟破坏特征的对比

图 6-50 所示为监测区域内裂纹个数和损伤度随时间演化的规律。剪切裂纹、总损伤和

剪切损伤的发展具有明显的流变特征，结合剪切裂纹和张拉裂纹的增长趋势，可以把全过程分为三个阶段。第Ⅰ阶段(0～40 d)对应流变的减速变形阶段，这一阶段内剪切裂纹大量产生，围岩的损伤主要是由剪切损伤造成的，剪切损伤曲线与总损伤曲线重合度较高；第Ⅱ阶段(40～125 d)对应流变的等速变形阶段，这一阶段前期剪切裂纹等速增加，后期随着裂纹向深部扩展，剪切裂纹增速有所增加，张拉裂纹的数量和损伤不断增加；第Ⅲ阶段(125～300 d)对应流变的加速变形阶段，这一阶段剪切裂纹数量和损伤持续增加，但增加速度与第Ⅱ阶段基本保持一致，张拉裂纹数量和损伤大幅增加，巷道破坏明显。

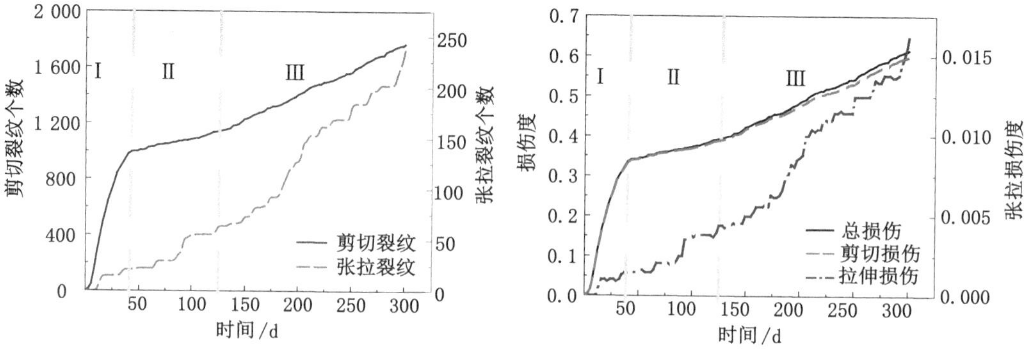

图 6-50 围岩中裂纹个数和损伤度随时间演化规律(原支护)

当时间为第 300 d 时，裂纹总数量为 2 002 个，其中剪切裂纹 1 765 个，占比为 88.2%，张拉裂纹 237 个，占比 11.8%。可见在围岩中的裂纹类型主要为剪切裂纹。在第Ⅰ和第Ⅱ阶段内剪切裂纹累计数量为 1 331 个，占剪切裂纹总数的 75.4%，在第Ⅲ阶段内剪切裂纹增加量为 434 个，占剪切裂纹总数的 24.6%。在第Ⅰ和第Ⅱ阶段内张拉裂纹累计数量为 83 个，占张拉裂纹总数的 35%，在第Ⅲ阶段内张拉裂纹增加量为 154 个，占剪切裂纹总数的 65%。剪切裂纹主要出现在第Ⅲ阶段以前，而张拉裂纹则主要在第Ⅲ阶段增长，对照巷道的整体破坏特征可知，剪切裂纹造成巷道断面整体收缩、帮部鼓出变形和底板的轻微鼓出，张拉裂纹造成围岩进一步破碎导致巷道出现大变形。在张拉裂纹快速发展之前，巷道虽有变形但围岩相对完整，巷道断面形状基本保持了直墙半圆拱形，而在张拉裂纹快速增加后，巷道围岩破碎程度增加，断面形状变成圆弧形，由此可见，虽然张拉裂纹数量少，造成的损伤度小，但却是在巷道流变过程导致围岩大变形的主要原因，因此在围岩支护过程中要注意控制张拉裂纹的产生。而张拉裂纹主要在剪切裂纹密集分布的围岩破碎处产生，因此，对张拉裂纹的控制实质上是对剪切裂纹的控制。

综上所述，该煤矿Ⅱ5 轨道上山长期处于高应力环境，巷道围岩强度低，内部裂纹发育，巷道变形具有变形速度快、变形时间长、变形量大及非对称变形的特征。变形过程为二次变形，其中一次变形为变形量较小的塑性变形，二次变形为变形量较大的流变变形，二次变形由深部裂纹延时起裂导致围岩流变引发。巷道左帮变形可达 700 mm，右帮虽然变形稍小，但在 5 m 范围内裂纹较为发育，有进一步出现变形的威胁。在流变过程中，岩石强度不断弱化，内部裂纹大量扩展加剧了巷道变形，架棚支护失效。最终，巷道由于表面拉应力增加以及张拉裂纹的快速增长而破坏严重。

6.4.5 大变形巷道止裂减隙控制技术研究

该煤矿Ⅱ5 轨道上山变形破坏主要是应力大、岩石强度弱、裂纹密度大和分布范围广导致的。由于巷道所处的地应力环境难以改变，因此控制技术需要针对岩石强度强化和减少裂纹提出。高预紧力锚杆对于提升岩石强度，限制岩石内部裂纹发育具有良好的效果，因此，可在初次支护尝试使用高预紧力锚杆支护，再根据其支护效果决定是否进行其他补强支护。本部分所使用的支护参数只为探究新支护技术对围岩的控制效果，不代表最终的支护方案。本部分同样通过分析巷道变形、周边应力和裂纹演化特征随时间变化的规律，揭示不同围岩控制技术抑制巷道大变形的机理。

6.4.5.1　张拉锚杆支护系统控制效果分析

巷道全断面都会经历减速流变、等速流变和加速流变三阶段，并最终发生大变形。因此，除了按常规对顶板和帮部进行支护，在底板也布置锚杆。共布置 12 根锚杆，其中 1、3、7 和 9 号锚杆偏转 15°布置，锚杆布置如图 6-51 所示。帮部和顶板使用规格为 ϕ22 mm×2 800 mm的 HRB335 型左旋螺纹钢锚杆，底板使用规格为ϕ22 mm×2 400 mm 的 HRB335 型左旋螺纹钢锚杆。锚杆使用 Rockbolt 单元模拟，具体参数见第 4 章。

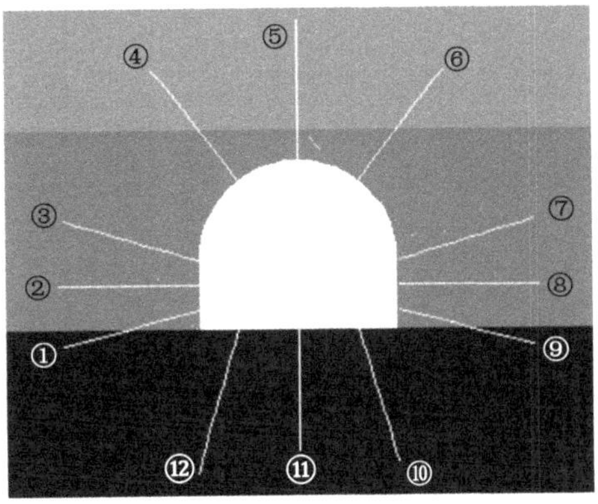

图 6-51　锚杆布置示意图

(1) 张拉锚杆支护巷道围岩位移演化规律

依据围岩位移的变形特征选取四个天数(5 d、100 d、250 d、300 d)进行张拉锚杆支护巷道的围岩变形分析。

① 水平位移

由巷道水平位移云图(图 6-52)可知，巷道在使用张拉锚杆支护系统进行控制后，在初始阶段(第 5 d)，水平位移主要出现在巷道的两帮及肩角处且变形极小，最大的水平位移仅为 9 mm。当时间为第 50 d 时，两帮及肩角处的变形及影响范围不断增加，此时左右两帮位移相差不大，但右帮位移影响范围大于左帮。随着时间继续增加，第 300 d 时左帮位移影响范围达到距巷帮 7.5 m 处，100 mm 位移影响范围为 1.0 m，右帮位移影响范围达到距巷帮 8.5 m，100 mm位移影响范围为 1.8 m，表面位移达到 140 mm。对应两帮位移曲线(图 6-53)可知，巷道存在明显的分阶段变形特征，第 100 d 前为一次变形阶段，第 100 d 后为二次变形阶段。一次变形阶段为围岩的塑性变形，没有发生流变，主要变形量出现在第 37 d 以前，37 d 内的变形量占一次变形阶段总变形量的 95%，第 37～100 d 的时间内巷道几乎没有变形。与架棚支护方式相比，在第 48 d 才达到等速变形阶段且变形量大、变形速度快，使用张拉锚杆支护系统控制后的巷道在一次变形阶段内的控制效果较好，缩短了巷道变形时间。然而随着时间增加，变形影响范围不断增加，深部岩体出现流变变形带动浅部围岩进一步发生变形，巷道进入二次变形阶段。二次变形阶段内，巷道表面位移表现出明显流变特征，第100～250 d为减速变形阶段，第250 d后为等速变形阶段。虽然巷道没有出现加速变形，变形量也较小，左帮位移量在100 mm以内，右帮在200 mm以内，但是深部岩体仍在不断流变变形，不排除出现三次变形甚至四次变形的可能。

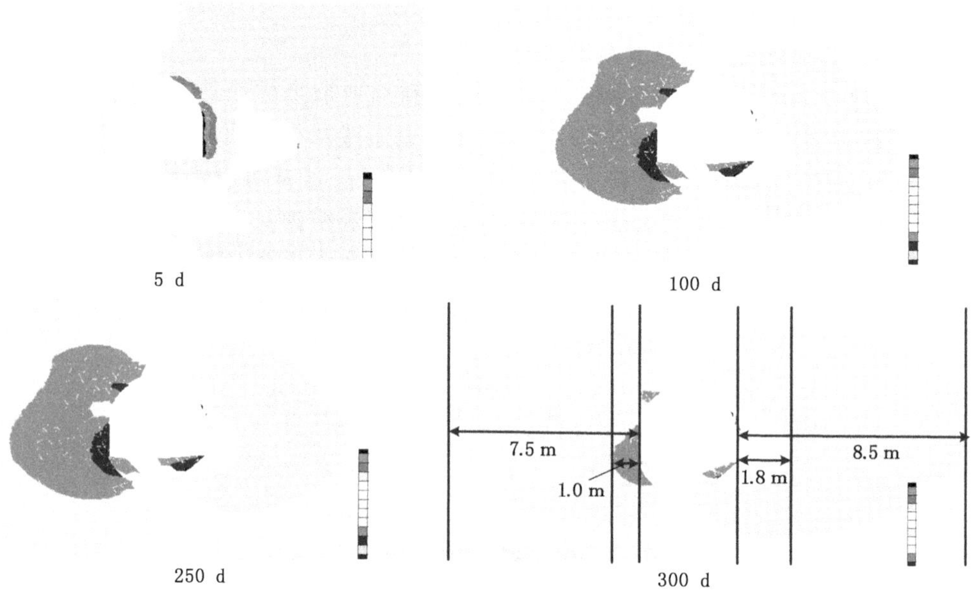

图 6-52　巷道水平位移云图(锚杆支护)

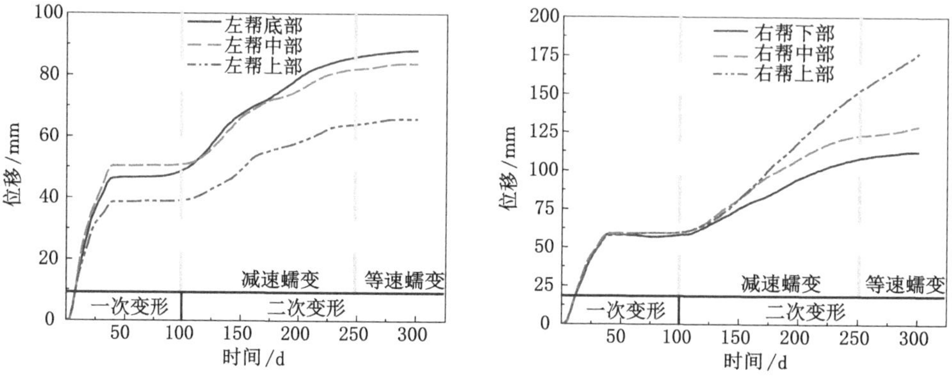

图 6-53　巷道两帮不同位置的位移量(锚杆支护)

图6-54所示为巷道两帮平均变形及变形速率。左图所示为巷道两帮平均变形，右帮的位移由于受深部围岩位移影响，明显大于左帮位移，呈现非对称变形，两帮都经历了二次变形阶段，在二次变形时具有明显的流变变形性质。右图所示为两帮的变形速率，由位移曲线求导得到，右帮的变形速率明显大于左帮，两帮的最大变形速率出现在第8 d，左帮最大位移速率为2.3 mm/d，右帮最大位移速率2.5 mm/d。与原支护方式相比，最大位移速率由5.5 mm/d降至2.5 mm/d，下降了54.5%，张拉锚杆支护的巷道即使进入二次变形阶段，变形速率也在0.75 mm/d以下。由此可见，张拉锚杆支护对于浅部围岩的变形控制效果较

好，但难以控制深部岩体变形。

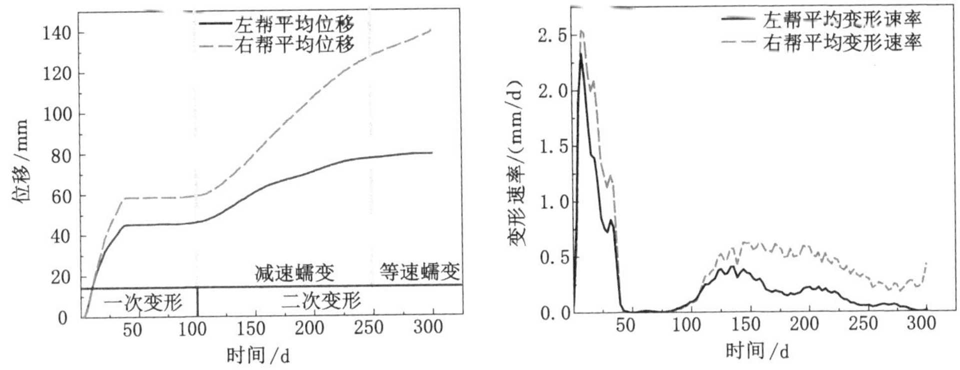

图 6-54　巷道两帮平均变形及变形速率(锚杆支护)

② 垂直位移

图 6-55 所示为巷道垂直位移云图，全图体现了垂直位移随时间演化的过程。与帮部位移演化趋势类似，顶底板位移和变形影响范围都随着时间的增加不断增大。在初始阶段(第 5 d)，垂直位移主要出现在巷道的肩角至顶板中央的区域且变形极小，最大的垂直位移仅为 10 mm。在第 50 d 时，垂直位移的影响范围基本以巷道中线为对称轴对称分布，而在第 50～250 d 的时间内，顶底板的垂直位移逐渐向巷道右侧偏移。时间为第 300 d 时，巷道右帮出现垂直位移，顶板下沉影响范围和底板上升影响范围在右帮直墙与圆弧交点处汇合形成集中。巷道右帮在垂直位移和水平位移的共同作用下向巷道内部移近。对照顶底板各测点位移曲线(图 6-56)可知，顶底板不同部位表现出不同的变形特征，左肩角和顶板中部为塑性变形，没有出现二次流变变形；右肩角受复合影响经历了二次变形；底板右部和中部经历完整的流变三阶段，底板左部受其影响发生二次流变变形。顶板变形量均在 150 mm 以内，从左至右变形量逐渐增加，底板变形量均在 200 mm 以内，底板右部变形量最大，中部变形量最小。在第 100～250 d 的时间内，左肩角、顶板中部、底板左部及顶底板右部的加速变形时间基本一致，因此，可认为巷道右侧的垂直位移变化带动了整个巷道围岩的变形。对于非对称变形巷道，加强强变形侧的围岩支护，补足支护短板才能保证整个巷道的稳定。

图 6-57 所示为巷道顶底板平均变形及变形速率。左图所示为巷道顶底板平均变形，在第 50 d 顶底板位移量差值不大，随着时间推移，底板变形量明显大于顶板位移量。顶底板的最大流变速率出现在第 32 d，顶板最大位移速率为 2.0 mm/d，底板最大位移速率 2.2 mm/d。与原支护方式相比，最大位移速率由 6.5 mm/d 降至 2.2 mm/d，下降了 66.2%。顶板变形为一次塑性变形，在第 50 d 后位移速率基本保持在 0.25 mm/d，并逐渐趋于平缓；而底板变形为多次变形形式，第 50 d 前为一次变形，第 50～250 d 为二次变形位移增长期，第 250～275 d 为二次变形稳定期，稳定期内位移速率在 0.5 mm/d 附近波动，第 275～300 d 有出现三次变形的趋势，第 300 d 时位移速率增加到 0.8 mm/d。

综上所述，巷道使用张拉锚杆支护系统控制后，巷道的位移和位移速率明显下降，但由于右帮位移影响区域超过锚杆支护范围，深部围岩流变导致右帮和底板右部变形量和变形速率在支护后期增大。巷道不同部位出现不同的变形特征，受深部围岩流变影响较小的区域表现出一次塑性变形特征，而受深部围岩流变影响较大的区域表现出多次变形特征。

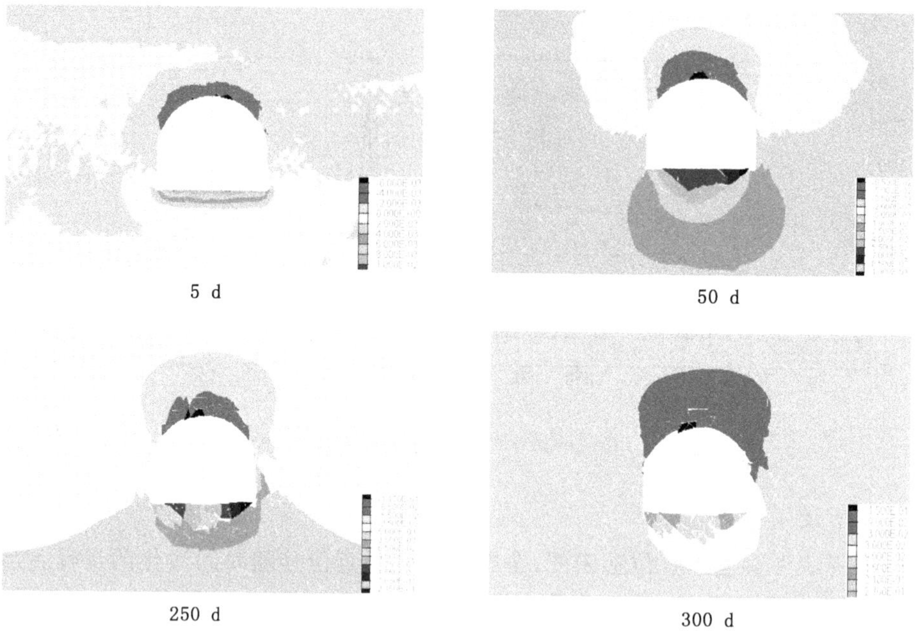

图 6-55　巷道垂直位移云图(锚杆支护)

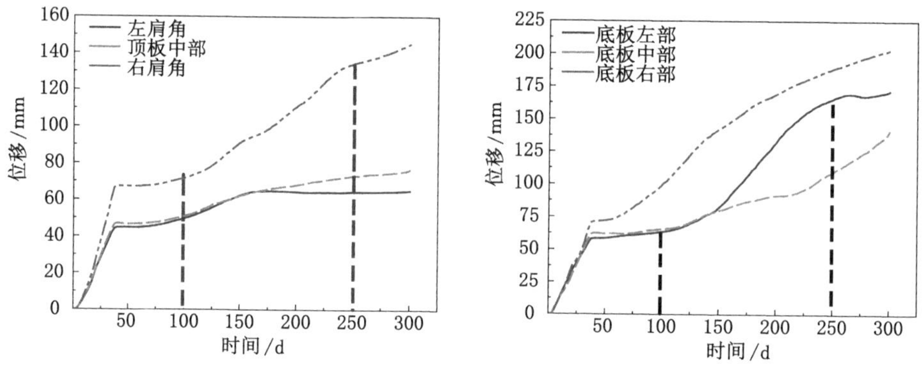

图 6-56　巷道顶底板不同位置的位移量(锚杆支护)

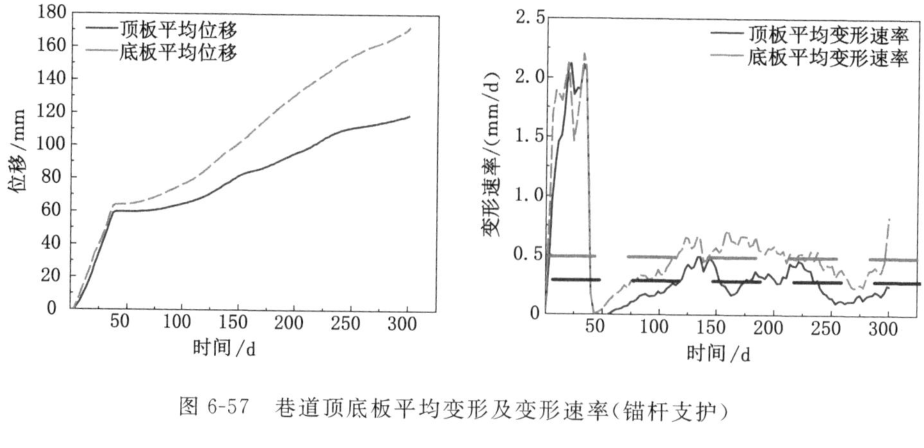

图 6-57　巷道顶底板平均变形及变形速率(锚杆支护)

(2) 张拉锚杆支护巷道围岩应力演化规律

① 最大主应力

由最大主应力云图(图 6-58)可知,在巷道变形的初始阶段(第 5 d),虽然巷道表面出现稍许应力降低,但在巷道周围形成应力为 21 MPa 的承载层,起到了保护巷道的作用。时间为第 50 d 时,随着应力的增加,右帮的承载层消失,应力降低区向深部扩展,而巷道的其他部位虽有应力降低区的趋势,但承载层仍然存在。巷道的直墙与圆弧交点处出现应力其中。随着时间的增加,左帮应力影响范围变化不大,而右帮由于深部围岩流变的作用,巷道表面应力下降,卸压区影响范围增加,肩角应力集中区域增加。当时间为第 300 d 时,左帮表面围岩在张拉锚杆支护作用下,应力仍能达到 19 MPa,而右帮表面围岩强度降至 9.5 MPa 以下。左帮卸压区影响范围距巷帮距离为 4 m,右帮卸压区影响范围达到 5.5 m。左帮由于控制较好,围岩强度较高,肩角应力集中区域具有集中程度高、范围小的特点,集中应力达到 57 MPa,范围为距离巷帮 1.0 m,而右帮肩角应力集中为 38 MPa 左右,应力集中范围为 1.5 m。图 6-59 所示为不同支护方式下最大主应力极值随时间变化的曲线,与原支护方式相比,最大主应力的极值明显增大,说明张拉锚杆支护提高了围岩的承载能力,原支护下最大主应力的极值始终保持上升趋势,而张拉锚杆支护方式下受深部岩体流变影响,第 250～300 d 最大主应力的极值不变。

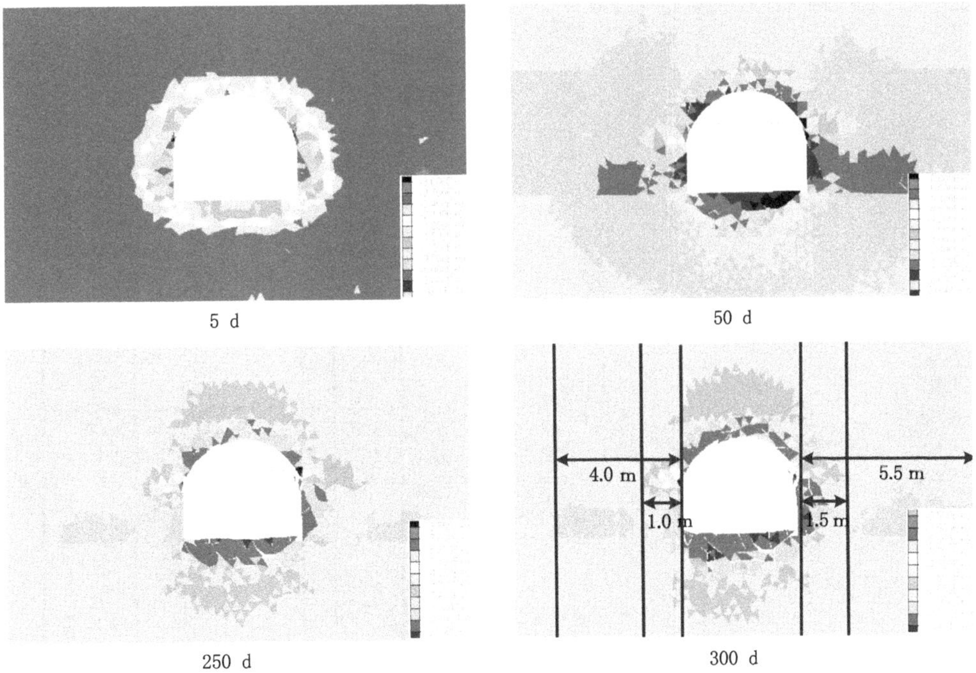

图 6-58　巷道围岩内最大主应力云图(锚杆支护)

② 最小主应力

由最小主应力云图(图 6-60)可知,在巷道变形的初始阶段(第 5 d),巷道表面出现稍许的应力降低,底板的应力降低范围略大于顶板和两帮。巷道开挖 50 d 后,在巷道的肩角处出现应力集中,在巷道的顶底板和两帮出现拉应力,右帮的拉应力和卸压区影响范围大于左帮。随着时间的增加,肩角的应力集中程度、两帮的拉应力和卸压区影响范围不断增加,时

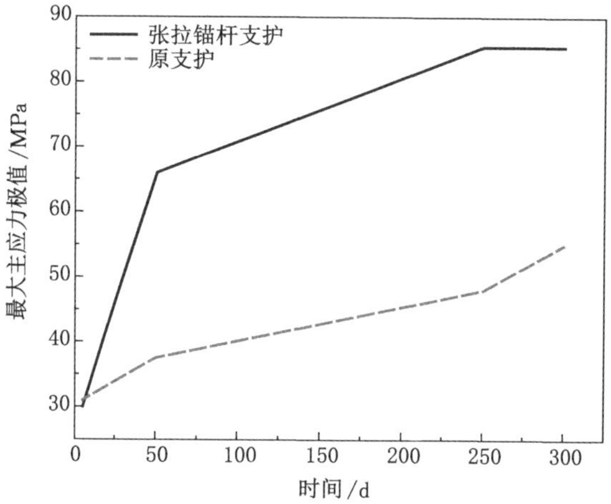

图 6-59 不同支护方式下最大主应力极值随时间变化的曲线

间为第 300 d 时，左帮拉应力区影响范围距巷帮 0.8 m，卸压区范围距巷帮 3.0 m，右帮拉应力区影响范围距巷帮 1.5 m，卸压区范围距巷帮 4.8 m。右帮应力影响范围超过锚杆控制范围，导致右帮变形量增加并在肩角处出现岩石的剥落。

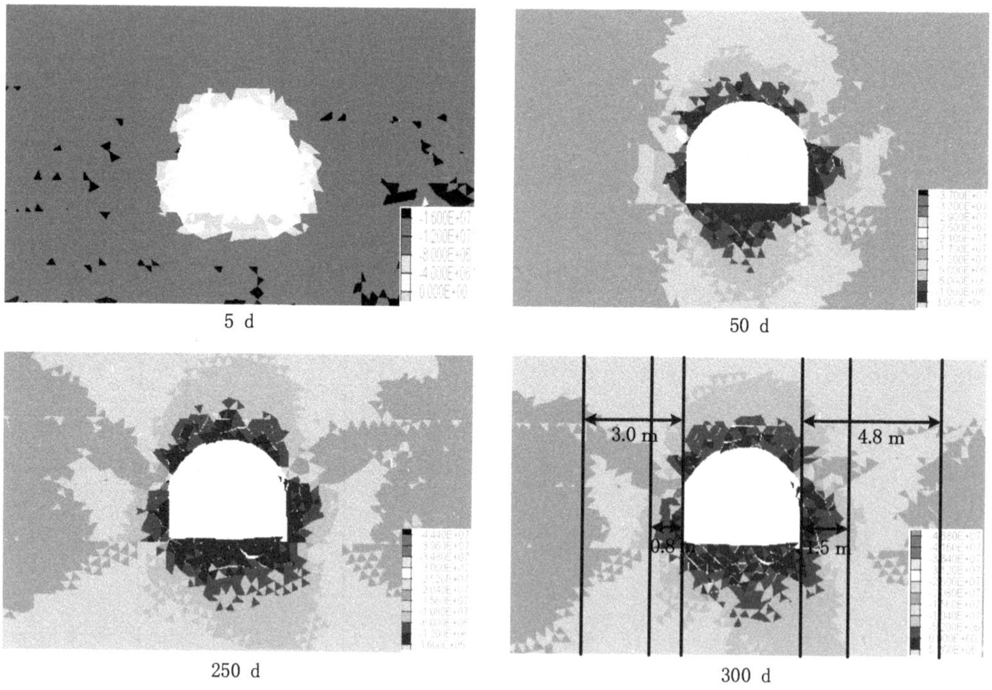

图 6-60 巷道围岩内最小主应力云图(锚杆支护)

综上所述，通过巷道围岩应力演化分析可知，经过张拉锚杆锚固系统的支护控制，巷道围岩的承载能力有所上升，表面位移大幅下降。在 50 d 的时间范围内巷道围岩变形较小，但在第 50 d 后由于深部围岩的流变，巷道表面出现二次变形。此外，在巷道的肩角处容易出现应力集中，而且随着时间的增加，应力集中程度不断增加。由此可见，张拉锚杆锚固系统对于浅部围岩的控制效果较好，但需要加强肩角处的支护密度，对于深部岩石的控制需要其他辅助措施。

(3) 张拉锚杆支护巷道围岩裂纹演化规律

通过监测巷道顶底板及巷道中心左右 5 m 范围内裂纹的扩展特征得到巷道变形过程中的裂纹演化规律。图 6-61 所示为巷道围岩中裂纹随时间增加的分布特征。由图可知，巷道在初始阶段(如第 5 d)，围岩周边的裂纹较少，只在顶板及肩角处的表面分布有剪切裂纹，这些裂纹主要是由巷道的瞬时变形造成的。当时间为第 50 d 时，帮部浅表裂纹向深部扩展，底板出现张拉裂纹，右帮裂纹的扩展深度大于左帮。随着时间的增加，巷道左帮、底板和肩角处的裂纹总数和张拉裂纹数量不断增加，帮部底角和肩角处的锚杆出现弯曲。当时间为第 250 d 时，巷道的肩角处出现张拉裂纹，右帮肩角表面出现块体剥落，右帮深部出现少量的张拉和剪切裂纹。当时间达到第 300 d 时，肩角和帮部底角锚杆弯曲严重，巷道右帮部分锚杆破断。巷道呈现出明显的不对称破坏特征，左帮裂纹密集分布的范围距巷帮 0.8 m 处，右帮裂纹密集分布的范围距巷帮 2.0 m 处，右帮裂纹向深部扩展至距巷 5 m 处，而左帮深部几乎没有裂纹分布。巷道底板仅在表面分布有张拉裂纹，顶板砂质泥岩与细砂岩交界处离层消失，顶板中部块体不再剥离，只出现少量的错动。

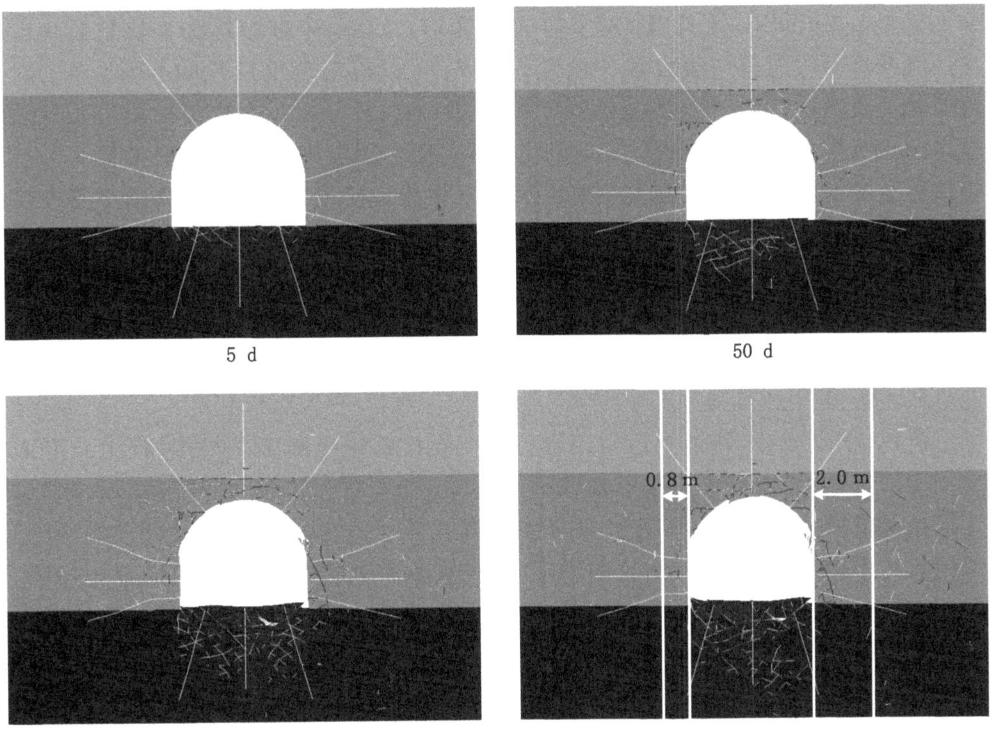

图 6-61　巷道围岩裂纹随时间增加的分布特征(锚杆支护)

图 6-62 所示为监测区域内裂纹个数和损伤度随时间演化的规律。剪切裂纹、总损伤和剪切损伤的发展具有明显的流变特征，结合剪切裂纹和张拉裂纹的增长趋势，可以把全过程分为三个阶段。第Ⅰ阶段(0～100 d)对应巷道的一次变形阶段，这一阶段内剪切裂纹大量产生，围岩的损伤主要是由剪切损伤造成的，剪切损伤曲线与总损伤曲线重合度较高；第Ⅱ阶段(100～250 d)对应巷道二次变形的减速变形阶段，这一阶段前期由于深部围岩的流变

导致裂纹的数量和损伤不断增加，中后期由于变形趋于稳定，剪切裂纹增速变缓，张拉裂纹仍保持高速上升态势；第Ⅲ阶段(250～300 d)对应二次变形的等速变形阶段，这一阶段内裂纹数量和损伤增速保持在较低的水平但不为零，说明巷道围岩仍然在缓慢变形。

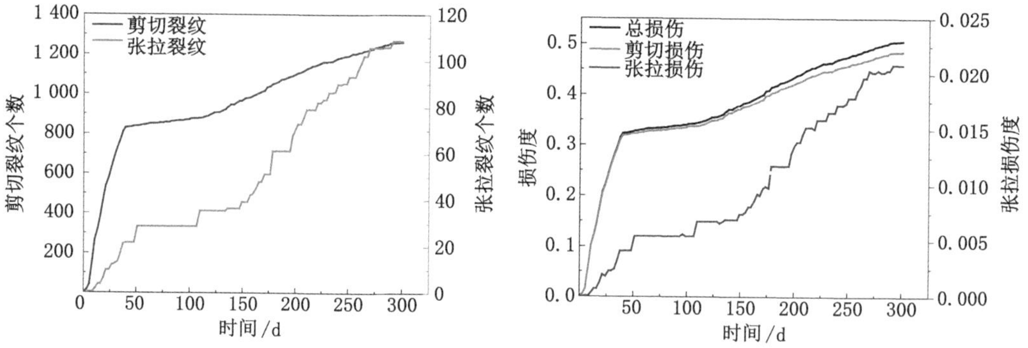

图 6-62　裂纹个数和损伤度随时间演化的规律(锚杆支护)

当时间为第 300 d 时，裂纹总数量为 1 372 个，其中剪切裂纹 1 263 个，占比为 92%，张拉裂纹 109 个，占比 8%。可见即使发生了二次变形，在围岩中的裂纹类型仍主要为剪切裂纹。在一次变形阶段内剪切裂纹累计数量为 871 个，占剪切裂纹总数的 69%，在二次变形阶段内剪切裂纹增加量为 392 个，占剪切裂纹总数的 31%。在一次变形阶段内张拉裂纹累计数量为 29 个，占张拉裂纹总数的 26.6%，在二次变形阶段内张拉裂纹增加量为 80 个，占剪切裂纹总数的 73.4%。剪切裂纹主要出现在一次变形阶段，而张拉裂纹则主要在二次变形阶段增长，对照巷道的整体破坏特征可知，经过张拉锚杆支护后，剪切裂纹对巷道围岩的破坏较小，而张拉裂纹则造成锚杆破断、底板鼓起等破坏，尤其右帮裂纹分布范围大，破坏更为严重。在一次变形阶段总损伤为 35%，二次变形阶段增加至 50.6%，由此可见，张拉锚杆能够较好地抑制浅部裂纹扩展，但对于深部围岩流变变形难以控制，深部岩体变形带动浅部围岩发生二次破坏。

综上所述，该煤矿 Ⅱ5 轨道上山使用张拉锚杆支护系统控制后，变形过程由流变变形转变为二次变形，其中一次变形为变形量较小的塑性变形，二次变形为变形量较大流变变形，二次变形由深部围岩流变导致。张拉锚杆支护系统对于浅部围岩控制效果较好，但无法控制深部围岩变形，难以保证巷道的长期稳定，需要辅助控制措施对深部围岩进行加固，这样才能保证巷道的长久稳定。

6.4.5.2　张拉锚杆及深浅部注浆控制效果分析

张拉锚杆支护系统控制后裂纹的产生方式主要是浅部裂纹向深部扩展和深部岩体裂纹由流变变形而产生。巷道注浆具有改善围岩赋存环境、充填裂纹、提高岩体强度、改善支护体受力状态等作用。拟采取深浅部注浆的方式对围岩进行加固，一方面可抑制浅部裂纹的扩展，另一方面可加固深部围岩避免发生流变导致巷道二次变形。深部注浆使用中空注浆锚索，锚索规格为 ϕ25 mm×6 300 mm。下面将通过模拟验证这种支护方式是否可行。模拟中注浆锚索使用 Cable 单元，具体参数如表 6-19 所示。图 6-63 所示为注浆锚索布置方式，共布置 7 根，两帮各布置 2 根，顶板中央及肩角处各布置 1 根。

表 6-19　Cable 单元力学参数

	参数	数值
Cable 单元	密度/(kg/m^3)	7 800
	弹性模量/GPa	150
	抗压强度/MPa	800
	锚固剂内聚力/MPa	0.4
	锚固剂刚度/(GPa/m)	2

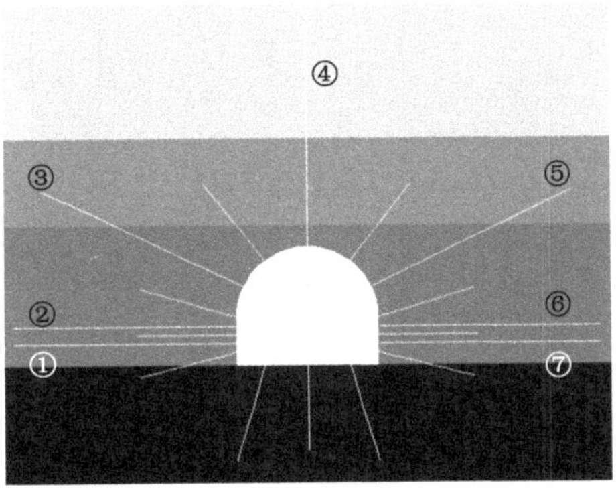

图 6-63　注浆锚索布置示意图

(1) 张拉锚杆及深浅部注浆巷道位移演化规律

下面同样选取 5 d、100 d、250 d 和 300 d 的巷道变形情况进行张拉锚杆及深浅部注浆巷道的围岩变形分析。

① 水平位移

由巷道水平位移云图(图 6-64)可知，巷道在使用张拉锚杆及深浅部注浆进行控制后，在初始阶段(第 5 d)，水平位移主要出现在巷道的两帮及肩角处且变形量极小，最大的水平位移仅为10 mm。当时间为第 50 d 时，两帮及肩角处的变形及影响范围不断增加，此时左右两帮位移和位移影响范围基本一致。随着时间继续增加，第 300 d 时左帮位移影响范围达到距巷帮 1.8 m 处，右帮位移影响范围达到距巷帮 2.8 m，但影响范围内的围岩位移较小，都在60 mm附近。对照两帮位移曲线(图 6-65)可知，巷道仍存在分阶段变形特征，变形发展趋势以第 100 d 为分界点。两帮变形主要出现在一次变形阶段的第 37 d 以前，第 37～100 d 的时间内巷道几乎没有变形。与张拉锚杆支护方式相比，虽然没有缩短变形时间，但减小了变形量。随着时间增加，巷道进入二次变形阶段。二次变形阶段内，巷道表面位移表现出明显流变特征，第 100～150 d 为减速变形阶段，第 150 d 后为等速变形阶段。与张拉锚杆支护方式相比，巷道稳定时间由第 250 d 提前到第 150 d，第 150 d 后巷道水平位移增加缓慢。巷道没有再次发生变形的趋势，说明张拉锚杆及深浅部注浆控制技术对巷道的塑性变形和深部围岩长时流变具有较好的控制效果。

图 6-66 所示为巷道两帮平均变形及变形速率。左图所示为巷道两帮平均变形，右帮的位移虽然大于左帮位移，但变形稳定后差值只有 20 mm。两帮都经历了二次变形阶段，在二次变形时具有明显的流变变形性质。右帮在二次变形中减速变形的变形量和持续时间大

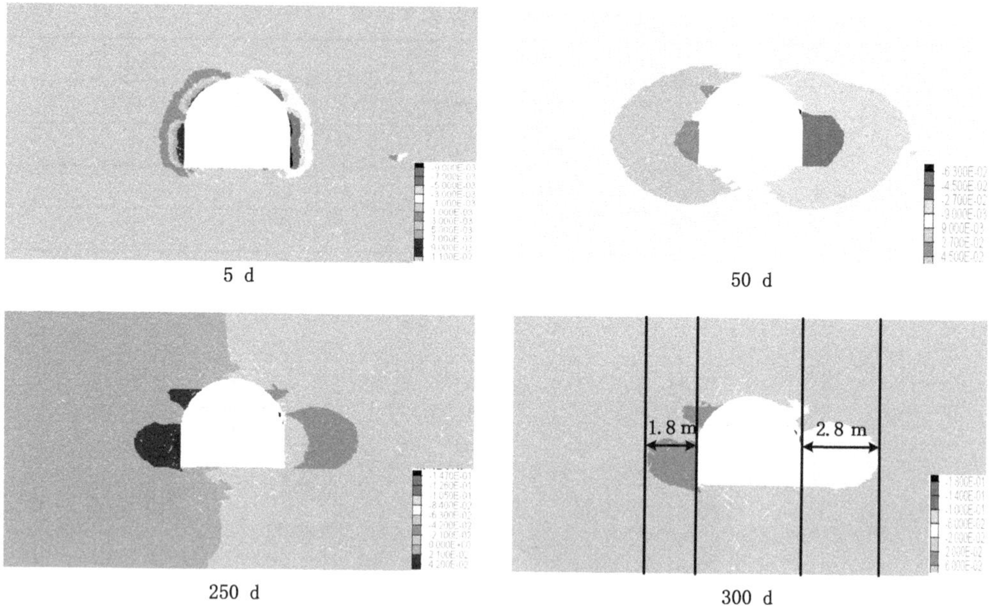

图 6-64 巷道水平位移云图(锚注支护)

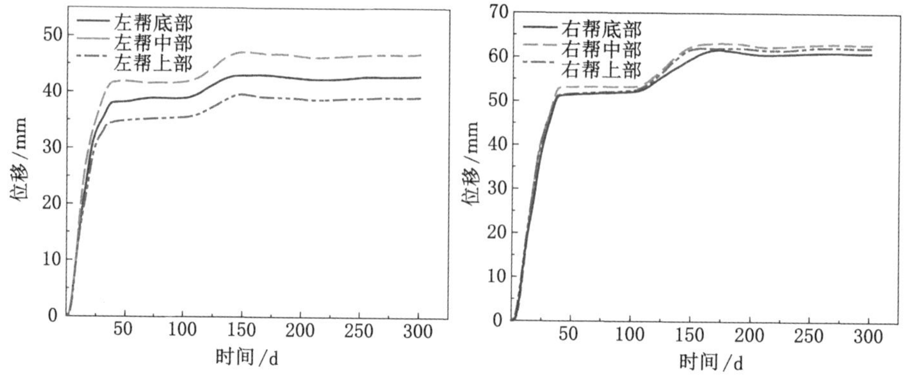

图 6-65 巷道两帮不同位置的位移量(锚注支护)

于左帮,但两帮最终稳定变形量都较小。右图所示为两帮的变形速率,两帮的最大变形速率出现在第 8 d,左帮最大位移速率为 2.2 mm/d,右帮最大位移速率 2.4 mm/d。在二次变形中,右帮位移速率大于左帮,但都在 0.5 mm/d 以下,变形速度较慢,两帮变形速率最终都趋于零。由此可见,张拉锚杆及深浅部注浆能够有效降低围岩变形速率,能够有效抑制深部围岩的长期流变变形。

② 垂直位移

图 6-67 所示为巷道垂直位移云图,由图可知,垂直位移的变化主要发生在第 5～50 d 的范围内,第 50 d 后巷道周边围岩变形趋于稳定,至第 300 d 时,巷道垂直位移量增长不明显,只是影响范围有变化。结合图 6-68 可知,顶底板位移量的变化主要在第 37 d 前,第 50 d 后变形量较小,二次变形量只有 10 mm,在第 150 d 后,位移量基本不再变化。底板虽然没有进行注浆,但两帮变形的减小,削弱了帮部对底板的挤压作用,导致底板变形量相应降低。

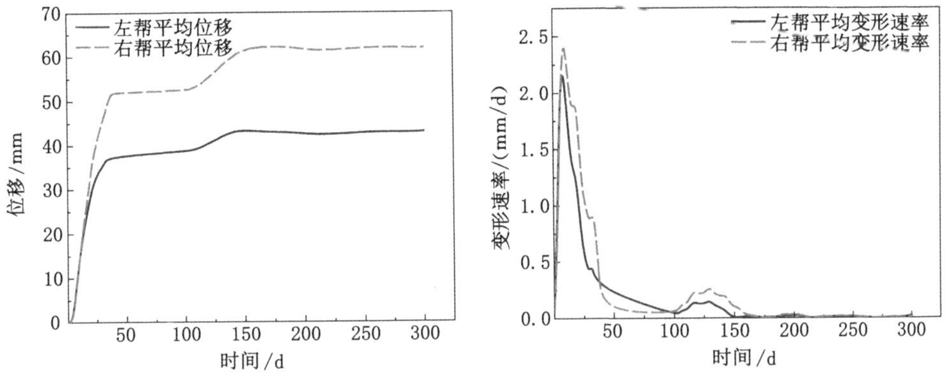

图 6-66　巷道两帮平均变形及变形速率(锚注支护)

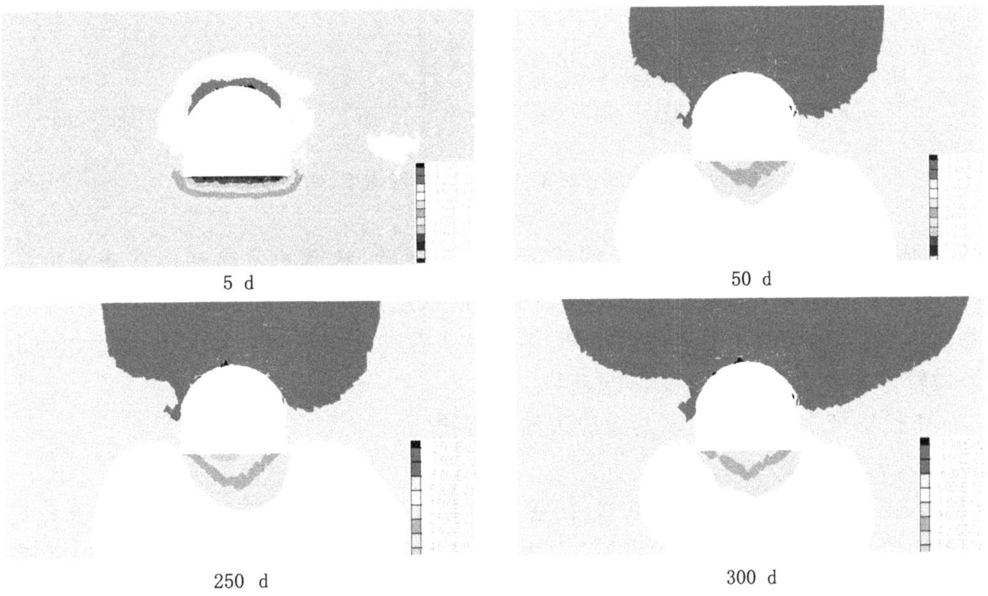

图 6-67　巷道垂直位移云图(锚注支护)

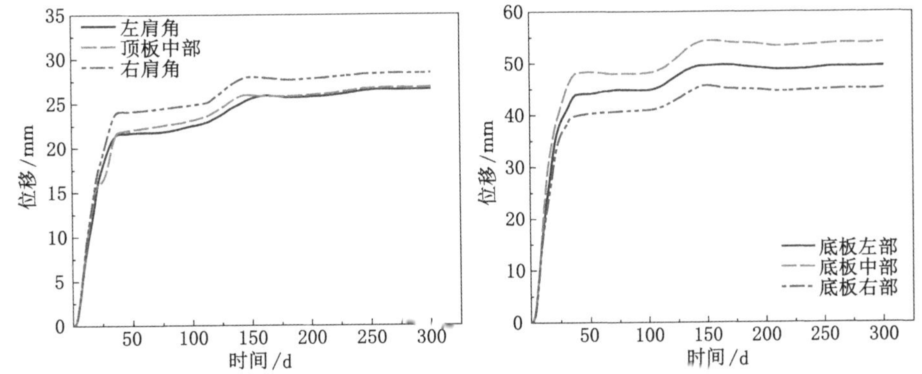

图 6-68　巷道顶底板不同位置的位移量(锚注支护)

图 6-69 所示为巷道顶底板平均变形及变形速率。左图所示为巷道顶底板平均变形，由于底板没有进行注浆加固，底板变形明显大于顶板变形。顶底板的最大变形速率出现在第 8 d，顶板最大位移速率为 1.1 mm/d，底板最大位移速率 2.1 mm/d。与仅使用张拉锚杆支护方式相比，顶板平均位移量由 110 mm 下降至 28 mm，底板平均位移量由 170 mm 下降至 49 mm。顶底板虽然都经历了二次变形阶段，但二次变形量都不足 10 mm。第 150 d 顶底板进入变形稳定期，稳定期内位移速率在 0.01 mm/d 附近波动，围岩变形量极小。

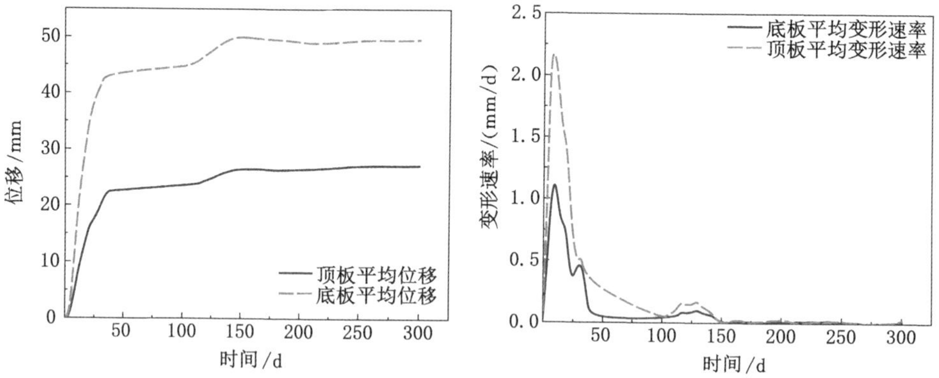

图 6-69　巷道顶底板平均变形及变形速率(锚注支护)

综上所述，巷道使用张拉锚杆及深浅部注浆控制后，巷道的位移和位移速率进一步下降，有效抑制了深部围岩流变，保证了巷道的长期稳定。巷道不同部位均在第 50 d 左右完成主要变形，第 50～150 d 为变形调整期，第 150 d 后进入变形稳定期。巷道在 300 d 时间内变形量较小并且没有发生大变形的趋势。

(2) 张拉锚杆及深浅部注浆巷道应力演化规律

① 最大主应力

由最大主应力云图(图 6-70)可知，在巷道变形的初始阶段(第 5 d)，虽然巷道表面出现稍许的应力降低，但在巷道周围形成应力为 21 MPa 左右的承载层，起到了保护巷道的作用。时间为第 50 d 时，左右两帮出现应力降低去，右帮范围略大于左帮，巷道的直墙与圆弧交点处出现应力其中。随着时间的增加，两帮应力影响范围变化不大，而肩角应力集中区域增加。当时间为第 300 d 时，左帮表面围岩强度达到 28.5 MPa，右帮表面围岩强度达到 19 MPa。左帮卸压区影响范围距巷帮距离为 1.0 m，右帮卸压区影响范围达到 1.4 m，与单一使用张拉锚杆支护相比，卸压区范围明显降低。在第 250～300 d，最大主应力的极值和围岩表面应力不变，说明应力重新分布调整完成，张拉锚杆及深浅部注浆有效控制了深部围岩的流变变形。

② 最小主应力

由最小主应力云图(图 6-71)可知，在巷道变形的初始阶段(第 5 d)，巷道表面出现稍许的应力降低，但在巷道周围形成应力为 15 MPa 左右的承载层。巷道开挖第 50 d 后，在巷道的肩角处出现应力集中，在巷道的顶底板和两帮出现拉应力，右帮的拉应力和卸压区影响范围大于左帮。随着时间的增加，肩角的应力集中程度、两帮的拉应力和卸压区影响范围基本保持不变。时间为第 300 d 时，左帮卸压区范围距巷帮 1.4 m，右帮卸压区范围距巷帮 2.8 m，均在锚杆的控制范围内。

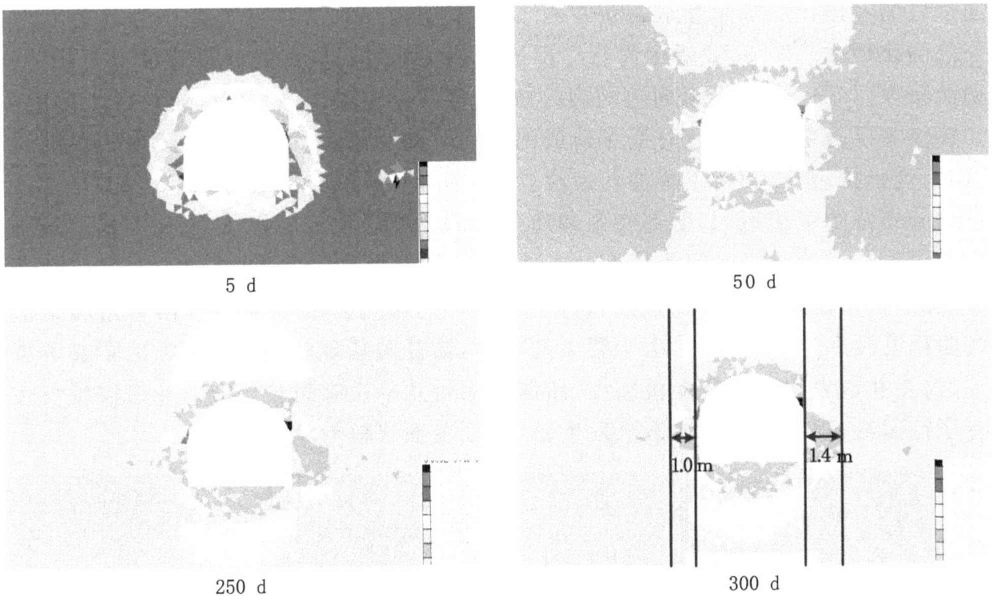

图 6-70　巷道围岩内最大主应力云图(锚注支护)

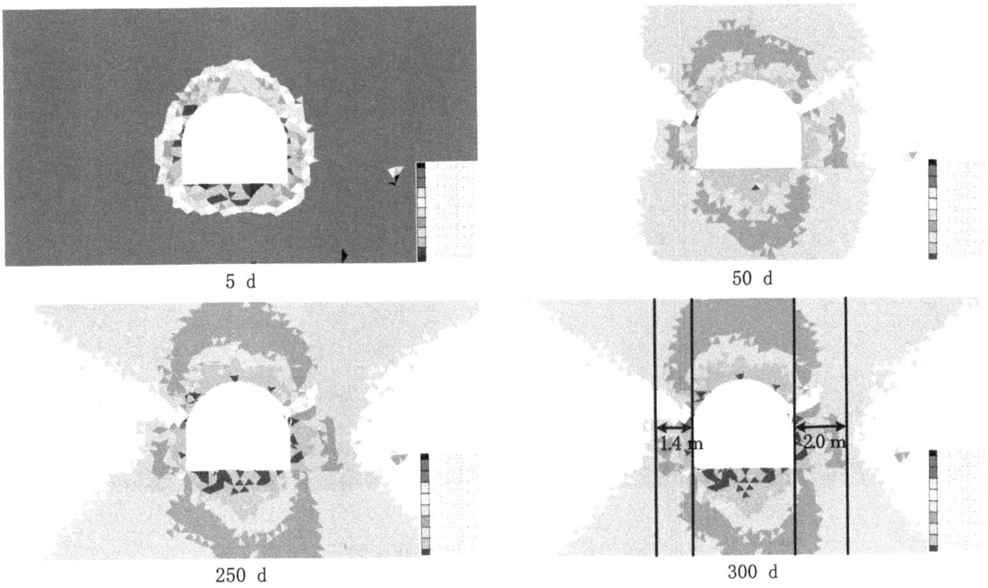

图 6-71　巷道围岩内最小主应力云图(锚注支护)

综上所述,通过巷道围岩应力演化分析可知,经过张拉锚杆和深浅部注浆的支护控制,巷道围岩的承载能力进一步上升,表面位移大幅下降。在 50 d 的时间范围内巷道围岩卸压程度和范围较小,在第 50 d 后由于深部围岩的流变,巷道表面虽然经历调整期,但应力变化程度较小。此外,巷道的肩角处容易出现应力集中,但随着时间的增加,应力集中程度仅增加 2 MPa。由此可见,张拉锚杆和深浅部注浆对于深浅部围岩的控制效果较好。

(3) 张拉锚杆及深浅部注浆巷道裂纹演化规律

通过监测巷道顶底板及巷道两帮左右 5 m 范围内裂纹的扩展特征得到巷道变形过程中的裂纹演化规律。图 6-72 所示为巷道围岩中裂纹随时间增加的分布特征。由图可知，巷道在初始阶段(如第 5 d)，围岩周边的裂纹较少，主要分布在顶板、肩角处及底板的表面，这些剪切裂纹主要是由巷道的瞬时变形造成的。当时间为第 50 d 时，帮部浅表裂纹向深部扩展，底板出现张拉裂纹，两帮出现剪切裂纹。随着时间的增加，除底板外，巷道其他部位的裂纹数量和分布范围变化不大，帮部底角和肩角处的锚杆出现轻微弯曲，这主要是巷道围岩位移和应力调整造成的。当时间为第 250 d 时，巷道的肩角处出现张拉裂纹，右帮肩角表面出现块体剥落，右帮深部没有出现张拉和剪切裂纹。当时间达到第 300 d 时，肩角和帮部底角锚杆弯曲程度没有进一步增加，由于裂纹的减少，锚杆破断现象消失。巷道两帮破坏特征保持一致，仅在巷道表面分布有少量裂纹，而深部围岩几乎没有裂纹分布。巷道底板仅在表面分布有张拉裂纹，顶板中部块体不再发生错动，顶板围岩较为完整。

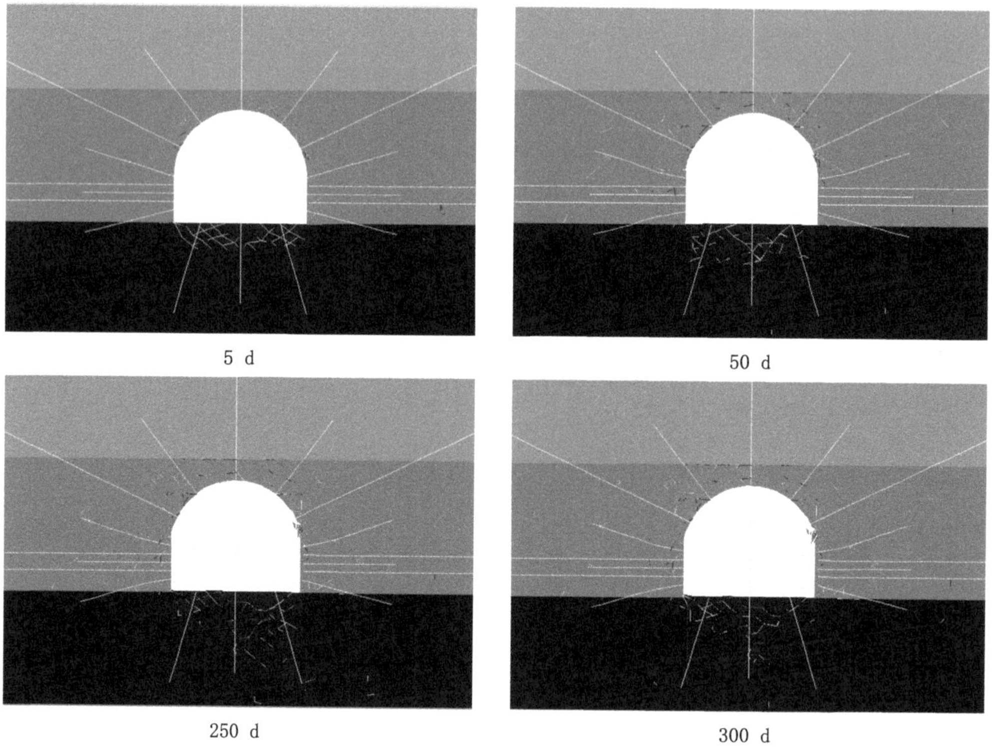

图 6-72　巷道围岩裂纹随时间增加的分布特征(锚注支护)

图 6-73 所示为监测区域内裂纹个数和损伤度随时间演化的规律。剪切裂纹、总损伤和剪切损伤的发展具有明显的流变特征，结合剪切裂纹和张拉裂纹的增长趋势，可以把全过程分为三个阶段。第Ⅰ阶段(第 0～100 d)对应巷道的一次变形阶段，这一阶段内剪切裂纹大量产生，围岩的损伤主要是由剪切损伤造成的，剪切损伤曲线与总损伤曲线重合度较高；第Ⅱ阶段(第 100～150 d)对应巷道二次变形的减速变形阶段，这一阶段主要是张拉裂纹的增长，剪切裂纹增加较少；第Ⅲ阶段(第 150～300 d)对应二次变形的稳定变形阶段，这一阶段内裂纹数量和损伤增速保持在较低的水平但不为零，说明巷道围岩虽有缓慢变形，但对围岩的损伤影响较小。

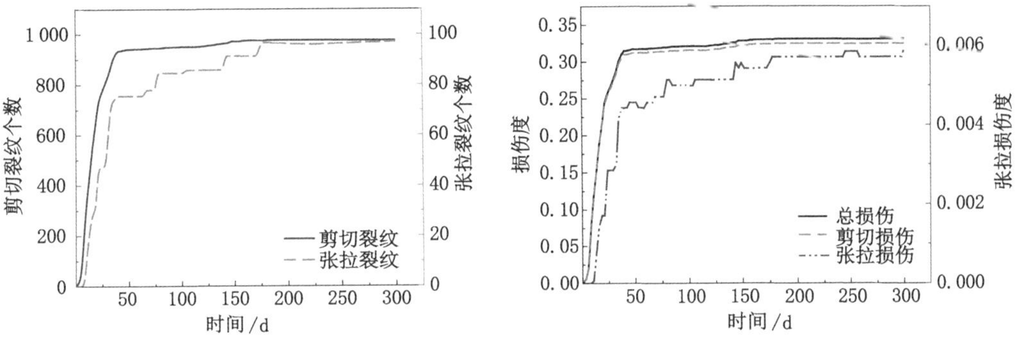

图 6-73　裂纹个数和损伤度随时间演化的规律(锚注支护)

当时间为第 300 d 时,裂纹总数量为 1 073 个,其中剪切裂纹 976 个,占比为 91%,张拉裂纹 97 个,占比为 9%。可见即使发生了二次变形,在围岩中的裂纹类型仍主要为剪切裂纹。在一次变形阶段内剪切裂纹累计数量为 950 个,占剪切裂纹总数的 97%,在二次变形阶段内剪切裂纹增加量为 26 个,占剪切裂纹总数的 3%。在一次变形阶段内张拉裂纹累计数量为 86 个,占张拉裂纹总数的 89%,在二次变形阶段内张拉裂纹增加量为 11 个,占剪切裂纹总数的 11%。剪切裂纹和张拉均主要出现在一次变形阶段,对照巷道的整体破坏特征可知,经过张拉锚杆支护后,剪切裂纹对巷道围岩的破坏较小,而张拉裂纹由于数量较小没有造成锚杆破断、底板鼓起等破坏现象。在一次变形阶段总损伤为 31.5%,二次变形阶段增加至 32.9%,由此可见,张拉锚杆和深浅部注浆能够较好地抑制浅部裂纹扩展和深部围岩流变变形,避免了巷道的二次损伤。

综上所述,该煤矿Ⅱ5 轨道上山使用张拉锚杆支护和深浅部注浆后,变形过程仍为二次变形,但两次变形量较小且二次减速变形时间缩短。张拉锚杆配合深浅部注浆能够有效控制深浅部围岩变形,保证巷道长期稳定。

6.4.6　控制技术综合对比分析

由以上分析可知,张拉锚杆支护和深浅部注浆控制技术对Ⅱ5 轨道上山长期大变形具有显著的控制效果,具体体现在多个方面,就以上分析的三个支护技术进行对比,以表现止裂减隙支护技术的优越性。对比内容如表 6-20 和图 6-74 所示。由于原支护中巷道始终处于加速大变形状态,因此表中将最大监测天数 300 d 作为原支护下巷道的稳定时间。

表 6-20　不同支护方式控制效果对比

对比项目	原支护 (A)	张拉锚杆支护 (B)	张拉锚杆和深浅部注浆止裂减隙支护 (C)
顶板最大位移/mm	719	145	28
帮部最大位移/mm	625	175	53
顶板最大位移速率/(mm/d)	2.9	2.0	1.1
帮部最大位移速率/(mm/d)	5.5	2.5	2.4

表 6-20(续)

对比项目	原支护(A)	张拉锚杆支护(B)	张拉锚杆和深浅部注浆止裂减隙支护(C)
帮部卸压区影响范围/m	10	5.5	1.4
裂纹总数	2 002	1 372	1 073
损伤度/%	61.4	50.5	32.9
巷道变形稳定时间/d	300	250	50

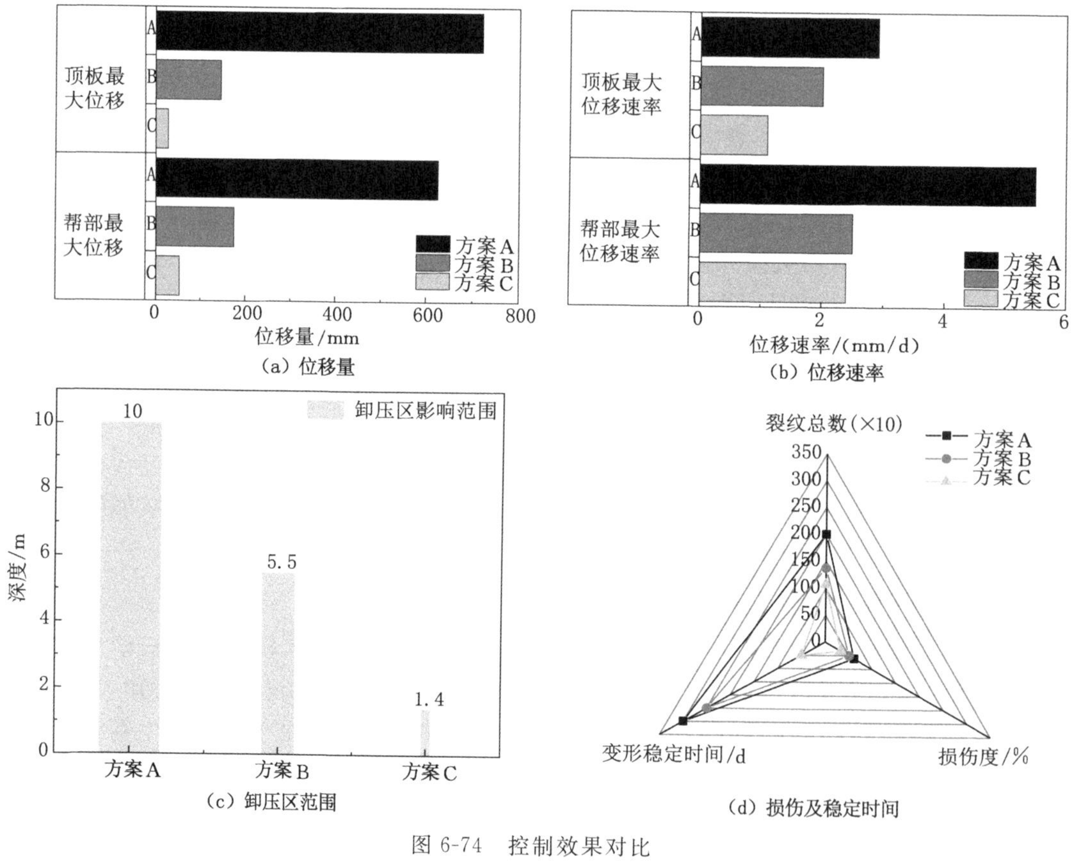

图 6-74　控制效果对比

由表 6-20 和图 6-74 可知，与原支护方式方案对比，在围岩变形方面，张拉锚杆和深浅部注浆联合支护明显减小了变形量和变形速率，有效控制了围岩变形。具体来说，顶板和帮部变形量都降低了 96%；与此类似，张拉锚杆和深浅部注浆联合支护优化了围岩应力状态，巷帮应力释放区范围降低了 86%；在裂纹控制上，张拉锚杆和深浅部注浆联合支护明显降低了裂纹个数和损伤度，具体说，裂纹个数降和损伤度均降低了 46%；将巷道二次变形中开始等速流变时的时间点定义为巷道稳定时间，张拉锚杆和深浅部注浆联合支护可以明显减小巷道稳定时间，将巷道稳定时间提前了 150 d。

综上所述，经过三种控制方案的量化对比得到：张拉锚杆和深浅部注浆联合支护(C)优于单一的张拉锚杆支护(B),两种方式都优于架棚支护方式(A)。本部分所使用的支护参数仅仅是探讨支护方式对巷道的控制效果,并不代表现场使用的参数,尤其在张拉锚杆和深浅部注浆联合支护中,巷道右帮肩角处损伤较为严重,在现场的实际支护中要加强该处的控制。但对比结果显示,张拉锚杆和深浅部注浆联合支护可以明显地改变巷道深浅部围岩的流变特性,控制效果较好。

参考文献

[1] 蔡美峰.岩石力学与工程[M].北京:科学出版社,2002.
[2] 陈秋南.隧道工程[M].北京:机械工业出版社,2007.
[3] 崔亮,张超,马念杰.基于沉积分析的围岩稳定性区域预测技术[J].煤炭科学技术,2011,39(10):8-10.
[4] 邓广涛,贾明魁,马念杰.煤巷顶板岩层结构的探测与确定[J].煤炭工程,2006,38(2):48-50.
[5] 关宝树,杨其新.地下工程概论[M].成都:西南交通大学出版社,2001.
[6] 国家质量监督检验检疫总局,中华人民共和国建设部.地铁设计规范:GB 50157—2003[S].北京:中国标准出版社,2003.
[7] 韩瑞庚.地下工程新奥法[M].北京:科学出版社,1987.
[8] 黄旭,贾安立,马念杰,等.高跨比对层状顶板稳定性的影响[J].矿业研究与开发,2006,26(1):17-19.
[9] 李晓红.隧道新奥法及其量测技术[M].北京:科学出版社,2002.
[10] 李志业,曾艳华.地下结构设计原理与方法[M].成都:西南交通大学出版社,2003.
[11] 刘洪涛,马念杰,李季,等.顶板浅部裂隙通道演化规律与分布特征[J].煤炭学报,2012,37(9):1451-1455.
[12] 刘洪涛,马念杰,詹平.煤巷顶板锚固新结构及工程应用[M].北京:煤炭工业出版社,2011.
[13] 刘鸿文.材料力学:Ⅱ[M].4版.北京:高等教育出版社,2004.
[14] 刘新荣.地下结构设计[M].重庆:重庆大学出版社,2013.
[15] 刘增荣.地下结构设计[M].北京:中国建筑工业出版社,2011.
[16] 马念杰,侯朝炯.采准巷道矿压理论及应用[M].北京:煤炭工业出版社,1995.
[17] 马念杰,潘玮,李新元.煤巷支护技术与机械化掘进[M].徐州:中国矿业大学出版社,2008.
[18] 马念杰,吴联君,刘洪艳,等.煤巷锚杆支护关键技术及发展趋势探讨[J].煤炭科学技术,2006,34(5):77-79.
[19] 门玉明,王启耀.地下建筑结构[M].北京:人民交通出版社,2007.
[20] 穆保岗.地下结构工程[M].2版.南京:东南大学出版社,2012.
[21] 钱鸣高,石平五,许家林.矿山压力与岩层控制[M].2版.徐州:中国矿业大学出版

社,2010.
[22] 陶龙光,巴肇伦.城市地下工程[M].北京:科学出版社,1996.
[23] 王梦恕.中国隧道及地下工程修建技术[M].北京:人民交通出版社,2010.
[24] 吴博文.软岩巷道围岩裂纹演化机制与大变形控制研究[D].徐州:中国矿业大学,2021.
[25] 吴能森.地下工程结构:新1版[M].武汉:武汉理工大学出版社,2010.
[26] 郑颖人.地下工程锚喷支护设计指南[M].北京:中国铁道出版社,1988.
[27] 中华人民共和国建设部,国家质量监督检验检疫总局.建筑地基基础设计规范:GB 50007—2002[S].北京:中国建筑工业出版社,2004.
[28] 中华人民共和国建设部.建筑边坡工程技术规范:GB 50330—2002[S].北京:中国建筑工业出版社,2002.
[29] 中华人民共和国交通部.公路桥涵地基与基础设计规范:JTG D63—2007[S].北京:人民交通出版社,2007.
[30] 中华人民共和国交通部.公路隧道设计规范:JTG D70—2004[S].北京:人民交通出版社,2004.
[31] 中华人民共和国住房和城乡建设部.建筑基坑支护技术规程:JGJ 120—2012[S].北京:中国建筑工业出版社,2012.
[32] 朱合华.地下建筑结构[M].3版.北京:中国建筑工业出版社,2016.
[33] 朱永建,马念杰,师皓宇,等.煤巷顶板锚杆支护危险性评价研究[J].煤矿安全,2006,37(1):1-3.